Pierre Duhem

Le Système du Monde

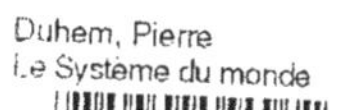

9

AF458240

Histoire des doctrines cosmologiques de Platon à Copernic

Tome IX

 Hermann

LE SYSTÈME DU MONDE de Pierre Duhem constitue une encyclopédie de l'histoire des sciences d'une valeur exceptionnelle pour l'étude de la physique et de la mécanique médiévales. C'est l'œuvre à la fois d'un savant et d'un historien, et non pas d'un savant devenu historien et qui aurait oublié la science... Il a vraiment découvert et exposé la continuité de la filiation entre la science et la philosophie d'Aristote et celle du Moyen-Age. Son ouvrage est le seul qui englobe une telle étendue.

Gaston Bachelard

C'est dans la richesse inouïe de la documentation, fruit d'un labeur qui confond l'esprit, que consiste la valeur permanente de l'œuvre de Duhem : malgré quarante ans d'études et de recherches, elle demeure une source de renseignements et un instrument de travail irremplacé et donc indispensable.

Alexandre Koyré

... L'ouvrage de Duhem, intégralement publié, apparaîtra comme un monument de science et de patience, restituant à chaque époque de l'évolution du savoir humain son originalité et sa fécondité.

Jean Abelé
(Les Études)

Illustration de la couverture : ASTROLABE DE REGIOMONTANUS,
nstrument servant à mesurer les hauteurs et les distances angulaires des astres,
d'après l'original de 1468 conservé au musée de Nuremberg

PIERRE DUHEM

MEMBRE DE L'INSTITUT
PROFESSEUR A L'UNIVERSITÉ DE BORDEAUX

LE SYSTÈME DU MONDE

HISTOIRE DES DOCTRINES COSMOLOGIQUES DE PLATON A COPERNIC

TOME IX

HERMANN

6, RUE DE LA SORBONNE, PARIS V

LE SYSTÈME
DU MONDE

PIERRE DUHEM

MEMBRE DE L'INSTITUT
PROFESSEUR A L'UNIVERSITÉ DE BORDEAUX

LE SYSTÈME DU MONDE

HISTOIRE DES DOCTRINES COSMOLOGIQUES DE PLATON A COPERNIC

TOME IX

HERMANN

6, RUE DE LA SORBONNE, PARIS V

© 1958 HERMANN PARIS

CINQUIÈME PARTIE

LA PHYSIQUE PARISIENNE AU XIVe SIÈCLE

(suite)

Chapitre XV

LA THÉORIE DES MARÉES

I

GUILLAUME D'AUVERGNE

Les premiers docteurs du Moyen Age s'étaient enquis des lois de la marée auprès de Saint Ambroise, écho de Saint Basile, puis auprès du naturaliste Pline ; ces auteurs leur avaient donné, touchant le flux et le reflux de la mer, des notions sommaires mais, en général, fort exactes. La science acquise de la sorte avait atteint son plus haut degré dans le traité *De temporum ratione* composé par Bède le Vénérable. Bède, d'ailleurs, enrichissant cette science du fruit de ses propres observations, avait formulé, le premier, la loi de l'établissement du port.

Puis, aux âges suivants, la théorie qui met la marée sous la dépendance de la Lune avait subi, chez beaucoup de Scolastiques, une sorte de recul ; d'autres explications avaient été proposées qui n'invoquaient aucune cause astrale ; telle était l'explication de Paul Diacre, qui attribuait la marée à des gouffres chargés d'absorber, puis de vomir périodiquement les flots de la mer ; telle était l'explication de Macrobe qui, dans la marée, voyait un effet du conflit entre les courants qui sillonnent les divers bras de l'Océan.

Ces explications erronées partaient d'observations exactes qui les rendaient séduisantes pour les riverains de l'Océan, de la Manche, de la Mer d'Irlande. Les marins venus des pays du Nord leur avaient confirmé l'existence du Maelström, dont le tourbillon change de sens quand la marée se renverse ; ils avaient fréquemment entendu parler des courants de flot ou de jusant qui parcourent avec tant de violence certaines parties de la Manche ou de la Mer d'Irlande ; ces observations les portaient à voir, dans la marée, deux courants, deux écoulements de sens contraire, un flux et un reflux, bien plutôt qu'une intumescence soulevée par l'action lunaire. On conçoit donc que des hommes habitués à observer la mer, un Adélard de Bath, par exemple, aient préféré la théorie de Macrobe à celle de Pline.

Mais, d'autre part, un observateur ne pouvait guère méconnaître la liaison constante qui unit les périodes de la marée au cours de la Lune ; il devait donc être porté à joindre l'explication lunaire aux explications de Paul Diacre et de Macrobe ; simple juxtaposition dans les écrits de Guillaume de Conches et du Solitaire auquel nous devons le *De imagine mundi*, cette jonction devenait une sorte de synthèse dans les écrits de Giraud de Barri.

Le discrédit total ou partiel qui avait, pour un temps, frappé la théorie lunaire de la marée prit fin lorsque les Chrétiens d'Occident se mirent à étudier l'*Introductorium magnum in Astronomiam Albumasaris Abalachi* qu'Hermann le Second avait traduit en 1140. Dans ce traité, Abou Masar s'efforçait de rattacher à l'action de la Lune la plupart des variations que présentent le flux et le reflux de la mer. Une doctrine si ample et si minutieusement détaillée ne pouvait manquer de solliciter vivement l'attention des docteurs du Moyen Age. Un siècle s'écoule, toutefois, à partir du moment où Hermann mit en latin l'*Introductorium in Astronomiam* avant que nous trouvions un auteur qui tire de cet ouvrage sa science au sujet de la marée, et qui l'avoue ; cet auteur, chez qui nous reconnaissons, pour la première fois, l'enseignement d'Albumasar, c'est Guillaume d'Auvergne.

Dans son grand traité *Sur l'Univers*, Guillaume consacre un chapitre entier à l'étude de la marée[1]. Citons-en les principaux passages, pour les commenter ensuite.

« On me demandera peut-être, écrit Guillaume, de quelle manière la Lune augmente ou diminue la mer. Je dis que la mer semble augmentée ou diminuée bien qu'en vérité, elle ne soit ni accrue ni diminuée ; ainsi en est-il de l'eau bouillante ; elle n'est pas augmentée par l'ébullition ; elle est, au contraire, diminuée ; cependant, elle paraît augmentée à cause de l'ébullition et de la boursouflure *(exundatio)*; le vase qu'elle ne rem-

1. Guillelmi Parisiensis *De Universo* primæ partis principalis pars I (Guillelmi Parisiensis *Opera*, éd. 1516, tract. : III, cap. XXXIX, fol. cxxviii, col. d, et fol. cxxix, col. a).

plissait pas tout-à-fait en est, maintenant, plus que comblé ; il déborde ; cette apparence provient de ce qu'à l'eau, s'ajoutent les vapeurs que la force de la chaleur a dégagées de cette même eau ; par leur propre ascension, elles soulèvent l'eau, et leur multitude l'oblige à se répandre de tous côtés. Il en est de même des mers. Aussi le flux est-il appelé effervescence ou ébullition de la mer ; il provient de la multiplication et de l'ascension des vapeurs qui montent du fond de la mer, des profondeurs des terres qui s'ouvrent à l'accès de la mer et des entrailles mêmes de la terre qui possèdent beaucoup de chaleur.

» Comme vous me l'avez déjà ouï dire, là est la cause pour laquelle les mers moins larges et plus profondes ont des flux plus forts et plus hauts ; pour laquelle, au contraire, les mers plus larges présentent de moindres ébullitions. De même, l'eau bouillante se gonfle davantage dans un vase d'orifice étroit que dans un plat ou dans quelque autre vase du même genre. Il en est ainsi, parce que ces vapeurs trouvent un échappement plus libre et plus largement ouvert dans les mers d'une grande étendue que dans les autres ; elles ne forcent donc pas les eaux de ces mers-là à s'élever autant ni à éprouver une aussi forte dilatation.

» Dans son livre qui est intitulé *Introductorium judiciorum astronomorum*, Albumasar a écrit[1] que la mer monte ou afflue toujours dans une région lorsque la Lune s'élève au-dessus de l'horizon ; assurément, je n'ai pas éprouvé moi-même si cela est véritable ; mais je ne pense pas qu'on s'éloigne de la vérité en tenant le langage suivant :

» La mer s'élève vers la Lune comme vers son conducteur, ou comme vers un être qui a sur elle, de quelque autre manière, vertu et puissance ; ou bien encore elle s'élève grâce à quelque aspect semblable à celui qui existe, avons-nous dit, entre le fer et la pierre d'aimant ; lorsqu'en effet la pierre d'aimant vient à monter, le fer monte en même temps, comme s'il se dressait. Il en est, au contraire, du jaspe et de la pierre qu'on nomme sardoine si ce qu'en disent les expérimentateurs est véritable, puisqu'ils arrêtent l'écoulement du sang et contraignent celui-ci de demeurer dans les vaisseaux. »

L'un des principaux soucis de Guillaume d'Auvergne c'est d'affirmer que le flux n'est pas dû à l'apport de nouvelles masses d'eau, le reflux à l'enlèvement de ces eaux ; c'est donc de

1. Voir : Première partie, t. II, ch. XIII, § XIV, p. 377-386.

s'opposer à une opinion que suggéraient, au contraire, les explications de Macrobe et de Paul Diacre ; il veut que le flux soit un gonflement sur place éprouvé par les eaux de la mer. Cette pensée lui était certainement dictée par l'*Introductorium* d'Albumasar[1]. Cet astrologue, d'ailleurs, comparait le gonflement qui produit le flux à un bouillonnement, à une effervescence ; il était naturel que Guillaume d'Auvergne le rapprochât du débordement tumultueux de l'eau hors du vase où elle bout.

L'Évêque de Paris émet une pensée plus originale lorsqu'il compare l'action de la Lune sur les eaux de la mer à l'action de l'aimant sur le fer ; des effets physiques alors connus, il n'en est aucun dont l'analogie fut plus étroite ; nul, d'ailleurs, avant Guillaume, n'avait invoqué cette analogie [2].

Cette comparaison, d'ailleurs, n'est pas venue comme par hasard sous la plume de notre auteur. Il y est naturellement conduit par la méthode dont il use pour expliquer l'influence des astres sur les choses d'ici-bas, méthode que nous l'avons entendu définir en ces termes [3] :

« Afin que je vous donne l'exposé complet des principes relatifs aux jugements astronomiques, voici ce que je vous dirai par un bref discours : Ce qui semble le plus probable touchant les vertus et effets des étoiles et des astres, on le déduit des opérations qu'exercent les vertus des autres choses telles que les animaux, leurs diverses parties, les herbes, les médecines, les pierres précieuses ; les vertus de ces choses sont comme leurs aspects et manières d'être à l'égard des autres choses. »

Parmi ces vertus ou aspects, l'action que l'aimant exerce sur le fer avait tout particulièrement retenu l'attention de l'Évêque de Paris.

La comparaison de l'action de la Lune sur les eaux de la mer à celle que l'aimant exerce sur le fer n'était peut-être pas fort aisée à mettre d'accord avec celle qui voit dans le flux une sorte d'ébullition de l'Océan ; cette dernière explication se concilie moins aisément encore avec celle qui invoque le pouvoir

1. Voir : Première partie, ch. XIII, § XIV ; t. II, p. 379.

2. Voir, à ce sujet : Roberto Almagia, *La dottrina della marea nell'antichità classica e nel medio evo* (*Memorie della Reale Accademia dei Lincei*, Serie 5a, Classe di Scienze fisiche, matematiche e naturali, vol. V, 1905, p. 455).

3. Guillelmi Parisiensis *De Universo* primæ partis principalis pars I (Guillelmi Parisiensis *Opera*, éd. 1516. tract. III, cap. XXXI ; t. II, fol. cxxii, col. d.)

refroidissant de la Lune ; c'est cependant de cette dernière que Guillaume va maintenant nous entretenir.

« Il se peut, écrit-il, que la vertu de la Lune accroisse l'intensité du froid.

» Vous savez déjà que le froid coagule les vapeurs en gouttes de pluie ; c'est là ce qui produit la chute de la pluie, ce qui engendre les torrents, ce qui détermine la crue des fleuves et des cours d'eau ; si le froid opère de la sorte dans la région supérieure de l'air, à plus forte raison produira-t-il des effets semblables et plus intenses dans les lieux inférieurs où se trouve son siège et le principal séjour de sa vertu. »

De cette remarque, que Guillaume ne développe pas, il semblerait résulter que la Lune condense les bulles de vapeur contenues dans l'eau de la mer, bien loin de provoquer l'ébullition de cette eau ; l'apparition de la Lune au-dessus de l'horizon d'un lieu devrait donc, en ce lieu, déterminer le reflux, non le flux.

Si Guillaume a parlé du pouvoir refroidissant de la Lune, c'est afin de mettre cet astre en antagonisme avec le Soleil et, par là d'expliquer, d'une manière fort insuffisante d'ailleurs, la période mensuelle de la marée. Voici ce qu'il écrit à ce sujet :

« Les augmentations et les diminutions des mers paraissent suivre l'apparition, l'augmentation et la diminution de la lumière sur la Lune. Peut-être aussi la vertu de la Lune est-elle empêchée par la conjonction de la Lune avec le Soleil ; alors, en effet, la Lune arrête les rayons solaires et, partant, fait obstacle à la vertu par laquelle le Soleil échauffe la terre et les mers. Peut-être, aussi, la conjonction avec le Soleil empêche-t-elle la vertu même de la Lune d'exercer son opération sur la mer, car il est certain que l'opération du Soleil est contraire à la susdite opération de la Lune. Quoi qu'il en soit, tandis que croît peu à peu la distance de la Lune au Soleil, la vertu de la Lune va se renforçant jusqu'à ce que la lumière de cet astre apparaisse dans son plein ; alors, cette vertu, délivrée pour ainsi dire de tout empêchement, exerce complètement son opération sur tout ce qui est froid et humide ; à ce moment, donc, la mer et toutes les autres choses que je vous ai précédemment citées atteignent la plénitude de leur augmentation. Puis, lorsque la Lune revient vers le Soleil, on voit diminuer la lumière qui apparaît en elle, et alors se produit une diminution de toutes les choses qui sont froides et humides, dans les mers, dans les animaux et dans les plantes.

» Peut-être dira-t-on que cela provient de la vertu du Soleil et de l'opération qu'accomplissent la chaleur et la lumière de cet astre ; en effet, lorsque la Lune est à sa plus grande distance du Soleil, la vertu solaire opère librement ; les dégagements de vapeur sont, par là, plus abondants et plus forts et, partant, il en est de même de l'ébullition et de l'augmentation de la mer. La vertu solaire renforce également, dans les animaux et dans les plantes, les vertus vitales et les vertus nutritives ; les matières nutritives se trouvent donc accrues chez ces êtres vivants, et, par conséquent, les vapeurs deviennent plus abondantes dans la cervelle des animaux et dans la moelle des végétaux ; aussi le cerveau de l'homme ou des animaux entrerait-il alors en ébullition si une fracture du crâne livrait passage à cette ébullition ; peut-être ne serait-ce point que le cerveau eut éprouvé un accroissement de substance, mais seulement parce que des vapeurs sont adjointes et mêlées au cerveau ; en s'exhalant, ces vapeurs, par leur ascension, forceraient une partie du cerveau à sortir avec elles. Tout cela semble l'effet d'une multiplication de chaleur plutôt que d'un froid plus intense ; le froid, en effet, produit de préférence resserrement et diminution ; par lui-même, il détermine la résolution [des vapeurs en liquides] et la coagulation, qui, sans aucun doute, sont contraires à la résolution [des liquides en vapeurs] et à la liquéfaction. »

Au travers de ce dernier paragraphe, on voit passer l'ombre d'une grande vérité qui est celle-ci : Si l'action de la Lune explique la période diurne de la marée, c'est l'action du Soleil qui en explique la période mensuelle. Mais comme cette ombre est fugitive et vague ! Que d'incertitudes et d'erreurs empêchent de l'apercevoir !

« De toute façon, écrit fort justement M. R. Almagià[1], il résulte de ce qui vient d'être dit que pour Guillaume d'Auvergne, comme pour maint auteur arabe, la période mensuelle va d'un maximum qui a lieu à la pleine lune à un minimum coïncidant avec la nouvelle lune ; c'est une période simple, et non pas une période double. Mais une autre observation découle également de toute l'exposition de notre auteur ; jamais, probablement, il n'a observé le phénomène dans la nature ; il discourt, pour ainsi dire, d'une manière abstraite et se montre indifférent à telle ou telle explication. »

1. R. Almagia, *loc. cit.*, p. 456.

Ajoutons une dernière remarque dont la suite de cette histoire nous prouvera souvent la justesse. Ceux qui voulaient, à l'exemple des astrologues, expliquer par l'action lunaire les diverses particularités de la marée, se trouvaient fort embarrassés par ces deux circonstances :

Premièrement, la Lune, en un lieu donné, détermine la haute mer aussi bien lorsqu'elle franchit la partie du méridien qui passe au-dessus de ce lieu que celle qui passe au-dessous et domine l'autre côté de la terre.

Secondement, la vive-eau se produit aussi bien à la nouvelle lune qu'à la pleine lune.

Pour rendre compte de ces particularités, nous verrons se multiplier les tentatives, qui demeureront infructueuses jusqu'au jour où Newton donnera le principe de la véritable solution.

II

ALBERT LE GRAND. BARTHÉLEMY L'ANGLAIS. VINCENT DE BEAUVAIS. SAINT THOMAS D'AQUIN. UN OPUSCULE CITÉ PAR FIRMIN DE BELLEVAL

Guillaume d'Auvergne avait demandé à Albumasar de l'instruire des phénomènes de la marée ; c'est également d'Albumasar qu'Albert le Grand tient presque tout ce qu'il dit du flux et du reflux ; l'exposition de l'astrologue arabe se retrouve presque en entier dans les cinq chapitres où, commentant le *Liber de proprietatibus elementorum* faussement attribué à Aristote [1], Albert développe sa théorie des marées.

Nous n'analyserons pas les longues digressions, dans lesquelles notre auteur se contente de répéter ce qu'Abou Masar avait dit ; nous nous arrêterons seulement aux passages où se reconnaît quelque originalité.

« Pour traiter du flux et du reflux de la mer, dit-il au début de son exposition [2], il nous faut poser d'abord quelques préliminaires qui importent à la connaissance de ce phénomène.

1. ALBERTI MAGNI RATISPONENSIS EPISCOPI *Liber de causis proprietatum elementorum*, tract. II, cap. IV, ad cap. VIII.

2. ALBERTI MAGNI *Op. laud.*, tract. II, cap. IV : Et est digressio declarans quæ prænotanda sunt ad sciendum accessum et recessum maris.

» Un de ces préliminaires, c'est que tous les astres errants ont, en commun, une efficace sur les choses d'ici-bas ; que, cependant, parmi les astres errants dont les propriétés et vertus mènent les choses d'ici-bas, le Soleil et la Lune occupent le premier rang, et cela pour trois causes.

» La première, c'est la quantité de lumière qu'ils donnent.

» Sans doute les autres astres errants sont des corps lumineux ; ils meuvent les corps inférieurs par leur mouvement et par leur lumière ; mais ils n'émettent pas, sur les choses d'ici-bas, de rayons notables ; ils ne font pas porter par ces choses d'ombres notables ; au contraire ces deux luminaires que sont le Soleil et la Lune meuvent par leur mouvement, par leur lumière et par leurs rayons ; aussi portent-ils ombre quand on fait obstacle à ces rayons à l'aide d'un corps opaque ; voilà pourquoi leur impression sur les choses d'ici-bas est très forte.

» La seconde cause, c'est la position qu'ils occupent parmi les astres errants.

» Bien que la Lune soit plus petite que tous les astres errants, sauf un, elle est cependant plus voisine que tous les autres des choses d'ici-bas ; en outre, elle est plus rapprochée de leurs natures ; aussi produit-elle en eux des changements. Voilà pourquoi les jours critiques se comptent suivant le cours de la Lune ; on la nomme reine du ciel, parce qu'elle gouverne toutes les humidités des corps inférieurs ; les métaux, les plantes, les membres des animaux, l'œil, en particulier, dans la composition duquel la nature aqueuse entre en abondance, éprouvent de très grands changements, des accroissements et des diminutions selon le cours de la Lune.

» Quand au Soleil, Dieu lui a donné, parmi les astres errants, le rang du milieu ; il est comme un cœur qui, partout autour de lui, distribue des forces ; bien qu'il soit plus éloigné de nous que certains astres errants, il les surpasse tous en grandeur et en lumière ; aussi produit-il, dans les corps inférieurs, des changements et des mouvements très intenses.

» La troisième cause provient des propriétés et vertus que possède spécialement chacun de ces deux luminaires.

» La Lune, étant de propriété aqueuse, a pour rôle, par communauté de nature, de mouvoir tous les corps où dominent la terre et l'eau.

» Quant au Soleil, en qualité de source de la chaleur vitale, il fait bouillir ces humeurs ; en effet, il attire naturellement ce qui est humide et l'évapore en lui communiquant une chaleur qui s'élève ; c'est pourquoi les anciens Égyptiens disaient que le Soleil attirait l'humidité destinée à la nourriture de tous les corps célestes. »

Nous reconnaissons, dans quelques-uns de ces principes, l'écho des paroles d'Abou Masar ; mais nous y retrouvons également un souvenir des pensées de Guillaume d'Auvergne.

L'influence de Guillaume se marque plus nettement encore dans le chapitre [1] où Albert « montre la cause véritable du flux et du reflux de la mer. »

« L'eau de la mer, dit-il, est dense *(spissa)* et salée à cause de la substance terrestre qui s'y trouve mêlée ; elle demeure longtemps immobile en un même lieu, ce qui la rend fétide ; en outre, elle a grande étendue en largeur et profondeur.

» En vertu de sa densité, elle retient fortement et longtemps toute vapeur engendrée dans son sein ; de sa salure, elle tient une chaleur naturelle grâce à laquelle de la vapeur s'élève aisément dans ses profondeurs ; son immobilité fait que la chaleur solaire demeure longtemps en elle, la corrompt et la transforme en sel et en une substance fétide ; d'autre part, sa grande masse est cause de la longue ébullition qu'elle éprouve, lorsque la vapeur qu'elle contient l'émeut avant de s'échapper peu à peu. Cette vapeur lui communique deux mouvements. L'un part du fond de la mer et aboutit à la surface ; on le nomme ébullition et effervescence de la mer. L'autre est l'écoulement superficiel *(superfusio)* ; il se produit à la surface de la mer ; une masse d'eau s'étend sur une autre masse d'eau qui lui est voisine ; alors s'échappent la substance fétide et la vapeur subtile que contenait cette eau. Aussi un des pronostics par lesquels ceux qui sont au large reconnaissent la prochaine ébullition des eaux de la mer, c'est l'odeur fétide qui commence à se répandre avec la vapeur subtile ; celle-ci se dégage de la mer avant que la mer se mette en mouvement. Un autre pronostic, c'est le vent qui s'élève lorsque la vapeur devient plus grossière et plus forte ; et tout aussitôt après, la mer entre en ébullition. Ces mêmes signes permettent à ceux qui habitent au bord de la mer de reconnaître que le flux se produira bientôt et que l'eau va envahir le rivage. »

Les observations invoquées par Albert, à l'appui de l'idée fausse qu'il tient de Guillaume, ne sont pas inexactes ; on sait

1. ALBERTI MAGNI *Op. laud.*, tract. II, cap. V : Et est digressio declarans vel ostendens veram causam accessionis maris in communi, et excludens errores quæ sunt circa hæc.

que le flot s'accompagne en général, par les temps calmes, d'une brise de mer et le jusant d'une brise de terre ; on sait aussi que, sur les côtes quelque peu vaseuses, l'odorat est surtout lésé au moment du flot.

« Admirable, écrit encore Albert [1], est l'efficace de la Lune sur l'élément humide ; elle l'attire de loin et le meut comme l'aimant attire le fer ; la raison en est que la Lune est la cause première du fluide aqueux, comme nous l'avons dit au *Livre du Ciel et du Monde.* Recevant la lumière du Soleil, elle est comme un second Soleil ; elle fait évaporer la substance gazeuse *(ventum)* qui se trouve dans la profondeur de la mer.

» Cela provient de trois causes.

» La première est celle que nous venons de dire : La lumière de la Lune est reçue du Soleil ; par sa chaleur, cette lumière subtilise la vapeur grossière qui réside dans la mer ; devenue plus subtile, cette vapeur tend à se dilater et chasse l'eau des profondeurs.

» La seconde cause, c'est la nature même de la Lune, qui meut l'élément humide ; tandis que l'eau se précipite vers la Lune, elle échauffe la vapeur et la meut par son propre mouvement ; cherchant alors à se dégager, cette vapeur se dilate et chasse les eaux de la mer.

» La troisième cause, c'est la situation de la Lune... »

On voit qu'Albert, réunissant les diverses hypothèses que Guillaume d'Auvergne avait indiquées, mais entre lesquelles il n'avait fait aucun choix, s'efforce d'en tirer une théorie cohérente du flux de la mer. On voit aussi qu'à ce flux, il assigne deux causes. D'une part, à son gré, la Lune, parce qu'elle est de nature humide, attire vers elle les eaux de la mer. D'autre part, la lumière de la Lune, parce qu'elle n'est qu'une réflexion de la lumière solaire, est génératrice de chaleur ; cette chaleur produit, au sein de la mer, une sorte d'ébullition qui gonfle l'Océan.

Ne quittons pas Albert le Grand sans dire quelles justes critiques il adresse à la théorie des marées proposées par Al Bitrogi [2]. « Il est clair, dit-il [3], que, dans son flux et dans son reflux, l'eau de la mer ne suit pas le mouvement du premier moteur, qui est le mouvement diurne. Laissons donc les dires

1. ALBERT LE GRAND, *loc. cit.*
2. Voir : Première partie, ch. XI, § VI ; t. II, pp. 154-155.
3. ALBERTI MAGNI *Op. laud.*, tract. II, cap. VII : Et est digressio declarans et destruens tres sectas erroneas circa accessiones maris.

d'Alpatiatius *(sic)*; il a voulu parler en physicien, mais il s'est trompé, et il a entraîné dans son erreur nombre d'autres qui l'ont suivi. »

Si l'on omet cette remarque, on est forcé d'avouer que la pensée d'Albert le Grand au sujet des marées n'a point grande originalité ; elle se borne à reproduire ou à développer ce qu'avaient dit Abou Masar et Guillaume d'Auvergne ; Albert, cependant, entendait bien faire autre œuvre, et plus noble que celle de compilateur ; des théories proposées par ses devanciers, il souhaitait de donner une synthèse.

Ni Barthélemy l'Anglais ni Vincent de Beauvais n'ont de si hautes visées ; ils ne sont que compilateurs et ils l'avouent ; ils font une mosaïque de fragments empruntés à divers auteurs qu'ils ont soin de citer.

Voici ce que dit Barthélemy dans son traité *Des propriétés des choses* [1] :

« La Lune est cause d'augmentation pour toutes les choses humides ; en effet, c'est par des aspirations occultes de sa nature que le flux est augmenté ; pendant qu'elle décroît, la moëlle diminue dans les os, la cervelle dans la tête et les humeurs dans les corps ; lorsqu'elle croît, au contraire, ces choses se multiplient. Aussi Martianus dit-il que tout souffre avec elle lorsqu'elle vient à disparaître, et que sa décroissance est le détriment des choses d'ici-bas.

» La Lune a pouvoir d'attirer les eaux de la mer ; de même, en effet, que l'aimant tire le fer après lui, la Lune meut et tire l'Océan après elle. Aussi, au moment du lever de la Lune, la mer se gonfle-t-elle et croît-elle du côté de l'Orient, tandis qu'elle décroît du côté de l'Occident. Inversement, quand elle est à son coucher, la mer croît du côté de l'Occident et décroît du côté de l'Orient. »

Notre auteur, fort mal renseigné, croit donc qu'en un jour lunaire, et en un même lieu, on observe un seul flux et un seul reflux.

« Selon que l'éclairement de la Lune est plus ou moins parfait, poursuit-il, la mer s'étend plus ou moins par son flux et se retire plus ou moins, comme le dit Martianus, et aussi Macrobe au livre de Cicéron. »

Selon ce principe que Barthélemy attribue gratuitement à

1. BARTHOLOMÆI ANGLICI *De proprietatibus rerum*, liber VIII, cap. XXIX : De Luna.

Martianus Capella et à Macrobe, mais qui, en fait, était admis par Guillaume d'Auvergne, il doit y avoir, dans un mois lunaire, une seule vive eau au moment de la pleine lune, une seule morte eau au moment de la nouvelle lune ; Guillaume avait clairement indiqué ce corollaire correctement déduit de son hypothèse, mais inexact. Notre compilateur, au contraire, lui substitue une loi conforme à l'observation :

« Pendant que la Lune croît, voici de quelle façon se comporte l'Océan : Le premier jour de l'accroissement de la Lune, il se produit un flux plus copieux que de coutume ; le flux atteint alors son maximum d'abondance ; mais le second jour, il diminue et descend ainsi jusqu'au septième jour ; puis il croît pendant sept jours, en sorte qu'au quatorzième jour il atteint de nouveau son maximum de plénitude ; la mer atteint donc toujours sa plus grande plénitude à la pleine lune et aussi à la nouvelle lune. » Bathélemy, qui cite souvent Bède, a pu lui emprunter cette connaissance exacte de la période mensuelle des marées.

Vincent de Beauvais traite de la marée avec grand désordre en deux endroits de son *Miroir de la Nature.* Il commence [1] par reproduire fort exactement l'opinion de Guillaume de Conches sur la période mensuelle de la marée. C'est quatre chapitres plus loin [2] que nous trouvons la théorie du même auteur sur les flux et les reflux de chaque jour ; Vincent y joint un fragment qu'il emprunte à Isidore de Séville, un autre qu'il tient de Pline, un troisième qu'il tire du *De imagine mundi.* Le chapitre suivant [3] résume l'exposition d'Abou Masar.

D'autres maîtres, au XIIIe siècle, lorsqu'ils voulaient être informés du phénomène des marées et en informer leurs disciples, se contentaient de lire et de résumer ce qu'Albert le Grand en avait écrit.

Parmi les *Quolibets* collectivement réunis sous les deux noms d'Henri de Bruxelles et d'Henri l'Allemand [4], se trouve une question relative au flux et au reflux de la mer. Une série de ces questions commence, en effet, en ces termes [5] :

« *Questiones fuerunt facte primo; plures quidem erant circa* [6] *corpora elementaria, et fuerunt due.*

1. VINCENTII BURGONDI EPISCOPI BELLORACENSIS *Speculum naturale*, liv. V, cap. XIV.
2. VINCENTII BURGONDI *Op. land.*, lib. V, cap. XVIII.
3. VINCENTII BURGONDI *Op. land.*, lib. V, cap. XIX.
4. Voir : Quatrième partie, ch. VII, § II, t. VI, p. 537-538.
5. Bibliothèque Nationale, fonds latin, ms. n° 16089, fol. 55, col. b.
6. Le texte porte : *Contra.*

» *Prima fuit de aëre, et fuit utrum aëris rubedo de nocte apparens sit signum serenitatis.* »

Des deux questions annoncées, la seconde vient un peu plus loin [1] ; elle est ainsi formulée : « La seconde question concernait l'élément de l'eau ; elle était la suivante : Est-ce que la mer flue et reflue ? — *Secunda fuit* [2] *circa elementum aque, et fuit utrum mare fluat et refluat.* »

« Pour traiter de cette question, déclare l'auteur [3], il faut, tout d'abord, poser en principe, comme le dit Albert au livre *De proprietatibus elementarum*, que le Soleil, la Lune et les autres astres ont principat et possèdent domaine sur les choses d'ici-bas ; il est des actions qu'ils produisent par leur mouvement et par leur vertu ; mais il est d'autres actions qu'ils exercent par leurs rayons. Le Soleil et la Lune opèrent d'une façon manifeste sur les choses d'ici-bas ; [le Soleil] nous regarde davantage en été qu'en hiver, pendant le jour que pendant la nuit ; aussi la chaleur est-elle plus grande... »

Ce préambule précède un résumé de ce qu'Albert, dans son traité *De causis proprietatum elementorum*, avait dit du flux et du reflux de la mer. C'est donc là qu'à la fin du XIIIe siècle, certains maîtres ès-arts de Paris, allaient puiser toute leur connaissance des marées.

Saint Thomas d'Aquin a fort peu parlé de la marée, mais il lui est arrivé d'émettre, à ce sujet, des réflexions qui ne répétaient aucunement les propos d'autrui.

Il n'y a pas grande originalité dans les quelques lignes qu'au sujet du flux et du reflux, contiennent les *Commentaires aux Météores d'Aristote.* « L'eau de la mer, lisons-nous dans ces *Commentaires* [4], se meut souvent dans un sens, puis dans un autre ; c'est surtout une conséquence du mouvement de la Lune, car, en vertu de sa nature particulière, cet astre a pour rôle de mettre en mouvement les choses humides ; dans une mer ample et vaste, cet ébranlement de l'eau n'est pas manifeste ; mais là où le resserrement des terres ne laisse à la mer qu'un étroit espace, ce mouvement devient plus apparent. »

C'est dans son opuscule *Sur les œuvres occultes de la Nature*

1. Ms. cit., fol. 55, col. b.
2. Ici le texte porte le mot : *utrum*, qui doit être biffé.
3. Ms. cit., fol. 55, col. c.
4. S. THOMÆ AQUINATIS *In libros meteorologicorum Aristotelis commentaria;* lib. II, lect. I.

que Saint Thomas étudie avec plus de précision l'action de la Lune sur les eaux de la mer [1].

« Qu'un agent inférieur, dit-il, agisse ou soit mû par la vertu d'un agent supérieur, cela peut être de deux façons.

» D'une première manière, l'action procède de l'agent inférieur selon une certaine forme ou vertu qui lui a été imprimée par l'agent supérieur ; ainsi la Lune éclaire grâce à la lumière qu'elle a reçue du Soleil.

» D'une autre façon l'agent inférieur agit par la seule vertu de l'agent supérieur, sans avoir reçu lui-même, pour exercer cette action, aucune vertu ; il est simplement mû par le mouvement de l'agent supérieur. Ainsi en est-il quand un charpentier emploie une scie à couper du bois ; la section du bois est, principalement, action de l'ouvrier ; elle est action de la scie d'une manière secondaire, en tant que cette scie est mise en mouvement par l'ouvrier ; cette action de la scie ne résulte pas d'une certaine forme ou vertu qui demeurerait dans la scie après que l'ouvrier aurait cessé de la mouvoir.

» Si donc un corps élémentaire participe à quelque action ou mouvement grâce aux agents supérieurs, cela ne peut être que de l'une des deux manières susdites ; ou bien cette action doit être la conséquence de quelque forme ou vertu imprimée dans le corps élémentaire par les agents supérieurs ; ou bien cette action résulte simplement de la mise en mouvement du corps élémentaire par les dits agents.

» Les agents supérieurs, qui sont au-dessus de la nature des éléments et de leurs composés, ce ne sont pas seulement les corps célestes ; ce sont aussi les substances séparées supérieures. De celles-ci comme de ceux-là proviennent des actions qui portent sur les corps d'ici-bas, qui ne procèdent point de quelque forme imprimée dans ces derniers corps, mais seulement de la mise en mouvement de ceux-ci par les agents supérieurs.

» Lorsque l'eau de la mer flue et reflue, elle est douée d'un mouvement ; ce mouvement n'est pas naturel à l'élément de l'eau *(prœter proprietatem elementi)*; il provient de la vertu de la Lune ; il n'en provient pas par l'intermédiaire de quelque forme qui serait imprimée à l'eau ; mais il provient simplement d'une force motrice *(motio)* de la Lune, d'une force par laquelle la Lune met l'eau en mouvement. »

1. S. Thomæ Aquinatis *Opuscula*. Opusc. XXXIV : *De occultis operibus naturæ, ad quendam militem.*

Pour bien voir quelle portée a cette doctrine de Saint Thomas, il la faut comparer à l'adage que nous avons entendu formuler par Guillaume d'Auvergne, par Albert le Grand, par Barthélemy l'Anglais : La Lune meut la mer comme la pierre d'aimant meut le fer.

Rappelons-nous la théorie, très conforme à la nôtre, si l'on en veut bien traduire l'expression, qu'Averroès, et tous les Scolastiques après lui, donnaient de l'action de l'aimant sur le fer [1]. L'aimant imprime une certaine qualité à l'air qui l'environne ; cette qualité se propage dans l'air jusqu'au morceau de fer ; celui-ci prend, à son tour, une qualité semblable, et c'est en vertu de cette qualité que le morceau de fer se dirige vers la pierre d'aimant. Qu'on donne à cette qualité le nom de polarisation magnétique et l'on retrouvera la notion des actions magnétiques, telles que nous avons accoutumé de la concevoir.

Saint Thomas d'Aquin ne veut pas que l'on conçoive de cette façon l'action de la Lune sur les eaux de la mer. Pour mettre ces eaux en mouvement, la Lune n'a aucun besoin d'y produire, d'y imprimer quelque qualité analogue à la polarisation magnétique que le fer induit dans l'aimant ; sans le secours d'aucune forme ou vertu de ce genre, la Lune applique aux eaux de la mer une force motrice.

La pensée de Saint Thomas n'est-elle pas, elle aussi, très moderne ? N'a-t-il pas clairement aperçu et marqué la distinction que nous établissons entre les attractions électriques et magnétiques, d'une part, qui supposent l'électrisation ou l'aimantation par influence du corps primitivement à l'état neutre, et l'attraction de gravitation, d'autre part ?

Au Moyen-Age, on ne remarqua pas la clairvoyance extraordinaire dont Saint Thomas d'Aquin avait fait preuve ; on ne trouvait, en effet, à cette époque, rien qui signalât l'importance de la distinction qu'il avait établie ; la comparaison avec l'attraction magnétique demeura longtemps la moins inexacte de celles auxquelles on recourait lorsqu'on voulait rendre compte de l'action de la Lune sur les eaux de la mer.

Parmi les opuscules de Saint Thomas d'Aquin, on trouve un petit traité qui a pour titre : *Du destin*. Ce traité est apocryphe [2]

1. Voir : Première partie, ch. IV, § XVII ; t. I, p. 238-239.
2. P. MANDONNET, O. P., *Des écrits authentiques de Saint Thomas d'Aquin*, p. 96 et p. 130 (Extrait de la *Revue Thomiste*, 1909-1910).

et l'auteur n'en est point connu avec certitude ; un manuscrit du XIVe siècle, conservé à la Bibliothèque Sainte-Geneviève, l'attribue à Albert le Grand [1]. Ce petit écrit tient, au sujet de la période mensuelle de la marée, un langage que nous n'avons pas entendu jusqu'ici et qui mérite, par là, d'être rapporté.

« La Lune [2] domine le mois, dont la révolution mesure les conceptions et les grossesses, dit Aristote. La Lune, en effet, est un second Soleil, car elle reçoit sa lumière du Soleil ; aussi ce que le Soleil fait en un an, elle le fait en un mois. Depuis l'instant où elle commence à croître, jusqu'au premier quartier, elle est chaude et humide comme le printemps. Du premier quartier à la pleine-lune elle est chaude et sèche comme l'été. De la pleine-lune au dernier quartier, elle est froide et sèche comme l'automne. Enfin du dernier quartier à la conjonction, elle est froide et humide comme l'hiver.

» Que la Lune soit naturellement apte à mettre en mouvement la substance humide, cela se voit d'une manière évidente par le flux et le reflux de la mer ; en effet, dans la demi-lunaison, qui est de quatorze [3] jours, la marée, tant par son ascension que par sa descente, revient au terme de son cycle *(redit [4] ad circulum)*. Si, un certain jour, le flux de la mer est minimum, il reviendra, le quatorzième [5] jour, au même degré de petitesse. En effet, bien qu'en la demi-lunaison, la Lune parcourt seulement la moitié de son cercle, le mouvement de l'auge [de l'excentrique], courant en sens contraire, accomplit, pour son compte, une autre demi-révolution ; chaque mois, en effet, la Lune se trouve deux fois à l'auge [de l'excentrique] ; elle y est au moment de l'opposition et au moment de la conjonction. »

De ce que la marée admet sensiblement pour période la durée de la demi-lunaison, notre auteur, qui n'en peut soupçonner la véritable cause, cherche la raison dans ce fait que cette même durée suffit au centre de l'épicycle de la Lune pour parcourir en entier son déférent excentrique ; il eût pu concevoir un plus sot rapprochement.

Ce rapprochement était également admis par un traité d'Astro-

1. P. MANDONNET, *Op. laud.*, p. 130.
2. S. THOMÆ AQUINATIS *Opuscula;* Opusc. XXVIII : *De fato;* art. IV : An fatum sit scibile.
3. Le texte, très fautif, porte : *novem*, sans doute par suite d'une erreur de copiste qui a lu VIIII au lieu de XIIII.
4. Le texte porte : *recedit.*
5. Ici le texte porte exactement : *quarta decimadée.*

logie météorologique, dont nous ignorons l'auteur, mais dont la doctrine nous a été conservée par Firmin de Belleval.

Nous avons dit [1] que Firmin de Belleval avait, au voisinage de l'an 1320, écrit un ouvrage spécialement consacré à la prédiction, par le moyen des astres, des divers phénomènes météorologiques. Cet ouvrage était intitulé *Tractatus de mutatione aëris, Traité des changements de l'atmosphère;* mais, bien souvent, on le désignait ainsi : *Colliget Astrologiæ.* Firmin de Belleval avait bien moins fait œuvre d'auteur original que de compilateur soigneux à recueillir les opinions d'autrui. Il ne s'en était pas caché, d'ailleurs, et s'était, tout au contraire, appliqué à faire connaître les sources auxquelles il avait puisé.

La sixième partie du *Colliget Astrologiæ* avait pour objet [2] : « Les jugements sur les changements de l'air tirés des conjonctions et aspects de la Lune à l'égard des autres étoiles, des conjonctions et aspects des autres étoiles les unes à l'égard des autres, enfin de la présence de la Lune et des autres étoiles, avec le Soleil, dans certains signes du Zodiaque. »

Au premier chapitre de cette partie, Firmin de Belleval nous annonce [3] qu'il va nous donner « quelques extraits d'un petit livre qui est ainsi intitulé : *Ad pronosticandum diversam aëris dispositionem.* » Parmi ceux de ces extraits [4] qui concernent la Lune, nous lisons ce qui suit : « Par nature, dit-on, la Lune est modérément froide et humide au suprême degré ; aussi couve-t-elle l'humidité comme le Soleil couve la chaleur, bien que le Soleil ne soit chaud que de la façon la plus tempérée...

» Cet auteur dit ensuite que tout astre errant opère avec plus de force sur les choses d'ici-bas, lorsqu'il est en la partie supérieure de son déférent que lorsqu'il se trouve en la partie inférieure ; dans le premier cas, en effet, le mouvement que cet astre accomplit par la révolution diurne est plus vite que dans le second cas.

» Que, dans ce cas-ci, l'astre errant se meuve plus vite par suite de la révolution diurne, cet auteur le prouve par la raison suivante : Le parallèle ou le cercle parallèle à l'équateur *(æquatorialis)* que décrit cet astre est plus grand et plus distant

1. Voir : Seconde partie, ch. V, § X, p. 313-314, t. III ; et : ch. VIII, § VII, p. 41-42, t. IV.
2. *Tractatus* FIRMINI DE BELLAVALLE *de mutacione aëris dictus colliget astrologie* [Procœmium]. Bibliothèque Nationale, fonds latin, ms. nº 7482, fol. 35, rº et vº.
3. FIRMINI DE BELLAVALLE *Op. laud.*, pars V, cap. I ; ms. cit., fol. 131, rº.
4. FIRMIN DE BELLEVAL, loc. cit., ms. cit., fol. 131, vº, fol. 132, rº et vº.

de son centre, lorsque l'astre est à l'auge du déférent que lorsqu'il est à l'opposé de l'auge ; dès lors, comme l'astre, dans une égale partie du temps, parcourt un plus grand espace, il se meut plus vite au mouvement de révolution diurne.

» Or, selon les philosophes et les astronomes, c'est en raison du mouvement des corps supérieurs que sont mues les choses d'ici-bas ; il semble donc que ces choses doivent se mouvoir davantage lorsque le mouvement d'un astre est plus considérable ou plus vite.

» Cela se remarque, d'ailleurs, d'une façon bien apparente, car les végétaux croissent lorsque le Soleil approche de l'auge, et il en est, au contraire, lorsqu'il s'éloigne de l'auge.

» Mais cela se montre surtout dans les effets de la Lune. A chaque conjonction et à chaque opposition de la Lune avec le Soleil, le flux de la mer est maximum ; cela provient de ce que la Lune se trouve alors à l'auge de son déférent. Au contraire, lorsque la Lune est en quadrature avec le Soleil, le flux est minimum ; or, à ce moment, la Lune est à l'opposé de l'auge.

» Remarquez qu'au moment où la Lune se lève, les eaux se rassemblent de toutes parts ; elles s'accumulent et se soulèvent comme pour se diriger vers leur cause et leur origine ; et ce soulèvement ne cesse de se produire jusqu'au moment où la Lune atteint le méridien. Une fois que la Lune se trouve au méridien, le gonflement des eaux diminue ; l'eau se soulève du côté opposé, où s'engendre une intumescence toute semblable. Voilà la raison pour laquelle, en chaque jour naturel, il y a deux flux. Il y a donc ainsi un bourrelet d'eau qui se tient sans cesse dirigé vers la Lune, et qui se meut d'Orient en Occident de même façon que la Lune. »

Dans le traité d'où le passage a été extrait, nous trouvons des vives-eaux et des mortes-eaux, l'explication que l'opuscule *De fato* nous avait fait connaître ; mais nous l'y trouvons sous une forme bien plus détaillée et bien plus complète; il est bien vraisemblable que l'opuscule *De fato* avait tiré cette théorie de l'écrit que Firmin de Belleval devait consulter à son tour.

Firmin de Belleval d'ailleurs, ne se montre point disposé à suivre l'enseignement de cet écrit ; il lui adresse des objections où il se montre parfois, fort peu instruit des choses de la marée.

« On peut douter, écrit-il [1], qu'un astre errant se meuve plus

1. Firmin de Belleval, loc. cit. ; ms. cit., fol. 133, r° et v°.

vite du mouvement diurne lorsqu'il est à l'auge que quand il se trouve à l'opposé de l'auge ; il semble que non ; car plus vite il se meut de son mouvement propre, plus lentement il se meut du mouvement diurne, puisque ces deux mouvements sont en sens contraires. Donc, etc.

» De même on peut douter qu'un astre influe davantage sur les choses d'ici-bas quand il est à l'auge ; il semble que non ; c'est par sa lumière, en effet, qu'il agit ; lors donc que son corps paraît plus petit, il en doit être de même de son influence.

» L'exemple tiré du Soleil semble prouver le contraire de ce qu'on en tire. Je dis, en effet, que la croissance des herbes ne provient pas de ce que le Soleil approche de l'auge, mais de ce qu'il approche du zénith de nos têtes.

» Enfin, cet auteur paraît mal dire lorsqu'il prétend que les eaux coulent à l'opposé de la Lune et qu'il se produit une intumescence de ce côté-là ; en effet, comme la Lune est, pour ainsi dire, la mère des choses humides, il semble qu'il ne doive pas y avoir de gonflement de l'eau à l'opposé de la Lune, mais seulement dans la direction de la Lune. »

Sans doute, selon les théories astrologiques, il semble qu'il en devrait être ainsi ; mais en fait, il n'en est pas ainsi ; en opposant à leurs explications un démenti aussi flagrant, la nature met les astrologues dans un cruel embarras.

III

BRUNETTO LATINI. — PIERRE D'ABANO

Avant d'exposer la tentative faite par Robert Grosse-Teste pour résoudre cette embarassante question, nous allons, sur les marées, rapporter les propos de deux Italiens qui furent, successivement, hôtes de la France ; nous voulons parler de Brunetto Latini et de Pierre d'Abano ; ces propos ne seront que l'écho des enseignements répandus autour de ces deux hommes.

Brunetto Latini[1] naquit à Florence en 1230 ; il se maria en 1260, avant de se rendre en Espagne pour y remplir une mission auprès d'Alphonse X. A Florence, sa science était réputée ; il eut l'honneur d'avoir pour élèves Guido Cavalcanti et Dante Alighieri. Dès 1253, on le voit mêlé au gouvernement de Florence. Mais, après que Manfred eut, le 4 septembre 1260, défait les troupes florentines près de Monte Aperti, les principaux chefs du parti guelfe durent s'exiler. Brunetto Latini se rendit en France. La tradition l'amène à Paris ; mais de ce séjour dans la capitale du Royaume, on ne possède aucune preuve authentique. Dans un de ses écrits, *Il Tesoretto*, Brunetto parle de Montpellier ; c'est la seule ville de France qui soit nommée par lui.

On ne sait pas exactement combien dura l'exil de Brunetto Latini ; pour rentrer dans sa patrie, il dut sans doute attendre la mort de Manfred qui fut tué à la bataille de Bénévent le 26 février 1266. Dès l'année 1269, nous le retrouvons à Florence avec son ancien titre de secrétaire des conseils de la République ; il ne cesse de jouer un rôle important dans le gouvernement florentin jusqu'à sa mort, survenue en 1294.

C'est en France et en français que Brunetto Latini, qui donnait lui-même à son nom la forme française : Brunet Latin, a rédigé son grand ouvrage : *Le Trésor*.

Il a soin de nous apprendre que son livre fut fait sur la terre d'exil. « Li Florentin, dit-il[2], sont touz jors en guerre et en descort... De ce doit maistres Brunez Latins savoir la vérité, car il en est nez, et si estoit en essil lorsqu'il compila ce livre, por l'achoison de la guerre as Florentins. »

Pourquoi *Le Trésor* fut écrit en français, ou, comme on disait alors, en romans, il nous l'enseigne également[3] :

« Et se aucuns demandoit por quoi cist livres est escriz en romans, selonc le langage des Francois, puisque nos somes Ytaliens, je diroie que ce est por II raisons ; l'une, car nos

1. *Li Livres dou Tresor par* Brunetto Latini. *Publié pour la première fois d'après les manuscrits de la Bibliothèque Impériale, de la Bibliothèque de l'Arsenal et plusieurs manuscrits des départements et de l'étranger par* P. Chabaille. Paris, 1863. *(Collection des Documents inédits sur l'Histoire de France. Première Série. Histoire Littéraire.)* — Les renseignements biographiques que nous donnons sur Brunetto Latini sont tous tirés de l'Introduction composée par P. Chabaille.

2. Brunetto Latini, *Li Tresors,* livre I, partie I, ch. XXXVII ; éd. cit., p. 46.

3. Brunetto Latini, *Li Tresors,* livre I, partie I, ch. I ; éd. cit., p. 3.

somes en France ; et l'autre porce que la parleure est plus delitable [1] et plus commune à toutes gens. »

Le Trésor fut bientôt transcrit dans tous les dialectes de France ; de bonne heure aussi une traduction italienne en fut donnée.

Histoire, Physique, Astronomie, Géographie, Zoologie, Psychologie, Morale, Rhétorique, Logique, Politique, toutes les sciences sont successivement exposées dans la langue simple et limpide que parle Brunetto Latini. Dans cette encyclopédie, l'homme curieux qui n'était pas clerc trouvait maint renseignement capable d'étancher sa soif de connaître. Mais le clerc n'y devait pas chercher de pensées nouvelles. *Le Trésor* n'est qu'une compilation, et l'auteur nous le déclare avec modestie [2] :

« Et si ne di je pas que cist livres soit estrais de mon poure [3] sens, ne de ma nue Science ; mais il est autressi comme une bresche de miel cueillie de diverses flors ; car cist livres est cõmpilés seulement de mervilleus diz des autors qui devant nostre tens ont traité de philosophie, chascun selonc ce qu'il en savoit partie. »

A ce travail de compilation, Brunetto Latini n'était pas toujours fort bien préparé ; il était probablement fort ignorant en mathématiques ; de là les lourdes bévues qu'on peut relever dans son Astronomie.

Voici, par exemple, ce qu'il nous dit du cours de Saturne [4] :

« Saturnus, qui est le soverains sur touz,... va par tous les XII signes en I an et XIII jors. Et sachiez que, à la fin de cel tens, ne revient-il pas au leu [5] ne au point meismes dont il estoit meuz, ains retorne à l'autre signe après, où il recommence sa voie et son cours ; et ainsi fait touzjors jusqu'à XXX ans, po mains [6]. Lors s'en vient au point meisme dont il s'estoit meuz au premier jor don premier an, et refait son cours comme devant. Et porce puet chascuns entendre que Saturnus parfait et accomplit son cours en XXX ans, po s'en faut, en tel manière que il revient au premier point dont il s'esmut. »

Evidemment, notre auteur a pris la révolution synodique, la révolution par laquelle Saturne décrit son épicycle, pour une révolution qui ferait parcourir à la planète les douze signes du

1. Délitable = délectable.
2. BRUNETTO LATINI, loc. cit. ; éd. cit., p. 2-3.
3. Poure = pauvre.
4. BRUNETTO LATINI, *Li Tresors*, livre I, partie III, ch. CXI ; éd. cit., p. 128-129.
5. Leu = lieu.
6. Po mains = un peu moins.

Zodiaque ; de là les deux durées qu'il attribue à la révolution de Saturne ; on lui avait sans doute expliqué comment la marche directe de cette planète se change, à certains moments, en marche rétrograde ; c'est un souvenir de cet enseignement incompris que nous trouvons dans le passage confus que nous venons de rapporter.

Chaque planète fournit à notre auteur l'occasion de confusions semblables. Il nous dit, par exemple, que Jupiter « va par tous les XII signes en II ans et I mois et XXX jors, et parfet et accomplist son cours en XXII [1] anz et demi, po s'en faut. » Il nous dit que « Solaus... va par les XII signes en I an et VI h. ; mais son cours parfait en XXVIII [2] anz, pou s'en faut. »

Brunetto nous dit [3], un peu plus loin, comment il entend ce « cours parfait » du Soleil.« Quant li Solaus a fait VII bisextes en son cours, en tel manière que chascun jor de la semaine a esté en bisexte, lors a li Solaus tout son cours accompli enterinement, et torne à son premier point et par ses premières voies ; et por ce fu dit çà en arrières que il parfait son cours en XXVIII ans ; car lors il a fait VII bisextes. »

« M'insegnavate come l'uom s'eterna » dit Dante [4] en parlant de son Maître. Pour connaître les mouvements du ciel, l'auteur du *Convito* et du *Paradis* ne s'est pas contenté des leçons de Brunetto Latini ; il a pris soin de lire le traité d'Al Fergani ; en cette circonstance, il a été fort bien inspiré.

D'un auteur si peu versé aux choses de l'Astronomie, nous ne pouvons attendre, sur les marées, des renseignements fort détaillés ni fort précis ; nous en recevrons, cependant, quelques indications intéressantes.

Il nous apprend [5] que, dans la mer des Indes, les marées sont de grande amplitude : « Et sachiez que ès parties de Inde, ceste mer croist et descroist merveilleusement et fait grandismes floz. » Ce lui est occasion de rapporter ce que les savants ont dit, en général, de la cause du flux et du reflux : « Et sor ce, se doutent li sage porquoi ce est que la mer Océane fait ces floz et mande les et puis les retrait grande pièce, et les retrait II foiz seulement entre nuit et jor sans définer. »

Du flux et du reflux de l'Océan, une explication avait été

1. Les divers manuscrits portent : II ans.
2. Les manuscrits donnent : XVIII ans.
3. Brunetto Latini, *Li Tresors*, livre I, partie III, ch. CXII ; éd. cit., p. 130.
4. Dante Alighieri, *Inferno*, cant. XV, v. 85.
5. Brunetto Latini, *Li Tresors*, livre I, partie IV, ch. CXXV ; éd. cit., p. 172.

donnée, qui est la suivante : Le Monde est vivant ; c'est un animal immense ; le mouvement qui, d'une alternance régulière, gonfle, puis déprime le niveau des mers, c'est la respiration de cet être animé.

Cette explication fabuleuse remonte probablement à une haute antiquité. Plusieurs savants de l'Islam, et non des moindres, l'avaient accueillie avec faveur ; Massoudi, Kazwînî, Scems-ed-Dîn [1], citent, sans les repousser, cette hypothèse ou des hypothèses analogues.

L'idée de voir dans la marée une sorte de respiration de notre globe n'a guère trouvé d'accueil dans la Scolastique latine. Brunetto Latini la connaît ; mais il a le bon sens de la rejeter pour rapporter le flux et le reflux à l'action de la Lune.

« Li un, écrit-il [2], dient que li mondes a âme, à ce qu'il est fait des IV élémenz, et por ce covient que il ait esperit [3], et dient que cil esperis a ses voies au parfant de la mer, par où il aspire aussi comme l'ome fait par les narilles ; et quant il aspire hors et ens [4], il fait lès aigues [5] de mer aller sus et retraire arrière, et revient selon que ses aspiremenz va ens et hors.

» Mais li astronomien dient que ce n'est, se por la Lune, non [6] ; à ce que on voit les floz croistre et apetisier selonc la croissance et descroissance de la Lune, de VII en VII jors que la Lune fait ses IV voultes [7] en XXVIII jors par les IV quartiers de son cercle. »

Brunetto connaît la période mensuelle de la marée ; c'est dans cette période qu'il voit la preuve de l'action que la Lune exerce sur cet effet ; il ne paraît pas savoir que cette preuve se peut aussi déduire du lien qui existe entre la période diurne de la marée et le mouvement quotidien de la Lune.

C'est seulement d'une manière accessoire que Pierre d'Abano parle des marées ; il est médecin ; ce qui l'intéresse avant tout, c'est l'action que la Lune exerce sur les humeurs du corps humain ; le désir de mieux connaître cette action le presse seul de considérer l'effet du même astre sur le flux et le reflux de l'Océan.

1. ROBERTO ALMAGIA, *La Dottrina della Marea nell' Antichita classica e nel Medio Evo.* (*Memorie della R. Accademia dei Lincei*, Serie 5ª, Classe di Scienze matematiche, fisiche e naturali, vol. V, 1905, p. 444, p. 450-451.)
2. BRUNETTO LATINI, loc. cit.
3. Esperit = esprit, souffle.
4. Ens = en dedans.
5. Aigues = eau.
6. C'est-à-dire : Que ce n'est point, si ce n'est pour cause de la Lune.
7. Voultes = changements de face.

« Le conflux [des humeurs], dit-il [1] est un mouvement par lequel la nature, avec les humeurs et la chaleur, se retire des régions périphériques vers le centre, et se dilate ensuite de celui-ci vers celles-là. Il a une suffisante ressemblance avec le mouvement d'accès et de recès que la Lune cause dans l'eau. L'eau se répand, en effet, du milieu vers ce qui se trouve au dehors ; c'est ce qui arrive, tandis que la Lune progresse du point où elle se lève jusqu'au milieu du ciel ; puis elle rentre en elle-même jusqu'au moment où la Lune atteint le point où elle se couche ; elle recommence son mouvement d'expansion comme auparavant jusqu'au moment où la Lune passe la partie du méridien qui se trouve sous la terre ; à partir de ce moment, elle revient en elle-même comme précédemment. Or il est dit au *Centiloquium* [de Ptolémée] : Les humidités des corps croissent pendant le premier quart de la lunaison et décroissent dans le second ; il en est semblablement dans les deux autres quarts. »

A ces indications très générales, Pierre joint quelques renseignements sur les circonstances qui gênent ou favorisent la marée ; ces renseignements, il n'en dissimule pas l'origine ; il les emprunte, dit-il, à l'*Introductorium* d'un auteur qu'il nomme tantôt Albumasar et tantôt Geofar ; cet auteur, c'est Abou Masar Gâfar.

Les Padouans ne purent donc, de leur célèbre docteur, Pierre d'Abano, rien apprendre d'important au sujet de la marée. C'est chez eux, cependant, que la théorie du flux et du reflux fera de nouveaux et importants progrès. De ces progrès, l'initiateur sera Giacomo ou Jacopo Dondi dall'Orologio, qui naquit à Padoue, en 1298, au moment où Pierre d'Abano travaillait à ses vastes compilations. De Jacopo Dondi date, pour la doctrine des marées, une ère qui comprend une grande partie du seizième siècle. Aussi ne parlerons-nous de l'œuvre de cet auteur qu'au moment où nous étudierons la science italienne de la Renaissance.

Pour le moment, nous allons poursuivre l'examen des tâtonnements par lesquels les maîtres de la Scolastique s'efforçaient de rendre raison du flux et du reflux.

1. Petri de Abano *Conciliator differentiarum;* differentia 88.

IV

ROBERT GROSSE-TESTE ET SES DISCIPLES : ROGER BACON, PIERRE D'AUVERGNE, LES PREMIERS SCOTISTES

L'opuscule *Sur le destin*, faussement attribué à Saint Thomas d'Aquin, nous a montré les astrologues du Moyen Age aux prises avec cette loi, qu'il leur était difficile de justifier : La nouvelle Lune détermine de vives eaux aussi bien que la pleine Lune. Il est une autre proposition qui ne les embarrassait pas moins, et c'est celle-ci : La mer atteint son plein en un lieu aussi bien, lorsque la Lune passe au méridien au-dessus de l'horizon de ce lieu que lorsqu'elle passe au méridien au-dessous de l'horizon. De cette vérité d'expérience, nous allons entendre Robert Grosse-Teste proposer une explication qui trouvera faveur auprès de nombreux scolastiques.

Pour l'Évêque de Lincoln comme pour Guillaume d'Auvergne et, surtout, comme pour Albert le Grand, le flux est une ébullition de la mer provoquée par les rayons lumineux de la Lune.

Dans un de ses opuscules, Robert Grosse-Teste enseignait [1] que le Soleil n'est pas chaud par nature, mais que la chaleur est engendrée par la condensation et la réfraction des rayons solaires au sein des corps d'ici-bas.

Il montrait comment la lumière du Soleil, « en se condensant dans la profondeur de l'eau, échauffe cette eau, et l'échauffe à tel point qu'elle ne peut plus demeurer sous la nature de l'eau et qu'elle finit par passer à la nature de l'air ; mais la nature de l'air ne saurait demeurer perpétuellement au-dessous de l'eau ; l'air monte donc à la surface de l'eau dans une bulle que forme cette même eau...

» Si l'on veut constater d'une manière sensible cette ascension des bulles, qu'on mette de l'eau très claire dans un plat de cuivre bien net ; par l'effet de la chaleur du feu qui a été disposé sous ce plat, on verra manifestement les bulles se former et monter ; ici et là, en effet, les bulles sont engendrées de la même manière. »

1. ROBERTI LINCONIENSIS *Tractatus de impressionibus elementorum* (ROBERTI LINCONIENSIS *Opuscula*, Venetiis, 1514, fol. 9, col. b et c.).

C'est aussi de la même manière que les rayons de la lumière lunaire produisent cette ébullition de la mer qui constitue le flux [1].

« Lorsque la Lune se lève sur la mer d'un certain lieu, ses rayons sont plus longs ; les pyramides que forment ces rayons sont moins droites, elles tombent plus obliquement, elles se réfléchissent moins et se réfractent davantage ; en un mot, elles sont plus débiles qu'à l'heure où la Lune monte au milieu du ciel. Alors les rayons ont des lignes plus courtes ; leurs pyramides sont plus droites, elles tombent davantage à angles égaux, elles sont plus perpendiculaires, elles se réfléchissent davantage et se réfractent moins, comme le voit quiconque en prend la peine ; elles opèrent donc avec plus de force. »

Cette Géométrie et cette Optique également médiocres ont pour but de justifier ce qui suit :

« Lorsque la Lune se lève, ses rayons sont faibles ; tout ce qu'ils peuvent faire, c'est d'amener au fond de la terre et de l'eau un dégagement de vapeurs et d'élever ces vapeurs au sein de la masse de la mer ; mais ils ne peuvent ni consommer ses vapeurs ni les dégager complètement à l'air ; ces vapeurs chassent alors les eaux de la mer de la place qu'elles occupent, car ce sont des corps, et elles ne peuvent coexister en un même lieu avec d'autres parties corporelles ; elles engendrent alors, dans la masse de la mer, des bulles et des bouillons *(tumores)* ; la mer est alors en flux.

» Mais lorsque la Lune monte vers le milieu du ciel, la force de ces rayons lui permet de consommer ces vapeurs qui se sont formées au sein de l'eau, de les élever jusqu'au contact de l'air et d'en déterminer le dégagement. Lorsqu'elle atteint le méridien, elle a complètement consommé et extrait ces vapeurs ; la cause cessant d'agir, l'effet, lui aussi, prend fin, et les eaux de la mer reviennent à leur lieu naturel, afin qu'il ne se produise pas d'espace vide.

» Lorsqu'il y a flux dans un des quartiers du Monde, il y a également flux dans le quartier opposé. »

Bien des gens se sont efforcés de rendre raison de cette proposition difficile en disant que les quartiers opposés du Monde sont de même composition et produisent, par conséquent, les mêmes effets. Mais cette raison est défectueuse. D'abord, elle

1. ROBERTI LINCONIENSIS *Tractatus de natura locorum* (ROBERTI LINCONIENSIS *Opuscula*, éd. cit., fol. 11, col. e).

est fausse ; car certaines constellations se trouvent dans un des quartiers du Monde qui ne se trouvent pas dans l'autre ; en outre lorsqu'un astre errant se trouve dans un des quartiers, du Monde, entre cet astre et l'autre quartier, la terre est interposée. En second lieu, lors même qu'elle serait vraie, elle impliquerait pétition de principe ; il faudrait assigner, en effet, la cause en vertu de laquelle les quartiers opposés sont de même composition et, partant, de même effet.

» Je dis donc que la réflexion des rayons nous donne la solution de cette difficulté. Les rayons lunaires, en effet, se propagent jusqu'au ciel des étoiles fixes ; or ce ciel est un corps dense, car nous ne pouvons apercevoir au travers le ciel [suprême], bien que celui-ci soit très lumineux comme le disent Al Bitrogo *(Albitragius)* et Messahalla ; les rayons lunaires, réfléchis par le ciel des étoiles fixes, tombent sous des angles égaux sur le quartier opposé [à celui où se trouve la Lune]. »

Robert Grosse-Teste montre alors comment on peut, soit au moyen d'un miroir concave, soit au moyen d'un vase sphérique plein d'eau former une image réelle du Soleil. Bien qu'il l'ait énoncée avec la concision qu'il affectionne, l'hypothèse qu'il a conçue s'aperçoit très clairement ; lorsque la Lune se trouve au-dessus d'un hémisphère de la Terre, les rayons de cet astre, réfléchis par le ciel des étoiles fixes, forment une image réelle de la Lune au-dessus de l'autre hémisphère terrestre, et cette image réelle a, sur eaux de la mer, la même action que la Lune elle-même.

Cette hypothèse de l'Évêque de Lincoln reçut un accueil très favorable de la part de nombreux physiciens du Moyen Age et, en premier lieu, de Roger Bacon. Celui-ci écrit dans son *Opus majus* [1] :

« Albumasar, dans l'*Introductorium majus Astronomiæ*, détermine toutes les diversités du flux et du reflux ; il dit ce qui advient chaque jour et chaque nuit selon que la Lune se trouve en telle ou telle partie de son cercle, en telle ou telle position à l'égard du Soleil. Mais, de tout cela, il ne nous donne pas la cause ; il nous dit seulement que la Lune en est cause, qu'il y a flux quand la Lune est en tel lieu ; reflux quand la Lune est en tel autre lieu. »

1. Fr. Rogeri Bacon *Opus majus*, pars IV, dist. IV, cap. VI: In quo datur causa fluxus et refluxus maris per radios ; éd. Jebb, p. 85-86 ; éd. Bridges, vol. I, p. 139-142.

Bacon se propose donc de faire ce qu'Albumasar n'a poin- fait ; or, ce qu'il n'a pas trouvé dans l'*Introductorium* de l'astrologue arabe, il le demande à Robert Grosse-Teste ; il reproduit si fidèlement la théorie de celui-ci que des membres de phrase du *Tractatus de natura locorum* passent sans aucune modification dans l'*Opus majus*.

« Albumasar dit que la Lune produit, en même temps, des effets tout semblables dans deux quartiers opposés du Monde, et tous les autres, en cela, s'accordent avec lui... Mais, de cette vérité, ils ne donnent pas la cause ; ils se contentent de dire que la Lune produit un effet semblable dans les deux quartiers opposés. Mais comment la Lune peut elle opérer là où elle n'est pas ? Et n'est-il pas certain que ses rayons ne traversent pas la terre ?

» La propagation avec réflexion *(multiplicatio reflexa)* nous vient ici en aide. Il n'est pas douteux que le ciel des étoiles fixes ou que le neuvième ciel ne soit dense en son entier, car notre vue s'arrête à l'un ou à l'autre de ces cieux ; or un corps dense peut seul borner notre vue. Lorsque la Lune se trouve en un des quartiers du Monde, ses rayons se propagent jusqu'à celui de ces cieux qui est dense, et ils se réfléchissent vers le quartier opposé ; dans l'un des quartiers, donc, c'est là vertu directe de la Lune qui opère, et c'en est la réflexion qui opère, en même temps, dans le quartier opposé. »

Il n'est pas besoin d'avoir un long commerce avec Roger Bacon pour reconnaître que sa vanité est extrêmement développée et qu'il aime à vanter les inventions qu'il a faites, voire celles qu'il s'attribue sans les avoir faites ; nous en trouvons ici un saisissant exemple ; ce que notre auteur a écrit au sujet des marées est tiré presque textuellement des *Opuscules* de Robert Grosse-Teste ; il n'hésite pas cependant à s'en faire gloire comme s'il en était l'auteur.

« J'ai expliqué, écrit-il au pape Clément IV, un des plus fameux, des plus grands et des plus difficiles effets qui se rencontrent en la réalité, je veux dire le flux et le reflux de la mer ; je lui ai assigné comme cause la propagation des rayons de la Lune suivant certaines lignes et certains angles, et les réflexions de ces rayons ; on trouve là une très belle discussion, d'une science que le vulgaire ignore entièrement ; vous pourrez avoir, à ce sujet, une belle conversation avec tout savant. »

1. Fr. Rogeri Bacon *Opus tertium*, cap. XXXVII ; éd. Brewer, p. 120.

Cette invention fut, en effet, réputée fort belle par maint physicien de l'École ; mais il en était, nous le verrons, qui n'en ignoraient pas le véritable auteur.

Roger Bacon, pour traiter des marées, n'a pas cherché d'autre inspiration que celle de Robert Grosse-Teste ; Pierre d'Auvergne combine l'enseignement de l'Évêque de Lincoln avec celui d'Albert le Grand ; nous le reconnaîtrons aisément en lisant son exposition.

« Bien que toutes les étoiles aient force pour mouvoir les corps d'ici-bas, dit-il [1], le Soleil a cependant une force spéciale pour mouvoir certains corps chauds, tant à cause de la grandeur de son propre corps que de la grande quantité de sa lumière dont le propre est d'échauffer.

» La Lune, au contraire, a une force spéciale pour mouvoir les choses humides, soit en vertu de sa nature propre, soit en vertu de sa proximité et de la passibilité des corps humides. Mais si, par sa force propre, la Lune a le pouvoir de mettre en mouvement la substance humide, il faut concevoir qu'elle a aussi, par la force de la lumière qu'elle reçoit du Soleil, lumière dont le propre est d'échauffer, le pouvoir de communiquer à cette substance humide un mouvement qui la dissocie et la raréfie par l'échauffement. Le signe en est que l'accroissement de la lumière que la Lune nous envoie s'accompagne d'une augmentation de toutes les choses humides comme les moelles et la cervelle des animaux ; au contraire, lorsque cette lumière décroît toutes ces substances diminuent et se trouvent plus sèches.

» Or la mer n'est pas purement et simplement de l'eau ; elle contient, à l'état de mélange, une bonne part d'une exhalaison [terrestre], chaude et sèche, qui, comme nous le verrons plus loin est la cause qui la rend salée ; partant, la Lune a efficace pour mouvoir la mer par volatilisation *(subtiliatio)* de cette exhalaison.

» Lors donc que la Lune monte au-dessus [de l'horizon] d'une certaine région, elle projette obliquement ses rayons sur la mer ; elle émeut l'exhalaison qui est mélangée avec l'eau de la mer ; et volatilise cette exhalaison en même temps qu'une partie de l'eau ; elle détermine une sorte d'ébullition qui gonfle

1. *Summa Magistri* PETRI DE ALVERNIA *Super libris metheororum Aristotelis*, lib. II (Bibl. Nat., fonds latins, ms. n° 14 722, fol. 102, col. b et c).

la mer ; elle y produit ainsi un flux qui dure jusqu'à ce qu'elle atteigne le milieu du ciel.

» Quand la Lune atteint le milieu du ciel, elle projette plus directement ses rayons sur la mer ; à cause de leur brièveté, ces rayons produisent un très fort échauffement ; par là, la Lune sépare de l'eau une partie de cette exhalaison qui agitait la mer ou abandonne celle-ci [1] à sa nature ; de cette action, nous trouvons un signe dans le vent et dans l'odeur fétide qui l'accompagnent ; la mer reflue alors jusqu'à ce que la Lune atteigne le point de son coucher.

» A partir du moment où la Lune commence à se mouvoir au delà de ce point, le flux commence de nouveau sur l'hémisphère qu'elle quitte ; c'est un effet de la force des rayons de la Lune que le corps céleste réfléchit sur la même mer ; mais ce flux est plus faible que le précédent, parce que la force des rayons réfléchis est plus débile que celle des rayons incidents.

» Le flux de la mer est plus fort lorsque la Lune se trouve, à l'égard du Soleil, dans une forte situation *(aspectus)*, telle que la conjonction et l'opposition, et aussi la quadrature, qui a lieu lorsque la Lune est séparée du Soleil par un quart de cercle. »

Il nous paraît probable que le texte d'où ce passage est traduit présente ici une lacune, et que Pierre d'Auvergne donnait la quadrature comme une cause d'affaiblissement du flux, non de plus grande force ; sinon, il eût introduit, dans son exposé, une erreur qu'aucun autre Scolastique n'a commise.

« Semblable action, poursuit notre auteur, est exercée par les autres étoiles, fixes ou errantes, qui sont aptes à fortifier la vertu qu'a la Lune pour produire cet effet ; il en est encore de même du signe dans lequel se trouve la Lune.

» Ainsi la Lune, en dissociant la mer et en y déterminant une sorte d'ébullition, est la cause du flux ; en la séparant [de la vapeur engendrée] ou bien en cessant de l'échauffer, elle est cause du reflux. »

Dans les *Questions* de Jean de Duns Scot sur les *Sentences* de Pierre Lombard, un passage assez étendu est consacré à la théorie des marées ; ce passage se trouve en la XIVe distinction du second livre ; il forme le premier article de la troisième question. Mais dans la belle édition du *Scriptum Oxonieuse* qu'il

1. Au lieu de : *eum (mare)*, le texte porte : *eam*.

a donnée à Venise en 1506, Maurice du Port nous avertit, comme nous l'avons dit en un précédent chapitre [1], que cette question et tout ce qui la suit, jusqu'à la XXVe distinction inclusivement, est omis dans le *Scriptum Oxoniense;* tout cela y a été ajouté après coup : « *Ex reportatis omnia sunt addita, ut quibusdam placet.* »

Le passage sur la théorie des marées dont nous allons dire quelques mots n'a donc pas été écrit par Duns Scot ; il est même douteux qu'il provienne de *reportata,* c'est-à-dire de rédactions de son enseignement oral ; en revanche, nous le pouvons, sans trop grande chance d'erreur, attribuer aux premiers disciples du Docteur subtil.

Voici donc ce qu'on fait dire à celui-ci [2] : « Les corps célestes ne causent pas seulement certains mouvements dans les éléments inférieurs [tels que le feu et l'air] qui en sont voisins ; ils en causent également dans des éléments plus éloignés, dans l'eau par exemple.

» La Lune, en effet, cause, en la mer, ce mouvement qu'on nomme le flux et le reflux ; c'est de là que les astrologues, instruits par l'expérience, tirent cette supposition : La Lune a domination sur les substances humides comme le Soleil a domination sur les choses sèches.

» En effet, lorsque la Lune s'élève au-dessus d'une région quelconque, la mer monte directement vers elle comme vers sa cause, de telle sorte qu'au lieu qui se trouve directement au-dessous du centre de la Lune, la mer est plus haute qu'en tout autre lieu. Ce lieu s'obtient à l'aide de la ligne menée du centre de la terre au centre [3] de la Lune ; cette ligne passera nécessairement par le lieu où l'eau présente la plus grande élévation ; ce lieu se nomme l'enflure *(tumor)* de la mer.

» Comment cette élévation est-elle effectivement produite par la Lune ? C'est une question à laquelle on donne diverses réponses. Les uns supposent que la Lune possède, pour attirer les eaux de la mer, une certaine vertu qui accompagne sa nature ; c'est ainsi que l'aimant attire le fer. Les autres disent que cela provient de la diversité des angles que les rayons lunaires font, avec la surface de l'eau sur laquelle ils tombent, selon que

1. Voir : Cinquième partie ; ch. XIII, § IX, t. VIII, p. 432.

2. JOANNIS DUNS SCOTI *Scriptum Oxoniense,* lib. II, dist. XIV, quæst. III, art. I.

3. Au lieu de : *centrum,* l'éd. de 1506 porte : *orbem.*

la Lune est immédiatement après son lever ou bien au milieu du ciel ; ils en donnent pour exemple l'ébullition de la soupe dans la marmite mise sur le feu, et la vapeur qui, se dégageant de la nourriture prise par l'animal, fait dormir celui-ci. Nous n'en dirons rien pour le moment. La première opinion fut celle d'Albumasar au second livre de son *Majus introductorium in Astronomiam* [1].

» Mais suivons la voie qui est commune aux deux écoles ; admettons que cette enflure est toujours dans la direction de la Lune, en quelque lieu que se trouve cet astre ; il en résulte que cette enflure fait le tour de la terre dans le temps même qu'emploie la Lune, par suite du mouvement du firmament, à parcourir son circuit. » Après avoir marqué d'une façon précise quelle est la durée de ce jour lunaire, l'auteur ajoute : « En ce même nombre d'heures, l'enflure de l'eau fait, d'une manière régulière, le tour entier de l'Océan.

» Si, cependant, la marée arrive irrégulièrement dans les mers entourées de terres *(maria mediterranea)* et dans les fleuves, en voici la raison : Le débordement des mers autres que l'Océan se produit lorsque ce gonflement de l'Océan se trouve dans la direction d'une certaine région [du ciel] ; cette enflure de l'Océan est toujours dans la direction de la Lune ; une partie de cette eau qui est soulevée dans l'Océan s'écoule, en vertu de la gravité naturelle de l'eau, vers les lieux et les lits voisins qui sont plus bas ; c'est alors qu'a lieu le flux des mers que les terres entourent. Lorsque la Lune s'éloigne de cette position, l'enflure de l'Océan s'éloigne avec elle ; au lieu de l'Océan où l'eau se trouvait auparavant, plus élevée qu'elle ne l'était dans les mers entourées de terre et dans les fleuves, elle devient, par le départ de cette intumescence, plus basse que le rivage ; alors, les eaux qui avaient débordé sur les rives de ces fleuves par suite du bas niveau de ces lieux, s'écoulent maintenant vers l'Océan en vertu de la même loi de la nature.

» Telle est, en général, la cause du flux et du reflux de l'Océan.

» La grande Mer Méditerranée qui s'étend de l'Ouest à l'Est et sépare l'Italie de l'Égypte et d'autres pays d'Afrique et d'Asie n'a pas de marée bien sensible ; la raison en est que l'Océan ne pénètre dans cette mer que par un étroit passage qui se trouve à l'Ouest, du côté de l'Espagne, et qu'on nomme le détroit de la mer.

1. Il n'est pas exact qu'Albumasar ait comparé l'action de la Lune sur la mer à l'action de l'aimant sur le fer.

» La marée, d'ailleurs, ne présente pas, dans les diverses mers, la même régularité que dans l'Océan ; les mers les plus voisines de l'Océan éprouvent le flux plus tôt ; telles sont les mers septentrionales, en particulier celle qui s'étend entre la Norvège et l'Écosse, et celle qui s'ouvre entre l'Irlande et l'Espagne ; les mers plus distantes de l'Océan éprouvent le flux plus tard. »

Les Maîtres de la Scolastique ne nous avaient pas accoutumés à entendre, au sujet de la marée, des considérations aussi précises. L'exposition qu'on prête à Duns Scot continue en ces termes :

« Pourquoi la mer éprouve-t-elle, chaque jour, deux flux et deux reflux ? Albumasar, au lieu que nous avons indiqué, dit que la Lune, lorsqu'elle se trouve en un certain quartier du ciel, produit des effets semblables sur les deux quartiers opposés de la terre... Ainsi y a-t-il, chaque jour, deux flux en chaque quartier.

» Mais de cela, quelle est la cause ? Albumasar ne le dit pas. Il paraît bien que les rayons de la Lune ne peuvent traverser la Terre ; il semble donc que l'effet causé par la Lune, à l'aide de ses rayons incidents, lorsqu'elle se trouvait dans le quartier oriental au-dessus de la Terre, se trouve produit à l'aide de rayons que le firmament a réfléchis, lorsque la Lune est dans le quartier occidental au-dessous de la Terre. »

Ce n'est point directement du *Tractatus de natura locorum* de Robert Grosse-Teste, mais bien de l'*Opus majus* de Roger Bacon, que ce dernier passage paraît imité.

V

LE *Tractatus de fluxu et refluxu maris.*

GILLES DE ROME

Expliquer comment deux marées hautes s'observent, chaque jour, en un même lieu, bien que la Lune se trouve une seule fois au méridien au-dessus de ce lieu, c'est, à n'en pas douter, un des très difficiles problèmes que la théorie des marées posait aux physiciens du Moyen Age.

Une autre difficulté devait également préoccuper leur raison.

On pouvait, avec Saint Thomas d'Aquin, attribuer le flux à une force motrice directement exercée par la Lune sur les eaux de la mer ; on pouvait, avec Guillaume d'Auvergne, assimiler l'action par laquelle la Lune soulève l'Océan à celle par laquelle la pierre d'aimant soulève le fer. A beaucoup, ces explications paraissaient insuffisantes ; il leur déplaisait d'invoquer de telles vertus occultes ; ils voulaient saisir dans le détail l'efficace par laquelle la Lune détermine le flux et la réduire à des opérations dont nous eussions l'expérience courante. Ils avaient donc imaginé que la lumière de la Lune échauffait les eaux de la mer et y provoquait une sorte d'ébullition. Mais, par là, ils attribuaient à la Lune des propriétés bien différentes de celles que les astrologues avaient accoutumé de lui reconnaître ; ils assimilaient ses effets à ceux que produit le Soleil, et plusieurs d'entre eux avouaient cette assimilation que nombre de gens devaient trouver choquante ; n'était-on pas habitué à regarder la Lune comme l'astre qui refroidit les vapeurs et les condense, non comme l'astre qui échauffe les eaux et les vaporise ?

Un physicien se rencontra qui conçut la pensée de dissiper ces deux difficultés en les résolvant l'une par l'autre. Il voulut laisser à la Lune un pouvoir refroidissant qui condense les vapeurs, au Soleil un pouvoir échauffant qui vaporise l'eau ; il admit qu'il se produisait, chaque joue, deux sortes d'effets, un effet solaire, qui est une ébullition de la mer, un effet lunaire, qui est une augmentation des eaux marines par la condensation des vapeurs ; il pensa qu'il écartait ainsi toutes les objections auxquelles les théories données jusqu'alors se trouvaient exposées.

Thémon le fils du Juif qui, nous le verrons, adopte cette doctrine, écrit, dans ses *Questions sur les Météores d'Aristote* [1] :

« Il est dit, dans un certain traité du flux et du reflux de la mer *(in quodam tractatu de fluxu et refluxu maris)* que, sous la route que suit le Soleil, la mer entre en ébullition et se soulève. »

Or nous possédons le traité où cette théorie est exposée ; en dépit du couperet du relieur, on en peut encore deviner le titre[2], qui est bien celui qu'indique Thémon : [*Tractat*] *us de fluxu et* [*reflux*] *u maris.*

1. *Questiones super quatuor libros metheororum compilate per doctissimum philosophiæ professorem Thimonem*, lib. II, quæst. I, art. 3.

2. Bibl. Nat., fonds latin, ms. nº 16 089, fol. 257, col. c ; les parties de mot mises entre [ ] ont été coupées par le relieur.

Le texte débute par ces mots [1] : *Istis effectibus quorum causa latet*... La formule suivante le termine [2] : « *Si quis tamen ibi, falsitatem notans, positionem dictam improbaverit, aut compleverit incompletam, sit a prima Causa omnium benedictus.* »

B. Hauréau, qui a donné une description et une analyse du manuscrit où se rencontre cet opuscule, nous dit que le *Tractatus de fluxu et refluxu maris* a été attribué à Roger Bacon, mais qu'il convient de le laisser à Walter Burley, à l'appui de cette assertion, il invoque le témoignage de l'*Histoire littéraire de la France.*

A l'endroit [3] cité par B. Hauréau, la notice sur Roger Bacon contenue dans l'*Histoire littéraire de la France* se borne à traduire un passage qui termine la préface mise par Jebb en tête de son édition de l'*Opus majus*. Dans ce passage [4], Jebb nous dit, en effet, que le *Tractatus de fluxu et refluxu maris Anglici* que Léland, Bale, Pitse, ont mis au compte de Roger Bacon, est attribué à Walter Burley ; mais il nous a dit auparavant [5] que ce traité commençait par les mots : *Descriptis his figuris* qui ne se lisent nulle part dans le texte que nous allons étudier ; celui-ci n'a donc rien de commun avec le traité qu'on a successivement attribué à Roger Bacon et à Walter Burley. Du *Tractatus de fluxu et refluxu maris* qui va solliciter notre examen, l'auteur nous demeure entièrement inconnu ; nous n'en saurions non plus marquer la date ; nous pouvons seulement dire qu'il a suivi l'exposition d'Albert le Grand sur le *Liber de causis proprietatum elementorum*, et que, d'autre part, Gilles de Rome en avait connaissance lorsqu'il rédigeait les *Questions sur le second livre des Sentences.*

« Les effets dont la cause est cachée, dit notre auteur [6], conduisent l'âme humaine, à l'aide des pensées les plus ingénieuses, jusqu'à l'étonnement... Bien donc que je fusse d'un esprit mal dégrossi et que je n'eusse, des lettres qu'une connaissance peu étendue, lorsque j'ai vu ce qui advenait à la mer qui entoure le royaume d'Angleterre et une bonne partie du

1. MS. cit., fol. 257, col. c.
2. MS. cit., fol. 259, col. b.
3. *Histoire littéraire de la France par les* RELIGIEUX BÉNÉDICTINS, t. XX, p. 249.
4. FRATRIS ROGERI BACON, *Ordinis Minorum, Opus majus ad Clementem quartum, Pontificem Romanum.* Ex M. S. Codice Dubliniensi... edidit S. Jebb, M. D. Londini, Typis Gulielmi Bowyer, MDCCXXXIII. Præfatio, fol. sign. f. r°
5. S. JEBB, *loc. cit.*, fol. sign. d, r°.
6. Ms. cit., fol. 257, col. c.

royaume de France ; lorsque j'ai vu que, deux fois par jour naturel à peu près, elle éprouvait une très grande augmentation suivie d'une très grande diminution ; qu'on la voyait ainsi, d'une manière manifeste, affluer en même temps sur chacun des deux rivages, et refluer peu de temps après, j'ai commencé d'éprouver, touchant ces effets, un très violent étonnement ; cet étonnement ne fit que croître lorsque j'eus parcouru les rivages de la mer qui baigne la Provence et l'Italie, et qu'il m'eût été impossible, en cette mer, de rien observer, de rien noter de ce qui arrive dans celle dont je parlais tout à l'heure ; j'ai parcouru alors quelques-uns des livres des philosophes, afin de connaître la cause de ces merveilles ; mais, bien loin de diminuer mes doutes, leurs explications en firent surgir de plus forts ; donc, après de nombreuses veilles, après diverses enquêtes faites, auprès des matelots, touchant le mouvement de la mer, j'ai été prié par mes maîtres et par mes compagnons de mettre par écrit les pensées que j'avais conçues touchant la cause de ce mouvement ; ce qui m'a surtout pressé de consentir à cette demande, c'est l'idée que je donnerais par là, aux gens instruits, matière à réflexion ; qu'ils découvriraient la vérité si ma thèse était trouvée fausse, et, qu'au cas où elle leur paraîtrait incomplète, ils la perfectionneraient ; il me semble, en effet, que la solution de cette difficulté nous ouvrirait les routes qui mènent à l'intelligence d'une foule de questions.

» La manière convenable de traiter ce sujet sera d'imiter le Philosophe et, suivant la sage coutume des jardiniers, de reconnaître et d'arracher les erreurs qui se rencontrent en cette matière comme, d'un jardin, on arrache les mauvaises herbes.

» Donc, au nom du Seigneur Dieu bienveillant et miséricordieux, sachez que voici ce qui a paru vrai à certaines personnes : A la Lune a été donnée la domination sur les eaux et sur les substances humides ; de même que le fer est mû vers l'aimant ou pierre magnétique, de même, lorsque la Lune se lève au-dessus de l'horizon d'une mer, cette mer tend vers le côté ou vers le rivage au-dessus duquel la Lune se lève tout d'abord ; puis, lorsque la Lune est montée au milieu du ciel, les eaux reviennent à leur lieu primitif ; lorsqu'ensuite la Lune, à l'Occident, descend au-dessous de l'horizon, le flux se produit, comme précédemment, sur l'autre rivage.

» Mais l'opinion de ces personnes ne peut tenir d'aucune manière. »

Notre auteur s'applique donc, tout d'abord, à ruiner la théorie qui assimile l'action de la Lune sur la mer à l'action de l'aimant sur le fer [1].

L'objection qu'il adresse à cette théorie est celle-ci : Il y a, comme il l'a dit, des mers, telle la Méditerrannée, qui n'éprouvent ni flux ni reflux, bien qu'elles reçoivent, elles aussi, les rayons de la Lune ; les eaux douces des fleuves et des étangs ne sont pas davantage soumises à la marée, bien qu'elles soient plus pures et plus aisées à mouvoir que l'eau de la mer.

« A cela, on répondra peut-être que les fleuves et les étangs ont un flux et un reflux, mais qu'ils ne se laissent pas apprécier d'une manière sensible ; si, dans la mer, ce flux et ce reflux sont apparents, c'est à cause du très grand volume d'eau que nous ne pouvons trouver dans les fleuves et dans les étangs.

» Mais cette réponse ne vaut point, car la mer qui sépare la France de l'Angleterre n'est pas plus grande que le Danube vers la fin de son cours, ni que le Nil, du moins au temps où il déborde ; or les mouvements du flux et du reflux ne se montrent pas en ces fleuves ; ils ne devraient donc pas, non plus, être apparents dans cette mer ; et les sens nous démontrent le contraire. »

La marée, d'ailleurs, est moins sensible au large qu'entre des côtes resserrées ; c'est une vérité que le Philosophe lui-même paraît indiquer ; d'autre part, il ne manque pas de lacs très profonds, et il en est qui présentent des baies étroites ; enfin, un aimant soulève plus aisément un petit morceau de fer qu'une grande masse ; il semble donc que la Lune devrait mouvoir plutôt une petite quantité d'eau que le grand volume des mers.

Une autre objection se dresse encore contre l'hypothèse que notre auteur combat : « Sur chacun des deux rivages qui bornent une mer, pendant un temps qui est à peu près d'un jour naturel, le flux et le reflux se montrent deux fois, tandis que, dans le même temps, la Lune se lève une seule fois sur chacun de ces rivages. »

« D'autres ont alors ajouté que, pour qu'il y ait flux et reflux de la mer, la Lune ne suffit pas ; il faut encore qu'il y ait, au fond de la mer, des montagnes, des parties solides, de la terre durcie, pierreuse ou rocheuse ; là, par la vertu de la Lune, des vents se devront engendrer. Il faut, en outre, que la mer soit

1. Ms. cit., fol. 257, col. d.

large, profonde et salée. Cela posé, ils s'efforcent, par une exposition longue et intelligible, de rendre compte de la marée.

» Au lever de la Lune, disent-ils, des vents sont engendrés dans ces fonds rocheux qui sont, à leur gré, parfaitement aptes à cette production ; il leur faut, du sein et du fond de la mer, monter jusqu'à la surface ; ils soulèvent alors les eaux de la mer qui sont grossières et salées, et celles-ci s'écoulent alors vers les lieux de niveau moins élevé. Puis, lorsque la Lune se trouve tout à fait au-dessus de la mer, les eaux reviennent à la place d'où elles étaient sorties tout d'abord. Voilà, au gré de ces personnes, une cause qui rend compte très suffisamment du flux et du reflux. »

Dans ce que nous venons de lire, nous reconnaissons non seulement la pensée, mais même certains membres de phrases d'Albert le Grand ; notre auteur, cependant, s'abstient de signaler le rapprochement que faisait Albert, comme Guillaume d'Auvergne et Robert Grosse-Teste, entre le gonflement de la mer au moment du flux et l'ébullition d'un liquide ; pour discuter cette hypothèse, il la modifie assez profondément ; il la formule, en définitive de la manière suivante : Le flux résulte de l'agitation de la mer par un vent que la Lune engendre au sein de l'eau.

Nous ne reproduirons pas ici toutes les objections que l'auteur fait valoir contre cette proposition ; contentons-nous de reproduire une page [1] où nous reconnaîtrons qu'il s'était, comme il nous l'a dit, renseigné auprès des gens de mer.

« La mer, dira-t-on peut-être, n'est jamais troublée que par le vent ; or les marins disent que, bien souvent, la mer est fortement agitée sans qu'il souffle aucun vent ; puis, au bout d'un certain temps, le vent détermine une grave tempête ; il semble donc que ce vent soit sorti de la mer.

» A cela, il faut répondre que le vent ne souffle pas continuellement, mais à certains intervalles de temps ; qu'il ne souffle pas d'une manière universelle et partout à la fois, mais d'une manière particulière et déterminée.

» Lors donc que le vent souffle en quelque partie de la mer, les eaux qui, dans cette région, se trouvent à la surface de la mer, sont agitées ; cette agitation n'a pas seulement lieu là où s'étend la force du vent, mais encore au delà ; c'est ce que peut voir qui jette une pierre dans l'eau ; la pierre n'ébranle pas

1. Ms. cit., fol. 257, col. d, et fol. 258, col. a.

seulement l'eau qui la touche immédiatement, mais encore l'eau qui se trouve très loin comme le montrent les rides circulaires produites autour de la place où la pierre est tombée ; de la même manière, la partie de la mer que le vent a agitée, agite la partie qui lui est voisine ; celle-ci en ébranle une autre, moins fort cependant que l'ébranlement précédent ; l'ébranlement se propage ainsi en s'affaiblissant sans cesse, jusqu'à ce qu'il s'achève dans le repos. Souvent, cependant, le vent qui a été cause de cet ébranlement continue de s'étendre et de croître en force, en sorte que parfois, à l'aide de ces eaux qui étaient déjà ébranlées par lui, il engendre en mer une tempête. »

Les pêcheurs de nos côtes ont tous remarqué qu'à l'approche d'une tempête, la mer commence souvent à grossir avant que le vent se mette à souffler avec violence ; notre auteur, qui a recueilli cette observation, a su en rendre compte avec beaucoup de sens.

Sa critique des explications diverses du flux et du reflux de la mer qu'on avait données avant lui est donc, souvent, très juste et très pénétrante. « Laissant donc de côté les voies que les autres ont suivies et qui nous aideraient fort peu à la connaissance de ces effets, nous allons toucher quelques mots de l'explication à laquelle nous avons fait allusion dans ce qui précède. »

De cette explication, voici les parties essentielles :

« Sachons [1] qu'à la surface de la terre, il existe une zone, semblable à un cercle qui aurait une assez grande largeur ; cette zone est concave ; par ordre du Dieu très glorieux et sublime, les eaux qui, plus légères que la terre, auraient dû recouvrir la surface de celle-ci, se sont réunies dans cette fosse, afin que l'homme, que les autres animaux à la nature desquels il est contraire d'habiter dans l'eau, puissent vivre sur la terre découverte et y engendrer leurs semblables.

» Par rapport à notre habitation, à nous qui sommes à Paris *(respectu nostre habitationis, qui sumus Parisius)*, cette zone passe par deux points, l'un à l'Orient et l'autre à l'Occident, et elle fait le tour de la Terre en passant par tous les points intermédiaires.

» Comme le Zodiaque, cette zone est un grand cercle ; elle a même sphère que le Zodiaque ; ses pôles sont autres que ceux du Zodiaque, bien que son centre soit le même ; cette zone et le Zodiaque se doivent donc toujours couper en deux points,

1. Ms. cit., fol. 258, col. a et b.

comme on le démontre évidemment dans une autre Science. Au-dessus donc de la Terre qui demeure immobile, dans l'espace de temps qui contient ce que nous appelons vingt-quatre heures égales [1], le Zodiaque tourne autour de la Terre ; partout, tout point du Zodiaque, durant le temps qui vient d'être fixé, passe nécessairement deux fois au-dessus de quelque partie de cette zone, une fois au-dessus d'une partie qui se trouve à l'Orient de notre habitation, l'autre fois au-dessus d'une partie qui se trouve à l'Occident ; nous le pouvons voir dans la figure ci-dessous. »

Dans le texte que nous avons consulté, la figure est restée en blanc ; mais on la reconstituerait aisément, et, d'ailleurs, la proposition énoncée est assez simple pour se passer d'un tel secours.

« Cette concavité ou zone qui contient la mer se nomme l'Océan ou Amphitrite. On l'appelle Amphitrite d'*amphi*, qui veut dire autour, et de *terra ;* c'est comme si l'on disait : entourant la Terre, ou : autour de la Terre.

» Vers son milieu, elle a un cours très rapide ; aussi n'a-t-on jamais entendu dire que des navires l'aient, jusqu'ici, traversée ; aucune connaissance d'hommes habitant au delà de cette zone n'est donc parvenue jusqu'à nous *(et ideo non pervenit ad nos noticia hominum habitantium ultra ipsam) ;* c'est de ces hommes qu'on s'enquiert lorsqu'on se demande parfois s'il peut y avoir des antipodes [2]. »

« Cela posé, venons à notre objet.

» Il faut savoir que le Soleil, dont le volume surpasse de beaucoup celui de la Terre, et qui est une source de lumière et de chaleur, décrit par son mouvement propre la ligne écliptique tracée au milieu du Zodiaque ; il tourne autour de la Terre à peu près dans le temps précédemment fixé ; de cela et de ce que nous avons dit, il faut conclure qu'il passe deux fois [pendant ce temps] sur la mer, comme nous l'avons marqué de tous les points du Zodiaque.

» Lorsque le Soleil passe au-dessus de la mer, ses rayons tombent sur la mer perpendiculairement ou presque perpendiculairement ; ils sont très courts et, par conséquent, produisent

1. C'est-à-dire, sidérales.

2. Ici, comme toujours au Moyen-Age, *antipodes* désigne les hommes dont la station est inverse de la nôtre, non le lieu qu'ils habitent.

beaucoup de chaleur ; non seulement ils tiédissent la mer, mais ils la rendent brûlante et la font bouillir. Cela ne paraît nullement incroyable si l'on observe à quel point nos eaux tiédissent pendant l'été, bien qu'elles soient fort éloignées de ces rayons perpendiculaires.

» Par ce grand échauffement, les eaux de la mer se résolvent en vapeurs, les vapeurs se convertissent en air, l'air lui-même éprouve une extrême raréfaction ; toutes ces transformations, en effet, sont conséquences nécessaires d'une chaleur intense.

» Mais de cette raréfaction ou de cette volatilisation résulte nécessairement l'occupation d'un plus grand espace ; nul ne l'ignore s'il a observé l'ébullition d'une boisson dans une bouilloire... Le corps qui préexistait en un certain lieu devra, parce qu'il est plus léger et plus apte au mouvement, céder la place au corps plus grossier qui s'y trouve engendré.

» Mais, en cédant sa place, il ne se dirigera ni dans la direction d'où vient le Soleil, ni dans la direction où il va ; dans ces directions là, en effet, la chaleur est trop grande, soit en vertu du cours présent du Soleil, soit en vertu du cours accompli hier ou avant-hier ; ce déplacement se produira donc à la surface de la dite zone [occupée par la mer], vers les deux pôles. »

Cette fuite, d'ailleurs, est déterminée par la chaleur ; si le corps qui se déplace doit, par cette fuite, trouver un remède [à la cause qui l'a chassé], il tendra là où ne se trouve point de chaleur ou, du moins, une faible chaleur. Or c'est près des pôles qu'on trouve de tels lieux ; ils sont, en effet, aussi éloignés que possible du chemin parcouru par le Soleil, en sorte qu'ils possèdent le froid maximum.

» Le froid, qui est le contraire du chaud, a pour rôle de rendre plus épais et de condenser. Autant donc la chaleur causée par la présence du Soleil a de fluide aqueux à volatiliser et à raréfier, autant le froid en a-t-il à rendre plus grossier et à condenser là où la force du Soleil fait défaut ; là donc, la partie la plus subtile de l'air devient d'abord air plus dense, puis vapeur, eau enfin, de la manière que nous allons indiquer. »

Tel est le rôle que notre auteur attribue à la chaleur solaire ; il rappelle celui que Guillaume d'Auvergne, qu'Albert le Grand, que Robert Grosse-Teste attribuaient moins judicieusement à la Lune ; de ce rôle dévolu au Soleil, notre auteur tirera tout à l'heure une inadmissible théorie de la marée ; mais tout ce qu'il a dit jusqu'ici est d'une Physique très sensée.

Voyons maintenant quel rôle le *Tractatus de fluxu et refluxu maris* va faire jouer à la Lune [1].

« Sachez que la Lune a pour propriété d'engendrer l'humidité en toute matière convenablement disposée, à rendre fluide cette matière, en sorte qu'elle n'est plus contenue par une borne qu'elle s'impose à elle-même (mais épouse aisément le terme que lui impose un autre corps *(male terminabilis termino proprio, licet bene termino alieno)*; c'est un rôle contraire qu'on attribue à l'efficace du Soleil, car celle-ci, en ce qui la concerne, dessèche tout.

» Lors donc que la Lune se lève sur la mer d'où s'est dégagée la matière [gazeuse] dont nous avons parlé, elle trouve autour des pôles une grande quantité de vapeurs ; ces vapeurs ont disposition à redevenir eau ; la Lune les fait donc couler très vite et avec grande impétuosité sur la mer ; les eaux ainsi produites forment une sorte d'intumescence au-dessus de la surface primitive de la mer ; ces eaux sont liquides *(humidœ, liquidœ)*; elles tendent au lieu le plus bas ; elles s'écoulent donc en tout sens, recouvrant, en raison de leur abondance, les parties plates des rivages voisins et remplissant les parties creuses ; c'est ce débordement que les habitants des rivages de la mer nomment le flux. »

Le flux n'est donc pas un simple gonflement de la mer sans apport de substance nouvelle ; c'est l'addition à la mer d'une grande masse d'eau que la Lune produit, dans les régions polaires, en condensant les vapeurs. Après avoir vu comment l'intumescence aqueuse ainsi produite est cause du flux, voyons comment se fait le reflux [2].

« A partir des pôles du Monde, la mer [qui a été ainsi accrue] ne cesse de couler jusqu'à ce que sa surface redevienne équidistante au centre du monde. Or la génération de ces eaux n'en fournit jamais une telle quantité que le reste de la mer et de ses rivages puisse être rempli jusqu'au niveau où ont été remplis les cavités et les rivages voisins [du lieu de la condensation]. Partout, pour que la surface liquide puisse recouvrer son unité, les eaux qui avaient afflué sur les dits rivages voisins doivent nécessairement se retirer ; elles se retirent par l'effet de leur marche vers la partie médiane du Monde, qui est située plus bas qu'elles ; durant ce mouvement, elles affluent sur les parties

1. Ms. cit., fol. 258, col. c.
2. Ms. cit., fol. 258, col. c et d.

de la terre qui leur sont voisines, puis elles se retirent de ces parties ; c'est ce retrait que les habitants des côtes nomment reflux ; mais ce nom est impropre, car les eaux ne retournent pas du tout à l'endroit d'où elles sont venues ; elles marchent, à vrai dire, vers le lieu où, comme nous l'avons vu, le Soleil produit l'évaporation des eaux.

» On voit ainsi, d'une façon manifeste, comment se font le flux et le reflux. »

Reste à résoudre le grand problème qui, avant notre auteur, a tant embarrassé les physiciens : Pourquoi, chaque jour et en chaque lieu, y a-t-il deux flux et deux reflux ?

« On voit aussi, dit-il [1], pourquoi cet effet se doit produire deux fois par jour naturel.

» Chaque jour, le Soleil se lève une fois sur la partie de la mer qui se trouve à l'est de notre habitation et y produit l'effet que nous avons dit ; une fois aussi il fait exactement la même chose sur la partie de la mer qui se trouve à l'ouest. Ainsi que l'efficace du Soleil s'est comportée à l'égard de chacune de ces deux parties, de même la vertu de la Lune n'omettra nullement de s'exercer sur chacune d'elle. Partout, dans la durée d'un jour naturel à peu près, il devra se produire deux flux et deux reflux. »

Notre auteur n'insiste pas davantage ; il est clair que plus de précision tirerait de sa théorie une conséquence contraire à celle qu'il prétend établir ; on verrait bien qu'il doit se produire deux flux par jour ; mais on verrait aussi qu'un de ces flux a lieu dans l'Océan qui se trouve à l'ouest de Paris, et l'autre dans l'Océan qui se trouve à l'est ; on n'expliquerait aucunement comment, chaque jour, chacun des deux Océans est le siège de deux flux.

Tout en prétendant expliquer l'existence, pour chaque Océan, de deux flux quotidiens, notre auteur admet qu'un de ces flux doit être plus faible que l'autre.

« Pendant la durée d'un jour naturel à peu près, écrit-il [2], il se produit deux flux ; mais à ceux qui sont riverains d'une zone de l'Océan et non de l'autre, à ceux, par exemple qui sont riverains de la zone située à l'ouest de notre habitation et non de la zone orientale, le flux qui est engendré à la surface de la mer voisine advienne plus puissant que le flux engendré

1. Ms. cit., fol. 258, col. d.
2. Ms. cit., fol. 259, col. b.

sur l'autre partie. C'est, en effet, ce qu'on peut parfaitement remarquer presque chaque jour.

« Je viens de dire, poursuit notre auteur [1] : dans la durée d'un jour naturel à peu près, et je l'avais déjà dit plusieurs fois auparavant. Le jour naturel, en effet, est la mesure du mouvement du premier mobile qui est le mouvement le plus rapide ; le Soleil est, sur le premier mobile, en retard d'une certaine quantité, et la Lune d'une quantité beaucoup plus grande, car ces astres ont des mouvements propres en sens contraire ; puis donc que la cause du flux et du reflux est attribuée d'une manière spéciale au Soleil et à la Lune, le flux et le reflux devront retarder comme retardent les levers du Soleil et de la Lune sur les dites parties de l'Océan ; c'est ce qu'ont pu observer ceux qui ont noté les heures du flux et du reflux. »

Ici encore, notre auteur n'insiste pas ; il nous laisse ignorer si la période diurne de la marée est égale au jour solaire ou au jour lunaire. Il semble qu'il ait eu conscience des difficultés que présentait sa théorie et qu'il ait tenté de les dissimuler sous une imprécision voulue.

Il retrouve la netteté d'esprit dont il nous a déjà donné mainte preuve, lorsqu'il se propose de montrer [2] « pourquoi certaines mers, pourquoi les sources, les étangs et les fleuves n'ont ni flux ni reflux apparents.

» En effet, pour qu'une étendue d'eau puisse, comme l'Océan, éprouver un flux et un reflux, il faut que les eaux engendrées, comme nous l'avons dit, par le moyen de la Lune et du froid, puissent librement y entrer et en sortir ; alors, bien que le flux et le reflux y soient apparents, ce n'est pas à ces mers, mais à l'Océan qu'il les faut attribuer en propre.

» J'ai dit : librement. En effet, si, d'une part, une telle mer embrasse une grande étendue, et si, d'autre part, l'entrée de l'Océan dans cette mer est trop resserrée, la masse d'eau océanique qui aura pénétré par là et qui se sera distribuée sur toute cette large surface ne se montrera, aux habitants des rivages, d'aucune grandeur sensible.

» C'est ce que nous pouvons observer dans la mer qui baigne l'Espagne, la Provence, l'Italie et qui est une sorte de lac ; cette mer, que certains nomment la mer Méditerranée, qui enceint et contourne une si grande étendue de côtes, a, selon l'opinion commune, une seule issue vers l'Océan ; cette issue,

1. Ms. cit., fol. 258, col. d.
2. Ms. cit., *loc. cit.*

qui se trouve entre l'Espagne et le Maroc, n'est large que de quinze milles ; la quantité du flux océanique qui pénètre par ce détroit devient insensible aussitôt qu'elle s'est quelque peu éloignée de l'entrée. »

Notre auteur, cependant, par observation personnelle ou par ouï-dire, sait que certaines parties de la Méditerranée présentent un flux et un reflux sensibles ; de ces marées méditerranéennes, il a entendu donner l'explication que Paul Diacre avait proposée [1] ; cette explication, il se plaît à la développer et à la rattacher à sa propre théorie.

« Tous les marins, écrit-il, et nombre d'autres personnes disent que, dans ce lac [qu'est la mer Méditerranée], il existe un gouffre qui, à certaines heures du jour, attire les eaux et absorbe les navires, et qui, ensuite, rejette et vomit ces eaux.

» Touchant ce gouffre, on pourrait dire qu'il existe, sous terre, une caverne de très grande étendue qui fait communiquer la mer [Méditerranée] avec l'Océan ou Amphitrite ; lorsque le flux océanique arrive à l'orifice par lequel ce gouffre débouche dans l'Océan, il lui faut repousser les eaux, par l'autre ouverture, dans la Méditerranée ; après que le flux a passé, ces eaux reviennent à l'Océan ; ces mouvements alternatifs ne cessent de se produire, tant que les niveaux des deux mers ne sont pas à la même distance du centre du Monde. »

Jusqu'ici, le *Tractatus de fluxu et refluxu maris* ne s'est occupé que de la période diurne de la marée ; il va tenter, maintenant, de rendre compte des autres périodes ; mais ses explications seront singulièrement vagues et défectueuses.

« Des causes multiples, dit-il [2], viennent, de temps à autre, accroître ou diminuer le flux ou le reflux.

» Demandera-t-on, par exemple, pourquoi, dans le Nord, les marées sont régulièrement plus fortes en hiver qu'en été ? On peut répondre... que le Soleil, en produisant la chaleur et repoussant le froid, est, pour l'eau, cause d'évaporation et non de génération ; plus donc il est éloigné du pôle septentrional, mieux et plus vite le froid qui y règne pourra condenser et disposer la matière afin qu'à l'aide de la Lune, elle se transforme en eau ; or, du tropique du Cancer, qu'il atteint en été, le Soleil, en hiver, recule jusqu'au tropique du Capricorne, où il se trouve à sa plus grande distance du Septentrion ; on peut donc dire

1. Voir : Seconde partie, Ch. III, § X, t. III, p. 114.
2. Ms. cit., fol. 258, col. d, et fol. 259, col. a.

raisonnablement que les flux et reflux seront, par là, plus grands en hiver qu'en été.

» Une autre cause vient en aide à cet effet. En hiver, la génération d'eau se fait plus loin du pôle nord qu'en été ; elle se produit donc plus près de nous, qui habitons autour de ce pôle et nous est plus notable.

» Cette augmentation du flux et du reflux trouve encore grand secours dans les eaux pluviales, qui sont plus abondantes à cette époque ; ces pluies sont engendrées aux dépens des vapeurs que les rayons du Soleil, qui ne tombent point perpendiculairement, mais obliquement, font naître non seulement de la mer, mais encore des fleuves et des étangs.

» En outre, les vents soufflent davantage en cette saison qu'en toute autre ; or lorsque le flux et le vent poussent simultanément vers quelque région, le flux s'y trouve accru et le reflux retardé ; si, au contraire, le flux et le vent se contrarient, le flux est plus faible et le reflux se fait sentir plus tôt...

» Aux causes susdites qui augmentent ou diminuent la marée, il faut encore joindre la remarque suivante : Lorsque la Lune est corporellement jointe avec quelque planète ou avec quelque signe humide, ou bien lorsqu'elle est en un certain aspect avec cette planète ou ce signe, les eaux sont accrues et multipliées ; elles sont diminuées, au contraire, lorsque la Lune a même relation avec des planètes sèches ou des lieux semblables du ciel. La force du Soleil, d'autre part, est promue par les astres chauds et secs ; elle est affaiblie par les astres de nature contraire. »

Voilà tout ce que le *Tractatus de fluxu et refluxu maris* trouve à dire de la période annuelle de la marée ; il demeure dans un vague extrême au sujet de cette période que sa théorie ne pouvait expliquer.

« Lorsque la Lune s'éloigne d'une quadrature, poursuit-il [1], la marée croît ; elle éprouve, au contraire, une continuelle diminution lorsque la Lune, quittant la conjonction ou l'opposition, tend vers une quadrature. Selon les astrologues, en effet, toute planète a, dans l'accomplissement des opérations qui lui sont propres, une plus grande efficace et une vertu plus puissante, lorsqu'elle se trouve à l'apogée de son cercle. Or, au moment de la conjonction comme au moment de l'opposition, la Lune se trouve à l'auge [apogée] de son déférent excentrique ;

1. Ms. cit., *loc. cit.*

au moment des quadratures, au contraire, elle est à l'opposé de l'auge ; partout, d'après ce qui a été dit, le flux doit nécessairement diminuer lorsque la Lune va vers une quadrature ; il doit augmenter lorsqu'elle s'en éloigne. »

Nous avions déjà, de la période mensuelle de la marée, rencontré cette explication dans l'opuscule. *De fato* qu'on attribue faussement à Saint Thomas d'Aquin.

Telles sont les principales doctrines du *Tractatus de fluxu et refluxu maris*. Parmi les nombreux écrits que le problème des marées a fait éclore au Moyen Age, il en est peu qui renferment plus de faits précis ; on voit que l'auteur a voyagé, qu'il a observé, qu'il s'est renseigné auprès des habitants des côtes et des marins ; il en est également peu qui aient, de certaines lois de Physique, de certains effets de la chaleur et du froid, une intuition plus juste ; et cependant ce traité est un de ceux qui ont entraîné leurs lecteurs le plus loin de la véritable explication des marées ; il est si difficile, en effet, de rattacher aux causes du flux et du reflux de la mer les diverses particularités que présente ce phénomène que, pendant longtemps, ceux qui sont parvenus au moins à une lointaine aperception de ces causes furent précisément ceux qui avaient négligé de s'instruire du détail de leurs effets.

Le *Tractatus de fluxu et refluxu maris* a certainement été lu par Gilles de Rome qui demande, à l'hypothèse formulée par ce traité, l'explication d'une partie, mais d'une partie seulement du phénomène des marées [1].

Gilles paraît fort embarrassé de choisir entre les diverses théories du flux et du reflux qui ont été proposées avant lui.

Il commence par déclarer que le flux est dû à une augmentation des eaux de la mer, et le reflux à une diminution de ces mêmes eaux. Tout aussitôt, il ajoute que la marée se peut ramener à l'action des corps célestes.

Expliquant cette double affirmation, il déclare que, dans la région septentrionale du Monde, règne un froid intense qui condense l'air et le transforme en eau ; dans les régions australes, au contraire (et ce sont les régions tropicales que l'archevêque

1. *Excellentissimi sacre theologie doctoris domini* EGIDII ROMANI *archipresulis Bituricensis: ordinis fratrum heremitarum divi Augustini: super secundo libro Sententiarum: opus preclarissimum.* — Colophon :... Lucas Venetus Dominici F. librarie artis peritissimus : Summa cura et diligentia Venetijs impressit. Anno Salutis Mcccclxxxxijiiij Nonas Maij : Joanne Moceniceno inclyto Venetiarum principe ducante. Dist XIV, IIª quæstio principalis : De opere tertiæ diei ; quæst. II : De fluxu et refluxu maris.

de Bourges entend ainsi désigner), le Soleil évapore l'eau sans cesse et la transforme en air. Ainsi y a-t-il tantôt excès et tantôt défaut de l'eau de la mer, d'où le flux et le reflux. Telle est la première théorie visée par Gilles ; nous y reconnaissons les traits essentiels de celle que développait le *Tractatus de fluxu et refluxu maris.*

Venant alors à l'autre alternative annoncée, « nous pouvons, dit-il, adapter le flux et le reflux à la croissance et à la décroissance de la Lune ; en effet, suivant la croissance et la décroissance de cet astre, toutes les choses humides augmentent, puis diminuent ; lors donc que la Lune est pleine, il est à croire qu'elle condense une plus grande quantité d'air et qu'elle en convertit en eau une masse plus considérable ; il y a, dès lors, une plus grande génération d'eau et le flux est plus fort et plus violent lorsque la Lune est pleine ».

Gilles ne semble donc faire intervenir la Lune que pour expliquer la période mensuelle de la marée ; ainsi faisait Guillaume de Conches [1]. En outre, il n'admet, en chaque mois lunaire, qu'une seule vive eau, au moment de la pleine lune ; c'est une erreur que professait déjà Guillaume d'Auvergne.

Cette allusion au rôle de la Lune ramène d'ailleurs Gilles à la théorie proposée par le *Tractatus de fluxu et refluxu maris*, et voici comment :

« Ce que nous avons dit de la Lune, écrit-il, est vrai aussi des autres astres. Certains astres sont chauds ; ils produisent l'évaporation de l'eau ; de là, diminution de l'eau et accroissement de l'air. D'autres astres sont froids ; ils condensent l'air, le convertissent en eau et, de ce chef, augmentent la masse de l'eau ; c'est par l'effet de cette augmentation et de cette diminution de l'eau que se font le flux et le reflux.

» Cela a surtout lieu dans la Grande Mer (l'Océan). Dans sa circulation, le Soleil passe au-dessus de cette mer prise dans sa largeur *(dyametraliter)*; ce passage du Soleil produit une grande évaporation et une forte diminution de l'eau ; par suite de cette diminution, l'eau se retire. On pense, d'autre part, que la Grande Mer atteint la région septentrionale où règne un si grand froid et où se fait une si forte génération d'eau ; par l'effet de l'abondance de ces eaux, la mer se répand de tous côtés. C'est ainsi que, par l'augmentation et la diminution des eaux, se font le flux et le reflux. »

1. Voir : Seconde partie, ch. III, § X, t. III, p. 117-119.

C'est, à n'en pas douter, la doctrine du *Tractatus de fluxu et refluxu maris*. Gilles, qui en a parlé trois fois, en la rendant, chaque fois, un peu plus précise et détaillée, va-t-il enfin se décider à l'adopter ? Non pas, car, pour la troisième fois, il fait allusion à la théorie astrologique. « Toutefois, dit-il, il ne faut pas mépriser ceux qui attribuent le flux et le reflux au mouvement des corps célestes. »

Le parti qu'il va prendre, c'est de faire appel, à la fois, aux deux doctrines.

« Nous ne croyons pas, dit-il, qu'il soit possible, par une seule raison, de sauver le double flux et le double reflux ; les sens nous montrent, en effet, que, durant une seule circulation du ciel, il se produit un double mouvement de la mer ou, en d'autres termes, qu'elle flue deux fois et reflue deux fois. »

Pour Gilles, un de ces flux et un de ces reflux s'expliqueront par la théorie qu'a proposée le *Tractatus de fluxu et refluxu maris ;* pour rendre compte de l'autre flux et de l'autre reflux, il invoquera une hypothèse toute différente, et ce sera l'hypothèse d'Al Bitrogi.

Albert le Grand avait sévèrement et justement condamné cette hypothèse. Saint Thomas d'Aquin qui, partout ailleurs, attribue formellement la marée à l'action de la Lune, avait, dans ses *Leçons sur les livres du Ciel et du Monde,* fait une brève allusion à cette « circulation incomplète » de la mer [1]. C'est cette doctrine, réfutée et oubliée, que Gilles va reprendre.

« La sphère du feu tout entière, dit-il, suit le mouvement du ciel ; il en est de même de la sphère de l'air presque entière, exception faite de la partie qui se trouve enfermée entre des montagnes... Sur la Grande Mer, il n'y a pas de montagnes et la sphère de l'air accomplit en entier son circuit ; là donc, une partie de la sphère de l'eau reçoit l'impression céleste et suit le mouvement du ciel. Si donc la mer couvrait toute la surface de la terre et ne rencontrait aucun obstacle, il est sans doute qu'une partie de l'eau suivrait sans cesse le mouvement du ciel ; ce mouvement ne produirait ni élévation ni abaissement de l'eau. Mais le doute survient à cause de la résistance qu'oppose à ce mouvement la terre qui n'est pas entièrement couverte par l'eau ; par suite de cette résistance, les eaux doivent s'accumuler auprès de la côte vers laquelle tend ce mouvement circulaire de l'eau...

1. S. Thomæ Aquinatis *Expositio in libros Aristotelis de Caelo et Mundo;* lib. I, lect. IV.

» En un jour et une nuit, donc, tous les cieux, suivant le mouvement du premier mobile, accomplissent une révolution entière. La sphère du feu tout entière suit ce mouvement, car la rareté et la légèreté qu'il possède rend le feu facile à mouvoir. La sphère de l'air ne prend pas, tout entière, part à ce mouvement, car, tout au moins, l'air qui se trouve enfermé entre des montagnes ne peut le suivre ; l'air suit donc, moins que le feu, le mouvement du ciel. L'eau, à son tour, suit ce mouvement encore moins que l'air ; on doit croire, en effet, qu'une faible partie de la sphère de l'eau ou de la Grande Mer suit seule ce mouvement.

» Peut-être donc la partie de l'eau qui est plus légère ou moins grave, qui participe davantage à la nature de l'air, suit-elle le mouvement du ciel ; c'est par elle-même, non par accident, que cette eau suit ce mouvement de circulation ; mais si elle vient à déborder sur la terre, ce sera par accident, parce qu'elle s'accumule sur la côte vers laquelle elle se meut, et qu'une fois accumulée, elle se répand sur le rivage...

» Ce mouvement de la mer ira donc d'une des rives à l'autre rive ; sur celle-ci, la mer produira un flux et s'étendra ; puis, par l'effet de sa gravité, ou bien sous l'influence du mouvement du ciel, elle reviendra vers l'autre rivage ; sur le premier rivage, alors, elle produira un reflux et se retirera.

» De cette façon, donc, on pourra peut-être sauver la production de deux flux et de deux reflux de la mer durant une seule et même circulation du premier mobile ; un de ces flux et un de ces reflux proviennent de l'augmentation et de la diminution des eaux ; l'autre flux et l'autre reflux sont produits par le mouvement du premier mobile. »

De la difficulté qui le préoccupait à juste titre, Gilles de Rome n'avait pas donné de solution satisfaisante ; l'invention d'une telle solution devait, bien longtemps encore, échapper aux physiciens.

VI

L'ÉCOLE DE PARIS AU XIVe SIÈCLE. — JEAN BURIDAN

Au temps où Jean Buridan commença de philosopher, la théorie des marées avait suscité, dans les écoles de Paris et d'Oxford, une multitude d'explications ; chacune d'elles acusait les autres, et non sans raison, de rendre un compte insuffisant de diverses particularités du flux et du reflux ; entre ces théories également incomplètes et exposées aux objections, il était malaisé de choisir ; nous ne nous étonnerons donc pas de l'hésitation que nous allons constater chez Buridan et chez ses disciples.

Des *Questions sur les Météores* de Jean Buridan, on connaît deux éditions, toutes deux manuscrites, mais fort différentes l'une de l'autre.

L'une de ces éditions, qui porte sur les quatre livres du traité des *Météores*, nous paraît être la plus ancienne, et nous l'étudierons en premier lieu. Elle est conservée par un manuscrit de la Bibliothèque Royale de Munich [1]. Le scribe qui, en 1366, en a fait la copie, a daté l'achèvement de chacun des quatre livres et a signé le dernier ; on lit, dans le manuscrit en question :

Expliciunt [2] *questiones primi libri metheororum finite die beati Erhardi martyri et pontificis anno D. 1366.*

Et sic est finis [3] *questionum secundi libri metheororum finite in die sancti Vincentii in civitate Pragensi tunc temporis anno Domini millesimo 366to hora crepusculi.*

Et sic est finis [4] *questionum tertii libri metheororum finite Prage anno Domini 1366 sabbato die proxima ante festum Purificationis Virginis gloriose.*

Expliciunt [5] *questiones quatuor librorum metheororum Byridani, finite Prage anno Domini 13o66to in vigilia beate Dorothee virginis per pedes Johannis Krichpaumi de Ingol.*

Le R. P. J. Bulliot a bien voulu nous communiquer une copie de ce que ces *Questions* renferment au sujet de la théorie des marées ; nous lui devons donc d'en pouvoir faire l'étude, et nous lui en exprimons ici notre vive reconnaissance.

Le premier soin de Buridan est de réfuter l'explication de la marée qu'avait proposée Al Bitrogi ou, plus exactement, la théorie que Gilles de Rome avait donnée en développant cette explication.

1. Bibliothèque Royale de Munich, Cod lat. n° 4.376.
2. Ms. cit., fol. 15, col. d.
3. Ms. cit., fol. 24, col. c.
4. Ms. cit., fol. 64, col. b.
5. Ms. cit., fol. 86, col. b.

« Certains Anciens pensaient, dit-il, [1] que le mouvement diurne est la cause efficiente de ce mouvement de la mer. De même que le mouvement diurne meut circulairement le feu, qu'il entraîne l'air situé au-dessus des plus hautes montagnes, ils imaginaient qu'il en est de même du mouvement de la mer ; tous les fluides de ce bas monde, à leur gré, étaient aptes à recevoir ce mouvement qu'est le mouvement diurne ; leur nature le peut souffrir. Ils ajoutaient que l'eau ne peut accomplir en entier son mouvement circulaire autour de la Terre, car elle ne saurait monter aussi haut que la terre ferme ; lors donc que son flux l'a conduite jusqu'à cette terre, comme elle ne saurait monter davantage, elle revient en sens contraire à son lieu naturel. C'est ainsi qu'au flux et au reflux de la mer, ces personnes assignent pour cause le mouvement diurne.

» Mais cette explication ne vaut pas ; en effet, la succession des flux et des reflux de la mer n'est pas réglée sur le mouvement diurne ; ils ne se produisent pas une fois ou deux fois ou trois fois précisément en un jour naturel ; ils se règlent sur le mouvement de la Lune, comme nous l'allons dire ; ce qu'il faut assigner pour cause au flux et au reflux, ce n'est donc pas le mouvement diurne, mais le mouvement de la Lune...

» Notre première supposition [2] sera donc la suivante. La Lune a domination sur les substances riches en humidité aqueuse ; elle les met en mouvement et en produit le gonflement ; ainsi voyons-nous que certains animaux dont la complexion consiste en une humidité fluide, tels que les coquilles et les huîtres, croissent ou décroissent selon que croît ou décroît la vertu de la Lune. Au septième chapitre du *Livre des éléments*, cette supposition se trouve illustrée de plusieurs autres exemples.

» Notre seconde supposition sera celle-ci : tout astre errant agit plus fortement en une certaine région de la Terre quand il est au méridien de ce lieu, c'est-à-dire au point où le Soleil se trouve à l'heure de midi, que lorsqu'il n'est pas sur le cercle ; la raison en est qu'alors cet astre regarde plus directement ce qui se trouve au-dessous de lui. Par conséquent, la Lune agit plus fortement sur les choses d'ici-bas lorsqu'elle passe au méridien.

» Voici notre troisième supposition : Tout astre errant a aussi une action plus forte lorsqu'il se trouve sous la Terre à

1. Byridani *Op. laud.*, lib. II, quæst. X : Utrum mare debeat fluere et refluere ; ms. cit., fol. 22, col. c.
2. Ms. cit., fol. 22, col. c et d.

l'opposé du méridien. Dans ce cas, en effet, ses rayons sont réfléchis, par la huitième sphère et par les étoiles qui sont à l'opposé de cet astre, vers les parties de la Terre qui se trouvent sous le méridien de la région considérée.

» Ces suppositions faites, nous formulons une première conclusion : Le mouvement de la mer, c'est-à-dire le flux et le reflux, a pour cause effective le mouvement de la Lune ; cela est évident, car la mer croît jusqu'à former une intumescence ; ainsi enflée, elle se meut et se déverse sur les côtes, ce qui produit le flux de la mer ; mais, à la suite du départ de ces rayons de la Lune qui, en vertu de notre première supposition, ont domination sur l'humidité des eaux, l'eau de la mer perd cette enflure, et la partie de la mer qui avait fourni le flux retourne, en refluant, au lieu naturel de la mer.

» La Lune alors descend sous notre hémisphère et commence à regarder directement les étoiles, situées au-dessus de notre hémisphère, qui lui sont opposées ; elle envoie sur ses étoiles sa force motrice des eaux et cette force, réfléchie sur la mer par ces étoiles, en vertu de ce qu'imagine notre troisième supposition, fait que la mer commence de nouveau à enfler ; il advient ensuite ce qui advenait précédemment en vertu de la présence de la Lune qui regardait la région considérée ; la mer reflue une seconde fois, mais ce second mouvement est plus faible que le premier.

» On voit ainsi comment la Lune est cause d'un flux et d'un reflux de la mer, lorsqu'elle se trouve au-dessus de notre hémisphère, et comment, lorsqu'elle est sous notre hémisphère, elle est encore cause d'un flux et d'un reflux. Lorsqu'elle est au-dessus de notre hémisphère, elle cause le flux et le reflux par le moyen de ses rayons directs ; lorsqu'elle est sous notre hémisphère, elle cause le flux et le reflux par l'intermédiaire de ses rayons obliques [réfléchis]. Il est clair que, des deux flux produits en un même jour naturel, l'un est plus fort que l'autre. Lorsque la Lune est au-dessus de notre hémisphère, elle détermine, par ses rayons directs, une intumescence plus forte ; lorsqu'elle est sous notre hémisphère, elle détermine, par ses rayons réfléchis, une intumescence moins forte. »

Pour expliquer la production de deux flux et de deux reflux par jour lunaire, Buridan admet ici, dans toute sa plénitude, la théorie de Robert Grosse-Teste. Dans la seconde édition des questions sur les Météores, nous l'entendrons rejeter cette même théorie.

« Les flux de la mer, poursuit Buridan [1], sont plus forts au moment de la conjonction de la Lune avec le Soleil et au moment de la pleine Lune, qu'ils ne sont aux quadratures. En la pleine Lune, la Lune est de plus grande vertu, parce qu'elle reçoit alors, du Soleil, beaucoup de lumière ; dans sa conjonction avec le Soleil, sa vertu est accrue par le Soleil. »

« Il y a, dit-il encore [2], nombre de circonstances qui renforcent le flux de la mer, tandis que les circonstances opposées à celles-là l'affaiblissent. La première, c'est la proximité ou l'éloignement de la Lune au Soleil, et nous parlions tout à l'heure de ce renfort. Nous avons dit, en effet, que les flux étaient plus grands lors de la conjonction de la Lune avec le Soleil et, aussi, lors de l'opposition de ces astres ; dans les quadratures, au contraire, ils sont plus petits. »

« Un second renfort du flux marin, dit encore notre auteur [3], c'est la proximité de la Lune à l'égard de la mer. Les agents naturels, en effet, agissent plus fortement de près que de loin. Or, lorsque la Lune est, à la fois, à l'auge [apogée] de son excentrique et à l'auge de son épicycle, elle est aussi distante de la Terre qu'elle peut l'être. Lorsqu'elle est, au contraire, sur chacun de ces deux cercles, sur son épicycle comme sur son excentrique, à l'opposé de l'auge, elle est aussi rapprochée de la Terre qu'elle peut être ; les flux sont alors plus grands. »

Les astrologues tenaient, en général, que tout astre errant exerce, ici-bas, des actions particulièrement puissantes, lorsqu'il est en son auge ; certains physiciens avaient tiré de ce principe une explication des vives-eaux qui se produisent au moment des syzygies ; lorsque la Lune se trouve soit en conjonction, soit en opposition avec le Soleil, le centre de l'épicycle coïncide avec l'apogée de l'excentrique ; à ces moments-là, donc, la Lune devait exercer sur la mer une action plus puissante.

Buridan renverse tout cela ; au principe admis par les astrologues, il substitue cet autre principe qui devait un jour, en Mécanique céleste, jouer un si grand rôle : « Les Agents naturels agissent plus fortement de près que de loin. — *Agentia naturalia fortuis agunt de longe quam de prope.* » Il voit une cause d'affaiblissement de la marée dans ce que l'opuscule *De fato* faussement attribué à Saint Thomas, et dans ce que le *Tractatus de*

1. Ms. cit., fol. 22, col. d.
2. Ms. cit., ibid.
3. Ms. cit., fol. 22, col. d, et fol. 23, col. a.

fluxu et refluxu maris avaient pris pour explication des vives-eaux.

La marée est plus forte lorsque la déclinaison de la Lune est boréale [1], soit parce que les rayons de la Lune tombent plus droit sur la mer, soit parce que la Lune demeure plus longtemps au-dessus de notre horizon.

Le Soleil contribue, quoique moins fortement que la Lune, à gonfler les substances humides [2]. « Aussi, en été, comme le Soleil demeure plus longtemps au-dessus de la Terre qu'au-dessous, le flux diurne est, toutes choses égales d'ailleurs, plus fort que le flux nocturne ; il en est au contraire en hiver.

» Un cinquième renfort est le signe du Zodiaque dans lequel se trouve la Lune, les étoiles fixes auxquelles la Lune est conjointe ou à l'égard desquelles elle est en un aspect déterminé, les planètes qui sont conjointes à la Lune ou qui ont, à son égard, un aspect déterminé. »

A ces raisons astrologiques Buridan attribue sans doute, bien qu'il ne le dise pas, les fortes marées des équinoxes et les faibles marées des solstices.

Il invoque également la composition de l'eau des diverses mers qui rend les mers plus ou moins aisées à mouvoir ; il cherche, par là, à rendre compte de certaines particularités légendaires dont Albert le Grand s'était fait l'écho et qu'on admettait sans discussion sur la foi de cet auteur ; certaines mers n'éprouveraient de flux qu'à la nouvelle lune et à la pleine lune, d'autres une seule fois par jour ; les explications valent les observations ; il n'est pas besoin de les rapporter.

La seconde édition des *Questions sur les Météores*, composées par Jean Buridan, est connue par d'assez nombreux exemplaires manuscrits ; un de ces exemplaires, malheureusement incomplet, est conservé à la Bibliothèque Nationale ; c'est celui que nous avons étudié [3].

La question que cette seconde édition consacre [4] à la théorie des marées est, par le fonds comme par la forme, extrêmement

1. Ms. cit., fol. 23, col. a.
2. Ms. cit., *loc. cit.*
3. Bibl. Nat., fonds latin, ms. n° 14.723 ; la table mise par un copiste au fol. 270, r°, porte : *Questiones super tres primos libros metheororum et super majorem partem quarti a magistro* Jo. Buridam. Mais l'ouvrage ne porte aucun titre et la fin manque.
4. *Questiones super tres primos libros metheororum et super majorem partem quarti a magistro* Jo. Buridam, lib. II, quæst. III : Utrum mare debeat fluere et refluere.

différente de celle que nous avons lue dans la première édition ; la différence est si grande qu'on a, parfois, peine à croire que ces deux exposés soient d'un même auteur ; de part et d'autre, cependant, les pensées essentielles sont les mêmes.

La seconde édition nous présente, en particulier, ce que nous chercherions vainement dans la première, des remarques et observations personnelles touchant le phénomène de la marée ; ces notes personnelles abondent, d'ailleurs, en mainte question de cette seconde édition ; elles nous apprennent parfois quelque particularité de la vie de l'auteur.

Selon la méthode très logique qu'il suit volontiers dans ses divers écrits de Physique, Buridan commence par poser les lois expérimentales qu'il s'agit d'expliquer.

« Il nous faut, dit-il [1], présenter d'abord ce qui apparaît au sens, puis considérer où s'en trouvent les causes.

» Une première expérience, c'est que nombre de mers, en nombres de lieux, coulent visiblement, deux fois par jour, hors d'elles-mêmes, comme si elles devaient quitter leur lit ; puis, elles rentrent en elles-mêmes ; ce flux et ce reflux sont très grands et très faciles à observer à Boulogne-sur-Mer et à Montreuil ; là, deux fois par jour, la mer s'écoule hors d'elle-même sur une étendue de deux lieues. »

Le picard qu'est Buridan nous fait part, tout d'abord, de ce qu'il a vu de ses propres yeux.

« La seconde expérience, c'est que ces flux et ces reflux, d'un jour au suivant, retardent d'une heure ou presque d'une heure...

» La troisième expérience, c'est qu'un flux se produit lorsque la Lune atteint le méridien, et un autre lorsqu'elle se trouve au méridien de la nuit ; le reflux se produit lorsque la Lune vient à son lever et un autre lorsqu'elle est à son coucher; nous devons regarder cette troisième expérience comme la cause de la seconde. »

La loi qu'énonce Buridan est contraire à la loi véritable qu'avaient formulée Posidonius et Abou Masar ; celui-là place respectivement le flot et le jusant au moment où ceux-ci placent le jusant et le flot ; on pourrait croire que le copiste a permuté les deux mots *fluxus* et *refluxus* si un passage que nous trouverons plus loin ne venait confirmer celui que nous venons de lire. On pourrait penser que le retard causé par l'*établis-*

1. Ms. cit., fol. 205, col. b.

sement du port a suggéré à Jean Buridan cette intervention ; mais sur les côtes de Picardie, où il a observé la marée, l'établissement du port est voisin de douze heures, ce qui rétablit à peu près la concordance entre les jusants et les passages de la Lune au méridien. Il semble donc difficile de dire pour quelle raison Buridan a modifié la loi expérimentale, bien connue de tous ses prédécesseurs.

« La quatrième expérience, c'est que le flux qui se produit lorsque la Lune vient au méridien de midi est plus fort que l'autre flux.

» La cinquième expérience, c'est que les flux sont ordinairement plus grands au moment de la pleine lune qu'au moment de la conjonction. »

On pourrait penser que, par cet énoncé, Buridan reproduit l'erreur de Guillaume d'Auvergne et de tant d'autres, qu'il croit à l'existence d'une seule vive-eau mensuelle, la vive-eau de pleine-lune ; semblable erreur serait surprenante de la part de celui qui, de ses propres yeux, a observé le flux et le reflux sur la côte picarde ; en réalité, Buridan, qui ne recevait point cette idée fausse dans la première rédaction de ses *Questions*, ne l'admet pas davantage ici ; tout à l'heure, nous l'entendrons faire allusion aux deux vives-eaux de pleine lune et de nouvelle lune ; il veut seulement dire ici, ce qui, d'ailleurs, n'est pas exact, que la première est plus forte que la seconde.

« La sixième expérience, c'est que les flux sont plus grands en hiver qu'en été. »

Cette proposition, que formulait déjà la première rédaction des *Questions* et, avant elle, le *Tractatus de fluxu et refluxu maris*, est tout à fait erronée, puisque les vives-eaux les plus considérables ont lieu au voisinage des deux équinoxes, et que les vives-eaux voisines des solstices sont les moins marquées. Il est curieux de voir des personnes qui ont, par elles-mêmes, observé la marée, qui ont fréquenté les gens de mer, comme l'auteur du *Tractatus de fluxu et refluxu maris*, comme Jean Buridan, méconnaître à ce point la loi qui régit la période annuelle de la marée, alors qu'il n'est pas un marin, pas un pêcheur qui l'ignore.

Buridan mentionne une dernière expérience [1] :

« En mer se trouvent des gouffres dans lesquels l'eau coule

1. Ms. cit., fol. 205, col. c.

impétueusement jusqu'à ce qu'ils soient remplis ; lorsqu'ils sont remplis, ils chassent cette eau avec violence, en sorte qu'aux bouches de ces gouffres, la mer éprouve un reflux impétueux. »

A l'appui de cette expérience notre auteur conte une anecdote relative à la navigation de Saint Louis partant en croisade.

Ces lois expérimentales étant posées, il s'agit d'en découvrir les causes.

Buridan commence [1] par exposer et critiquer les diverses explications qu'il n'a pas l'intention d'adopter ; c'est au cours de cet examen que nous relevons, au sujet de la théorie d'Alpétragius et de Gilles de Rome, les lignes suivantes, fort analogues à celles que nous avons lues dans la première édition :

« Certains ont prétendu que l'eau se meut en suivant le mouvement diurne, de même que se meuvent le feu et l'air entre les surfaces sphériques qui les bornent ; mais la hauteur des rives empêche la mer d'achever son circuit, en sorte qu'il lui faut revenir sur elle-même.

» Mais la succession régulière des flux et des reflux ne se fait pas selon le mouvement diurne ; elle se fait selon le mouvement de la Lune, comme on le peut voir par les expériences mentionnées ci-dessus. »

Buridan vient maintenant à l'explication qui a ses préférences [2].

« Il nous faut donc exposer une opinion plus probable qui concorde avec tout ce qui apparaît et par laquelle on peut assigner la cause de tous ces effets.

» Notons, tout d'abord, que la Lune exerce, plus que tous les autres astres errants, une vertu intense et manifeste sur les corps humides ; lorsqu'elle se trouve en une des circonstances qui la fortifient, elle les fait croître. C'est là la première conclusion que nous formulerons en cette question. Il est des expériences qui la rendent évidente ; les moëlles et les cervelles des animaux augmentent d'une façon manifeste au moment de la pleine lune ; suivant l'accroissement de la Lune, l'animal qu'on nomme larelle *(larellus)* [3] engraisse à tel point qu'au moment de la pleine lune, il a un lard épais comme celui du porc ; quand la Lune fait défaut, au contraire, il n'a presque

1. Ms. cit., fol. 205, col. c. et d.
2. Ms. cit., fol. 205, col. d, et fol. 206, col. a.
3. C'est le mollusque que les naturalistes nomment *Pyrule melongène*.

pas de graisse, et il en est ainsi de mois en mois. De même, les huîtres et les autres coquillages sont plus gros et meilleurs à la pleine lune et à la nouvelle lune, surtout à la pleine lune, qu'ils ne le sont aux quadratures.

» De cette première conclusion découle la seconde : Il est raisonnable que la mer éprouve une certaine augmentation et qu'elle enfle selon les circonstances qui renforcent la Lune, car elle est au nombre des corps humides.

» Vient alors la troisième conclusion : Il est raisonnable que la mer déborde dans les circonstances qui renforcent la Lune, et qu'elle reflue en elle-même lorsque ces circonstances font défaut...

» Quatrième conclusion : Il est raisonnable que le flux ait lieu lorsque la Lune passe au méridien diurne ou au méridien nocturne, et que le reflux se produise quand elle atteint l'Orient ou l'Occident. C'est en ces quatre positions, en effet, que tout astre errant acquiert pour un lieu déterminé de la terre [ou de la mer], sa plus grande [ou sa moindre] force. La force de cet astre est maximum sur un lieu déterminé lorsqu'il passe au méridien diurne de ce lieu, car il le regarde alors directement. Après la force qu'il acquiert en cette position, l'astre errant prend sa force la plus grande quand il passe au méridien nocturne, c'est-à-dire au point opposé à celui qu'il a occupé sur le méridien diurne ; la cause en est, je pense, que l'astre errant regarde directement alors les étoiles qui se trouvent au méridien [diurne] du lieu considéré, car elles lui sont, à lui-même, directement opposées ; ces étoiles réfléchissent vers le lieu considéré l'influence de cet astre errant. On voit que ces causes de renfort font défaut lorsque l'astre errant est à l'Orient ou à l'Occident du lieu considéré.

» Cette quatrième conclusion se trouve confirmée en même temps que les trois premières, car elles sont d'accord avec les quatre premières lois expérimentales rapportées ci-dessus ; et de ces lois, on ne saurait assigner aucune autre cause raisonnable. »

Toutefois, cette théorie que Buridan préfère à toutes les autres, se heurte à de nombreuses objections qu'il se plaît à énumérer et à résoudre.

Voici, par exemple, une question douteuse : « Ce gonflement de la mer, est-ce par sa lumière que la Lune le produit ou par quelque autre vertu ? »

A cette question, notre auteur donne une réponse [1] que nous avons reproduite dans un précédent chapitre [2] ; la Lune, comme le Soleil et les autres astres, n'agit pas par sa lumière, mais par une autre vertu ou influence.

« Il n'est pas douteux, toutefois, que la lumière ne coopère et ne vienne en aide, afin que le flux soit plus considérable ; aussi se produit-il des flux fort élevés au moment de la pleine lune ; et peut-être, pendant la conjonction, la Lune exerce-t-elle encore une puissante opération par sa lumière ; alors, en effet, elle est illuminée sur la face tournée vers le Soleil, et le Soleil réfléchit vers la Terre la lumière de la Lune en même temps que sa propre lumière. »

« Mais comment la Lune produit-elle ce gonflement, puisqu'on admet qu'elle est froide, et que le propre du froid est de resserrer et de condenser bien plutôt que de dilater et d'amplifier ? »

« Par sa vertu, répondrai-je, [3] la Lune est plutôt chaude que froide ; cela, je l'ai appris de Maître Firmin de Belleval. Mais comme c'est sur les eaux que se manifeste d'une manière notable l'effet de cette vertu, on dit que la Lune est la maîtresse des eaux ; puis, cette dénomination qu'on lui avait attribuée l'a fait appeler froide et humide d'après la complexion de l'eau.

» Mais tout rend manifeste que ce gonflement de la mer n'a pas pour cause principale la chaleur de la Lune, mais bien la vertu spéciale de cet astre ; si elle provenait principalement de la chaleur, en effet, le Soleil en produirait une plus grande que la Lune ; or l'expérience nous montre que cela n'est pas. »

Voilà qui va directement à l'encontre des théories soutenues par le *Tractatus de fluxu et refluxu maris*.

Pourquoi les fleuves et les étangs n'enflent-ils pas comme la mer ? A cette question, Jean Buridan propose deux réponses [4]. L'une, c'est que fleuves et étangs éprouvent, eux aussi, une marée, mais qu'ils n'ont pas assez d'étendue et de profondeur pour qu'elle soit sensible. L'autre est celle-ci : « Si nous mettons sur le feu un vase qui contient de l'eau pure, exempte de mélange, bien séparée de toute substance sèche et terrestre, cette eau laissera la vapeur s'échapper aisément et sans boursouflure ; mais, dans ces mêmes circonstances, un liquide mêlé

1. Ms. cit., fol. 206, col. b.
2. Voir : Quatrième partie, t. VIII, ch. XIII, § X, p. 435-436.
3. Ms. cit., fol. 206, col. c.
4. Ms. cit., *loc. cit.*

à quelque substance sèche et terrestre se gonfle et monte notablement, comme on le voit pour le lait, le miel et plusieurs autres corps ; en ces corps, la partie volatile ne quitte pas facilement la substance sèche et terrestre à laquelle elle est mélangée ; il est donc raisonnable que la mer gonfle plus que les autres eaux à cause de la substance terrestre qui lui est mêlée et qui en cause la salure. »

C'est revenir aux explications qui assimilent le flux à une ébullition, explications que notre auteur semblait vouloir délaisser.

La discussion d'objections dont nous analysons quelques parties fournit à Buridan l'occasion de rappeler l'hypothèse qui rattache l'alternance des vives-eaux et des mortes-eaux aux diverses particularités du mouvement de la Lune ; il se montre parfois, ici, moins affirmatif qu'en ses premières *Questions sur les Météores;* il sait, en effet, qu'il est des points où les avis des doctes sont contradictoires.

« Bien des circonstances, dit-il [1], renforcent le flux parce que la Lune en reçoit une vertu puissante ; ainsi en est-il lorsque le mouvement propre de la Lune est vite, lorsque sa lumière brille dans son plein, lorsqu'elle est dans sa maison particulière ; ainsi en est-il lorsqu'elle est plus voisine de nous [qui habitons l'hémisphère septentrional], c'est-à-dire lorsqu'elle se trouve sur le tropique du Cancer ; ainsi en est-il, au gréde ce rtainsé lorsqu'elle est plus voisine de la Terre, c'est-à-dire à l'oppos, de l'auge ; mais d'autres disent le contraire ; ainsi en est-il encore lorsque la Lune est fortifiée par des communications ou aspects propices à l'égard des autres astres errants, ou par d'autres circonstances multiples dont l'examen est affaire d'Astrologie. »

En examinant diverses objections, Buridan émet quelques remarques judicieuses et intéressantes, celle-ci par exemple [2] :

« Au moment du flux, la mer, en vérité, s'élève en tous lieux, mais elle ne s'élève pas notablement, car elle ne monte pas de plus de deux ou trois pieds ; mais, près du rivage, la mer qui se gonfle afflue de toutes parts ; là se produit l'accumulation d'une grande quantité d'eau et une forte élévation ; aussi la mer doit-elle ensuite refluer sur une grande étendue. »

1. Ms. cit., fol. 206, col. d, et fol. 207, col. a.
2. Ms. cit., fol. 206, col. d.

C'est encore une pensée fort juste que notre auteur développe[1] au sujet des gouffres *(de gulfis)*, où nombre de gens, à l'imitation de Paul Diacre, voyaient les causes du flux et du reflux.

« Certaines mers qui communiquent entre elles, dit-il, éprouvent naturellement le flux et le reflux dans un détroit *(distinctus)* ou dans plusieurs détroits [qui les réunissent]. Au moment de la marée montante, ces mers fluent vers ces détroits à l'encontre l'une de l'autre ; ces mers qui se choquent l'une l'autre produisent une agitation si désordonnée que les navires amenés en un tel lieu par les courants qui y confluent chavirent et périssent ; dans ces détroits, l'eau monte à une grande hauteur car elle y arrive de divers côtés opposés et s'y accumule. Lorsque la marée montante vient à prendre fin, ces mers rentrent impétueusement en elle-mêmes, et ces détroits ne gardent aucune élévation ou n'en gardent que fort peu... Ces détroits, on ne sait pas bien où ils sont ; les marins, en effet, n'osent point, à cause du danger, naviguer dans ces parages, et s'ils y sont parfois entraînés, ils n'en reviennent pas. Aussi, comme ces détroits sont inconnus, les poètes imaginent, les gens du vulgaire et même les marins croient qu'il y a là des profondeurs infernales, que ces gouffres absorbent une grande quantité d'eau et la rejettent ensuite. »

Buridan a bien montré comment ce qu'on avait pris pour la cause du flux et du reflux de la mer n'en était que l'effet.

Le Philosophe de Béthune n'a nullement admis l'explication des marées qu'avait proposée le *Tractatus de fluxu et refluxu maris;* en résulte-t-il qu'il n'ait rien emprunté à cet opuscule ? Gardons-nous de le croire.

En effet, avant la question sur les *Météores* où les marées sont étudiées, s'en trouve une qui est ainsi formulée : « Certaines mers doivent-elles changer de place avec d'autres mers, et couler continuellement tant qu'elles durent ? » Parmi les causes qui déterminent le constant écoulement de certaines mers, Buridan mentionne celle-ci[2] :

« La troisième cause, c'est la génération d'une grande quantité d'eau qui se fait d'un côté pendant qu'il s'en consomme beaucoup d'un autre côté. C'est de cette façon que les mers septentrionales doivent couler vers les mers australes. Sous le

1. Ms. cit., fol. 207, col. a.
2. Byridani *Op. laud.*, lib. II, quæst. II : Utrum aliqua maria debeant permutari in alia maria et continue fluere quamdiu durant ; ms. cit., fol. 205, col. a.

pôle, en effet, se trouve un lieu que son grand éloignement du Soleil rend plus froid et plus humide ; là, donc, beaucoup d'air se doit changer en eau tandis que peu d'eau se résout en air. Au contraire, au Midi, à cause du rapprochement du Soleil, il se fait une grande évaporation d'eau et une faible génération de cet élément. Il est donc conforme à la raison que les mers soient toujours plus hautes au Nord qu'au Midi, et l'on pense que, de cette façon, la mer se meut constamment des pôles vers les tropiques. »

Ces pensées sont bien celles que nous trouvions au *Tractatus de fluxu et refluxu maris* ; mais Buridan, tout en les recevant, ne leur donne plus aucun rôle dans la théorie des marées.

En revanche, il leur donne une grande extension ; non seulement il en conclut que la surface des mers n'est pas exactement une surface sphérique concentrique au monde, qu'elle atteint, au pôle, un niveau plus élevé qu'à l'équateur, mais il va, pour des raisons semblables, attribuer aux surfaces qui bornent le feu et l'air des figures différentes de la sphère.

La surface qui termine extérieurement le lieu du feu est une surface sphérique concentrique à l'Univers, car elle n'est que la face interne de l'orbe de la Lune ; mais on n'en saurait dire autant de la face concave de la région ignée. « Il me semble que, dans la direction qui va d'un pôle à l'autre, dit notre auteur [1], le diamètre de cette surface doit être plus long qu'à l'équateur, comme il arriverait pour un œuf. Que cette surface soit plus allongée dans la première direction que dans la seconde, la raison en est la suivante : Là où le ciel possède, pour engendrer la chaleur et pour la conserver, une vertu plus puissante, une plus grande quantité de feu doit être engendrée, et le feu doit être conservé sur une plus grande profondeur. Semblablement, là où le froid a plus de vigueur, les eaux doivent être engendrées en plus grande abondance ; elles doivent être plus élevées sous les pôles qu'à l'équateur ; c'est pourquoi l'on dira, au second livre de cet ouvrage, que les mers septentrionales s'écoulent vers les mers australes. Mais il est certain que, sous l'équateur, le ciel a, pour échauffer, une vertu plus puissante qu'aux pôles. »

Borné inférieurement par la surface de la terre et des mers, qui diffère, mais fort peu, d'une sphère concentrique au Monde ;

1. BYRIDANI *Op. laud.*, lib. I, quæst. IV : Utrum media regio aeris est semper frigida ; ms. cit., fol. 175, col. c.

borné supérieurement par la surface concave du feu, qui est celle d'un ovoïde allongé suivant la ligne des pôles, l'air, au gré de Jean Buridan [1], se divise en trois régions qui s'enveloppent l'une l'autre.

La couche d'air qui occupe la région supérieure doit être plus épaisse à l'équateur qu'au pôle ; elle est, en effet, formée d'air chaud, et l'air est d'autant plus profondément échauffé par le feu qui lui est contigu que ce feu occupe une plus grande profondeur et qu'il tourne d'un mouvement plus rapide, c'est-à-dire que ce feu est plus voisin de l'équateur. La surface qui sépare la région supérieure de l'air de la région moyenne a donc la forme d'un ovoïde allongé suivant la ligne des pôles, et plus allongé que l'ovoïde suivant lequel l'air confine au feu.

Au contraire, Buridan suppose que la surface le long de laquelle la région inférieure et la région moyenne de l'air confinent l'une à l'autre est une surface lenticulaire dont le plus petit diamètre est dirigé suivant la ligne des pôles. La région inférieure de l'air, en effet, est, elle aussi, une région chaude. « Là donc où se font, de la part de l'eau et de la terre, les plus fortes réflexions des rayons solaires, là aussi cette région inférieure atteint à une hauteur plus grande ; or c'est ce qui a lieu sous l'équateur plus qu'au pôle. »

D'après cette disposition, la couche intermédiaire de l'air, qui est froide, est beaucoup plus épaisse au voisinage des pôles que sous l'équateur.

Toute cette théorie de Buridan repose sur des hypothèses évidemment suggérées par celles que le *Tractatus de fluxu et refluxu maris* avait, le premier, proposées.

Evidemment, il serait puéril de chercher, en cette théorie, une première aperception de vérités que la Science aurait, plus tard, affermies et développées ; elle s'autorise d'une Physique qui n'est qu'à peine en enfance ; toutefois, il est permis de remarquer le souci de clarté et de précision qui hante l'esprit du vieux maître parisien lorsqu'il tente de poser les fondements d'une Météorologie rationnelle.

1. Jean Buridan, *loc. cit.*

VII

L'ÉCOLE DE PARIS AU XIVe SIÈCLE *(suite)*

TÉMON LE FILS DU JUIF

Jean Buridan a certainement connu la théorie des marées proposée par le *Tractatus de fluxu et refluxu maris;* mais, tout en acceptant une grande partie des suppositions formulées par cet opuscule, il a refusé d'en faire usage pour l'explication du flux et du reflux ; il a résolument attribué ces phénomènes à une influence spécialement exercée par la Lune sur les eaux de la mer.

L'enseignement de Jean Buridan n'est pas sans influence sur Témon le fils du Juif ; toutefois, après quelques hésitations, cet auteur revient à la doctrine du *Tractatus de fluxu et refluxu maris* ou, plus axactement à la théorie que cette doctrine avait suggérée à Gilles de Rome.

Témon commence par formuler des conclusions [1] dont l'observation lui démontre l'exactitude, et qui semblent requérir l'influence de la Lune sur les eaux de la mer :

« Première conclusion. Grâce à la force ou influence qu'avec les autres parties du ciel, la Lune exerce sur la Mer océane, la Lune est, pour les eaux de la mer, une cause d'élévation et de raréfaction...

» Seconde conclusion. D'une manière médiate ou immédiate, la Lune est cause du flux et du reflux de la mer...

» De ces deux conclusions, découle la troisième, qui répond à la question posée : La mer flue à une certaine époque et reflue à une autre époque, car la Lune, qui est cause du flux et du reflux se meut sans cesse ; la mer flue donc et reflue sans cesse. »

Notre auteur semble s'engager résolument dans la voie suivie par Buridan ; cependant, il ne va pas tarder à quitter cette voie pour prendre un autre chemin.

« Comment cela se fait-il ? » Telle est la question qu'il formule aussitôt après les conclusions précédentes.

Afin d'y répondre, il commence par rappeler la théorie de Robert Grosse-Teste : « *Linconiensis in libro de radiorum*

1. *Questiones super quatuor libros metheororum compilate per doctissimum philosophie professorem* THIMONEM ; lib. II, quæst. II : Utrum mare fluat in uno tempore et refluat in alio.

refractione dicit... » Mais il ne lui semble pas que cette théorie puisse être reçue. Les rayons lunaires réfléchis par la huitième sphère seraient beaucoup trop faibles pour déterminer la pleine mer qu'on observe lorsque la Lune franchit, de l'autre côté de la terre, le prolongement de notre méridien. Il faut donc chercher, du soulèvement de la mer, quelque explication plus satisfaisante.

Or Témon connaît le *Tractatus de fluxu et refluxu maris.* En effet, dans la question qui précède immédiatement celle où il traite de la marée, il avait écrit [1] :

« Habituellement, la mer se meut et coule du Nord au Sud. On le démontre ainsi : La mer est très élevée au Nord et très basse au Sud, et comme l'eau coule toujours vers le lieu le moins élevé, la proposition en résulte. La première partie de la prémisse est évidente ; au Nord, en effet, règne un grand froid ; c'est donc là que l'eau s'engendre, là que viennent confluer sources et fleuves ; et, d'autre part, le défaut de chaleur solaire fait que ces eaux ne sont pas consumées ; il faut donc qu'en cette région, il reste une grande quantité d'eau et, partant, que la mer soit très élevée au-dessus du centre du Monde. Au contraire, au Midi, l'excessive chaleur du Soleil dessèche continuellement la mer ; elle s'y abaisse donc.

» Il est possible qu'en certains lieux, par suite de quelque empêchement, le mouvement se fasse en sens inverse ; par exemple, sous la voie parcourue par le Soleil, il se peut que la chaleur excessive raréfie et dilate l'eau à tel point qu'elle se meuve du Midi vers le Nord ; ainsi dit-on, dans un certain *Traité du flux et du reflux de la mer,* que, sous la voie parcourue par le Soleil, la mer est soulevée par l'ébullition ; ainsi convient-il que le flux se fasse en sens inverse [c'est-à-dire du Sud au Nord]. »

Le *Tractatus de fluxu et refluxu maris* ne parlait aucunement d'un mouvement qui entraînerait les mers des tropiques vers les pôles ; c'est aux vapeurs, non pas à l'eau liquide, qu'il attribuait ce mouvement ; Témon prête ici à ce traité l'hypothèse qu'il avait suggérée à Gilles de Rome. Aussi n'est-ce pas la théorie des marées proposée par le *Tractatus de fluxu et refluxu maris,* mais ce que cette théorie est devenue dans

1. TEMONIS JUDÆI *Op. laud.*, lib. II, quæst. I : Utrum mare, quod est in loco naturali aquæ, sit generabile et corruptibile, vel perpetuum.

l'enseignement de Gilles, que nous allons retrouver sous la plume de Témon.

« Voici, nous dit celui-ci [1], ce que je regarde comme le plus probable :

» Selon ce qui a été touché dans la question précédente, tandis que le Soleil se meut sans cesse entre les deux tropiques, il frappe la mer qui se trouve au-dessous de lui de rayons perpendiculaires qui produisent beaucoup de chaleur ; l'eau qui se trouve directement au-dessous du Soleil entre en ébullition, comme dans une marmite qu'on approche du feu. Cette eau en ébullition occupe un plus grand volume, en sorte que certaines autres parties d'eau lui cèdent place. Cette ébullition s'avance sans cesse de l'Orient vers l'Occident ; ainsi, du lever du jour jusqu'à midi, apparaît un flux.

» Mais par l'effet de cette ébullition, une grande quantité d'eau subtile se trouve évaporée ; près du Nord, la Lune refroidit ces vapeurs ; d'ailleurs, comme la Lune possède une vertu capable de créer de l'eau [aux dépens de l'air], elle augmente, dans la région septentrionale, la masse de la mer, d'autant qu'en ce lieu, le Soleil est sans force pour élever des vapeurs.

» Ainsi, au voisinage de midi *(circa meridiem)*, la mer est pleine, d'un côté, par l'effet de la raréfaction de l'eau, et d'un autre côté, par l'effet de la génération [de nouvelles masses d'eau]... »

Comme Gilles de Rome, Témon admet que, des deux flux qui se produisent chaque jour, l'un est dû à l'action du Soleil et l'autre à l'action de la Lune. C'est une opinion fausse et insoutenable ; mais elle contient en germe une grande vérité que développeront les physiciens italiens au temps de la Renaissance ; cette vérité est la suivante : Le phénomène des marées, tel que nous l'observons, est la résultante de deux phénomènes plus simples, une marée lunaire et une marée solaire.

VIII

L'ÉCOLE DE PARIS AU XIVe SIÈCLE *(suite)*. — LES QUESTIONS SUR LES MÉTÉORES FAUSSEMENT ATTRIBUÉES A DUNS SCOT

La grande édition des œuvres de Duns Scot, donnée à Lyon, en 1639, contient des *Questions* fort étendues sur les quatre

1. TEMONIS JUDÆI *Op. laud.*, lib. II, quæst. II.

livres des *Météores* d'Aristote [1]. Cet écrit est précédé d'une étude composée par le R. P. Luc Wadding [2], et intitulée : *De hoc Meteororum opusculo censura.* Dans cette « censure », Wadding signale deux particularités bien propres à faire regarder comme apocryphes ces *Questions* sur les livres des *Météores.*

En premier lieu, l'auteur y donne [3] à Thomas d'Aquin le titre de bienheureux ; or Thomas d'Aquin ne fut canonisé que par Jean XXII, en 1323, tandis que Duns Scot est mort en 1308.

A cette première objection, Wadding indique une échappatoire possible ; le titre de *beatus* n'aurait pas voulu signifier que la canonisation de Thomas d'Aquin fût un fait accompli ; il serait seulement une marque de vénération donnée à l'illustre docteur dont la béatification future n'était douteuse pour personne.

En second lieu, l'écrit sur les *Météores* cite [4] le *Tractatus de proportionibus* de Thomas Bradwardin ; il remarque qu'en ce traité, Bradwardin a admis, le premier, que les épaisseurs des sphères des quatre éléments forment les termes successifs d'une progression géométrique. Or Bradwardin qui était, en 1325, procureur de l'Université d'Oxford, et qui mourut, en 1349, quarante et un ans après le Docteur Subtil, ne paraît pas avoir pu composer son *Tractatus de proportionibus* du vivant de ce dernier.

Ici encore, Wadding signale une échappatoire ; Bradwardin aurait pu vivre jusqu'à un âge très avancé, et le *Traité des proportions* pourrait être une œuvre de sa jeunesse. Ce que vaut cette dernière échappatoire, il serait possible de le savoir, si nous découvrions un exemplaire daté du *Tractatus de proportionibus.*

Or, parmi les nombreuses copies de ce traité que possède la Bibliothèque Nationale, il s'en trouve qui sont datées.

1. R. P. F. Ioannis Duns Scoti, Doctoris Subtilis, *Ordinis Minorum, Meteorologicorum libri quatuor. Opus quod non antea lucem vidit, ex Anglia transmissum.* — Le titre est suivi de cette recommandation adressée au relieur : *Advertat compactor librorum, hunc Tractatum æquotardius ad nos delatum, ante Tomum III ponendum esse, ne erret.* Or le *tomus III* des *Ioannis Duns Scoti Opera omnia* porte la mention suivante : Lugduni, Sumptibus Laurentii Durand, MDCXXXIX. — Dans la réimpression de cette édition, donnée à Paris, en 1891, ce traité se trouve au tome IV, p. 1-263.

2. Voir aussi ses *Scriptores Ordinis Minorum,* Romæ, 1650, p. 203 ; Romæ, 1806, p. 138 ; Romæ, 1906, p. 137.

3. *Op. laud.*, lib. I, quæst. X.

4. *Op. laud.*, lib. I, quæst. XIII, art. III : De proportione elementorum.

L'une d'elles fait partie de cahiers [1] où, en grand désordre et d'une déplorable écriture, un étudiant a copié, vers la fin du XIVe siècle, un grand nombre de fragments philosophiques, presque tous empruntés à l'École d'Oxford. Parmi ces pièces, se rencontre le *Tractatus de proportionibus* de Thomas Bradwardin ; ce traité contient [2], bien entendu, la théorie sur la grandeur respective des éléments qu'en ont extraite les *Questions sur les Météores* attribuées à Duns Scot. Il se termine par cette indication [3] : *Explicit tractatus de proportionibus editus a Magistro Thoma de Breduardin anno domini M°CCC°28.*

Une seconde indication toute semblable se lit en un autre manuscrit conservé à la Bibliothèque Nationale [4]. Dans ce manuscrit, le Tractatus de proportionibus porte ce titre [5] : *Magister Tho. de proportionibus motuum.* Il s'achève par ce colophon [6] : *Explicit tractatus de proportionibus editus a Magistro Thoma de Bradelbardin. Anno domini M°CCC°28.*

C'est donc en 1328, vingt ans après la mort de Duns Scot, que Bradwardin composa son *Tractatus de proportionibus;* les *Questions sur les livres des Météores* où ce traité se trouve cité, et cité sous une forme telle que l'hypothèse d'une interpolation soit inadmissible, ne sauraient être du Docteur Subtil ; le caractère apocryphe de cette œuvre est désormais hors de doute.

Wadding, qui s'était bien gardé d'en affirmer l'authenticité, avait désigné comme auteur possible le franciscain anglais Simon Tunsted, qui mourut en 1369 ; cette désignation avait pour seule raison un dire de Pitse ; celui-ci donne, en effet, Simon Tunsted comme s'étant tout spécialement consacré à l'étude des météores, et comme ayant composé un commentaire sur la *Météorologie* d'Aristote ; mais rien ne nous permet d'affirmer l'identité de ce commentaire avec les *Questions* qu'on a publiées sous le nom de Duns Scot.

Ce que nous pouvons affirmer, c'est que ces *Questions* sont d'un disciple de Jean Buridan ; leur enseignement au sujet du flux et du reflux de la mer nous en va être garant.

Ce que le Pseudo-Duns Scot dit des marées est complet, clair, ordonné ; mais il n'est pas utile que nous nous arrêtions bien

1. Bibliothèque Nationale, fonds latin, ms. n° 16.621.
2. Ms. cit., fol. 211, r°, et fol. 212, v°.
3. Ms. cit., fol. 212, v°.
4. Bibliothèque Nationale, fonds latin, ms. n° 14.576.
5. Ms. cit., fol. 255, col. a.
6. Ms. cit., fol. 261, col. c.

longtemps à l'analyser ; ce n'est, en effet, qu'une rédaction plus systématique de la théorie exposée par Buridan dans la seconde édition de ses *Questions sur les météores*. Non seulement notre auteur développe les mêmes idées que Jean Buridan, mais il les range dans le même ordre ; il place, d'abord, les données de l'observation ; il discute, ensuite, les explications qui en ont été proposées et qu'il a l'intention de rejeter ; il présente, en troisième lieu, la théorie qui a ses préférences ; enfin, il dissipe quelques doutes qui se peuvent élever dans l'esprit au sujet de cette théorie.

Comme Buridan, notre auteur attribue les marées « à une influence spéciale de la Lune, différente de l'influence de la lumière. » Cette influence est celle qui dilate et fait croître les parties humides des animaux et des végétaux.

Bien que distincte de la lumière, cette influence se propage de la même manière que les rayons lumineux ; comme eux, elle peut se réfléchir ; le Pseudo-Duns Scot admet, comme Robert Grosse-Teste, que les rayons de l'influence lunaire sont réfléchis par le ciel, et, comme l'Évêque de Lincoln, dont il invoque l'autorité, il explique par là le flux que la Lune détermine en descendant sous l'horizon.

En discutant les doutes que peut susciter cette théorie, notre auteur examine celle qui attribue le flux et le reflux à l'absorption et au rejet des eaux de la mer par certains gouffres ; comme Jean Buridan, il regarde les tourbillons dont certains gouffres sont le siège comme des effets, et non comme des causes de la marée.

Cette brève analyse suffit à montrer ce qu'une étude plus détaillée ne ferait que confirmer, savoir que les *Questions sur les Météores* attribuées à Duns Scot sont l'œuvre d'un fidèle disciple de Buridan.

IX

L'ÉCOLE DE PARIS AU XIVe SIÈCLE *(suite)*.

PIERRE D'AILLY

Le nom de Pierre d'Ailly évoque tout aussitôt l'idée du Grand Schisme d'Occident, aux diverses péripéties duquel le

1. PSEUDO DUNS SCOT, *Op. laud.*, lib. II, quæst. I : Utrum semper mare fluat a septentrione ad austrum. (JOANNIS DUNS SCOTI *Opera*, éd. cit., t. III, p. 63-66.)

cardinal de Cambrai s'est trouvé si activement mêlé ; c'est dire que ce nom signale, pour ainsi dire, la décadence de l'école philosophique de Paris.

On doit à Pierre d'Ailly un opuscule dans lequel il expose sommairement ce qu'Aristote a traité aux quatre livres des *Météores*[1]. C'est un écrit bien sec de forme, bien pauvre de fond, où l'on ne trouve aucune trace des observations personnelles, des souvenirs, des suppositions ingénieuses qui donnaient tant de vie, qui assuraient tant d'intérêt aux *Questions sur les Météores* composées par un Jean Buridan.

Vers le début du second livre, un chapitre assez court est consacré au flux et au reflux de la mer ; voici le commencement de ce chapitre ; c'en est la partie la plus intéressante :

« Pour connaître la cause du flux et du reflux de la mer, il nous faut remarquer que le Soleil a vertu pour mouvoir les choses sèches, tandis que la Lune a même vertu sur les choses humides. Aussi, pendant l'accroissement de la Lune, y a-t-il accroissement de toutes les choses humides, comme du cerveau, de la moëlle, et d'autres substances semblables ; pendant le décroît de cet astre, ces mêmes choses décroissent, et c'est la Lune qui les fait décroître ; pendant une éclipse de Lune, certaines choses humides sont consumées et desséchées, comme on le voit dans les lieux où se trouvent certains aliments humides ; cela est également mis en évidence par les coquillages, comme l'attestent les gens expérimentés.

» Cela étant admis, il faut faire attention à ceci : Lorsque la Lune monte au-dessus de l'horizon de quelque lieu, ses rayons s'étendent à la surface des eaux de la mer en cette même région ; ces rayons produisent en cette eau une certaine altération par laquelle elle devient plus subtile en se gonflant et en diminuant de densité ; à la façon d'un liquide qui bout, elle se meut vers la partie sur laquelle s'étendent les dits rayons.

» Lorsqu'ensuite la Lune dépasse le méridien et s'abaisse vers le couchant, l'eau dont nous venons de parler est, c'est

1. *Tractatus brevis atque perutilis venerabilis Episcopi* PETRI CAMERACENSIS. *Nos nedum vehens in cognitionem eorum: que in Prima Secunda atque Tercia regionibus aeris fiunt sicuti sunt Sidera Cadencia Stelle comate Pluvia Ros Pruina Nix Grando Ventus Terremotus Verumetiam generationem quorumdam corporum infra terram uti sunt fossibilia atque metalla nobis indicabit diligenterque correctus et emendatus in lipczens studio. De impressionibus aeris Venerabilis domini* PETRI DE ELIACO *Episcopi Cameracensis: studii parisiensis Cancellarii Libellus super libros Metheororum Arestotelis Incipit feliciter.* — Pas de colophon.

nécessaire, abandonnée à sa nature propre ; il faut donc qu'elle se meuve vers le Ciel qu'elle occupait d'abord.

» Nous avons donc deux mouvements ; le premier est un mouvement que l'eau prend par l'action de la Lune ; le second est en elle par sa nature propre ; le premier de ces deux mouvements est appelé : flux, et le second : reflux. Il est clair parce qui précède que le flux est un mouvement de l'eau vers un lieu plus élevé et que le reflux est un mouvement vers un lieu plus bas.

» Sachez, enfin, que la Lune n'est pas seulement par elle-même cause de ce flux de la mer ; mais l'aspect qu'elle présente à l'égard du Soleil, quand elle est en opposition avec lui, y contribue grandement ; un effet analogue est produit par la conjonction de la Lune avec les autres astres errants, car en raison de ces conjonctions, son action devient plus robuste.

» Voilà ce qu'ont déterminé les astronomes. »

Les astronomes avaient déterminé, du flux et du reflux de la mer, des lois autrement précises et détaillées ; elles sont oubliées ou méconnues à Paris, au temps du chancelier Pierre d'Ailly.

Chapitre XVI

L'ÉQUILIBRE DE LA TERRE ET DES MERS. I. LES ANCIENNES THÉORIES

I

LE CENTRE DE GRAVITÉ DE LA TERRE ET LE CENTRE DU MONDE SELON LES COMMENTATEURS HELLÈNES D'ARISTOTE

Le problème de l'équilibre de la terre et des mers est un de ceux auxquels la Physique parisienne du XIVe siècle consacrera le plus d'attention ; l'ingénieuse solution qu'elle en proposera sera tirée de principes que la Science a depuis longtemps rejetés ; mais, parmi les corollaires que ces principes lui permettront d'établir, il en est qui, pendant très longtemps, seront tenus pour vrais et qui exerceront la plus grande influence soit sur les progrès de la Statique, soit sur les progrès de la Géologie ; il en est même qui, convenablement précisés, demeurent aujourd'hui au nombre des vérités que nous recevons comme certaines.

La théorie de l'équilibre de la terre et des mers doit donc être prise pour un des chapitres les plus importants de la Physique parisienne. Pour apprécier exactement l'apport de cette Physique à la théorie dont il s'agit, il importe de rappeler ce que la Physique hellène, puis la Physique arabe, enfin la Physique de la Chrétienté latine avaient dit, auparavant, du problème de l'équilibre de la terre et des mers.

Nous avons autrefois exposé [1] comment Aristote avait examiné et résolu une difficulté touchant le lieu que la terre occupe dans le Monde.

Chacune des parties de la terre est pesante, c'est-à-dire au gré du Stagirite, qu'elle a pour lieu naturel le centre du Monde ; placée au centre du Monde, elle y demeurerait d'elle-même en repos ; mise hors de ce point par l'effet de quelque violence,

1. Première partie, ch. IV, § XIV ; tome I, p. 215-216.

elle tend à le regagner par un mouvement naturel qui se poursuit en droite ligne. Mais les diverses parties de la terre ne sauraient, toutes à la fois, occuper le centre du Monde. Comment donc la terre tout entière pourra-t-elle résider en son lieu naturel ?

La tendance de chaque partie terrestre à se porter au centre du Monde est une force, le *poids* (ῥοπή) de cette partie. La terre sera en son lieu naturel lorsqu'elle sera tellement disposée autour du centre du Monde que ces diverses forces se fassent équilibre [1]. « La terre se mouvra nécessairement jusqu'à ce qu'elle environne le centre d'une manière uniforme, les moindres parties se trouvant égalées aux plus grandes, en ce qui concerne la poussée de leur poids. — Ἀναγκαῖον μέχρι τοῦτου φέρεσθαι ἕως ἂν πανταχόθεν ὁμοίως λάβῃ τό μέσον, ἀνισαζο μένων πῶν ἐλαττόνων ὑπὸ τῶν μειζόνων τῇ προώσει τῆς ῥοπῆς. »

Aristote déclare, d'ailleurs, et la remarque est d'importance, qu'on en pourrait dire autant de n'importe quel grave tombant au centre du Monde ; ce grave aussi aura *poids* (ῥοπή) tant que son milieu ne coïncidera pas avec le milieu de l'Univers.

Le problème de la position de la terre dans le Monde est donc un problème d'équilibre, semblable, par nature, à ceux que les mécaniciens ont accoutumé de résoudre. Thémistius, paraphrasant ce passage d'Aristote, en fait très explicitement la remarque : « Les diverses parties de la terre, dit-il [2], se meuvent les unes d'un côté, les autres de l'autre, jusqu'à ce que le poids se trouve égal de tous côtés, comme si l'on pesait ces parties. » L'équilibre des diverses parties de la terre autour du centre du Monde est donc ici comparé à l'équilibre des poids placés dans les deux plateaux d'une balance.

Avant Thémistius, Alexandre d'Aphrodisias avait serré de plus près cette pensée, si clairement proposée par Aristote. Le problème de la position de la terre dans le Monde est un problème d'équilibre. Simplicius nous a conservé [3] non seulement la doctrine, mais les paroles mêmes d'Alexandre.

Alexandre tient compte de l'hétérogénéité et de l'inégale pesanteur des diverses parties de la terre (τὸ ἀνομοιομερὲς

1. ARISTOTE *De Cælo* lib. II, cap. XIV (ARISTOTELIS *Opera*, éd. Didot, t. II, p. 407-409 ; éd. Bekker, vol. I, p. 297, col. b).

2. THEMISTII *peripatetici lucidissimi Paraphrasis in Libros Quatuor Aristotelis de Cælo nunc primum in lucem edita*. Moyse Alatino Hebraeo Spoletino Medico, ac Philosopho Interprete. Venetiis, apud Simonem Galignanum de Karera, MDLXXIIII. Fol. 38, verso. — THEMISTII *In libros Aristotelis de Cælo paraphrasis*, hebraïce et latine. Edidit Samuel Landauer, Berolini, MCMII, p. 141.

3. SIMPLICII *In Aristotelis libros de Cælo commentarii* ; lib. II, cap. XIV ; éd. Karsten, p. 244, col. a ; éd. Heiberg, p. 256.

τῆς γῆς καὶ ἀνισόρροπον). En vertu de cette hétérogénéité, le centre de la pesanteur et de la densité (τὸ μέσον τῆς ῥοπῆς καὶ τοῦ βάρους) n'est pas, pour la terre, le même point que le centre de grandeur (τὸ μέσον τοῦ μενέθους). La terre n'est pas exactement sphérique ; le centre du Monde n'est pas, pour elle, centre de grandeur ; ce qui est au centre de l'Univers, c'est le centre de pesanteur de la terre (τὸ μέσον τῆς γῆς τὸ κατὰ τὴν ῥοπὴν ὄν).

Cette proposition, Alexandre ne la regarde pas comme un jugement particulier à la terre ; à l'image d'Aristote, il y voit un cas singulier d'une vérité qui se doit affirmer de tout corps grave : « Le centre [du Monde] retient les corps graves par le centre de leur pesanteur propre, et non pas par le centre de leur grandeur. — Σπεύδει δὲ τὰ βαρέα τῷ τῆς ῥοπῆς τῆς οἰκείας μέσῳ λαβέσθαι τοῦ μέσου, οὐ τῷ τοῦ μεγέθους μέσῳ ».

Simplicius, qui admet pleinement l'opinion d'Alexandre, regarde[1] le problème qu'Aristote et Alexandre ont examiné comme suggéré par les recherches « que les mécaniciens nomment les *Centrobaryques* (κεντροβαρικά) ; car les Centrobaryques, au sujet desquels Archimède et plusieurs autres ont énoncé des propositions nombreuses et fort élégantes, ont pour objet de trouver le centre d'une gravité donnée (τοῦ δοθέντος βάρους τὸ κέντρον), c'est-à-dire de trouver, sur un corps, le point tel qu'un fil y étant attaché, et le corps étant soulevé à l'aide de ce fil, ce corps demeurera exempt de toute inclinaison. (τουτέστι σημεῖόν τι ἐπὶ τοῦ σώματος ἀφ' οὗ, σπάστου τινὸς ἐξαφθείσης, μετεωριζόμενον ἀκλινὲς ἔσται τὸ σῶμα.) »

Ce passage de Simplicius nous invite, de manière très formelle, à identifier le centre de pesanteur et de densité considéré par Alexandre avec le centre de gravité déterminé par Archimède et par les autres mécaniciens. Que cette identification fut déjà dans la pensée d'Alexandre, nous n'en pouvons guère douter ; Simplicius, d'ailleurs, attire notre attention sur l'analogie qui, vraisemblablement, a conduit le philosophe d'Aphrodisias à l'admettre ; suspendu par son centre de gravité, un corps pesant demeure en équilibre indifférent ; de même, la terre ou tout autre grave doit demeurer en équilibre indifférent, si l'on place au centre du Monde ce point qu'Alexandre nomme le centre de pesanteur.

1. SIMPLICII *Op. laud.*, loc. cit., éd. Karsten, p. 243, col. a ; éd. Heiberg, p. 543.

Si nous voulons bien comprendre la portée de cette assimilation, il nous faut examiner ce qu'Alexandre et Simplicius connaissaient des recherches d'Archimède et des autres mécaniciens touchant les Centrobaryques.

D'Archimède nous possédons, nul ne l'ignore, *deux livres sur les plans équilibres ou sur les centres de gravité des plans*. Ἐπιπέδων ἰσορροπιῶν ἢ κέντρα βαρῶν ἐπιπέδων α' καὶ β'. Dans cet ouvrage célèbre, Archimède détermine la position du centre de gravité de diverses figures planes ; mais il ne définit aucunement ce point et n'en démontre pas l'existence d'une manière générale.

Le géomètre de Syracuse avait certainement traité du centre de gravité dans un autre ouvrage aujourd'hui perdu. Dans son traité *De la quadrature de la parabole*, il fait, à cet écrit, une allusion fort nette : « Tout corps suspendu, dit-il[1], quel que soit le point de suspension, s'arrête de telle manière que le point de suspension et le centre de la gravité (τὸ κέντρον τοῦ βάρεος) soient sur la même verticale. Cela a été démontré. »

Ce traité perdu d'Archimède paraît avoir eu pour titre : *Sur les balances*, Περὶ ζυγῶν [2]. C'est vraisemblablement celui que Héron d'Alexandrie cite, dans son traité de Mécanique intitulé *L'élévateur*, en le désignant par ce titre : *Sur les leviers*.

Dans *L'élévateur*, Héron désigne parfois le centre de gravité par ce nom qu'employait Archimède ; plus souvent, il l'appelle *centre d'inclinaison* ou encore *point de suspension*. Voici d'abord la définition qu'il en donne [3].

« Le point de suspension est un point quelconque. Sur le corps ou sur la figure non corporelle, tel que lorsque l'objet suspendu est suspendu à ce point, ses portions se font équilibre, c'est-à-dire qu'il n'oscille ni ne s'incline. »

A la suite de cette définition, Héron ajoute :

« Archimède dit que le corps grave peut être en équilibre sans inclinaison autour d'une ligne ou autour d'un point ; autour d'une ligne, lorsque le corps reposant sur deux points

1. ΑΡΧΙΜΗΔΟΥΣ Τετραγωνισμὸς παραβολῆς (*De quadratura parabolæ*, VI) (ARCHIMEDIS *Opera omnia*. Iterum edidit I. L. Heiberg, Lipsiæ, MDCCCCXIII, vol. II, pp. 274-275).

2. Au sujet des mentions faites, dans l'Antiquité, du Περὶ ζυγῶν d'Archimède, voir : Pierre DUHEM, *Les Origines de la Statique*, t. II, Paris, 1906, Note B : Sur Charistion et sur le Περὶ ζυγῶν d'Archimède ; p. 301-310.

3. *Les Mécaniques ou l'élévateur* de HÉRON D'ALEXANDRIE, publiées pour le première fois sur la version arabe de Qostâ ibn Lûkâ et traduites en français par M. le Baron Carra de Vaux. Extrait du *Journal Asiatique*, Paris, 1894, p. 73 du tirage à part.

de cette ligne, il ne penche d'aucun côté ; alors le plan perpendiculaire à l'horizon, mené par cette ligne, en quelque endroit qu'on la transporte, demeure perpendiculaire [à l'horizon] et ne s'incline pas autour de la ligne... Quant à l'équilibre autour d'un point, il a lieu lorsque, le corps étant suspendu, quel que soit le mouvement du point, ses parties s'équivalent entre elles. »

Un peu plus loin [1], Héron démontre, sans dire si ses raisonnements sont d'Archimède, deux théorèmes qu'on peut énoncer ainsi :

Si l'on suspend successivement un corps pesant par divers fils, tous ces fils, prolongés, se rencontrent au centre de gravité du corps.

Si l'on observe successivement l'équilibre du corps autour de divers axes, et qu'on marque chaque fois le plan vertical qui passe par l'axe de suspension, tous ces plans vont passer par le centre de gravité du corps.

Les divers passages dont nous venons de parler sont précédés de celui-ci [2] :

« Cette question a été exposée par Archimède avec des développements suffisants. Il faut savoir à ce sujet que Poseidonios, qui était un philosophe stoïcien, a donné du centre de gravité une définition physique. Il a dit que le centre de gravité ou d'inclinaison est un point tel que, lorsque le corps est suspendu par ce point, il est divisé en deux portions équivalentes. En raison de quoi, Archimède et les mécaniciens qui l'ont imité ont scindé cette définition, et ils ont distingué le point de suspension et le centre d'inclinaison. »

M. Carra de Vaux qui, d'après un texte manuscrit de la version arabe de Qostâ ibn Lûkâ, a publié et traduit *L'élévateur* de Héron d'Alexandrie, nous avertit que la lecture des deux mots : *Poseidonios* et : *Stoïcien* est douteuse. Héron, d'ailleurs, semble faire, du personnage qu'il cite, un prédécesseur d'Archimède, ce qui ne saurait convenir au philosophe stoïcien Posidonius. Quoi qu'il en soit, nous voyons clairement quelle était la pensée du personnage que désigne le nom douteux de Poseidonios. Il prenait un corps posé, par exemple, sur une table ; *à la surface* de ce corps, il cherchait le point où devait être attaché le fil par lequel on pourrait soulever le corps sans qu'il

1. HÉRON D'ALEXANDRIE, *Op. laud.;* éd. Carra de Vaux, p. 75.
2. HÉRON D'ALEXANDRIE, *Op. laud.;* éd. Carra de Vaux, p. 73.

éprouvât aucune inclinaison ; c'est à ce point qu'il donnait le nom de centre de gravité ou d'inclinaison.

Archimède serait venu ensuite et, du point considéré par Poseidonios, point situé à la surface du corps et variable avec la position initiale du corps, il aurait distingué le point, unique et intérieur au corps, que nous nommons avec lui centre de gravité.

Le Περὶ ζυγῶν d'Archimède, comme beaucoup d'autres traités du grand géomètre, semble avoir été perdu de bonne heure. Pappus d'Alexandrie en prononce le nom ; mais tout indique qu'il ne l'avait pas lu, qu'il ne le connaissait que de réputation, sans doute par la lecture de Héron d'Alexandrie. Ce n'est donc pas d'Archimède, mais de Héron, à qui il a fait de si nombreux emprunts, qu'il tient ce qu'il dit touchant de la définition du centre de gravité.

Imaginons, écrit Pappus [1], qu'un corps grave soit suspendu par un axe αβ, et laissons-le prendre sa position d'équilibre. Le plan vertical passant par αβ « coupera le corps en deux parties équilibres, qui se tiendront en quelque sorte suspendues de part et d'autre du plan, étant égales entre elles par le poids. »

Prenons un autre axe α'β' et répétons la même opération ; le nouveau plan vertical passant par le nouvel axe coupera sûrement le précédent ; s'il lui était parallèle, en effet, « chacun de ces deux plans diviserait le corps en deux parties qui seraient, à la fois, de poids égal et de poids inégal, ce qui est absurde. »

Suspendons maintenant le grave par un point γ et, lorsque le repos sera établi, traçons la verticale γδ du point de suspension. Prenons ensuite un second point de suspension γ' et, par une opération semblable, traçons une seconde droite γ'δ'. Les deux droites γδ, γ'δ' se couperont sûrement ; sinon, par chacune d'elles, on pourrait faire passer un plan coupant le corps en deux parties équilibres, de telle manière que ces deux plans soient parallèles entre eux, ce qu'on sait être impossible.

Toutes les lignes telles que γδ, γ'δ' se couperont donc en un même point du corps, point qu'on nommera centre de gravité.

Dans ce raisonnement de Pappus comme dans les considérations de Héron, il est constamment question d'un plan qui partage un corps en deux parties équilibres ou équipondé-

1. Pappi Alexandrini *Collectiones quæ supersunt.* Elibris manuscriptis edidit Fridericus Hultsch. Berolini, 1878. Lib. VIII, propos. I et II ; tomus III, p. 1301.

rantes ; il est clair qu'il ne faut pas entendre par là deux parties d'égal *poids*, au sens précis que nous donnons aujourd'hui à ce mot, mais deux parties d'égal *moment* par rapport au plan considéré. C'est dans ce sens qu'Archimède employait le mot ἰσόρροπος dans ses recherches sur les centres de gravité. C'est à la notion de *moment* que les successeurs d'Archimède, comme Héron et Pappus, font un appel implicite, mais constant, lorsqu'ils déterminent le centre de gravité d'un corps ; cet appel est fait par l'intermédiaire de la loi du levier [1], origine de la notion de *moment*, loi que nos auteurs invoquent sans cesse dans leurs démonstrations.

La définition du centre de gravité, telle que nous venons de l'entendre donner par Pappus, est conforme à celle qu'en donnait sans doute Archimède dans le Περὶ ζυγῶν.

Comme Pappus, Simplicius mentionne le Περὶ ζυγῶν ; mais il ne paraît pas, plus que Pappus, avoir eu connaissance de cet ouvrage. En tout cas, dans le passage du commentaire au *Traité du Ciel* que nous citions tout à l'heure, ce n'est pas à la façon d'Archimède qu'il définit le centre de gravité ; la définition qu'il en donne reproduit presque exactement celle que *L'élévateur* de Héron d'Alexandrie attribue au douteux Poseidonios.

Tout ce qu'Archimède, Héron d'Alexandrie, Pappus ont dit du centre de gravité donne lieu à une remarque essentielle.

Si l'on admet, comme on le fait si souvent en Mécanique, que le champ de la pesanteur ait même direction et même intensité en tous les points du corps dont on raisonne, partant que toutes les verticales soient parallèles entre elles, toutes ces propositions sont vraies.

Elles sont également vraies, si l'on regarde les verticales comme des lignes qui convergent toutes vers un même point, et si l'intensité de la pesanteur en un point est supposée proportionnelle à la distance entre ce point et le point de concours des verticales.

Hors ces conditions très précises, ces propositions sont généralement fausses ; la résultante des poids des diverses parties d'un corps n'a plus un point d'application dont la position, dans le corps, demeure inchangée lorsque le corps change lui-même de position et d'orientation.

1. Pappi Alexandrini *Op. laud.*, loc. cit., p. 1043.

Archimède et ses successeurs ont-ils eu soupçon des restrictions qui pesaient sur leur théorie du centre de gravité ? Il ne paraît pas.

Assurément, rien de ce qu'Archimède a écrit *sur l'équilibre des plans* n'exclut l'hypothèse que les verticales sont regardées comme parallèles et la pesanteur comme constante ; mais nulle part le grand géomètre ne signale que cette restriction soit nécessaire à l'exactitude des propositions qu'il énonce ; il est permis de douter qu'il ait conçu sur ce point aucune opinion précise.

Ce doute se fortifie lorsqu'on lit ses livres *Sur les corps flottants*. Au premier de ces deux livres, nous le voyons sans cesse mentionner et figurer la convergence des verticales vers le centre de la terre ; cependant, les lois qu'il veut démontrer, ne sont point exactes, en général, si la pesanteur n'est pas tenue pour constante en grandeur et en direction ; l'illustre Syracusain donne ainsi, du principe qui a gardé son nom, un énoncé trop général et entaché d'une grave erreur [1] ; mais au second livre, lorsqu'il veut appliquer ce principe, il traite les verticales comme des parallèles ; alors disparaissent les conséquences erronées de sa première analyse.

D'ailleurs, dans ce premier livre où les verticales sont regardées comme des lignes qui convergent au centre du Monde, Archimède n'hésite pas à recevoir ce postulat [2] : « Tout volume, immergé dans un fluide, qui est porté vers le haut, est porté suivant la verticale qui passe par son centre de gravité. » On voit bien par là que les propriétés du centre de gravité ne se bornent pas, à son gré, au cas où les verticales sont considérées comme parallèles.

Dans les raisonnements de *L'élévateur*, Héron d'Alexandrie traite sans cesse les verticales comme des lignes parallèles entre elles, sans prendre la peine d'énoncer explicitement cette hypothèse.

Rien ne prouve que Pappus ait eu, des conditions dans lesquelles il est permis de parler du centre de gravité d'un corps, la connaissance claire et précise dont Archimède semble avoir été privé. Comme son prédécesseur, il paraît n'avoir prêté

1. PIERRE DUHEM, *Archimède a-t-il connu le paradoxe hydrostatique ?* (*Bibliotheca Mathematica*, 3te Folge, Bd. I, p. 15 ; 1900).

2. ARCHIMEDIS *Opera omnia cum commentariis* EUTOCII. Iterum edidit J. L. Heiberg. Vol. II, p. 336. Lipsiæ, MDCCCCXIII.

aucune attention à cette question. Il définit[1] les verticales comme des lignes qui convergent vers le centre de l'Univers, εἰς τὸ τοῦ Παντὸς κέντρον, puis, aussitôt après, il les traite comme parallèles entre elles.

Il semble donc que l'existence, pour un corps, d'un centre de gravité invariablement lié à ce corps ait paru, aux Anciens, indépendante du parallélisme ou de la convergence des verticales, comme de la loi qui peut faire varier la gravité avec la distance au centre où elle tend. Dès lors, la proposition énoncée par Alexandre d'Aphrodisias se trouvait justifiée ; un grave devait se mouvoir comme si son centre de gravité tendait à se placer au centre du Monde, et si le centre de gravité occupait cette position, le corps demeurerait en équilibre.

Pour reconnaître que cette doctrine n'est point véritable, à moins qu'on ne suppose l'intensité de la pesanteur proportionnelle à la distance au centre du Monde, il faudra un long débat qui passionnera la plupart des grands géomètres du XVIIe siècle[2] soulevé par Jean de Beaugrand, le *Géostaticien*, ce débat verra se ranger du côté de la doctrine erronée d'Alexandre non seulement un Benedetti Castelli, mais encore un Pierre Fermat, tandis que la vérité trouvera pour défenseurs Descartes et, surtout, Etienne Pascal et Roberval.

II

L'ÉQUILIBRE DES MERS SELON LES COMMENTATEURS HELLÈNES D'ARISTOTE

Les considérations de Mécanique qui rendaient compte du repos de la terre autour du centre du Monde expliquaient également, au gré du Stagirite, la rotondité de cette même terre ; cette rotondité a pour cause la poussée de toutes les parties vers le centre, où chacune d'elles cherche son lieu naturel.

A la pesanteur, Aristote ne demandait pas seulement la cause de la rotondité terrestre ; il lui demandait également l'explication de la figure des mers ; nous avons rapporté[3] le

1. PAPPUS, *loc. cit.*, p. 1030.
2. Au sujet de ce débat, voir nos *Origines de la Statique*, ch. XVI ; t. II, p. 152-185.
3. Voir : Première partie, ch. IV, § XIII ; t. I, p. 213-215.

raisonnement de Mécanique par lequel il démontrait que la surface de la mer est une sphère, dont le centre est le centre même de l'Univers, et nous avons dit quelle vogue ce raisonnement avait eu dans la Physique antique. Nous avons dit aussi comment Archimède avait, à son tour, des lois d'équilibre des liquides pesants, conclu que tout liquide en repos est terminé par une surface sphérique ayant même centre que la terre ; plus savante, en apparence, que la démonstration d'Aristote, le démonstration du grand Syracusain se réclame, en réalité, d'une Hydrostatique inexacte.

Mais voici que ces raisonnements de Statique sur la figure de la terre et des mers conduisent à un corollaire embarrassant. Si la surface de la terre et la surface des mers sont des surfaces sphérique qui ont, toutes deux, pour centre le centre de l'Univers, l'une de ces surface doit contenir l'autre en son entier ; la mer doit, sous forme d'une couche d'épaisseur uniforme, recouvrir toute la terre ; l'existence de la terre ferme semble une impossibilité.

Sans doute on peut, pour échapper à cette objection, faire la remarque suivante : L'argumentation mécanique que le Stagirite a développée ne prouve pas que la terre soit rigoureusement sphérique ; elle prouve seulement que la terre tend à la figure de la sphère ; la terre peut, présentement, s'écarter de cette figure et, en fait, il est certain qu'elle s'en écarte ; par rapport à la surface sphérique qui serait sa surface d'équilibre, la terre peut présenter des éminences et des dépressions ; la mer occupe ces dépressions, tandis que les éminences forment les îles et les continents.

Cette échappatoire ne suffit pas à rendre la Physique péripatéticienne sauve de tout embarras.

Aristote a posé ce principe [1] : « Tout repos est nécessairement un repos violent ou un repos naturel ; là où un corps est porté par la violence, il demeure en repos par violence ; là où il est porté conformément à la nature, il demeure en repos conformément à la nature. Βίᾳ δὲ ηένει οὗ καὶ φέρεται βίᾳ, καὶ κατὰ φύσιν οὗ κατὰ φύσιν. » La terre grave se porte naturellement vers le bas ; elle demeure donc en repos naturel, lorsqu'elle est le plus bas possible, lorsque son centre est au centre du Monde.

1. Aristote *De Cælo* lib. III, cap. II (Aristotelis *Opera*, éd. Didot, t. II, p. 413 ; éd. Bekker, vol. I, p. 300, col. a et b).

Un corps qui n'est pas mû de mouvement violent, en tendant ainsi vers sont repos naturel, tend vers son lieu propre ; c'est lorsqu'il réside en son lieu propre qu'il est conforme à la nature d'un corps de s'arrêter. « Τὰ κινούμενα μὴ βίᾳ, ἐν τοῖς οἰκείοις ἠρεμοῦντα τόποις. » « Il est raisonnable[1] que toute chose demeure en repos par nature dans son lieu propre. — Καὶ μένει δὴ φύσει πᾶν ἐν τῷ οἰκείῳ τόπῳ ἕκαστον οὐκ ἀλόγως. »

La terre ne peut donc demeurer naturellement en repos que si elle se trouve dans son lieu propre ; mais un lieu suppose un corps contenant ; le lieu d'un corps, au gré du Stagirite, c'est la partie, immédiatement contiguë à ce corps, du corps qui le contient. Dire simplement que le centre de la terre est au centre du Monde, ce n'est pas, à la terre, assigner un lieu ; ce n'est pas en définir le lieu propre ; cette définition ne peut être donnée qu'en désignant le corps qui enveloppe la terre, lorsqu'elle se trouve dans son lieu propre.

Ce corps, qui constitue le lieu propre de la terre, c'est l'eau. Lorsque les divers éléments sont en leurs lieux propres, la disposition de l'Univers est la suivante[2] : « La terre est dans l'eau, celle-ci dans l'air, l'air dans l'éther, l'éther dans le ciel ; quant au ciel, il n'est contenu dans rien d'autre. »

Pourquoi chaque corps est alors en son lieu naturel, le Stagirite nous en donne la raison. « Deux corps qui se suivent et qui sont appliqués l'un à l'autre sans violence sont de même lignée. Ὁ γὰρ ἐφεξῆς καὶ ἁπτόμενον μὴ βίᾳ συγγενές. » Une partie d'eau sera donc en son lieu naturel quand elle se trouvera, de tous côtés, entourée par la masse de l'eau, qui est de même nature. De même, l'eau sera en son lieu propre si, de toutes parts, elle confine à l'air, car entre l'eau et l'air, il y a une relation analogue à celle qu'il y a entre une partie et le tout auquel elle appartient ; l'eau peut faire partie de l'air, car elle est capable de se changer en air. « L'eau et l'air se comportent à l'égard l'un de l'autre comme la matière et la forme ; l'eau est la matière de l'air et l'air est comme la mise en acte de l'eau ; l'eau c'est de l'air en puissance, et, inversement, l'air, c'est de l'eau en puissance... C'est toujours de l'air[3], mais là il est en puissance, et ici, il est en acte ; l'eau se comporte donc à l'égard de l'air comme une partie à l'égard du tout. »

1. ARISTOTE *Physique*, livre IV, ch. IV [VII] (ARISTOTELIS *Opera*, éd. Didot, t. II, p. 290 ; éd. Bekker, vol. I, p. 212, col. a).
2. ARISTOTE, *loc. cit.*
3. Au lieu : ἀής, le texte porte : ὕδως.

Ces considérations, fondées sur l'hypothèse que deux éléments consécutifs sont aptes à se transformer l'un en l'autre, ne sont point exemptes de quelque obscurité ; Aristote le reconnaît, d'ailleurs, et il promet d'y revenir plus tard pour les éclaircir. C'est ce qu'il fait au quatrième livre de son traité *Du Ciel.* Les propositions que la *Physique* se bornait, pour ainsi dire, à insinuer sont maintenant formulées avec une parfaite netteté :

Pour un corps grave ou léger, écrit le *Stagirite* [1], « être porté vers son lieu propre, c'est être porté vers sa forme ; et peut être comprendra-t-on plus exactement ainsi ce que disaient les Anciens : Le semblable est porté vers son semblable... Le lieu, en effet, c'est le terme du contenant... et le contenant est, pour ainsi dire, la forme du contenu ; partout, être porté vers son lieu propre, c'est être porté vers son semblable. En effet, les corps qui se succèdent sont semblables les uns aux autres ; l'eau est semblable à l'air et l'air l'est au feu... Mais toujours l'élément qui est au-dessus est à l'élément qui se trouve au-dessous de lui comme la forme se comporte à l'égard de la matière... Il est évident que le corps qui est en puissance et qui passe à l'acte atteint le lieu, la quantité, la qualité où réside l'acte de son lieu, de sa quantité, de sa qualité. C'est là la cause en vertu de laquelle la terre et le feu, lorsqu'ils sont déjà en acte, sont mus vers leurs lieux propres si rien ne les empêche. — Τὸ δ'εἰς τὸν αὑτοῦ τόπον φέρεσθαι ἕκαστον εἰς τὸ αὑτοῦ εἶδός ἐστι φέρεσθαι. Καὶ ταύτῃ, μᾶλλον ἄν τις ὑπολάβοι ὃ ἔλεγον οἱ ἀρχαῖοι, ὅτι τὸ ὅμοιον φέροιτο πρὸς τὸ ὅμοιον.... Ἐπεὶ δ'ὁ τόπος ἐστὶ τὸ τοῦ περιέχοντος πέρασ.... τοῦτο δὲ τρόπον τινὰ γίγνεται τὸ εἶδος τοῦ περιεχομένου, τὸ εἰς τὸν αὑτοῦ τόπον φέρεσθαι πρὸς τὸ ὅμοιόν ἐστι φέρεσθαι · τὰ γὰρ ἐξῆς ὅμοια ἐτιν ἀλλήλοισῦ, οἷον ὕδωρ ἀέρι καὶ ἀὴρ πυρί..... Ἀεὶ γὰρ τὸ ἀνώτερον πρὸς τὸ ὑφ' αὑτὸ, ὡς εἶδος πρὸς ὕλην, οὕτως ἔχει πρὸς ἄλληλα..... Φανεὸν δὴ ὅτι δυνάμει ὄν, εἰς ἐντελέχειαν ἰὸν, ἔρχεται ἐκεῖ καὶ εἰς τοσοῦτον καὶ τοιοῦτον οὗ ἡ ἐντελέχεια καὶ ὅσου καὶ οἵου καὶ ὅπου. Τὸ δ' αὐτὸ αἴτιον καὶ τοῦ ἤδη ὑπάρχοντα καὶ ὄντα γῆν καὶ πῦρ κινεισθαι εἰς τοὺς αὑτῶν τόπους μνδενὸς ἐμποδίζοντος. »

Peut-on souhaiter doctrine plus nette ? Lorsque la terre se meut vers son lieu naturel, c'est pour atteindre sa forme, et cette forme, c'est le terme de l'élément qui lui ressemble le plus, ce sont les parties ultimes de la sphère aqueuse. D'après

1. Aristote *De Cælo* lib. IV, cap. III (Aristotelis *Opera*. éd, Bekker, vol. I, p. 310, col. a et b, et p. 311, col. a).

cette théorie, donc, la terre ne se meut plus en vue de faire coïncider son centre avec le centre de l'Univers ; elle se meut afin de se trouver logée par l'eau.

De cette proposition, un corollaire se peut déduire avec une pleine évidence ; c'est que la terre ne réside pas en son lieu propre tant qu'elle n'est pas entourée d'eau de tous côtés. Si nous voyons émerger une partie de la surface terrestre, ce ne peut être que par l'effet d'une violence. Où donc est la cause qui produit cette violence, et comment agit-elle sans cesse, alors qu'au gré du Péripatétisme, rien de violent ne peut être éternel ?

Les commentateurs hellènes d'Aristote n'ont fait que développer plus ou moins longuement les considérations qu'on vient de lire ; aucun d'eux ne s'est arrêté à résoudre, ni même à signaler la difficulté qui en résulte ; mais cette difficulté arrêtera les physiciens du Moyen-Age, qui s'en montreront fort soucieux.

Sur cette difficulté, une autre est venue se greffer ; elle découle d'une théorie dont les éléments épars se trouvent seuls chez les commentateurs hellènes d'Aristote, mais qui, plus tard, se formera par la réunion de ces fragments.

Aristote, nous l'avons vu, admet que les éléments se peuvent transmuer les uns en les autres ; la terre peut se transformer en eau, l'eau en air, l'air en feu ; le second livre du traité *De la génération et de la destruction* insiste longuement sur ces changements.

Si la masse entière de l'air peut être regardée comme le résultat de la transformation d'une masse d'eau, le volume de l'atmosphère doit être au volume de la masse d'eau qui l'a engendrée dans le rapport qu'a le volume d'une petite quantité d'air au volume de l'eau qui l'a produite ; mais il n'en résulte nullement qu'on doive, à ce dernier rapport, égaler le rapport entre le volume total de l'atmosphère et le volume total de l'eau qui existe actuellement à l'état liquide ; en d'autres termes, il n'en résulte nullement que l'air actuellement existant et l'eau actuellement existante aient même masse.

Cette conclusion injustifiée est cependant celle d'Aristote au cours d'un raisonnement qu'expose le traité des *Météores* [1], et qui a pour but d'établir la nécessité d'une cinquième essence, d'une essence céleste.

1. ARISTOTE, *Météores*, livre I, ch. III (ARISTOTELIS *Opera*. éd. Bekker, vol. I, p. 340, col. a).

En langage moderne, le raisonnement du Stagirite peut se résumer ainsi :

Comme les éléments se peuvent transmuer les uns dans les autres, ils doivent avoir tous, actuellement, même masse ; les volumes qu'ils occupent doivent donc avoir entre eux les mêmes rapports que leurs volumes spécifiques ; or il est manifeste que le rapport du volume spécifique de l'air au volume spécifique de l'eau n'est pas assez grand pour que l'air puisse, comme le veulent les Platoniciens, remplir la concavité de l'orbe de la Lune, tandis que le feu serait réservé aux orbes célestes ; il faut donc que le feu, lui aussi, concoure à remplir la cavité sublunaire ; il faut admettre, hors ces quatre éléments, l'existence d'une cinquième essence propre aux corps célestes.

Aristote énonce en ces termes le principe de cette argumentation :

« Il est nécessaire qu'entre l'air total et l'eau totale, il y ait même rapport [de volume] qu'entre une petite quantité d'eau et l'air engendré par cette eau — Ἀνάγκη δὲ τὸν αὐτὸν ἔχειν λόγον ὃν ἔχει τὸ τοσονδὶ καὶ μικρὸν ὕδωρ πρὸς τὸν ἐξ αὐτοῦ γινόμενον ἀέρα, καὶ τὸν πάντα πρὸς τὸ πᾶν ὕδωρ. » La phrase d'Aristote commet, par inadvertance, une interversion que tous les commentateurs ont reconnue et qu'ils ont évitée.

A son raisonnement, Aristote prévoit une objection ; certains, physiciens, tel Empédocle, nient que les éléments soient suceptibles de s'engendrer les uns des autres ; mais la conclusion restera la même. Ces physiciens prétendent, en effet, que, des divers éléments, la puissance est égale : « Ἴσα τὴν δύναμιν εἶναι » Or les puissances des éléments doivent être proportionnelles à leurs masses, qu'Aristote, faute de terme approprié, nomme leurs grandeurs. « Par là, donc, l'égalité de puissance [entre les éléments] correspond nécessairement à [l'égalité entre] leurs masses, tout comme s'ils étaient engendrés les uns aux dépens des autres. — Κατὰ τοῦτον γὰρ τὸν τρόπον ἀνάγκη τὴν ἰσότητα τῆς δυνάμεως ὑπάρχειν τοῖς μεγέθεσιν αὐτῶν, ὥσπερ κἂν εἰ γιγνόμενα ἐξ ἀλλήλων ὑπῆρχεν. »

L'eau donc et la terre ont même masse ; le volume de l'eau est au volume de la terre comme la densité de la terre est à la densité de l'eau ; partant, la sphère de l'eau est beaucoup plus volumineuse que la sphère terrestre.

Pouvons-nous nous faire une idée du rapport qui existe entre les volumes de ces deux sphères ?

Lorsqu'Alexandre d'Aphrodisias commente le passage des *Météores* que nous venons de rapporter, il en prend la dernière remarque et la rapproche de certaines considérations qui se peuvent lire au traité *De la génération et de la destruction*[1]. Ces considérations ont trait, elles aussi, à l'affirmation d'Empédocle : « Tous les éléments sont égaux entre eux. Ταῦτα γὰρ ἶσα τε πάντα, » Aristote se demande, à ce propos, de quelle manière, sous quel rapport, les éléments doivent être comparés entre eux lorsqu'on en veut apprécier l'égalité. On peut d'abord, dit-il, les comparer selon la quantité, κατὰ τὸ ποσόν, et par cette quantité, il entend la masse ; « ainsi en est-il si d'un cotyle d'eau proviennent dix cotyles d'air, οἷον εἰ ἐξ ὕδατος κοτύλης εἶεν ἀέρος δέκα. » ; ce cotyle d'eau et ces dix cotyles d'air seraient égaux en masse. On peut encore comparer deux éléments non plus sous le rapport de leurs masses, mais sous le rapport d'un commun pouvoir, ὅσον δύναται ; « ainsi en est-il si un cotyle d'eau a même pouvoir refroidissant que dix cotyles d'air, οἷον εἰ κοτύλη ὕδατος ἴσον δύναται ψύχειν καὶ δέκα ἀερος, »

Parmi les Hellènes qui ont commenté ce passage, aucun, croyons-nous, n'a mieux pénétré la pensée d'Aristote que Jean Philopon.[3]

Lorsqu'on regarde, dit-il, les éléments comme égaux entre eux, à condition de prendre chacun d'eux en sa totalité (ὡς τῶν ὁλοτήτων ἰσομεγεθῶν ἀλλήλαις ὑπαρχουσῶν), on n'entend pas dire que ces totalités occupent des volumes égaux ; en effet, il est manifeste que l'eau est plus volumineuse que la terre, que le feu et l'air les surpassent toutes deux ; « de cette façon, donc, il n'est pas possible de dire que les éléments sont égaux entre eux. Lorsqu'Aristote dit que les éléments sont comparables en grandeur, c'est comme s'il disait : Ils sont entre eux comme s'ils se transformaient l'un en l'autre, parce qu'une égale quantité de matière réside en chacun d'eux (τῆς ἴσης ὕλης ἑκάστῳ αὐτῶν ὑποκειμένης.) Ainsi dirions-nous que la totalité de l'eau est égale à la totalité de l'air parce qu'en chacune d'elles, il y a égale quantité de matière, il y a même matière ; en se dilatant, cette matière peut produire l'air et, en se condensant, produire

1. Aristote *De generatione et corruptione* lib. II, cap. VI (Aristotelis *Opera*, éd. Bekker, vol. I, p. 333, col. a).

2. Joannis Philoponi *In Aristotelis libros de generatione et corruptione commentaria*. Edidit Hieronymus Vitelli. Berolini, MDCCCLXXXXVII. Lib. II.

l'eau... C'est ainsi qu'Aristote, dans les *Météores*, détermine le rapport qu'il y a entre l'air et l'eau par la mutuelle transmutation de leurs parties. »

Des observations toutes semblables devront être répétées si l'on veut considérer les éléments comme égaux en puissance ; cette égalité devra être affirmée en supposant qu'il y ait, dans les deux éléments comparés, une seule et même matière, μιᾶς οὔσης καὶ κοινῆς ἀμφοῖν τῆς ὕλης.

Après avoir si bien analysé la pensée qu'Aristote proposait en son traité *De la génération et de la destruction*, Jean Philopon ne pouvait manquer d'imiter Alexandre et de rappeler cette pensée dans son commentaire aux *Météores*. Voici, en effet, en quels termes il la présente [1] :

« Il est raisonnable, dit Aristote, et, me semble-t-il, il est nécessaire que le rapport de volume, λόγος κατὰ τὸν ὄγκον, qu'a, à l'égard d'une certaine quantité d'eau, l'air que cette eau a engendré par transformation, que ce rapport, dis-je, existe aussi entre la totalité de l'air et la totalité de l'eau ; si donc un verre d'eau se transforme en un volume d'air décuple, la totalité de l'air devra être dix fois plus volumineuse que la totalité de l'eau. Il en sera de même de l'air et du feu ; si un setier d'air, se changeant en feu, produit un volume de feu qui soit mettons (φέρε) vingt fois plus considérable, le volume du feu total sera nécessairement vingt fois plus grand que le volume de l'air... »

Empédocle « déclare que les éléments subsistent, incapables de se transformer les uns dans les autres ; il prétend, toutefois, qu'ils sont tous égaux entre eux par leurs puissances, ἴσα μέντοι εἶναι κατὰ τὰς δυνάμεις ἀλλήλοις ἅπαντα... Cela, dit Aristote, ne diffère en rien pour le but auquel tendent nos suppositions. Pour autant qu'au dire d'Empédocle, il y a égalité de puissance entre les éléments, il est évident qu'il y a, entre leurs volumes, même rapport [que s'ils provenaient les uns des autres par transformation]. Ἐν ὅσῳ τὰ τῆς δυνάμεως αὐτῶν ἴσα φησὶν εἶναι, δηλονότι καὶ τῶν ὄγκων αὐτῶν ἀναλογίαν ἐχόντων πρὸς ἀλλήλους. »

1. Olympiodori Philosophi Alexandrini *In meteora Aristotelis commentarii* Ioannis Grammatici Philoponi *Scholia in* I *meteorum Aristotelis. Ioanne Baptista. Camotio philosopho interprete, ad Philippum Ghisilerium, equitem Bononien, splendidissimum, et senatorem clariss.* Aldus. Cum summi maximique Pontificis Iulii III Illustrissimique Senatus Veneti privilegio. Venetiis, MDLI. Fol. 102, v°. — Ioannis Philoponi In Aristotelis meteorologicorum librum primum commentarium. Edidit Michael Hayduck. Berolini, MCMI, p. 24-25.

Voilà donc pleinement mise en lumière la proposition d'Aristote : Les volumes que les éléments occupent dans le Monde sont inversement proportionnels aux densités de ces éléments. Des rapports qu'ont entre elles ces densités, savons-nous quelque chose ?

C'est d'une manière hypothétique et, comme disent les mathématiciens, pour fixer les idées, qu'Aristote a dit : Une mesure d'eau produit dix mesures d'air. C'est bien ainsi que Jean Philopon a compris la pensée du Stagirite. L'interjection : *Mettons*, φέρε, dont il en fait précéder la formule nous en est un sûr garant. Mais d'autres commentateurs seront moins réservés ; ils prendront la phrase d'Aristote pour une affirmation catégorique.

Olympiodore, commentant le passage des *Météores* où le Stagirite attribue même masse à la sphère de l'eau et à l'atmosphère, écrit [1] : « Nous voyons (ὁρῶμεν) un cotyle d'eau se changer en dix cotyles d'air. » Il sera donc admis désormais que le volume occupé par l'air est décuple du volume occupé par l'eau.

Entre le volume de l'eau et le volume de la terre, pouvons-nous, de même, dire quel est le rapport ?

Au *Timée*, Platon supposait [2] qu'un même rapport existe entre la terre et l'eau, entre l'eau et l'air, entre l'air et le feu. Mais quelles propriétés fallait-il comparer entre elles pour reconnaître la constance de ce rapport ? Les Stoïciens et les Néoplatoniciens semblent avoir admis que la comparaison devait porter sur les densités

« Autant, écrit Ovide [3], le poids [spécifique] de l'eau est plus léger que le poids spécifique de la terre autant l'air est plus lourd que le feu

Imminet his aër qui, quanto est pondere terræ
Pondus aquæ levius, tanto est onerosior igni. »

« Autant, écrit à son tour Macrobe [4], il y a de différence entre l'eau et l'air par suite de la densité et de la gravité, autant il y en a entre l'air et l'eau, par suite de la rareté et de la légèreté, autant il y en a entre l'eau et la terre. »

1. OLYMPIODORI PHILOSOPHI ALEXANDRINI *In meteora Aristotelis commentarii...* Camotio interprete. Venetiis, MDLI, fol. 5 r°. — OLYMPIODORI *In Aristotelis meteora commentaria.* Edidit Guilelmus Stüve-Berolini, MCM ; p. 18.
2. Voir : Première partie, ch. II, § I ; t. I, p. 29-30.
3. OVIDE, *Métamorphoses*, livre I, vers 52-53.
4. AMBROSII THEODOSII MACROBII *Commentariorum in Somnum Scipionis liber primus*, cap. VI (MACROBIUS. Franciscus Eyssenhardt recognovit ; p. 491. Lipsiæ, 1868).

Jointe à l'affirmation qu'on prêtait au Stagirite, cette pensée devait un jour conduire à cet enseignement : La terre est dix fois plus dense que l'eau, l'eau dix fois plus dense que l'air, l'air dix fois plus dense que le feu.

La doctrine d'Aristote sur les volumes respectifs des sphères élémentaires prenait, dès lors, cette forme : Dans l'Univers, l'eau occupe un volume décuple de celui de la terre, l'air un volume décuple de celui de l'eau, le feu un volume décuple de celui de l'air.

Dans l'Antiquité gréco-latine, nous ne connaissons aucun auteur qui ait pleinement formulé cette théorie ; mais plusieurs, du moins, ont affirmé cette proposition : Le volume de l'eau est plus considérable que le volume de la terre.

Si la sphère aqueuse doit occuper un volume plus grand que celui de l'élément terrestre, comment peut-on rendre compte de l'existence de terres fermes ? Il ne suffit plus d'invoquer les petites éminences que présente la surface terrestre, les légers écarts de cette surface par rapport à la figure parfaitement sphérique. On se tirait de cet embarras en supposant qu'une grande partie de l'élément de l'eau, au lieu d'environner la terre, était contenu dans des cavités creusées au sein de l'élément terrestre.

Cette étrange supposition avait été certainement accueillie par la Philosophie hellénique, tout au moins au temps de son déclin. Le commentaire sur le traité *De la génération et de la destruction*, composé par Jean Philopon, produit à deux reprises [1], comme énoncé d'une vérité reconnue, cette proposition : « Pourvu qu'on tienne compte de l'eau contenue dans les cavités terrestres, l'eau est plus grande que la terre. »

Dans ses *Remarques sur le premier livre des météores*, Jean Philopon propose une autre hypothèse. Il continue bien d'admettre [2] « que la terre est creusée de profondes cavités dans lesquelles l'eau se précipite pour les remplir. » Mais il semble croire que le liquide contenu dans ces cavités ne suffirait pas à rendre le volume de l'élément aqueux supérieur au volume de l'élément terrestre ; pour qu'il en soit ainsi, il faut aussi

1. IOANNIS PHILOPONI *In Aristotelis libros de generatione et corruptione commentaria.* Lib. II, cap. VI. Ed. Vitelli, p. 258 et p. 260.

2. IOANNIS PHILOPONI *Scholia in I meteorum Aristotelis.* Camotio interprete. Venetiis, MDLI, fol. 108, r°. — IOANNIS PHILOPONI *In Aristotelis meteorologicorum librum primum commentarium.* Ed. Hayduck, Berolini, 1902 ; p. 37.

tenir compte de l'eau qui, sous forme de nuées, est suspendue dans l'atmosphère.

« L'eau, dit-il [1], ne surpasse pas tous les éléments ; elle ne surpasse que la terre ; car depuis les nuées jusqu'à la terre, il y a de l'eau raréfiée, telle la vapeur, et il y a de l'eau contenue dans les cavités terrestres. Toute l'eau ainsi comprise surpasse la terre et par sa puissance, et par son volume. »

D'autres physiciens regardaient ces explications comme insuffisantes ; tout en admettant qu'une partie de l'élément liquide se dissimule au sein de cavités dont la terre est creusée, ils supposaient que le centre de la terre n'est pas le centre de la sphère aqueuse ; la surface sphérique de l'eau, bien que contenant le centre du Monde, est décrite autour d'un autre centre. Telle était la théorie d'Olympiodore [2].

« L'eau, écrivait Olympiodore, forme une sphère unique ; elle remplit les cavités terrestres et, en même temps, elle se répand autour de la terre.

» La terre et l'eau, selon l'enseignement des astronomes, forment une sphère unique. Un aristotélicien[3] déclarerait qu'en cette sphère, il faut aussi comprendre l'air voisin de la terre; [pour obtenir une sphère, en effet], il ne faut pas seulement combler les cavités, mais aussi atteindre le niveau des éminences et des sommets qui s'élèvent au-dessus de la terre ; car toute cavité, comme toute éminence, a la propriété de détruire la figure sphérique.

» Mais si l'eau est contenue dans la terre, comment pouvons-nous dire que l'eau est plus grande que la terre ? Le contenu n'est-il pas toujours moins étendu que le contenant ?

» Nous disons, nous, que l'eau contient aussi bien qu'elle est contenue. Si nous la considérons dans son rapport avec le centre, elle est contenant, car l'eau se trouve hors du centre, et elle contient le centre, c'est-à-dire la partie de la terre qui est la plus voisine du milieu... Que prétendons-nous donc ? Que l'eau n'a pas besoin de la terre, afin que cette terre la contienne. L'eau, qui est sphérique et qui est arrondie autour

1. JOANNIS PHILOPONI *Op. laud.* ; éd. latine de 1551, fol. 105, r° ; éd. grecque de 1902, p. 29.

2. OLYMPIODORI *In meteora Aristotelis commentarii.* Camotio interprete. Venetiis, 1555. Fol. 6, verso. — OLYMPIODORI *In Aristotelis meteora commentaria.* Éd. grecque de Stüve, Berolini, 1900, p. 27-28.

3. L'aristotélicien, 'Αριστυτελικὸς ἀνήφ que visent ces propos d'Olympiodore n'est autre que Jean Philopon. Cf. JOANNIS PHILOPONI *In Aristotelis meteorologicorum librum primum commentarii* ; éd. latine, Venetiis, 1551, fol. 108, r° ; éd. grecque, Berolini, 1901, p. 37.

d'un certain centre, entoure la terre et s'élève au-dessus de la surface de cette terre. — Τὸ ὕδωρ.... οἷον σφαιρικὸν ὂν περί τι μὲν ὂν κέντρον τήν γῆν φέρεται καὶ ὑπερέχει τὴν ἐπιφάνειαν αὐτῆς.

» La réalité même nous montre que cette affirmation est véritable ; lorsque de l'eau est répandue sur une table ou sur une feuille, nous la voyons prendre une forme renflée et bombée. »

Une telle théorie exige qu'on rejette l'explication de la figure des mers qu'Aristote avait tirée de la pesanteur de l'eau, et aussi l'explication plus savante que sur le même principe, Archimède avait construite ; ces deux explications, en effet, exigent également que la surface des mers soit une surface sphérique dont le centre coïncide avec le centre du Monde. Olympiodore abandonne certainement ces deux explications ; si la figure des mers est sphérique, c'est, à son avis, en vertu d'une puissance particulière à l'eau, puissance qui arrondit la surface terminale de toute masse d'eau ; de cette puissance propre à l'eau, les effets que nous attribuons aujourd'hui à la capillarité donnent, croit-il, la preuve expérimentale.

Cette théorie, nous l'avons déjà rencontrée [1] ; des citations empruntées à Sénèque, à Pline le Naturaliste, à Priscien de Lydie nous ont permis d'y reconnaître l'enseignement de Posidonius. Pour qui l'admet, la surface sphérique qui enclôt les eaux de la mer peut avoir un centre différent du centre de la terre et du Monde.

En demandant à la pesanteur la raison de la figure affectée par la surface des mers, en faisant, de la détermination de cette figure, un problème de Mécanique, Aristote avait proposé une idée de génie ; dans le développement de cette idée, la Mécanique céleste devait trouver un jour un de ses plus beaux, de ses plus difficiles problèmes. Mais voici que, sous l'influence d'étranges suppositions dont Aristote même a jeté la semence, cette idée s'est voilée ; on a cessé d'expliquer par les lois de la pesanteur la forme qu'affecte la masse de l'eau ; on y a vu l'effet d'une mystérieuse tendance de cet élément, d'une affinité entre sa nature et la sphère. C'était s'écarter, et pour longtemps de la saine méthode.

1. Voir : Première partie, ch. XIII, § III ; t. II, p. 283-284.

III

L'ÉQUILIBRE DE LA TERRE ET DES MERS ET LA SCIENCE ARABE

La théorie de l'équilibre des mers était en fort mauvais arroi lorsque la Science hellène la légua à la Science arabe ; celle-ci n'y mit pas beaucoup d'ordre.

L'encyclopédie composée par les Frères de la Pureté et de la Sincérité est une œuvre collective et une compilation ; il n'y faut pas chercher d'unité de pensée ; la doctrine d'un traité contredit souvent la doctrine d'un autre traité.

Ce caractère de compilation est très marqué dans ce que le quatrième traité dit des raisons pour lesquelles la terre demeure immobile au milieu de l'air [1].

Ces raisons, les Frères de la Pureté les groupent sous quatre chefs.

En premier lieu, le Ciel attire la terre, en tous sens, avec une égale force d'attraction.

En second lieu, le Ciel exerce, en tous sens, une égale répulsion sur la terre.

Ces deux raisons étaient déjà invoquées par le Timée qui les tenait d'Anaximandre ; Aristote, au traité *Du Ciel*, en avait fait la critique [2]. Thémistius avait repris [3] cette argumentation fondée sur la symétrie des actions que la terre éprouve de toutes parts ; mais ces actions, il ne les attribuait plus au Ciel ; il y voyait des pressions égales exercées par l'air ; en outre, il n'en usait pas pour démontrer l'immobilité de la terre, mais seulement pour en prouver la figure sphérique.

La troisième raison est ainsi formulée :

« Le centre [de l'Univers] attire, de tous côtés, toutes les parties de la terre vers le milieu. En effet, comme le centre de la terre est aussi le centre de l'Univers, il est l'aimant de la pesanteur ; dès lors, comme les parties de la terre sont pesantes, elles se laissent attirer par le centre. Les parties [terrestres] se devancent les unes les autres et parviennent au centre.

1. Friedrich Dieterici, *Die Propaedeutik der Araber in zehnten Jahrhundert*, Berlin, 1865. IV. Géographie, p. 88-89.

2. Voir : Première partie, ch. II, § XI ; t. I, p. 88-89.

3. Themistii *Paraphrasis in libros quatuor Aristotelis de Caelo;* version de Moyse Alatino, Venetiis, 1574, fol. 39, v° ; version de Samuel Landauer, Berolini, 1902, p. 140-141.

Toutes les parties demeurent donc en repos autour du centre, car chacune d'elles veut parvenir au centre. C'est pour cette raison que la terre, avec toutes ses parties, forme une sphère, car toutes ses parties se groupent uniformément autour du centre. »

Nous reconnaissons la théorie par laquelle Aristote tirait de la pesanteur l'explication de la figure de la terre. Mais dans cette théorie, les Frères de la Pureté ont introduit une pensée que le Stagirite eût fortement repoussée ; jamais, dans le poids d'un corps, il n'eût consenti à voir une attraction exercée sur ce corps par le centre du Monde ; jamais il n'eût consenti à comparer la force qui porte un grave à la force qu'engendre l'aimant dans un morceau de fer.

La quatrième raison invoquée par les Frères de la Pureté est la suivante :

« Chaque chose a un lieu qui lui est propre et convenable. A chacun des corps de l'Univers, à la terre, à l'eau, à l'air, au feu, Dieu a fixé le lieu qui lui convient. »

Mais ces lieux propres des quatre éléments sont-ils séparés les uns des autres par des surfaces sphériques concentriques à l'Univers ? Ce n'est pas ce que les Frères de la Pureté semblent admettre.

« La terre, disent-ils [1], est semblable à un œuf dont une moitié plongerait dans l'eau tandis que l'autre moitié émergerait. De cette dernière moitié, une moitié, celle qui se trouve au sud de l'équateur, est déserte ; l'autre moitié, au contraire, celle qui est au nord de l'équateur, forme le quart de la terre qui est habité. »

Ces lignes s'accorderaient fort bien avec la doctrine que professait Olympiodore. C'est d'ailleurs à une doctrine de ce genre que les Frères de la Pureté semblent faire allusion dans le quinzième traité de leur encyclopédie [2].

Dans ce traité, nos compilateurs exposent, au sujet des qualités qui caractérisent les éléments, des considérations qui sont une sorte de compromis entre l'Aristotelisme et l'Atomisme, ou mieux un mélange de ces deux philosophies.

« La forme qui achève l'essence de l'air et de l'eau, disent-ils, c'est la fluidité ; la fluidité provient d'un mélange général entre particules immobiles et particules en mouvement. La solidité,

1. F. Dieterici, loc. cit., p. 89.
2. Friedrich Dieterici, *Die Naturanschauung und Naturphilosophie der Araber in X. Jahrhundert.* 2te Ausgabe, Leipzig, 1876, p. 58-60.

au contraire, provient soit d'un mouvement puissant de toutes les parties de la matière, soit d'un repos puissant de toutes ces parties...

» La forme qui donne sa perfection à l'essence de l'eau comprend beaucoup de parties denses et immobiles, mais peu de parties légères et mobiles. Au contraire, la forme qui donne sa perfection à l'essence de l'air comprend beaucoup de parties ténues et mobiles, tandis qu'elle en comprend peu qui soient denses et immobiles.

» Dès là que la forme qui achève l'essence de l'eau possède un grand nombre de parties denses et immobiles, cette eau est analogue à la terre par le froid, et le centre de l'eau se trouve au voisinage du centre de la terre. De même, dès là que la forme à laquelle l'essence de l'air doit sa perfection contient un grand nombre de particules ténues et mobiles, cet air est, par le chaud, analogue au feu, et le centre de l'air est proche du centre du feu...

» On voit clairement par cette considération que chacun des corps est analogue à un autre corps par une de ses dispositions naturelles et qu'il lui est contraire par une autre disposition. En vertu de la disposition naturelle qui oppose ces deux corps l'un à l'autre, les centres de ces deux corps sont distants ; ils sont rapprochés en vertu de la disposition naturelle qui, en ces deux corps, est analogue.

» Chacun de ces corps est subordonné au centre qui lui est spécialement assigné ; il demeure immobile autour de ce centre, sans aucun effort, sans être alors ni pesant ni léger...

» Lorsque les surfaces sphériques qui bornent les éléments sont bien ordonnées les unes à l'égard des autres, chaque élément réside à la place qui lui a été spécialement assignée ; ils s'entourent alors l'un l'autre, à la seule exception de l'eau ; la Sagesse divine, en effet, empêche l'eau d'entourer la terre de toutes parts ; en effet, si la sphère de l'eau enveloppait de tous côtés la sphère terrestre, elle rendrait impossible l'existence des animaux et des plantes à la surface de la terre. »

La figure sphérique de chacun des éléments n'a plus à se justifier par des raisons de Mécanique ; elle est une propriété directement conférée à ces éléments par le Créateur ; à chacun d'eux, Dieu a pu assigner le centre qu'il lui plaisait de lui donner ; il a donc pu, pour rendre possible la vie des plantes et des animaux terrestres, éloigner le centre de la sphère aqueuse du centre de la sphère terrestre, et l'en écarter assez pour qu'une partie de la terre restât découverte.

Cette pensée finaliste se retrouve en un passage du cinquième traité des Frères de la Pureté ; mais ce passage semble attribuer simplement, aux inégalités de la surface terrestre, l'existence des continents.

« S'il n'y avait pas de montagnes à la surface de la terre, disent les Frères de la Pureté [1], si cette surface était parfaitement unie de toutes parts, les mers se répandraient sur cette surface et la recouvriraient entièrement ; l'eau entourerait la terre de tous côtés, comme le fait l'atmosphère. A la surface de la terre, les mers ne formeraient qu'une seule mer. Mais la Providence divine et la Sagesse du Seigneur ont voulu qu'une partie de la surface terrestre demeurât hors de l'eau, afin de servir d'habitation aux animaux terrestres. »

Deux doctrines inconciliables touchant l'équilibre de la terre et des mers semblent donc se partager la faveur des Frères de la Pureté.

L'une de ces doctrines inspire le dernier des passages cités. Elle se peut formuler ainsi : La surface des mers est celle d'une sphère concentrique au Monde. La terre tend également à prendre la figure d'une sphère concentrique au Monde ; mais cette tendance n'atteint pas pleinement son effet ; elle laisse subsister, à la surface de la terre, des éminences et des dépressions ; tandis que les dépressions sont submergées, les éminences forment les continents et les îles. Cette doctrine, c'est celle que suggère la lecture du Περὶ Οὐρανοῦ.

L'autre doctrine admet également que la surface de l'eau est sphérique et que la terre diffère peu d'une sphère ; mais à ces deux sphères, elle n'attribue pas le même centre ; en outre, la ligne qui joint le centre de la terre au centre de la surface des mers se trouve, ou à peu près, dans le plan de l'équateur terrestre.

De ces deux centres, quel est celui qui coïncide avec le centre de l'Univers ? Les Frères de la Pureté ne le disent point. A leur avis, c'est le bon plaisir divin qui, à chaque élément, assigne sa sphère et son centre. Ils suivaient, en cela, l'opinion des *Motékallémîn*. « Il ne convient pas plutôt à la terre, disaient les

1. F. Dieterici, loc. cit., p. 100-101.

Motékallémîn [1], d'être au-dessous de l'eau que d'être au-dessus d'elle. Qui donc alors lui assigna ce lieu ?... Cela peut-il avoir lieu autrement que par un être déterminant ? Et cet être déterminant est Dieu. »

Olympiodore, qui cherche dans la figure arrondie des gouttes de rosée la preuve que l'eau est de figure sphérique, ne nous fournit aucun motif de mettre au centre du Monde le centre de la surface des mers. Olympiodore, d'ailleurs, nous a dit que l'eau était plus élevée, υπερέχει, que la surface terrestre ; si : être plus élevé, signifie : être plus distant du centre du Monde, nous sommes amenés à penser qu'il plaçait le centre de la terre au centre de l'Univers et que, hors de ce point, il mettait le centre de la surface des mers. Mais les Arabes semblent avoir connu une autre doctrine. Cette doctrine garderait le principe invoqué par Aristote : L'eau, livrée à elle-même, coule toujours vers les lieux les plus bas, vers ceux qui avoisinent le plus le centre de l'Univers. De ce principe, elle conclurait, comme Aristote, que la surface des mers est une surface sphérique concentrique au Monde. Mais, conformément à l'opinion des Frères de la Pureté, elle écarterait le centre de la terre de ce centre commun de l'eau et du Monde, et placerait la ligne de jonction des deux centres dans le plan de l'équateur terrestre.

Cette théorie entraînait évidemment le corollaire que voici : Les parties de la terre ferme qui avoisinent l'équateur sont plus distantes du centre du Monde, donc plus élevées que les parties rapprochées du pôle. Dans les régions habitées, qui se trouvent au nord de l'équateur, la terre s'abaisse constamment du Sud au Nord ; les parties septentrionales du continent s'approchent plus du centre du Monde que les parties méridionales.

Que certains physiciens arabes aient admis cette proposition, nous le savons par le soin avec lequel elle se trouve réfutée dans ce traité *Des éléments* que le Moyen-Age attribuait au Stagirite mais qui est, évidemment, d'origine arabe.

« Il a commis une erreur manifeste, lisons-nous dans cet ouvrage [2], celui qui, le premier, a dit : La partie méridionale de la terre est élevée, tandis que la partie septentrionale est contractée et déprimée. »

Le *Livre des éléments* nous dit alors quelle anecdote on invo-

1. Moïse ben Maïmoun, dit Maimonide, *Le guide des égarés ;* trad. S. Munk ; t. II, p. 427.

2. Aristotelis *Opera.* Colophon : Impræssum *(sic)* est præsens opus Venetiis per Gregorium de Gregoriis expensis Benedicti Fontanæ Anno Salutifere incarnationis Domini nostri MCCCCXCVI Die vero XIII Julii. Fol. 468 (marqué 368), r°.

quait à l'appui de cette opinion. Un roi d'Égypte avait voulu mettre en communication la Mer Rouge et la Méditerranée. Les savants de son pays le détournèrent de ce projet en lui déclarant que le niveau de la Mer Rouge était de onze stades plus élevé que le niveau de la Méditerranée, en sorte que la réunion de ces deux mers submergerait les rivages et les îles baignés par la Méditerranée.

Le *Livre des éléments* entend réfuter cette argumentation « par un discours certain et un syllogisme géométrique ». Elle ne prouverait ce qu'on en veut déduire que si la Méditerranée et la Mer Rouge étaient deux lacs absolument fermés. Mais il n'en est pas ainsi ; la Mer Rouge communique avec la Méditerranée par l'intermédiaire de l'Océan. « Il arriverait donc l'accident qu'ils craignent ; or, cet accident, nous ne l'observons point ; dès lors, on voit manifestement le contraire de ce que ces savants ont dit à leur maître. »

Le *Livre des éléments* montre, d'ailleurs, ce qui les a induits en erreur. « S'ils ont soutenu cette opinion, c'est simplement parce qu'ils habitaient l'Égypte ou vivaient aux bords du Nil. Ils ont observé le cours du Nil qui vient du Midi et s'écoule vers le Nord, et ils ont pensé que ce cours provenait uniquement de ce fait que la terre, élevée du côté du Midi, s'incline vers le Nord. » Très judicieusement, notre auteur fait remarquer que l'examen des cours du Tigre et de l'Euphrate eût conduit à une conclusion opposée.

« Elle est donc maintenant manifeste, poursuit-il, l'erreur de ceux au gré desquels la terre est élevée d'un côté et déprimée de l'autre ; on voit leur erreur ; on voit que la terre est le centre de tout l'Univers, qu'elle est, de toutes parts, équidistante de la surface de l'eau, et de la surface du feu qui contient l'air. »

Un peu plus loin, le *Livre des éléments* ajoute [1] : « Si la terre était parfaitement lisse et ronde, si elle ne présentait ni vallées ni montagnes, il faudrait que la surface du corps terrestre fût recouverte d'une couche d'eau également épaisse de toutes parts. » C'est aussi ce que disaient les Frères de la Pureté lorsqu'ils suivaient l'une des deux opinions qui se partageaient leurs faveurs.

Cette doctrine, conforme à l'enseignement du Περὶ Οὐρανοῦ, c'est celle qu'adopte Al Gazâli ; il l'expose avec la concision et la clarté qu'il met dans tout ce qu'il écrit.

1. Aristotelis *Opera*, éd. cit., fol. 469 (marqué 369), r°.

« La terre est dure, dit-il [1] ; elle ne peut, comme l'eau, se déplacer de côté et d'autre ; ses parties ne peuvent se mouvoir les unes les autres ; elle ne peut rejeter tout défaut de courbure et prendre, comme l'air et l'eau, la figure sphérique. L'eau coulant des parties les plus élevées de la terre vers les parties les plus basses, certains lieux se trouvent exposés, nus, au contact de l'air. »

A cette considération purement mécanique, Al Gazâli, comme les Frères de la Pureté, joint une réflexion finaliste :

« C'est en vertu de la Cause divine qu'il dut en advenir ainsi. En effet, pour la conservation de leur respiration, les animaux composés et nobles avaient besoin de s'alimenter d'air ; c'était nécessaire pour que ce qu'il y a en eux de terrestre s'y trouvât dominer et qu'ils subsistassent selon leur savante conformation. Partant, pour que l'existence des animaux nobles atteignît sa perfection, il a fallu qu'en certains lieux, la terre fût exposée nue au contact de l'air. »

Averroès est essentiellement le Commentateur. Lorsqu'il expose quelqu'un des traités du Stagirite, il s'efforce de rendre parfaitement clairs les dires de ce traité ; mais si ces dires sont ou semblent être en contradiction avec les propos qu'Aristote a tenus dans quelque autre livre, il est bien rare que le Philosophe de Cordoue paraisse se soucier de cette contradiction et qu'il s'efforce de la dissiper. Bien au contraire, la précision et la rigueur qu'il donne aux doctrines péripatéticiennes font souvent éclater les désaccords que les écrits d'Aristote laissaient seulement soupçonner.

Commente-t-il, par exemple, le Περὶ Οὐρανοῦ ? Très complètement et très clairement, il reprend les raisons que donne Aristote de la figure sphérique de l'eau [2] et de la terre [3]. La lecture de ces raisons ne peut nous laisser aucun doute sur le principe qu'elles invoquent, et ce principe est celui-ci : Tout grave, dans son mouvement naturel, cherche le centre du Monde, qui est son lieu naturel.

1. *Philosophia* ALGAZELIS. Lib. II ; tract. III : De compositis et commixtis ; speculatio secunda : De prima commixtione elementorum ; cap. II. Ed. Venetiis, 1506 ; 2e fol. après le fol. sign. g4, col. c.

2. AVERROIS CORDUBENSIS *In Aristotelis libros de Cælo Commentarii magni*, lib. II, Summa secunda, quæsitum tertium, comm. 31. — *In Aristotelis libros de Cælo Paraphrasis*, lib. II, summa secunda, quæsitum tertium.

3. AVERROIS CORDUBENSIS *In Aristotelis libros de Cælo Commentarii magni*, lib. II, summa quarta, cap. VII ; comm. 107. *In Aristotelis libros de Cælo Paraphrasis*, lib. II, summa quarta, cap. VII.

« Lorsque nous disons, écrit Averroès [1], qu'un fragment de terre se meut vers le bas, en tant que le semblable se meut vers son semblable, il faut entendre par là que ce fragment se meut vers son lieu et non pas vers la terre totale... La terre ne se meut donc pas vers la terre, comme certains le pensent... Si les parties d'un élément se mouvaient vers le tout de cet élément, comme le semblable vers son semblable, les parties se mouvraient alors vers le tout, en quelque lieu que fût ce tout ; partant, si la terre était placée au contact de la surface concave de l'orbe de la Lune, c'est vers elle que les pierres se mouvraient... Or si la terre était au contact de la surface concave de l'orbe de la Lune, ce n'est point vers elle que les pierres se mouvraient, mais vers le lieu qui se trouve en bas. »

Ce sont là propos fort nets ; mais ceux-ci ne le sont pas moins, qu'Averroès formule [2] lorsqu'il commente, au quatrième livre de la *Physique*, la théorie du lieu naturel.

« Puisque le lieu est la partie ultime du contenant, il est juste que chaque corps se trouve porté vers son lieu propre lorsqu'il est porté vers la partie ultime du corps qui lui est propre. En effet, tout corps est naturellement mû vers la partie ultime d'un autre corps jusqu'au moment où il touche ce dernier corps ; et ce corps, vers lequel il est mû, lui est congénère. La cause, donc, pour laquelle chaque corps est mû vers son lieu propre, c'est que la partie ultime du corps contenant a une certaine convenance avec la partie ultime du mobile...

» Partant, tout corps qui se meut vers un autre corps, de mouvement naturel et non de mouvement violent, est congénère à ce corps. Or on voit qu'un corps mobile se meut vers la partie ultime du corps contenant ; et tout corps qui se meut naturellement vers autre chose est congénère à cette autre chose ; la partie ultime du contenant est donc nécessairement congénère [au corps qui se meut naturellement vers elle].

» Ainsi en est-il pour la partie ultime concave de chacun des éléments. C'est pour cette raison que l'eau se meut vers la partie ultime de l'air quand elle est dans le lieu qui lui est propre au sein de l'Univers ou quand elle est violemment placée en quelque autre lieu...

» Un corps est à l'égard du corps qui le contient comme est

1. Averrois Cordubensis *In Aristotelis libros de Cælo Commentarii magni*, lib. IV, summa secunda, comm. 22.

2. Averrois Cordubensis *In libros physicorum Aristotelis commentarii*, lib. IV, Summa prima, cap. X, comm. 48.

une partie à l'égard du tout continu dont elle a été séparée ; toute partie qui a été séparée d'un tout continu s'arrête quand elle se trouve mise en continuité avec ce tout ; elle demeure en repos au contact de ce tout ; ainsi en est-il d'une partie de l'eau, qui a été séparée de l'eau totale, lorsqu'elle se meut vers cette eau totale et lorsqu'elle se trouve enfin en continuité avec celle-ci. Il en résulte que le corps logé demeure fixe dans son lieu naturel en tant qu'il est une partie de ce lieu...

» La cause du repos naturel est donc la même que la cause du mouvement naturel ; c'est la ressemblance qu'il y a entre le contenant [et le contenu]... Lorsque le corps logé touche le corps qui le loge, il s'unit à lui ; il y a ressemblance entre eux parce qu'ils sont congénères. »

« Si chaque corps [1] se meut vers la concavité qui lui sert de contenant, c'est simplement parce que cette concavité lui est semblable ; si le feu, par exemple, se meut vers la partie ultime de la concavité de l'orbe lunaire c'est simplement parce que cette partie ultime lui est semblable ; c'est pour la même raison que la terre se meut vers le confin de l'eau... La terre a ressemblance avec l'eau, l'eau avec l'air, l'air avec le feu, le feu avec l'éther... Par corps semblables, Aristote entend deux corps qui ont une qualité commune, tandis qu'ils diffèrent par une autre qualité ; ainsi l'air est semblable au feu parce qu'il s'accorde avec lui par la chaleur, bien qu'il lui soit contraire par son humidité. »

Le principe de tout mouvement naturel, de tout repos naturel, peut donc se formuler ainsi : Le semblable se meut vers son semblable.

Une partie d'un élément, détachée de l'ensemble de cet élément, se meut jusqu'à ce qu'elle retrouve le tout dont elle a été séparée, et lorsqu'elle l'a rejoint, elle demeure en repos. « Une partie de l'eau qui a été séparée de l'eau totale se meut vers cette eau totale. » Si donc les fleuves coulent, ce n'est pas que l'eau tende à gagner les lieux les plus bas, les plus voisins du centre du Monde ; c'est que l'eau qui les forme, venue de la mer, tend à retourner à son tout. Si la terre était transportée au contact de l'orbe de la Lune, une pierre, détachée de la terre, ne tomberait pas pour gagner le centre du Monde ; elle monterait pour rejoindre l'élément dont elle a été séparée.

1. Averrois Cordubensis *In libros Aristotelis de Cælo commentarii magni.* lib. IV, summa secunda, comm. 23.

L'ensemble d'un élément se meut jusqu'au moment où il confine de toutes parts à un autre élément qui lui est congénère, qui possède en commun avec lui une des quatre qualités premières ; lorsqu'il est environné par cet élément, il se trouve en son lieu naturel et y demeure immobile. « C'est pour cette raison que la terre se meut vers le confin de l'eau », et non plus vers le Centre de l'Univers.

Une telle théorie du lieu naturel, du mouvement naturel, c'est celle à laquelle se trouvait naturellement conduit un lecteur du *Timée*, car Platon enseignait [1] que « le feu se porte vers le lieu de l'Univers où la plus grande masse de feu est rassemblée ». Il disait : « Lorsque nous détachons un morceau de terre et que nous le portons au sein de l'air qui ne lui est pas semblable, il nous faut faire violence et agir contre la nature, car une portion de terre et un volume d'air adhèrent l'un et l'autre aux corps qui sont de même famille (ξυγγενής) qu'eux-mêmes... On nomme gravité la tendance qui porte un corps vers l'ensemble des corps de même famille. » Une telle théorie, c'est celle que Plutarque exposait [2] dans son opuscule *Sur la figure que montre le globe de la Lune;* c'est au nom de cette théorie que ce Philosophe de Chéronée formulait cette proposition : « Ce qui caractérise les corps pesants, ce n'est pas le besoin de se placer au centre à l'égard du Monde, c'est une certaine communauté, une certaine ressemblance de nature qu'ont, avec la terre, les corps qui en ont été arrachés et qui, par la suite, y retombent. »

Cette théorie de la gravité, qui ne fait plus jouer aucun rôle au centre du Monde, Aristote l'avait très vivement rejetée dans son traité *Du Ciel*, et la condamnation qu'il avait formulée, nous l'avons entendue de la bouche d'Averroès. Voici cependant que des propos mêmes tenus par le Stagirite dans la *Physique*, et sans les forcer aucunement, le Commentateur de Cordoue tire de nouveau l'énoncé très formel de cette doctrine platonicienne. Il est bien clair que deux opinions contradictoires se heurtaient dans la pensée d'Aristote, et les commentaires d'Averroès n'ont fait que mieux ressortir l'opposition des deux doctrines.

Ceux qui, après avoir lu Aristote, s'étaient attardés à l'étude d'Averroès pouvaient, à bon droit, se demander : Qu'est-ce

1. Voir : Première partie, ch. II, § VI ; t. I, p. 49-50.
2. Voir : Première partie, ch. XIII, § XII ; t. II, p. 361-362.

que le mouvement naturel de la terre ? Est-ce un mouvement par lequel la terre tend à placer son propre centre au centre de l'Univers ? Est-ce au contraire un mouvement qui a pour objet de lui assurer en tout point le contact de l'eau et de la submerger en entier ? Ne nous étonnons donc point lorsque nous entendrons cette question soulever de longs débats au sein de la Scolastique chrétienne.

IV

LA FIGURE DE LA TERRE ET DES MERS ET LA SCOLASTIQUE CHRÉTIENNE. — GUILLAUME D'AUVERGNE. LES QUESTIONS DE MAITRE ROGER BACON

De bonne heure, on prit coutume, dans les écoles, de discuter cette question ; Roger Bacon l'examinait alors qu'il était simple maître près la Faculté des Arts de Paris.

Elle passionnait d'ailleurs, à ce moment, aussi bien les artistes qui commentaient Aristote que les théologiens amenés, dans l'étude de la *Genèse*, à l'interprétation de cet ordre donné par Dieu, au second jour de la création : *Et congregentur aquæ*.

Au sujet de cet ordre divin, Guillaume d'Auvergne écrit [1] :

« Il est dit ensuite : *Que les eaux s'amassent en un lieu unique*. Manifestement, cele se fit après la création des eaux, par la seule parole et au seul commandement de Dieu.

» En effet, la disposition, place ou situation naturelle des eaux, serait d'être autour de la terre ; les eaux devraient entourer la terre comme un vêtement. Ainsi le dit un autre prophète : *L'abîme est comme un manteau qui la revêt.* Et un autre sage écrit : *Qui a mis les eaux comme pour lui servir de vêtement ?*

» Mais ces eaux se sont séparées en partie et, maintenant. les eaux se tiennent, [de l'autre côté], au-dessus des montagnes Aussi un autre prophète dit-il que *les eaux s'arrêteront au-dessus des montagnes*. Les eaux se trouvent donc en un lieu qui ne leur est pas naturel ; elles y demeurent contrairement à la nature de leur pesanteur et de leur fluidité. Cela ne s'est accompli par aucune force naturelle ; c'est, comme nous l'avons

1. Guillelmi Alverni *De Universo* Primapars principalis, pars I. (Guillelmi Parisiensis *Opera*, éd. 1516, t. II, fol. cxiv, col. d.)

dit, l'effet de la seule parole et du seul commandement du Créateur. Cette réunion ne fut pas l'œuvre d'une nouvelle création, mais le transport et la mise en place, dans un lieu nouveau, d'un corps déjà créé, c'est-à-dire des eaux...

» Cette œuvre se conjoint à l'œuvre du jour suivant. Le rassemblement des eaux, la mise à nu de la surface de la terre ont été accomplis en vue de l'œuvre du jour suivant, qui est la fécondation de la terre. En effet, tant que les eaux la recouvraient, la terre ne pouvait donner naissance à des herbes brillantes ni produire de végétation.

» Ainsi la réunion des eaux au lieu où elles se trouvent est une proposition qui dépend en partie de la Science humaine, en partie de la Théologie *(Scientia divinalis).* »

La pensée de Guillaume d'Auvergne se manifeste avec une clarté parfaite. Selon l'ordre de la nature, la terre devrait être entièrement recouverte par l'eau. Si l'on voit émerger une terre ferme, c'est en vertu d'une opération miraculeuse de Dieu. Ce miracle permanent a eu pour but de préparer et de garder une habitation aux plantes et, après elles, aux animaux.

De cette doctrine, Maître Roger Bacon va exclure le recours au miracle ; il le fera en usant de la théorie qu'il a déjà invoquée dans les circonstances les plus diverses, soit pour rendre compte des mouvements qui empêchent la production d'un espace vide, soit pour expliquer la chute des graves ; au-dessus des natures particulières des éléments, qui les fait graves ou légers et leur assigne les lieux propres que considérait Aristote, il y a une nature universelle ; et, pour le bien général du Monde, cette nature universelle peut imposer aux éléments et aux mixtes des mouvements contraires à ceux que ces corps prendraient en vertu de leur pesanteur ou de leur légèreté.

C'est dans la seconde série de ses *Questions sur la Physique d'Aristote*, au quatrième livre, que le maître ès arts Roger Bacon traite du lieu naturel des éléments [1]. Cinq questions sont consacrées à cet objet ; en voici les énoncés :

I. *Queritur de loco in particulari, et primo queritur de locis elementorum, et primo quid est locus ignis, et primo* [*utrum*] *ultimum celi vel ultimum* [*orbis*] *lune sit locus ignis.*

II. *Queritur quid sit locus aeris, et primo queritur utrum ignis vel orbis ignis sit locus aeris.*

1. Bibliothèque municipale d'Amiens, ms. n° 406, fol. 46, col. b, c et d.

III. *Queritur deinde utrum aer sit locus aque vel, si non sit, queritur quid sit locus aque.*

IV. *Queritur de loco terre, et primo queritur quid sit locus terre, et quia videtur quod aqua, queritur utrum aqua sit locus terre.*

V. *Queritur postea de loco terre, et primo queritur quid sit locus terre, et queritur utrum aqua sit locus terre vel centrum.*

« La partie ultime du ciel est-elle le lieu du feu ? » demande Roger Bacon. « Il ne paraît point ; le lieu, en effet, et ce qu'il loge doivent être congénères ; or la nature élémentaire n'est pas congénère de la nature céleste ; celle-ci ne saurait donc être le lieu de celle-là. »

A cette objection, notre maître ès arts répond :

« Dans le ciel, il y a deux natures, la nature particulière et la nature universelle ; celle-ci est une admirable puissance du lieu ; le lieu en participe d'une manière complète et le corps logé d'une manière incomplète ; par cette nature, celui-là est apte à retenir et loger celui-ci, tandis qu'il ne l'est pas par la nature particulière ; par cette nature universelle, le ciel et le feu sont suffisamment congénères. »

Et tout aussitôt, Bacon prend soin de nous déclarer « que cette nature universelle ne souffre point le néant, et que le vide, c'est le néant. » La nature universelle dont il est ici question, c'est donc bien elle que nous avons vue en œuvre dans les mouvements qui évitent la production du vide.

Le lieu de l'air va fournir des considérations semblables. « Le lieu conserve le corps logé. Or, au dire d'Aristote, la partie ultime du feu corrompt la partie ultime de l'air. Le feu n'est donc pas le lieu de l'air. » De cette difficulté, voici la solution :

« Le feu peut être considéré à deux points de vue. Il peut être considéré au point de vue de la nature universelle, qui est une admirable puissance ; c'est la nature céleste dont participent, à la fois, le lieu et le corps logé. Il peut être également considéré au point de vue de la nature dont provient la contrariété, c'est-à-dire de la nature élémentaire. Manifestement, celle-ci n'est point lieu, car elle corrompt ; celle-là, au contraire, conserve. »

A cette affirmation : La concavité de l'air est le lieu de l'eau, notre auteur prévoit cette objection : « Le lieu doit être égal au corps logé ; or la concavité de l'air est plus étendue que la convexité de l'eau », puisqu'elle recouvre aussi la surface de la terre ferme. C'est encore la considération de la nature universelle qui va résoudre cette difficulté :

« Selon l'ordre de la nature particulière, la partie ultime de l'air doit entourer en totalité la surface de l'eau. Mais selon l'ordre de la nature universelle, il n'en est pas ainsi, et cela en vue de la génération des animaux et des plantes à la surface de la terre. La nature universelle, en effet, a cette intention, et elle ne la pourrait accomplir si l'air, pris en sa totalité, logeait et entourait l'eau. »

Voilà donc la nature universelle, véritable *deus ex machina*, chargée d'expliquer ce que Guillaume d'Auvergne attribuait à l'action miraculeuse de Dieu.

Cette nature universelle va, d'ailleurs, intervenir de nouveau lorsqu'il s'agira de répondre à cette question : Le lieu de la terre, est-ce l'eau ou bien le centre du Monde ? Voici la solution que propose Bacon :

« Je dis que le centre du Monde n'est pas le lieu de la terre, car il ne remplit aucune des conditions d'un lieu ; c'est donc la surface [interne] de l'eau qui sera le lieu de la terre.

» Je dis, toutefois, qu'il y a deux centres du Monde.

» Il y a un centre qui, sous le rapport de la grandeur comme sous le rapport de la nature, est absolument indivisible ; ce centre-ci n'est pas le lieu de la terre ; c'est un tel centre que l'on conçoit au milieu de la terre.

» Il y a un autre centre qui est la partie ultime de l'eau ; dans le genre que constitue le lieu, ce centre est un minimum ; il est, en effet, la dernière chose et la plus petite qui participe de cette admirable puissance du lieu, de cette influence dont nous avons parlé ; considéré comme appartenant au genre : *lieu*, il est indivisible, car une plus petite chose ne peut rien avoir de cette nature diffusée par le ciel. Cette nature, elle réside dans le lieu du feu sous sa plus noble manière d'être ; le mode d'existence le moins noble dont elle soit capable, elle le possède dans la partie ultime de l'eau ; si elle avait une moindre existence, elle ne serait plus lieu. »

Ainsi le recours à cette nature universelle permet à Bacon de tirer la Physique péripatéticienne de tous les mauvais pas où la théorie du lieu naturel l'a engagée.

Bacon ne paraît pas être revenu, par la suite, au problème de l'existence de la terre ferme.

Dans l'*Opus majus*, il se propose [1] de démontrer que le Monde est sphérique en suivant la voie qu'Aristote avait tracée au

1. Fratris ROGERI BACON *Opus majus*, pars IV, cap. X ; éd. Jebb, p. 94-97 (marqué cap. IX) ; éd. Bridges, vol. I, p. 152-157.

Περὶ Οὐρανοῦ, Il lui faut établir pour cela que l'eau est terminée par une surface sphérique. Parmi les preuves qu'il donne de cette proposition, se trouve celle de Ptolémée et de Joannes de Sacro-Bosco ; le guetteur qui se trouve en haut du mât d'un navire voit la terre que n'aperçoivent pas ceux qui se trouvent sur le pont. Il donne aussi, comme le Περὶ Οὐρανοῦ. une démonstration mécanique sommaire tirée de la pesanteur et de la fluidité de l'eau.

Cette figure sphérique, concentrique au Monde, qu'affecte la surface de l'eau suggère à Bacon un corollaire dont la singularité paraît séduire son imagination [1]. Le rayon de la surface sphérique qui termine une masse d'eau augmente, et la courbure de cette surface diminue si on éloigne cette surface du centre du Monde ; partant, un même vase, exactement rempli, contient d'autant moins de liquide qu'on le place en un lieu plus élevé. Les disciples de Bacon aimaient, nous l'avons vu, à lui emprunter cette curieuse remarque [2].

V

ALBERT LE GRAND ET SES DISCIPLES

Tout ce qui, dans les écrits du Stagirite et de son Commentateur, prépare le retour à une théorie platonicienne de la gravité semble avoir excité, à un très haut degré, la méfiance d'Albert le Grand, de son disciple Thomas d'Aquin, et de Pierre d'Auvergne, qui fut l'élève et le continuateur de Saint Thomas. Les divers passages qui sollicitaient dans ce sens la raison du lecteur ont été, dans leurs commentaires, passés sous silence, atténués, ou même interprétés dans un esprit qui n'était point celui de l'auteur. Au contraire, les divers passages où la gravité est considérée comme une tendance du corps pesant à gagner le centre du Monde ont été mis en pleine lumière.

Dans son *Traité du Ciel et du Monde*, Albert le Grand expose avec soin les raisonnements à l'aide desquels Aristote tire, de la pesanteur, l'explication de la figure sphérique de la terre [3] et des mers [4].

1. Roger Bacon, loc. cit., cap. XI ; éd. Jebb, p. 97-98 (marqué cap. X) éd. Bridges, pp. 157-159.
2. Voir : seconde partie, ch. VII, § IX ; t. III, p. 74.
3. Alberti Magni *Libri de Cælo et Mundo*, lib. II, tract. III, cap. VIII.
4. Alberti Magni *Op. laud.*, lib. II, tract. II, cap. III.

Lorsqu'il commente le quatrième livre de la *Physique*, il se heurte [1] à la théorie, développée par Aristote, selon laquelle l'eau se meut naturellement jusqu'au moment où elle est conjointe à l'air, parce que l'air est à l'eau comme une forme à l'égard d'une matière. De cette proposition, il donne déjà une interprétation qui dévie du sens que lui attribuait Aristote :

« Le corps logeant est au corps logé ce que l'air est à l'eau ; l'eau, en effet, est la matière de l'air, et l'air est comme l'espèce et la forme de l'eau ; l'eau est comme une puissance, une matière, une corruption de l'air ; l'air est comme un acte et une génération de l'eau ; l'air, il est vrai, est aussi de l'eau en puissance, mais en vertu d'un autre mode de puissance et par suite de la génération cyclique des éléments ; mais si l'on compare les éléments au point de vue de la noblesse et de la formalité, l'air est l'acte de l'eau et l'eau est la puissance de l'air. »

Ces explications, peu conformes aux indications du Stagirite, trahissent déjà l'embarras que cause à Maître Albert la doctrine platonicienne du lieu naturel qu'il rencontrait au quatrième livre des *Physiques*. Ces considérations, d'ailleurs, il promet de les compléter au quatrième livre du *Traité du Ciel*. Recourons donc à ce complément [2].

« La surface concave de l'orbe de la Lune *(orizon)* est le contenant de tous les corps qui se meuvent vers le haut ; de même, le milieu, c'est-à-dire l'espace borné par la surface [interne] de l'eau, est le contenant de tous les corps qui se meuvent simplement vers le bas. Or contenir, c'est l'acte d'une forme. Tout lieu sera donc une forme. Chacun de ces deux lieux, en effet, contient certains corps, et vers lui se meut tout corps qui en est en puissance... ; il faut donc qu'une certaine partie de ce qui borne en haut et qu'une certaine partie du milieu qui est en bas soient comme la forme de la chose contenue.

» Je dis : Une certaine partie de ce qui borne en haut. Ce n'est pas, en effet, le corps contenant tout entier, qui est forme [du corps contenu] ; il est bien plutôt le contraire de cette forme. [Ce qui est forme du contenu], c'est la surface ultime qui renferme et touche le corps contenu par elle. Et cette surface même, si elle est semblable [au contenu], ce n'est pas parce qu'elle est surface du corps contenant, mais parce qu'elle est le terme du corps logé. Cette surface, en effet, si on la rapporte

1. Alberti Magni *Libri physicorum*, lib. IV, tract. I, cap. XV.
2. Alberti Magni *Libri de Cælo et Mundo*, lib. IV, tract. II, cap. I.

au corps dont elle est la surface, elle a une forme contraire au corps logé et capable, peut-être, de détruire ce corps ; si on la rapporte, au contraire, à la distance du lieu auquel elle sert de terme, en tant qu'il est lieu, elle possède en elle-même des propriétés et des forces susceptibles de perfectionner, de conserver et de contenir le corps logé. »

Albert exprime sa pensée avec quelque obscurité ; il semble cependant qu'on la puisse tirer au clair, et cela de la façon suivante :

Autour du centre du Monde, on peut décrire une certaine surface sphérique dont le volume sera ce que nous nommerons le milieu du Monde.

Cette surface sphérique sera ou pourra être la surface interne de l'espace occupé par l'eau ; mais ce n'est pas ainsi que nous la considérons lorsque nous disons qu'elle est le lieu naturel de la terre.

Abstraction faite de la relation qu'elle a ou peut avoir avec l'élément de l'eau, cette surface est douée de certaines propriétés, est capable d'exercer certaines forces ; par ces propriétés, par ces forces, elle a une certaine similitude avec la terre, elle peut retenir la terre, la conserver, l'amener à sa perfection ; par ces propriétés, par ces forces, donc, elle joue, à l'égard de la terre, le rôle d'une forme. Lorsque la terre se meut de mouvement naturel, elle tend à se loger à l'intérieur de cette surface, afin d'y trouver les actions qui la conserveront et la rendront plus parfaite ; elle se meut donc vers le milieu du Monde comme une matière se meut vers sa forme. Et lorsqu'elle se meut ainsi vers son lieu naturel, ce n'est pas pour se trouver au contact de l'eau; c'est pour se trouver contenue dans la surface sphérique qui lui est, en quelque sorte, congénère.

Ainsi, autour du centre du Monde, quatre surfaces sphériques ont été tracées ; la première a été douée de propriétés et de forces qui la rendent capable de conserver et de perfectionner la terre ; la seconde est prédisposée de même à l'égard de l'eau, la troisième à l'égard de l'air, la quatrième à l'égard du feu ; chacune d'elles est, à l'un des éléments, ce qu'une forme est à une matière ; et c'est pourquoi chacun des éléments trouve son lieu naturel dans l'un des volumes que délimitent ces sphères.

Cette interprétation de la pensée d'Aristote déforme assurément cette pensée ; elle la déforme, afin de s'écarter de l'interprétation, autrement exacte, d'Averroès, qui ramenait la théorie du lieu naturel au principe platonicien de la marche du semblable vers le semblable. Mais, en cherchant à fuir ce principe, c'est d'une autre théorie platonicienne qu'Albert le Grand se rapproche. Ces surfaces sphériques, concentriques au Monde, dont chacune a la propriété de conserver et de contenir l'un des éléments, ne nous rappellent-elles pas la χώρα du *Timée* [1] qui, comme un crible, triait et séparait les uns des autres les divers corps simples ?

Mais poursuivons la lecture des ouvrages d'Albert le Grand Le traité *Sur la nature des lieux* va compléter et préciser la théorie que la *Physique* appelait, que le Traité *Du Ciel et du Monde* avait esquissée ; en même temps, il nous fera connaître les sources où le futur évêque de Ratisbonne en a puisé l'idée première. Citons quelques passages de ce nouvel ouvrage.

« Le mot lieu, dit Albert [2], se prend en deux sens.

» D'une première façon, on nomme communément lieu n'importe quel corps qui enveloppe par l'extérieur un autre corps, ce corps-là étant considéré au point de vue de la surface qui contient et touche celui-ci.

» D'une seconde manière, on nomme lieu la concavité d'une surface, concavité vers laquelle se fait le mouvement d'un autre corps. »

En ce second sens, les corps célestes « n'ont pas, à proprement parler, de lieu ; ils sont le lieu des autres corps. Au contraire, les corps simples qui sont doués du mouvement rectiligne et les corps composés au moyen de ceux-ci ont, selon leur nature, un lieu vers lequel se fait leur mouvement ; ce lieu, les corps simples y ont droit par eux-mêmes et les corps composés par l'intermédiaire des corps simples qui les forment...

» Le corps simple doit être logé dans la concavité simple du corps où réside sa génération ; c'est vers cette concavité que se dirige son mouvement ; si on l'en tient écarté, il marche rapidement à sa destruction... La cause en est qu'il y a communauté de nature entre le lieu et le corps logé.... Aussi avons-nous dit dans la *Physique* que le lieu naturel d'une chose, ce n'est pas n'importe quelle surface... En vertu des forces que possède en elle-même la surface logeante, le lieu est un principe de conservation pour le corps qu'il loge. »

Mais d'où vient au lieu naturel ce pouvoir d'engendrer et

1. Voir : Première partie, ch. II, § III ; t. I, p. 41-42.
2. Alberti Magni *Tractatus de natura locorum*, tract. I, cap. II.

de conserver le corps qui s'y loge ? Albert va nous l'expliquer[1].

« On se demandera peut-être avec étonnement d'où vient au lieu cette force si grande en vertu de laquelle, en un certain lieu, une partie de la matière universelle des corps reçoit la forme du feu, tandis qu'ailleurs, une autre partie reçoit la forme d'air, ou de feu, ou de terre.

» La matière, en effet, par elle-même, n'a absolument aucun lieu. De même, la matière qui est seulement sous la forme de corps, bien qu'elle soit circonscrite par un lieu, n'exige point ce lieu, caractérisé par certaines différences locales, vers lequel se fait tout mouvement local ; si une telle différence locale, vers laquelle se fasse un mouvement local, se trouve exigée, c'est seulement en raison d'une forme substantielle déterminée ; cette forme, en effet, en tant qu'elle est forme substantielle, appartient à un corps susceptible de génération.

» Il semblera peut-être que la surface dont la concavité contient le corps logé, peut être regardée comme une chose qui appartient au corps logeant, et non pas au corps logé ; qu'elle possède donc en elle les vertus du corps logeant, et, par conséquent, que son action doit avoir pour terme la forme du corps logeant, mais non celle du corps logé. Il semble ainsi que la concavité du feu ne devrait pas produire de l'air, mais du feu...

» Comme nous l'avons dit au *Traité du Ciel et du Monde*, c'est là une erreur. Aussi, avec Avicenne et certains philosophes, devons-nous tenir le langage suivant :

» Ce lieu naturel qui a le pouvoir d'induire des formes [substantielles déterminées] dans la matière des corps simples, c'est la surface du corps contenant prise avec sa distance à l'orbe céleste. C'est, en effet, cette distance qui cause le chaud et le froid, l'humidité et la sécheresse, qui sont les vertus naturelles des éléments.

» Si, par exemple, cette distance est nulle, à l'aide du mouvement et de la lumière, elle induit [dans la matière corporelle] la suprême chaleur, la subtilité et la sécheresse, qui ne sont point autre chose que la forme du feu. » La génération de l'air, puis de l'eau, s'expliqueront d'une manière semblable par des distances croissantes à l'orbe céleste. « Quant à la distance parfaite, la chaleur lui fait complètement défaut ; bien plutôt ce qu'elle possède, c'est le froid qui resserre les parties de la ma-

1. Alberti Magni *Op. laud.*, tract. I, cap. IV.

tière ; qui, en exprimant tout ce qui est humide, est cause de la solidité ; qui induit donc, en la matière, la forme de la terre.

» Tout cela sera plus complètement manifesté au *Perigeneseos* et au livre des *Météores*. Ce que nous venons de dire, en effet touchant la génération des éléments, nous l'avons dit uniquement pour que ceci soit connu : C'est la distance du lieu à l'orbe céleste qui, par ses différences, cause les formes diverses des éléments ; et le mouvement d'un élément se fait vers le lieu qui est déterminé par telle ou telle distance...

» Toutes ces raisons prouvent la vérité de l'opinion que, d'un commun accord, nous ont transmise trois philosophes, Avicenne, Averroès et Moïse l'Égyptien. Selon cet avis, c'est le lieu considéré sous une distance déterminée à partir du ciel qui cause les formes des éléments ; par conséquent, un élément déterminé se meut vers un lieu qui se trouve sous l'orbe céleste, à telle distance déterminée de cet orbe...

» Ce pouvoir causal que le ciel répand en tel ou en tel lieu est un pouvoir excellent et divin ; sinon, il n'y aurait aucun mouvement local. Il n'y a point, en effet, de mouvement vers quelque chose que ce soit, si ce n'est en raison de quelque autre chose qui est excellent et divin ; or, de tous les mouvements, le plus parfait est le mouvement local, comme on l'a prouvé au livre *Des physiques* et au traité *Du Ciel et du Monde ;* en vue de ce mouvement, donc, il faut qu'il existe une chose qui soit, par nature, la plus excellente et la plus divine. »

Albert nous donne cette doctrine pour le résumé de l'opinion commune d'Avicenne, de Maïmonide et d'Averroès.

Averroès eût repoussé avec horreur une bonne partie de cet enseignement. N'avait-il pas surtout écrit son *Discours sur la substance de l'orbe céleste* pour combattre cette théorie d'Avicenne qui, à la matière première, impose d'abord une forme corporelle entièrement générale, puis les formes substantielles particulières des quatre éléments ? Nous avons vu, d'ailleurs, combien la théorie du lieu naturel admise par le Commentateur différait de celle que vient d'exposer le premier maître des Frères Prêcheurs.

Moïse Maïmonide eût peut-être accueilli avec plus d'indulgence l'avis que lui prête Albert le Grand. Ne l'avons-nous pas entendu [1] distinguer quatre sphères au sein des cieux et, sous

1. MOÏSE BEN MAIMOUN dit MAÏMONIDE, *Le guide des égarés*, deuxième partie, ch. X ; trad. S. Munk, t. II, p. 84-88. — Voir : Première partie, ch. XIII, § XV ; t. II, p. 388-390.

la domination de chacune de ces sphères, placer un élément ? Mais de cette indication à une théorie du lieu naturel, il y a fort loin.

C'est avec plus de raison qu'Albert se réclame d'Avicenne. Nous avons entendu [1] Avicenne déclarer que l'Intelligence active avait créé la matière des éléments en rassemblant ce que tous les corps célestes ont de commun, c'est-à-dire une nature douée de mouvement circulaire ; que par les divers orbes célestes, telle partie de cette matière s'était trouvée préparée à devenir tel élément, telle autre partie à devenir tel autre élément ; enfin, que, dans les diverses parties diversement préparées de cette matière, l'Intelligence active avait infusé les formes des quatre éléments.

Mais faut-il entendre par là que cette préparation de la matière primitivement homogène ait consisté à y tracer certaines surfaces sphériques, dont chacune fut propre à la génération et à la conservation d'un élément déterminé ? Que, par conséquent, la production des divers lieux naturels ait précédé, sinon dans le temps, du moins par nature, la production même des éléments ? Cette opinion ne semble pas être celle d'Avicenne ; bien plutôt, celui-ci paraît se défendre de la professer. « Lorsque la nature d'un élément est déjà complète, dit-il [2], on peut admettre qu'il soit gardé dans le lieu qui est le plus propre à sa conservation... Mais au principe de la génération de cet élément, il n'y avait pas une surface qui en fût sa surface supérieure et une autre surface qui en fût sa surface inférieure ; c'est à la suite du changement éprouvé par l'effet du mouvement qu'il a eu un lieu. »

Albert le Grand n'a pas mis Al Gazâli au nombre des auteurs, dont il s'autorisait ; il semble, cependant, que le disciple d'Avicenne l'ait, plus que le maître lui-même, conduit à la théorie qu'il développe.

Nous avons entendu [3] Al Gazâli exposer l'enseignement que donnait Avicenne au sujet de la génération de la matière sublunaire et des quatre éléments.

C'est la dixième des Intelligences célestes, c'est l'Intelligence active qui a produit la matière et les quatre éléments, mais elle les a produits avec la collaboration des corps célestes.

1. Voir : Troisième partie, ch. II. § IX ; t. IV, p. 488-491.
2. AVICENNÆ *Metaphysica*, lib. II, tract. IX, cap. V.
3. Voir : Troisième partie, ch. II. § IX ; t. IV, p. 491-493.

Comme les corps célestes ont, en commun, cette nature universelle par laquelle ils se meuvent tous de mouvement circulaire, ils ont fait que la matière fût apte à recevoir n'importe quelle forme. Mais comme, outre cette nature universelle chacun des orbes célestes a sa nature particulière, ces sphères ont fait que telle partie de la matière fût plus apte à recevoir telle autre forme. Dans ces parties diversement préparées, les formes de chacun des quatre éléments ont été introduites par l'Intelligence active.

« C'est en vertu du voisinage ou de l'éloignement des corps célestes, dit Al Gazâli [1], que les matières reçoivent diverses aptitudes... La racine de la matière corporelle provient d'une substance intelligible et séparée ; mais si elle est découpée en parties définies, cette matière le doit aux corps célestes ; et si elle a telle ou telle aptitude, elle le leur doit également... Par suite du rapport qu'il y a entre la chaleur et le mouvement, la partie de la matière qui est la plus voisine du corps toujours en mouvement est la plus digne de recevoir la forme du feu. Au contraire, la matière qui est la plus éloignée des corps célestes est la plus digne du froid et de l'immobilité qui caractérisent la forme terrestre.

« C'est de cette manière que les corps susceptibles de génération et de corruption reçoivent l'existence. Il est manifeste par là qu'il y a une première aptitude de la *hyle* à recevoir universellement n'importe quelle forme ; puis qu'il y a une certaine cause qui rend cette matière apte à recevoir telle ou telle des quatre natures. »

D'après ce qu'Al Gazâli vient d'expliquer, il semble bien que cette préparation de la matière à recevoir les formes élémentaires consiste en une séparation et en une distinction de parties que caractérise leur plus ou moins grande proximité à la sphère céleste, donc dans le découpage de la matière en couches sphériques concentriques au Ciel.[2] Nous voici bien près de la pensée d'Albert le Grand.

Les surfaces sphériques qui délimitent les lieux naturels des éléments sont toutes concentriques au Monde. Albert n'admet pas que le centre de la sphère terrestre ait été écarté du centre de l'Univers. Lorsqu'il commente le *Livre des propriétés des*

1. *Philosophia* ALGAZELIS, lib. I, tract. V.
2. Voir : Première partie, ch. II, § III ; t. I, p. 41-42.

éléments, il répète [1] tout ce que ce livre disait contre l'excentricité de la terre.

Dans ses commentaires au *De generatione* et au traité des *Météores*, Albert évite de reproduire l'affirmation d'Aristote qui attribue même masse aux divers éléments et leur accorde donc des volumes inversement proportionnels à leurs densités. Mais d'un passage du *De Cælo* [2], il semble résulter qu'il admet un rapport constant entre l'épaisseur (*altitudo* ou *spatium altitudinis*) de la couche sphérique occupée par un élément et l'épaisseur de la couche sphérique remplie par l'élément précédent. Cette progression, d'ailleurs, il ne la limite pas aux éléments ; il l'étend aux sphères célestes successives. Voici ce passage :

« Ce qu'est l'épaisseur (*spatium altitudinis*) de l'eau à [celle de] la terre — car [l'épaisseur de] l'eau est multiple de [celle de] la terre — l'épaisseur (*altitudo*) d'un élément quelconque l'est à celle d'un autre élément ; toujours, en effet, [l'épaisseur de] l'élément le plus élevé, parce qu'il est plus formel, est multiple de [l'épaisseur de] l'élément qui se trouve au-dessous de lui. De même aussi que l'épaisseur (*simile spatium*) du [premier] ciel est multiple de l'épaisseur (*spatium*) du feu, l'épaisseur (*spatium*) d'un ciel supérieur est multiple de l'épaisseur (*spatium*) du ciel qui lui est inférieur. »

Albert ajoute qu'il appartient à l'astronome de déterminer ces épaisseurs. Les astronomes de son temps trouvaient, en effet, dans les traités d'Al Fergani et d'Al Battani, des déterminations des épaisseurs des divers orbes ; mais ces épaisseurs ne se suivaient aucunement comme les termes d'une progression géométrique.

La loi qu'admettait Albert le Grand entraînait assurément cette conséquence : L'épaisseur de la couche sphérique que l'eau remplit est supérieure au rayon de la sphère dont la terre est voisine, comme, d'ailleurs, cette sphère et cette couche sphérique étaient supposées concentriques, il devenait malaisé d'expliquer qu'une partie de la terre pût émerger.

Albert tente, cependant d'en donner la raison ; celle qu'il présente avec pompe est puérile.

« Les savants, dit-il [3], qui ont atteint la perfection touchant les choses humaines que l'homme peut connaître et qui ont

1. ALBERTI MAGNI *De proprietatibus elementorum* lib. II, tract. I, cap. III.
2. ALBERTI MAGNI *Libri de Cælo*, lib. II, tract. II, cap. III.
3. ALBERTI MAGNI *Libri Metheororum*, lib. II, tract. III, cap. I.

parlé des choses naturelles, ont déclaré que l'existence de la mer provenait du principe suivant : Au début, l'eau liquide couvrait toute la terre ; mais le Soleil, agissant continuellement sur cette eau liquide, en élève, sous forme de vapeurs, une partie qu'il convertit en air et en feu ; cela se passe surtout du côté du midi, où le Soleil est plus ardent ; toutefois, une certaine quantité de liquide, non consumée par le Soleil, est demeurée, particulièrement vers le Nord. Selon cette opinion, donc, la mer qui, tout d'abord, recouvrait la terre entière, a vu diminuer son volume primitif ; la terre ferme a émergé en certains lieux tandis qu'ailleurs, la mer est restée.

» Mais, touchant une chose homogène, ce qui est vrai d'une partie l'est du tout ; ces savants admettent donc qu'avant la fin des temps, la mer sera totalement desséchée et qu'il restera seulement trois éléments. »

Comme son maître Albert le Grand, Saint Thomas d'Aquin, lorsqu'il expose les enseignements du Περὶ Οὐρανοῦ, reproduit avec soin les raisonnements par lesquels le Stagirite trouve, dans la pesanteur, la raison d'être de la figure de la terre [1] et des mers [2].

C'est avec un embarras visible que Thomas d'Aquin cherche [3] l'interprétation du passage de la *Physique* où le Philosophe s'efforce d'expliquer les propriétés du lieu naturel. Qu'est-ce que cette similitude entre l'air et l'eau en vertu de laquelle l'eau se meut naturellement vers la surface interne de l'eau comme la partie se meut vers le tout dont elle a été séparée ? En quel sens peut-on dire, avec Aristote, que l'air se comporte à l'égard de l'eau comme une matière à l'égard d'une forme ? Dans la réponse que le *Doctor communis* donne à ces questions, on perçoit les influences les plus diverses, celle de Simplicius, celle d'Al Gazâli, mais surtout celle d'Albert le Grand et celle de Roger Bacon. La pensée du Philosophe se trouve singulièrement altérée par ces influences.

Il faut admettre, tout d'abord, qu'une hiérarchie naturelle dispose les divers corps les uns par rapport aux autres ; le corps céleste est le plus noble, puis vient le feu, puis l'air, puis l'eau, enfin la terre qui est le moins noble de tous. Cette gra-

1. Sancti Thomæ Aquinatis *In libros Aristotelis de Cælo et Mundo expositio*, lib. II, lect. XXVII.
2. Sancti Thomæ Aquinatis *Op laud.*, lib. II, lect. VI.
3. Sancti Thomæ Aquinatis *In libros physicorum Aristotelis expositio*, lib. IV, lect. VIII.

dation entre les corps est une gradation entre leurs formes substantielles.

Quand l'eau se change en air, une forme moins noble est remplacée par une forme plus noble ; aussi Thomas d'Aquin dit-il alors qu'il y a génération absolue *(simpliciter)* et corruption relative *(secumdum quid)*. Au contraire, quand l'air se transforme en eau, il y a corruption absolue et génération relative, parce que la matière première dépouille une forme plus noble pour revêtir une forme moins noble. En disant donc que l'eau est à l'égard de l'air comme une matière à l'égard d'une forme, nous entendons affirmer entre ces deux éléments une relation de moins parfait à plus parfait.

« Mais l'ordre qui règle les situations des diverses parties de l'Univers dépend de l'ordre de la Nature... Il faut que la hiérarchie des lieux naturels corresponde à la hiérarchie des corps qui s'y trouvent naturellement logés. » Du centre du Monde, donc, à la concavité de l'orbe de la Lune, les lieux naturels des quatre éléments, vont s'étager comme s'étagent les degrés de noblesse de ces éléments. Pour réaliser cet ordre de la nature, chaque élément se mouvra naturellement jusqu'à ce qu'il se trouve contenu par l'élément qui se place immédiatement au-dessus de lui dans la hiérarchie des formes substantielles ; « c'est de cette façon que la proximité de nature entre le corps contenant et le corps contenu est la cause pour laquelle un corps se meut vers son lieu propre. »

Cette place dans la hiérarchie naturelle, qui lui confère l'aptitude à fournir un lieu propre à l'élément immédiatement inférieur, d'où chaque élément la tient-il ? « Il faut considérer, dit Saint Thomas, que le Philosophe parle ici des corps au point de vue de leurs formes substantielles. Ces formes, ils les tiennent de l'influence du corps céleste ; celui-ci, en effet, est le premier lieu, et c'est lui qui, à tous les autres corps, donne la vertu locative. Au point de vue des qualités actives et passives, au contraire, il y a contrariété entre les éléments, et chacun d'eux est, pour les autres, un agent de corruption. »

Bien au contraire, Aristote avait dit très clairement, et Averroès avait répété de la façon la plus formelle, que la ressemblance qui fait de l'air un congénère de l'eau, qui rend l'air apte à devenir le lieu propre de l'eau, c'est l'humidité qui leur est commune à tous deux et que ne possèdent pas les deux uatres éléments. Comme Albert le Grand, Thomas d'Aquin s'écarte sensiblement ici de la pensée du Stagirite.

Dans cet ordre de la nature *(ordinatio naturæ)*, inconnu au Péripatétisme, qui émane du Ciel, le premier des lieux, qui confère aux éléments des formes distinctes des quatre qualités passives, des formes hiérarchisées en vertu desquelles chacun d'eux devient congénère de celui qui le suit et capable de lui servir de lieu, ne reconnaissons-nous pas un peu la θέσις de Damascius et de Simplicius et beaucoup la nature universelle de Roger Bacon [1].

Pierre d'Auvergne a commenté les parties du Περὶ Οὐρανοῦ que son maître Thomas d'Aquin n'avait pas eu le temps d'exposer. Du mouvement naturel qui porte les corps graves ou légers vers leurs lieux propres, il donne [1] une explication d'où toute tendance platonicienne se trouve désormais exclue. Voici, en effet, comment il entend cette pensée d'Aristote : Un corps se meut naturellement vers son lieu propre comme une matière vers la forme qui la doit perfectionner :

« Être grave ou être léger, ce n'est pas autre chose qu'être en bas ou être en haut... Pour un tel corps, être porté vers son lieu, ce n'est pas, absolument et formellement, être porté vers sa perfection ; c'est être porté vers quelque chose dont il tire la raison d'être de cette perfection ; la perfection d'un tel corps consiste, en effet, à être en bas ou en haut, et c'est le bas ou le haut qui en constitue la raison d'être. »

Selon cette interprétation, un fragment de terre se meut afin de se placer le plus bas possible, et non pas afin de se trouver contenu par l'eau ; la terre est en son lieu naturel lorsque son centre est au centre de l'Univers, et non pas lorsque sa surface est recouverte par la sphère aqueuse. Ce commentaire défend, peut-on dire, Aristote contre lui-même, l'Aristote péripatéticien du traité *Du Ciel* contre l'Aristote platonicien de la *Physique*.

1. *Libri de celo et mundo* ARISTOTELIS *cum expositione* SANCTI THOME DE AQUINO. *et cum additione* PETRI DE ALVERNIA. — Colophon : Venetijs mandato et sumptibus Nobilis viri domini Octaviani Scoti Civis modoetiensis. Per Bonetum Locatellum Bergomensem. Anno a Salutifero partu virginali nonagesimoquinto supra millesimum ac quadringentesimum. Sub Felici ducatu Serenissimi principis Domini Augustini Barbadici. Quintodecimo Kalendas Septembres. Lib. IV, comm. 23, fol. 71, col. a et b.

VI

LES TRAITÉS DE LA SPHÈRE. — JOANNES DE SACRO-BOSCO. BRUNETTO LATINI. MICHEL SCOT. CAMPANUS DE NOVARE. ROBERT L'ANGLAIS. BERNARD DE TRILLE

Les astronomes n'avaient pas, au même degré que les philosophes, le souci de savoir quelle fut la véritable pensée d'Aristote ; aussi les *Traités de la sphère*, où ils ont examiné le problème de l'équilibre de la terre et des mers, nous présentent-ils des solutions très libres et très variées.

Joannes de Sacro-Bosco écrit, presque au début de son *Traité de la sphère*[1] :

« La machine universelle du Monde se divise en deux régions, la région de l'éther et la région des éléments.

» La région des éléments, qui est sujette à une altération continuelle, se divise à son tour en quatre parties. La terre est comme le centre du Monde ; elle est située au milieu de toutes choses. Autour de la terre est l'eau ; autour de l'eau est l'air ; autour de l'air, est ce feu pur et exempt de trouble qui, comme le dit Aristote au livre des *Météores*, atteint l'orbe de la Lune. C'est ainsi, en effet, que le Dieu glorieux et sublime a disposé ces choses...

» Chacun des trois derniers éléments entoure la terre sous forme d'une couche sphérique *(orbiculariter)* sauf là où la sécheresse de la terre met obstacle à l'humidité de l'eau, afin de conserver la vie des êtres animés. »

Après avoir prouvé par l'observation que la terre est ronde et déclaré de nouveau qu'elle est située au milieu du Monde, Joannes de Sacro-Bosco donne la raison suivante de son immobilité :

« Que la terre, qui est grave au plus haut degré, demeure immobile au milieu de toutes choses, sa gravité même, semble-t-il, nous en persuade de la manière que voici :

» Tout grave tend naturellement au centre ; le centre est le point situé au milieu du firmament ; la terre, donc, qui est grave au plus haut degré, tend naturellement vers ce point ».

Il est donc certain qu'au gré de Joannes de Sacro-Bosco, la terre est une sphère dont le centre coïncide avec le centre du

1. JOANNIS DE SACRO-BOSCO *Tractatus de Sphæra*, cap. I.

Monde et que, de cette disposition, la pesanteur rend raison. La pensée de notre auteur, jusqu'ici, s'accorde pleinement avec celle d'Aristote.

Pour démontrer la rotondité de la surface des mers, il reprend la preuve donnée par Ptolémée : Un guetteur, placé dans la hune d'un navire, aperçoit la terre que ne voit pas encore le marin demeuré sur le pont. De cette rotondité, il se garde bien de rendre compte par la pesanteur et la fluidité de l'eau. Comme Sénèque, comme Olympiodore, il se contente d'en donner l'explication suivante :

« L'eau étant un corps homogène, son tout a même nature que ses parties ; mais les parties de l'eau ont un appétit naturel pour la forme ronde, comme le montrent les petites gouttes et les perles de rosée suspendues aux herbes ; il en est donc de même du tout dont ce sont les parties. »

Cette tendance naturelle de l'eau à prendre la figure sphérique ne l'oblige pas à choisir, pour centre, le centre même du Monde, La pensée de Joannes de Sacro-Bosco se montre donc clairement à nous. Grâce à sa pesanteur, la terre prend la figure d'une sphère concentrique au Monde. En vertu de sa tendance naturelle à s'arrondir, la surface de l'eau est une surface sphérique excentrique au Monde. Par là, une partie de la terre demeure découverte. De ce fait, notre auteur donne deux causes, une cause finale et une cause efficiente. La cause finale, c'est la vie des animaux terrestres. La cause efficiente, c'est la sécheresse de la terre. Comment cette dernière exerce-t-elle son action ? Il ne nous le dit pas. Ce qu'il nous dit suffit pourtant à nous assurer qu'il a recours uniquement à des raisons naturelles et qu'il n'invoque pas une intervention miraculeuse de Dieu. C'est le seul point où sa pensée paraisse s'écarter de celle de Guillaume d'Auvergne, son contemporain.

Le Trésor de Brunetto Latini semble bien emprunter à *La Sphère* de Joannes de Sacro-Bosco, tout ce qu'il dit touchant l'équilibre de la terre et des mers.

En vertu de sa pesanteur, la sphère terrestre doit occuper le centre du ciel et du Monde [1], « Or poez vos veoir que la terre est au plus bas leu de tous les élémenz, ce est ou milieu dou firmament et dou quint élément qui est apelez orbis, qui enclost toutes choses. Et à la vérité dire, la terre est aussi comme li

1. BRUNETTO LATINI, *Li Livres dou Trésor*, livre I, partie III, ch. CV ; éd. P. Chabaille, Paris, 1863, p. 112-113.

poins don compas, qui toz jors est au milieu de son cercle, si que il ne s'esloigne pas d'une part, plus que d'autre. Et por ce est il nécessaire chose que la terre soit reonde ; car se ele fust d'autre forme, jà seroit ele plus près dou ciel et dou firmament en I leu que en I autre, et ne puet estre ; car se il fust chose possible que on poist caver la terre et faire I puis qui alast d'outre en outre, et par ce puis gitast on une grandisme pierre ou autre chose pesant, je di que cele pierre ne s'en iroit pas outre, ainz se tendroit tozjors au milieu de la terre, ce est sus le point don compas de la terre, si que ele n'iroit ne avant ne arrière, porce que li airs qui environne la terre entreroit par le pertuis d'une part et d'autre, et ne sofferoit pas que ele alast outre le milieu ne que ele retornast arrière, ce ne fust I po par la force du cheoir, et maintenant revendroit à son milieu, autressi comme une pierre quand elle est gîtée en l'air contremont. Et d'autre part, toutes choses se traient et vont tozjors au plus bas, et la plus basse chose et la plus parfonde qui soit au monde est li poins de la terre, ce est li milieu dedans, qui est apelez abismes, là où enfers est assis. Et tant comme la chose est plus pesanz, tant se tire plus ele vers abisme. Et por ce avient il que qui plus cave la terre eu parfont, tozjors la trueve plus grief et plus pesant. »

Moins grave que la terre, l'eau doit avoir son siège au-dessus de la terre ; la mer est donc plus élevée que les continents ; on comprend ainsi comment l'eau des sources, qui est venue de la mer en suivant les innombrables canaux dont la terre est creusée, peut jaillir même près du sommet des montagnes les plus élevées.

« Sur la terre [1], de cui li contes a tenu lonc parlement, est assise l'aigue, ce est la mer greignor [2] qui est apelée la mer Océane, de cui toutes les autres mers et bras de mers, et flueves et fontaines qui sont parmi la terre, issent et naissent premièrement, et là même retornent il à la fin.

» Raison comment : La terre est toute pertuisie dedans et pleine de vaines et de cavernes par quoi les aigues, qui de la mer issent, vont et viennent parmi la terre, et dedanz et dehors sourdent, selonc ce que les vaines les mainent çà et là ; autressi comme li sangs de l'ome qui s'espant par ses vaines, si que il encherche tout le cors amont et aval.

1. Brunetto Latini, loc. cit. ; éd. cit. 115.
2. Greignor = la plus grande.

» Et il est voirs [1] que la mer siet sor la terre, selonc ce que li contes a devisé çà en arrière au chapitre des Élémens, donc est ele plus haute que la terre ; et se la mers est plus haute, donc n'est il mie merveille des fontaines qui sordent sor les hautismes montaignes, car il est propre nature des aigues que eles montent tout comme eles avalent. »

Ce principe fort juste eût suffi à convaincre Brunetto Latini, s'il y eût prêté quelque attention, que l'Océan ne pouvait demeurer plus haut que la terre ; il n'eut point souci de cette contradiction ; l'absurde opinion qu'il tenait de Joannes de Sacro-Bosco était, sans aucun doute, très communément répandue au XIIIe siècle, parmi les gens peu capables de raisonnement scientifique.

Michel Scot, dans son commentaire au *Traité de la sphère*, se montre beaucoup plus péripatéticien que Joannes de Sacro-Bosco.

« La terre, dit-il [2], considérée en tant qu'élément, est d'uniforme rondeur ; les montagnes et les vallées sont comme des points ; elles ne font pas, en raison de leur grandeur, obstacle à la rotondité de la terre, car, en comparaison de la terre entière, elles ne produisent qu'une éminence petite ou nulle.

» Par les mêmes raisons, on peut prouver que l'eau est ronde ; on en peut donner des raisons mathématiques et des raisons physiques.

» La première est celle-ci : Tout fluide se laisse borner par un terme étranger, l'eau, donc, en coulant à la surface de la terre qui est arrondie doit nécessairement recevoir une forme arrondie.

« La même proposition est rendue évidente par la raison géométrique qu'Aristote pose au livre *Du Ciel et du Monde.* » Et Michel Scot de donner, sous une forme si concise qu'elle en devient incompréhensible, la démonstration de la sphéricité des mers tirée de la pesanteur et de la fluidité de l'eau.

Il poursuit en ces termes :

« A l'encontre de cette proposition, on voit que la terre n'est pas entièrement entourée par l'eau, mais demeure en partie découverte. On demande donc pourquoi l'eau ne contient pas la terre de toutes parts, de même que l'eau est contenue

1. Voirs = vrai.

2. *Eximii atque excellentissimi physicorum motuum cursusque siderei indagatoris* MICHAELIS SCOTI *super Auctore sphere cum questionibus diligenter emendatis. Incipit expositio confecta Illustrissimi Imperatoris Domini D. Federici precibus.* — Au chapitre commençant par ces mots : Item videtur quod terra non sit rotunda.

de tous côtés par l'air et l'air par le feu. En effet, suivant Aristote, chacun des éléments est le lieu d'un autre élément, c'est-à-dire que la partie ultime du premier est le lieu du second ; la partie ultime du feu, par exemple, est le lieu de l'air, et ainsi des autres.

» On demande également si la mer se trouve, en quelque endroit, plus élevée que la terre.

» A cela nous répondrons : Selon la forme qui est due aux éléments, il faudrait que la terre fût entièrement contenue par l'eau, comme il en est pour les autres éléments. Mais le Monde ne serait pas parfait s'il n'existait pas des animaux à sang chaud et des plantes qui ne peuvent subsister dans l'eau. Aussi une partie de la terre est-elle non couverte par l'eau, afin que les animaux les plus nobles soient conservés en vue de la perfection de l'Univers. Là se rencontre le corps le plus apte et le mieux préparé à la génération. Aussi y a-t-il, sur terre, plus d'espèces d'animaux qu'en mer, et un plus grand nombre d'animaux. »

Comment la terre ferme se trouve très apte à la génération des mixtes et, en particulier, des êtres vivants, Michel Scot l'avait dit un peu auparavant [1] : « Aristote écrit, au premier livre des *Météores* et au quatrième, que là où l'air est en continuité avec la terre, là aussi se trouve le lieu le plus convenable et le plus apte à la génération ; c'est là que sont engendrées le plus grand nombre d'espèces d'animaux et de végétaux. »

De même, il s'était élevé [2] contre l'affirmation qui déclare la mer plus élevée que la terre : « Il faut dire que l'eau est au-dessus de la terre s'il s'agit de la nature universelle de l'eau, qui est un élément simple, et non point de l'eau composée... Ou bien encore on dit que l'eau est au-dessus de la terre parce que la majeure partie de la terre est recouverte d'eau. »

De l'existence de la terre ferme, Michel Scot ne nous donne qu'une raison, et c'est une cause finale : l'eau doit laisser à découvert une partie de la terre pour rendre possible la vie des animaux à sang chaud et des végétaux aériens.

Cette explication purement finaliste est aussi la seule que donne Campanus de Novare.

1. Michaelis Scoti *Op. laud.*, au chapitre commençant par ces mots : Universalis Mundi machina.

2. Michaelis Scoti *Op. laud.*, au chapitre commençant par ces mots : Iterum quæritur utrum ignis in sua sphæra sit calidus.

Campanus traite à deux reprises de la figure de la terre et des mers, d'abord dans sa *Théorie des planètes*, puis dans son *Traité de la sphère*.

« La sphère élémentaire, écrit, au premier de ces ouvrages [1], le chapelain d'Urbain IV, a pour faîte la surface où prennent fin les choses corruptibles et où commencent les choses incorruptibles. Elle se subdivise en quatre sphères qui sont celles des quatre éléments.

» La première est la sphère du feu, que la sphère de la Lune entoure de tous côtés et qui, elle-même, entoure de toutes parts les trois autres sphères.

» La seconde est la sphère de l'air qui entoure de toutes parts les sphères inférieures comme elle est elle-même, de tous côtés, entourée par la sphère du feu.

» La troisième est la sphère de l'eau ; son contour a été fendu par l'ordre de Dieu et, par la fente ainsi pratiquée, la terre s'est quelque peu soulevée.

» En effet, Dieu a donné l'ordre que les eaux situées sous le ciel se réunissent en un même lieu et que la terre ferme parût, afin que l'homme qui est, en quelque sorte, la fin [de la création], eût un lieu convenablement adapté à son habitation.

» Raisonnablement, donc, nous devons croire que la seule partie de la terre délaissée par les eaux est celle qu'exigeait l'usage de l'homme ; et comme, de l'avis général, un quart de la terre... est seul habité, il faut que les trois autres quarts de la terre soient recouverts par les eaux.

» La quatrième sphère est la sphère de la terre dont la surface convexe ne fait qu'un, du moins naturellement, avec la surface concave de l'eau... Ce que vous comprendrez facilement si vous imaginez que la masse entière de la terre ait été réduite à une forme véritablement sphérique ; elle se trouverait alors au milieu des eaux, complètement ensevelie par elles.

» Telle est la disposition naturelle de cette sphère terrestre. Le centre de cette sphère est aussi le centre de toutes les sphères susdites ; ce même centre les porte toutes d'une manière concentrique, tandis qu'au sein des sphères célestes, les cercles sur lesquels les planètes effectuent leurs mouvements sont excentriques. »

1. *Opus* Campani *de modo adæquandi planetas, sive de quantitatibus motuum cælestium orbiumque proportionibus centrorumque distantiis ipsorumque corporum magnitudinibus*. Cap. II. Bibliothèque Nationale, fonds latin, ms. n° 7.298, fol. 149, col. a et b.

Les indications que contient ce passage sont développées par Campanus dans son *Traité de la sphère.*

Dans un premier chapitre [1], Campanus entreprend de décrire « la forme, l'ordre et la situation naturels des éléments. »

« La situation naturelle des éléments, leur ordre et leur figure sont ce que je vais dire :

» Imaginez que la terre soit exactement sphérique et que toute la masse de l'eau soit répandue autour d'elle sous forme d'une couche sphérique ; que, de même, l'air environne, sous forme d'une couche sphérique, toute la sphère de l'eau ; enfin que le feu ait la figure d'une couche sphérique contenant les trois sphères précédentes. Les quatre éléments susdits seront exactement sphériques, exactement concentriques ; ils auront tous pour centre commun le centre de la terre. Telle est la situation finale, l'ordre final, la forme finale des éléments »

Cette disposition naturelle des éléments n'est pas actuellement réalisée. Campanus va nous en dire la raison au chapitre suivant [2], où il nous expliquera « pourquoi la sphère de l'eau n'est pas entière. »

« Si l'eau n'a pas, de toutes parts, recouvert la terre d'une couche sphérique, ce fut en vue de celui qui est la fin de la création, de l'homme.

» L'homme et nombre de choses qui lui sont nécessaires ne sauraient exister que sur la terre ferme. Aussi, le Créateur de toutes choses, jetant les yeux sur l'ordre naturel des éléments que nous venons de décrire, et ordonnant d'avance ces éléments à la fin qu'il se proposait, a dit : Que les eaux qui sont sous le ciel se réunissent en un même lieu, et que la terre ferme apparaisse.

» Il ne faut pas entendre par là que les eaux, perdant la forme sphérique, se sont gonflées et soulevées ; il faut entendre que la terre, dans la partie qui, à présent, se montre ferme, s'est élevée sous forme d'une île interrompant la sphère de l'eau, et qu'elle a perdu son exacte sphéricité. L'eau, en effet, à cause de sa fluidité, ne peut être bornée que par un terme étranger, la terre, au contraire, grâce à sa dureté et à sa cohésion, peut se borner d'elle-même. L'inégalité dont nous venons de parler, qui consite en un écart par rapport à la figure sphérique, n'eût pas été possible pour l'eau ; mais il l'a été pour la terre. Tout corps pesant tend vers son centre de manière

1. *Tractatus de Sphæra editus a Magistro* Campano Novariensi, cap. IV.
2. Campani Novariensis *Op. laud.*, cap. V.

à en être le plus voisin possible ; concevons donc que la susdite allure ne saurait convenir à la sphère de l'eau, car rien n'empêcherait les eaux soulevées de redescendre à leur sphère ; en effet, lorsqu'elles résident dans leur sphère, elles sont plus voisines du centre que lorsqu'elles sont soulevées au-dessus de cette sphère.

» Ainsi donc la partie de la terre qui apparaît a surgi au milieu de l'universalité des eaux, comme en plusieurs endroits, des îles surgissent au-dessus de la mer ; et de même qu'à proprement parler, toute île, en ses diverses parties, est plus éloignée du centre que les diverses parties de la surface de la mer, de même les diverses parties de la terre ferme sont plus distantes du centre que les diverses parties de la surface des mers. La terre ferme tout entière est donc comme une très grande île soulevée, au sein de l'air, au-dessus de la surface de la mer.

» En résumé, la surface de l'universalité des eaux est exactement sphérique ; son centre est le centre de la sphère qui serait naturelle à la terre ; c'est aussi le centre des deux autres sphères élémentaires, des sphères de l'air et du feu. »

La pensée de Campanus est si clairement exprimée qu'il est inutile de la commenter. Elle est, on le voit, extrêmement voisine de celle qu'Al Gazâli avait conçue. Il est un seul point sur lequel le chapelain d'Urbain IV ne s'explique pas. De quelle manière l'équilibre de la terre pesante demeure-t-il assuré après le soulèvement qui a fait émerger les continents ? Quelle position occupe alors la masse terrestre par rapport au centre du Monde ? C'est un problème de Mécanique qu'il n'examine pas. De l'apparition et de la persistance de la terre ferme, il a donné une cause finale, une explication qui invoque la puissance surnaturelle de Dieu ; il n'en a pas cherché de cause efficiente.

En 1271, dans ses *Gloses sur la Sphère de Joannes de Sacro-Bosco*, Robert l'Anglais mentionne, lui aussi, cette cause finale de l'existence des continents ; mais il en propose, en outre, des causes efficientes. C'est dans sa seconde glose sur le premier chapitre du *Traité de la sphère* que nous lisons les lignes suivantes [1] :

« La seconde remarque qu'il nous faut faire est relative à la situation des éléments.

1. *Tractatus de spera* Jo. DE SACRO BOSCHO *cum glosis* RO. ANGLICI. Cap. I, glosa II ; Bibliothèque Nationale, fonds latin, ms. n° 7.392, fol. 6, col. a et b.

» Tout élément est ou bien grave au plus haut point, ou bien léger au plus haut point, ou bien relativement grave, ou bien enfin relativement léger. S'il est grave au plus haut point, il est, comme la terre, au centre du Monde ; il n'est pas, en effet, de point qui soit, plus que le centre, éloigné du lieu des choses légères. S'il est léger au plus au point, il se trouve au-dessous du dernier ciel, comme le feu, car le lieu le plus élevé est sous le ciel. S'il est relativement grave, il réside, comme l'eau, au-dessus de la terre. Enfin, s'il est relativement léger, il se trouve, comme l'air, au-dessous du feu et au-dessus de l'eau.

» Remarquez en troisième lieu que tous les éléments, à la façon de globes, entourent la terre de toutes parts, à l'exception de l'eau. De cette exception, on peut donner trois raisons.

» La première est la volonté divine, en vue de la conservation de la vie des animaux.

» La seconde est la sécheresse de la terre, qui boit certaines parties de l'eau. Il est dit, en effet, au traité *De la génération et de la destruction*, que si la terre n'était pas mêlée à l'eau, elle tomberait en poussière.

» La troisième raison, c'est l'influence des étoiles ; une certaine conjonction d'étoiles au-dessus d'une certaine partie de la terre fait que celle-ci reste sèche. On en trouve un signe en ceci que certains lieux qui se trouvaient habituellement submergés, sont maintenant desséchés, comme on le voit en certaines parties de l'Angleterre. »

Nous avions déjà rencontré les deux premières explications ; la troisième, l'explication astrologique, se présente pour la première fois à nous ; en devons-nous conclure qu'elle soit nouvelle ? Gardons-nous-en ; Robert l'Anglais se borne certainement à reproduire une opinion qui avait cours fort avant lui. Il fallait bien, en effet, qu'ils missent au compte des étoiles l'émergence de la terre ferme, ceux qui regardaient le déplacement lent des continents et des mers comme lié au mouvement séculaire du ciel des étoiles fixes ; or cette doctrine avait trouvé de très bonne heure des partisans [1], puisque les Frères de la Pureté l'exposent comme vérité certaine, tandis que le *Livre des éléments* s'attache à la réfuter en détail ; Al Bitrogi, d'ailleurs, l'avait reprise et lui avait valu un regain de faveur.

1. Voir : Première partie, ch. XII, § V ; t. II, p. 217-221.

Cette théorie professée par les Frères de la Pureté et par Al Bitrogi, Robert l'Anglais la regarde si bien comme liée à l'explication astrologique de l'assèchement de la terre ferme, qu'il donne une seule preuve à l'appui de cette explication, et c'est le dessèchement qu'ont éprouvé, au cours des temps, certaines parties de l'Angleterre.

Cette explication astrologique, d'ailleurs, ne diffère pas autant qu'il semblerait peut-être au premier abord de certaines autres explications, de celles, par exemple, qui ont été proposées par Roger Bacon et par Saint Thomas d'Aquin. C'est du ciel qu'émanent la nature universelle invoquée par celui-là, l'ordre universel considéré par celui-ci ; cette nature universelle, cet ordre universel ne sont, après tout, que d'autres noms donnés à l'influence des astres.

Dans son traité *De multiplicatione specierum*, Roger Bacon avait développé des considérations sur la perfection de la figure sphérique [1] ; ces considérations l'avaient conduit à cette conclusion : « Toute nature qui prend figure en vertu de sa tendance propre doit, à moins qu'une cause finale ne s'y oppose, chercher celle où, au sein du tout, les parties ont, entre elles, le plus de voisinage ; or cette figure, c'est la figure sphérique. » C'est à la nature universelle qu'il appartient de s'opposer à la tendance propre de la nature particulière lorsque quelque cause finale l'exige ; en écrivant les lignes que nous venons de citer, Bacon songeait assurément à cette nature universelle qui, pour mettre la vie de l'homme et des animaux à sang chaud, entoure la sphère aqueuse et fait émerger les continents.

Les considérations de Roger Bacon sur les propriétés de la figure sphérique, les corollaires qu'il en tirait touchant les propriétés de la lumière, avaient été fidèlement recueillis, nous le savons [2], par l'auteur d'un traité anonyme que nous avons analysé [3]. Nous ne serons pas étonné d'entendre cet auteur soutenir l'explication finaliste de l'émergence des continents, « L'eau, dit-il [4], est ronde de toutes parts ; elle le serait si Dieu. par sa souveraineté, n'en avait autrement ordonné celui qui

1. *Tractatus Magistri* Rogeri Bacon *de multiplicatione specierum*, pars II, cap. VIII (*Fratris* Rogeri Bacon *Opus majus*, éd. Jebb, pp. 409-410 ; éd. Bridges, vol. II, p. 493-494).
2. Voir : Seconde partie, note relative au ch. VII, t. III, p. 499-523.
3. Seconde partie, ch. VII, § IX ; t. III, p. 471-484.
4. Bibliothèque Nationale, fonds latin, ms. n° 16.089, fol. 184, col. c. — Bibliothèque municipale de Bordeaux, ms. n° 419, fol. 3, col. d.

a dit : Que les eaux se rassemblent en un même lieu et que la terre ferme apparaisse. Il en est ainsi afin que le salut des êtres animés soit assuré. »

L'auteur développe ensuite la démonstration donnée par Aristote, au second livre *Du Ciel et du Monde*, que la surface des eaux est sphérique.

Bernard de Trille, dans ses *Questions sur la sphère de Joannes de Sacro-Bosco*, ne proposera pas de solution nouvelle du problème relatif à la figure de la terre et des mers ; mais il passera en revue la plupart des solutions imaginées avant lui, sans chercher, bien souvent, à décider entre elles ; par lui, nous saurons à quel point la question de la terre et de l'eau préoccupait ses contemporains et dans quelle hésitation embarrassée elle laissait les plus savants d'entre eux.

La seconde leçon [1] du traité de Bernard examine trois questions :

« Quelle est la forme de la partie suprême du Monde, qui est le ciel ?

» Quelle est la forme de la partie la plus basse, qui est la terre ?

» Quelle est la forme de la partie intermédiaire, c'est-à-dire des trois éléments qui suivent la terre ? »

La question relative à la figure de la terre se scinde, à son tour, en plusieurs sous-questions dont la première est ainsi libellée : La terre est-elle ronde ? « La terre, dit notre auteur [2], est ronde en sa totalité comme en chacune de ses parties ; en effet, les éminences et les dépressions qu'elle présente ne sont pas sensibles à l'égard d'une circonférence aussi grande que la sienne, comme on le voit par l'*Image du Monde.* » Bernard de Trille ne dédaignait pas d'emprunter des renseignements à des livres dont la science devait bien sembler un peu vieillotte aux disciples d'Albert le Grand et de Saint Thomas d'Aquin, mais dont la renommée ne se bornait pas au monde des clercs.

Une sous-question est consacrée [3] au « fondement de la terre. » Après avoir énuméré diverses théories qu'il rejette, Bernard de Trille écrit [4] :

« Laissons ces opinions et disons, avec le Philosophe, que la

1. *Questiones de spera edite a Magistro* BERNARDO DE TRILIA. Bibl. municipale de Laon, ms. n° 171, fol. 72, col. d.
2. Ms. cit., fol. 73, col. d.
3. Ms. cit., fol. 74, col. d.
4. Ms. cit., fol. 75, col. a.

terre demeure immobile au milieu du Monde, et cela par deux causes, en vertu de la nature du lieu et en vertu de la nature de la terre.

» En vertu, d'abord, de la nature du lieu. Aucun corps naturel ne se meut naturellement lorsqu'il se trouve dans le lieu qui lui est semblable ; il y demeure en repos. Or, le milieu du Monde, parce que sa distance à l'orbe céleste est la plus grande, est le lieu connaturel à la terre. En effet, au mouvement véhément de l'orbe céleste, il appartient de créer la chaleur au sein de la matière susceptible d'éprouver cette altération ; et comme la sphère du feu se trouve être la plus voisine du premier ordre, une chaleur intense est engendrée dans le feu.

» La sphère de l'air est plus distante de l'orbe céleste ; une certaine chaleur y demeure donc, mais elle est tempérée.

» L'eau se trouvant encore plus éloignée du ciel, cette eau possède le froid, mais accompagné de fluidité.

» Enfin, comme le lieu de la terre est le plus éloigné du ciel, il y a, dans la terre, un froid intense, qui en resserre et en condense les parties... et qui lui infuse un froid exempt de fluidité ; voilà pourquoi les corps qui résident en ce lieu sont rendus pesants et immobiles. »

Nous entendons, en ce passage, un écho d'Albert le Grand, écho lui-même d'Al Gazâli.

« La nature de la terre, poursuit Bernard, produit le même effet. C'est pour la même raison qu'une chose se meut vers un lieu et que, dans ce lieu, elle demeure en repos. La terre donc qui, de quelque côté que ce soit, est mue par la forme qu'est la gravité vers le centre qui est son lieu connaturel, la terre, disons-nous, se repose naturellement dans ce lieu en vertu de cette même forme... De même, par la forme qu'est la légèreté, le feu est mû vers la concavité de l'orbe de la Lune *(orizon)*, et il y demeure en repos.

» Partant, si la terre était percée de part en part, une pierre, jetée dans le trou, s'arrêterait au centre ; si elle le dépassait, en effet, elle ne descendrait plus ; elle monterait. »

En distinguant ainsi ce qui est l'effet de la nature du lieu et ce qui est l'effet de la nature de la terre, Bernard paraît avoir senti, au moins confusément, que la Physique péripatéticienne se débattait entre deux théories incompatibles du lieu naturel.

La troisième question de la seconde leçon traite de la forme de l'eau [1]. L'eau est-elle de figure sphérique ? L'eau occupe-t-elle un volume plus grand que celui de la terre ? L'eau est-elle plus élevée que la terre ? Telles sont les trois interrogations auxquelles l'auteur entreprend de répondre.

« Voici ce qu'il faut répondre à la première de ces interrogations :

» Les éléments peuvent être considérés à deux points de vue.

» En premier lieu, ils peuvent être considérés d'une manière absolue, au point de vue de leurs natures propres. A ce point de vue, il est naturel que l'eau contienne la totalité de la terre, comme l'air contient la totalité de l'eau. On dit qu'au début, les choses furent instituées de cette façon.

» D'une autre manière, les éléments peuvent être considérés comme subordonnés *(ex ordinatione)* à la génération des mixtes, vers laquelle les meuvent d'autres causes. A ce point de vue, la situation qui leur convient est celle qui fut instituée plus tard. C'est pourquoi, aussitôt après que la terre s'est montrée, en certaines de ses parties, découverte d'eau, la *Genèse* parle de la génération des plantes. En effet, selon l'enseignement du Philosophe au livre de la *Génération*, pour que chaque mixte puisse être composé des quatre éléments, il faut que les trois éléments inférieurs se rencontrent au lieu où ces mixtes s'engendrent, et qu'on y trouve aussi les rayons du Soleil, qui sont au lieu du feu. Or cela n'arriverait point si l'eau, de toutes parts, couvrait la terre. C'est pourquoi, par la vertu divine, toutes les eaux ont été rassemblées en un même lieu.

» D'ailleurs ce qui advient aux éléments par l'effet de la force motrice des corps célestes n'est pas contre nature, comme le dit le Commentateur au troisième livre *Du Ciel et du Monde*. On le voit par le flux et le reflux de la mer ; ce mouvement n'est pas naturel à l'eau considérée comme corps grave, car il n'est pas dirigé vers le centre ; cependant, il est, pour l'eau, un mouvement naturel, car cette eau est mue par le corps céleste qui se sert de la lumière à titre d'instrument. A plus forte raison en doit-on dire autant des effets produits au sein des éléments en vertu de la divine coordination *(ex ordinatione divina)* grâce à laquelle subsiste toute la nature élémentaire. »

Ce passage est intéressant, en dépit de la confusion qui y règne ; disons mieux ; ce qui le rend intéressant, c'est la confusion qui y règne.

1. Ms. cit., fol. 75, col. b.

Dans les écrits qui l'instruisent, Bernard de Trille trouve, de l'existence de la terre ferme, trois sortes d'explications.

S'il y a des continents, c'est, pour les uns, tel Guillaume d'Auvergne, en vertu de l'intervention directe et surnaturelle de Dieu. Pour d'autres, tel Roger Bacon et Thomas d'Aquin, c'est parce que la nature particulière de chaque élément est subordonnée à une nature universelle ou à un ordre universel qui est une émanation du corps céleste. Pour d'autres enfin, tel Robert l'Anglais, c'est l'action des étoiles qui maintient la terre émergée.

Bernard de Trille réunit en une seule ces trois explications ; il ne les regarde pas comme distinctes ; et ce qu'il en dit montre bien, en effet, la racine commune dont toutes sont issues. Commandement direct de Dieu, nature universelle, ordre universel, action des étoiles ne sont invoqués que dans un seul et même but : Réaliser ici-bas une disposition qui permette la vie des végétaux aériens, des animaux à sang chaud et, surtout, de l'homme. Toutes ces explications sont, en dernière analyse, des explications finalistes.

L'eau occupe-t-elle un volume plus grand que celui de la terre ? C'est à cette interrogation que Bernard va maintenant répondre [1].

Il commence par déclarer qu'on lui peut donner deux significations différentes ; pour définir ces significations, il ne dispose pas des termes précis dont nous usons aujourd'hui ; les mots vagues qu'il emploie se doivent, en effet, remplacer par ceux-ci : On peut comparer entre eux les volumes spécifiques de l'eau et de la terre ou bien comparer les volumes eux-mêmes.

« De la première façon, il est sans doute que l'eau occupe un plus grand volume [spécifique] que la terre. Selon le Philosophe, en effet, il y a, entre les éléments, une proportion décuple, en sorte qu'un volume de terre se change en dix volumes d'eau. » C'est de l'eau et de l'air qu'Aristote avait tenu ce langage ; encore n'était-ce qu'une supposition et point une affirmation. Bernard nous laisse entendre ce qui était assurément, de son temps, l'opinion commune ; on pensait que les volumes spécifiques des éléments successifs sont décuples les uns des autres.

« De la seconde façon, certains disent également que l'ean occupe un plus grand espace ou un lieu plus étendu que l'espace

1. Ms. cit., fol. 75, col. c.

ou le lieu de la terre à l'entour du centre du Monde. En effet, bien qu'à l'égard des éléments inférieurs, l'eau soit un élément matériel, elle est cependant plus formelle que l'élément terrestre ; elle a donc droit à un lieu plus étendu.

» Selon d'autres personnes, il en est au contraire, parce que les eaux, lorsqu'elles se sont rassemblées en un même lieu, se sont contractées ; par sa nature abstraite, l'eau devrait, sous forme d'une couche sphérique, contenir en elle la terre entière ; mais en vue de la génération des êtres d'ici-bas, l'ordre de Dieu la contient en une certaine partie de la terre ; et, comme nous l'avons dit, cela n'est point contre nature.

» De ces deux opinions, quelle est la plus vraie ? Il n'y a, jusqu'ici, rien de certain à ce sujet. »

Des deux opinions présentées par Bernard, la seconde se pouvait lire dans la *Somme* d'Alexandre de Hales. De ces mots de la *Genèse :* « Que les eaux se réunissent en un lieu unique », après une interprétation métaphorique empruntée à Saint Augustin, Alexandre proposait l'explication suivante [1] :

« Selon l'avis d'autres personnes, on peut dire encore que ce rassemblement a consisté, d'une part, en une condensation, d'autre part, en une raréfaction ; de la part de l'air, il y eu raréfaction et occupation d'un lieu plus étendu ; de la part de l'eau, il y a eu condensation et occupation d'un moindre lieu. »

Bernard de Trille n'a pas décidé si le volume de l'eau était ou non plus grand que celui de la terre ; il ne décidera pas davantage [2] si la surface de l'eau est plus élevée ou moins élevée que la surface terrestre. Il est assez érudit pour connaître les diverses opinions entre lesquelles hésitaient ses contemporains ; il n'est pas d'assez puissant génie pour résoudre ces hésitations en certitudes.

VII

RISTORO D'AREZZO

Les divers traités de la Sphère ont mis sous nos yeux un grand nombre d'explications de ce fait que l'eau, loin d'entourer la terre de tous côtés, laisse certains continents à découvert.

1. ALEXANDRI DE ALES *Summa*, pars II, quæstio LI, membrum primum.
2. Ms. cit., fol. 75, col. c et d.

Ces explications peuvent se grouper sous cinq chefs principaux.

En premier lieu, certains auteurs, pour rendre compte de l'existence de la terre ferme, recourent à des actions physiques semblables à celles que nous observons tous les jours, la chaleur du Soleil, par exemple, ou la sécheresse de la terre ; c'est ce que nous nommerons les moyens communs.

D'autres, au contraire, qui forment une seconde catégorie, se contentent d'invoquer une cause finale ; la terre ferme existe en vue des plantes, des animaux et de l'homme ; ils font intervenir directement la volonté du Créateur.

Un troisième parti pense que la nature propre des éléments exigerait le complet recouvrement de la sphère terrestre par l'orbe de l'eau ; mais ils pensent aussi que cette nature propre est subordonnée à une nature universelle, chargée de mettre dans le Monde l'ordre le plus parfait ; c'est cette nature universelle qui découvre une partie de la terre.

Un quatrième parti, enfin, met au compte des actions astrologiques l'émergence des continents.

Jusqu'au milieu du XIVe siècle, nous allons voir les divers physiciens adhérer soit à l'une, soit à l'autre de ces solutions ; quelques-uns même, embarrassés pour faire leur choix, les présenteront toutes ensemble ou bien regarderont plusieurs d'entre elles comme équivalentes.

Ristoro d'Arezzo ne connaît pas ces hésitations ; il est partisan résolu de la théorie astrologique ; si l'eau ne couvre pas la terre en entier, la cause en est l'action des étoiles ; ce principe, il ne le met pas en doute, il ne le discute pas ; il n'a souci que d'en préciser les détails.

Si la terre [1] n'était pas découverte d'eau en quelques-unes de ses parties, le ciel ne pourrait jouer ici-bas son rôle, qui est de déterminer la génération des êtres vivants ; il va donc maintenir sèche une partie de la terre.

« Voyons sous quelle partie du ciel la terre pourra se trouver découverte, quelle partie du ciel la pourra découvrir et maintenir découverte. »... Il est raisonnable que la terre soit découverte du côté où le ciel est le plus fort et le plus plein de vertu. » Au gré de notre auteur, « cette partie du ciel qui est la plus dense, la plus forte, la plus puissante, celle qu'on peut avec raison nommer la partie supérieure, c'est la région septen-

1. Ristoro d'Arezzo, *Della composizione del Mondo*; Milano, 1864, Libro VI cap. I, p. 145-147.

trionale, car elle est remplie de constellations et d'une grande multitude d'étoiles. »

Cette partie du ciel, qui est la plus dense, aura donc la vertu et la puissance de découvrir la terre et de la maintenir découverte. « Ainsi la pierre d'aimant doit soutenir le fer et le tirer vers elle ; mais si la pierre d'aimant n'avait pas la vertu propre à soutenir le fer et à l'attirer, le fer ne serait pas soutenu par elle et ne se dirigerait pas vers elle. De même, si le ciel n'avait pas la vertu propre à découvrir la terre et à la maintenir découverte, le ciel ne pourrait accomplir ici-bas son opération, la génération ne serait pas, et le Monde serait gâté. Dès là donc que le ciel a vertu d'opérer sur la terre, il lui faut aussi posséder la vertu de déplacer l'eau et de maintenir la terre découverte, vis-à-vis surtout de la partie la plus forte du ciel, qui est la partie septentrionale. En cela concordent ces deux principes, que les corps supérieurs ont Seigneurie et puissance sur les corps inférieurs, et que toute la vertu des corps inférieurs est maintenue par les corps célestes. »

C'est donc aux forces célestes que la terre ferme doit de demeurer à découvert, et cela sous la partie septentrionale du ciel, qui est la plus puissante. Mais, cette proposition admise, une nouvelle question se pose [1] : « Est-ce à la terre d'être mue par la vertu du ciel et tirée hors de l'eau pour demeurer ensuite découverte, ou bien la terre doit-elle demeurer en son lieu, tandis que l'eau est mue et déplacée ? »

Voici la réponse de Ristoro :

« Il est raisonnable que l'action du ciel s'opère dans l'ordre. Or, tandis qu'elle se transmet, la vertu du ciel entre par la sphère du feu, puis elle traverse la sphère de l'air, enfin elle rencontre la sphère de l'eau avant celle de la terre ; elle déplace donc l'eau, et la terre demeure découverte en telle proportion qu'il est requis pour que l'opération des cieux s'accomplisse.

» Une vertu qui se propage en vue d'opérer sur deux choses doit, comme de juste, opérer d'abord sur celle qui est la plus proche ; or la sphère de l'eau est plus près du ciel que la sphère terrestre ; il est donc raisonnable que la vertu du ciel opère d'abord sur l'eau et la tienne entr'ouverte...

» En outre, l'eau est plus légère que la terre ; raisonnablement, donc, c'est plutôt à elle d'être déplacée qu'à la terre, qui est plus grave, d'être soulevée. »

1. Ristoro d'Arezzo, *Op. laud.*, lib. VI, cap. II ; p. 147-148.

Partant, la terre garde sa position au centre du Monde, tandis que, par la vertu céleste, l'eau se trouve limitée par une surface excentrique à l'Univers.

VIII

GILLES DE ROME

Cette opinion, qui a la faveur de Ristoro d'Arezzo, est vivement combattue par Gilles de Rome, aussi bien dans ses *Questions sur le Second livre des Sentences* [1] que dans son *Opus hexaemeron* [2].

Dans ces deux ouvrages, mais particulièrement dans le dernier, le savant Ermite de Saint Augustin traite avec grand développement de l'équilibre de la terre et des mers.

« Certains veulent, écrit-il [3], qu'à la parole de Dieu, les eaux se soient réunies en une sorte d'amoncellement unique, afin que la terre ferme pût apparaître. Aussi déclarent-ils nettement que l'eau est plus élevée que la terre, que c'est le pouvoir divin qui retient la mer et l'empêche de recouvrir la terre... De cette manière, donc, les eaux paraissent rassemblées, car elles forment une sorte de montagne ou d'amoncellement ; la force de Dieu les retient, comme avec des portes et des barres, pour les empêcher de couvrir la terre.

» Mais, nous l'avons dit, il est inutile de recourir au miracle, quand nous pouvons donner, de la Sainte Écriture, une explication naturelle...

» Or, il est certain que l'eau, qu'un liquide quelconque, ne se borne pas lui-même par un terme qui lui soit propre ; il est naturel que l'eau descende et tende aux lieux les plus bas. Si donc l'eau était ainsi rassemblée à la façon d'une sorte d'amas, si elle était plus élevée que la terre, c'est contre sa nature qu'elle

1. Ægidii Romani *Super secundo libro Sententiarum opus*. Dist. XIV, quæst. X : Utrum opus tertiæ diei debeat dici congregatio aquarum. — Quæst. XII — Dubitatur de navi distanti a littore, quare non viditur ibi terra sicut in littore.

2. Ægidii Romani *Opus hexaemeron*, pars II, cap. XXIV, XXV, XXVI, XXVII.

3. Ægidii Romani *Opus hexaemeron*, pars II, cap. XXIV.

se trouverait empêchée de recouvrir la terre ; nous aurions, dès lors, un effet perpétuel qui serait contre nature.

» Mais que l'eau soit, de la sorte, toujours retenue à l'encontre de sa nature, cela semble inadmissible. Au gré de tous les docteurs, Dieu, dans l'administration des êtres, laisse chacun d'eux suivre le cours qui lui est propre. Sans doute, il suspend parfois, pour un temps, le cours de quelqu'un d'entre eux. » Mais cette action miraculeuse ne dure qu'un certain temps, après quoi les choses reprennent leur marche naturelle. « Que les eaux, donc, soient, de cette façon, retenues perpétuellement et sans fin, qu'un effet contre nature dure toujours, cela ne convient pas à la divine Sagesse. »

C'est pour éviter ce perpétuel recours à l'intervention miraculeuse de Dieu que d'autres, tel Ristoro d'Arezzo, ont invoqué l'action des astres. De cette explication astrologique, Gilles ne parle pas dans son *Opus hexaemeron;* mais dans son écrit sur le second livre des *Sentences*, où se trouve maint renvoi à l'*Opus hexaemeron*, il expose et refute cette théorie.

« Que la mer n'occupe pas toute la terre, écrit Gilles [1], certains paraissent l'attribuer au mouvement et à la force des corps célestes, de même que la mer flue et reflue par la force des corps célestes...

» Mais cela ne se peut soutenir. Il est vrai que le mouvement du premier ciel ou du premier mobile entraîne avec lui tous les autres orbes, qu'il entraîne également la sphère du feu tout entière et presque toute la sphère de l'air, à l'exception de l'air qui se trouve enclos par les montagnes ; mais cet entraînement et ce mouvement sont circulaires ; un tel mouvement n'est accompagné ni de montée ni de descente. »

Quelle va donc être la solution proposée par Gilles au problème de l'existence des continents ?

« Si la terre [2] avait une forme parfaitement ronde, sans aucune bosse *(gibbositas)*, elle serait entièrement recouverte par l'eau. Il est vrai que la terre est ronde. Mais une pomme peut être ronde et présenter, cependant, des bosses et des creux. Sa forme est ronde comme l'est celle de la terre.

» La terre peut donc, en divers endroits, présenter des bosses qui sont les montagnes. Mais en sus des montagnes, elle porte, dans sa partie septentrionale, une grosse bosse *(magna gibbo-*

1. Ægidii Romani *Super secundo libro Sentiarum opus*, dist. XIV, quæst. X.
1. Gilles de Rome, loc. cit.

sitas); c'est sur cette bosse que se trouve la terre habitable ; avec l'eau, cette bosse forme une sphère unique ; l'eau couvre toute la terre, excepté cette bosse ; comment cela se fait, nous l'avons décrit complètement dans notre *Hexaemeron*.

» Sachez, toutefois, que, dans cette bosse, sont creusées de grandes vallées remplies par la Mer Méditerranée ; que de grandes montagnes s'y dressent, comme nous le voyons. Cette grande bosse, donc, fait avec l'eau, une sphère unique ; elle a de profondes vallées où pénètre la mer, parce que l'eau court toujours au lieu le plus bas ; dans ces vallées, donc, viennent couler des bras de mer qui demeurent unis à la grande mer.

» Dès lors, si la mer ne recouvre pas toute la terre, c'est que, pour la recouvrir, il lui faudrait monter ; et sa pesanteur, qui ne lui permet pas de monter, l'empêche de couvrir la terre. »

De cette grosse bosse, dont le dos forme les continents, quelle doit être la hauteur ? C'est ce qu'exprime l'*Opus hexaemeron*.

La réponse à cette question suppose la connaissance des volumes respectifs de la terre et de l'eau ; en sorte que nous voici conduits à ce problème : Quels rapports y a-t-il entre les volumes des divers éléments ?

« Nous croyons, écrit Gilles [1], qu'il y a autant de matière dans un élément que dans un autre élément ; toutefois, les éléments s'engendrent et se détruisent sans cesse en se transformant les uns dans les autres ; aussi n'est-il pas nécessaire que cette égalité entre leurs quantités de matière se maintienne toujours d'une manière absolument rigoureuse, mais qu'entre deux de ces quantités, il n'y ait jamais d'excès notable.

» Quand un élément est plus rare qu'un autre, il est nécessaire, d'après cela, que le premier occupe plus d'espace que le second ; et cela parce que le premier est plus rare, plus formel que le second, et parce qu'il est le contenant du second.

» Nous croyons que l'air est dix fois plus rare que l'eau, car le Philosophe dit qu'un volume d'eau se transforme en dix volumes d'air. Or nous avons dit que, par leur quantité de matière, les éléments étaient équivalents entre eux. Si, sous forme d'air, à cause de la rareté de cet air, la même quantité de matière occupe dix fois plus d'espace que sous forme d'eau, nous dirons que la sphère aérienne est dix fois plus volumineuse que la sphère aqueuse. De même, comme nous croyons le feu

1. ÆGIDII ROMANI *Opus hexaemeron*, pars II, cap. XXV.

dix fois plus rare que l'air, nous dirons que la sphère du feu est décuple de celle de l'air. Peut-être dira-t-on que la sphère de l'eau est, elle aussi, décuple de la sphère terrestre ; mais là-dessus, nous reviendrons au cours de ce chapitre. »

Gilles suspend donc son jugement au sujet de cette proposition : Le volume de l'eau est décuple de celui de la terre, c'est cependant dans cette hypothèse qu'il va raisonner. Il va supposer que la terre et l'eau soient terminées par deux surfaces sphériques concentriques ; de la terre s'élèvera une bosse qui en couvrira à peu près le quart ; il cherchera quelle hauteur il faut donner à cette bosse pour qu'elle affleure au niveau de l'eau dont le volume est décuple du volume terrestre.

Par un calcul grossièrement approché, notre auteur trouve qu'il suffit d'élever cette bosse au-dessus de la sphère terrestre d'une hauteur égale à cinq quarts du rayon de cette sphère ; le rayon de la surface sphérique qui termine l'eau est donc au rayon de la surface terrestre que surmonte la gibbosité dans le rapport $\frac{9}{4}$.

« Par là nous expliquons que l'eau puisse être décuple de la terre et, cependant, ne pas couvrir toute la terre ; si notre calcul n'a pas été mené d'une manière entièrement rigoureuse, qu'on donne à la gibbosité terrestre un peu plus ou un peu moins de hauteur, et le rapport exact se trouvera gardé. »

A ce calcul, Gilles joint la remarque suivante : « On dira peut-être, et non sans raison, que l'eau n'a pas besoin d'être dix fois plus volumineuse que la terre, parce que le rapport de la densité de la terre à la densité de l'eau n'est pas aussi grand que le rapport de la densité de l'eau à la densité de l'air *(terra non est tantum densior aqua quantum aqua aere)*. Si l'air tout entier occupe dix fois plus de volume que l'eau tout entière, c'est parce que l'air est plus rare que l'eau dans un rapport tel qu'un volume d'eau produit dix volumes d'air. »

Il n'en est pas moins certain que l'eau est moins dense que la terre ; et comme Gilles admet très formellement qu'entre la matière soumise à la forme aqueuse et la matière soumise à la forme terrestre, il y a égalité, l'eau doit occuper plus d'espace que la terre. La bosse que porte la surface terrestre doit donc être très élevée, encore que sa hauteur puisse être moindre que celle dont l'archevêque de Bourges a donné le calcul.

IX

ANDALO DI NEGRO

Dans les considérations de Gilles de Rome, nous trouverions fort peu d'erreurs à reprendre si cet auteur n'avait attribué à l'eau une masse si considérable ; son opinion à cet égard n'avait, d'ailleurs, rien de singulier ; la plupart de ses contemporains et de ses successeurs immédiats s'accordaient à déclarer que l'eau occupe un volume plus considérable que la terre. A notre connaissance, un seul physicien, au début du XIVe siècle, le gênois Andalò Di Negro, a eu l'heureuse pensée de réduire cette place qu'on laissait à l'eau dans le système des éléments ; ajoutons que pour défendre cette heureuse pensée, il proposait un raisonnement faussé par un cercle vicieux.

La pesanteur de la terre la maintient au centre de toutes les sphères célestes [1]. La sphère terrestre a pour centre le centre du Monde.

Par rapport à cette sphère terrestre, comment la sphère de l'eau est-elle disposée ?

« J'ai dit, écrit notre auteur [2], que la sphère de la terre n'était pas la même que la sphère de l'eau. A ce sujet, toutefois, il y a des opinions multiples et variées.

» Certains ont pensé que la sphère de l'eau était excentrique à la sphère terrestre, qu'elles n'avaient point même centre et que du côté opposé au centre de l'eau par rapport au centre de la terre, la terre s'élevait au-dessus de l'eau.

» D'autres ont dit que la chaleur solaire avait mis en mouvement les vapeurs contenues dans le sein de la terre ; que ces vapeurs avaient produit des soulèvements à la surface de la terre ; qu'il en était résulté une bosse s'étendant jusqu'au-dessus des eaux où elle se montre à découvert. »

Ce sont, on le voit, les deux opinions de Ristoro d'Arezzo et de Gilles de Rome qu'Andalò Di Negro mentionne pour les rejeter et leur substituer celle qu'il croit vraie ; cette dernière, il la définit de la manière suivante :

1. *Tractatus spere secundum magnificum militem et dominum* ANDALONUM ; cap. VI : De demonstratione quod terra sit in medio omnium sperarum. Bibliothèque Nationale, fonds latin, ms. n° 7.372, fol. 2, col. d, à fol. 3, col. b.

2. ANDALO DI NEGRO, *Op. laud.*, cap. III : De opinionibus ipsius aquæ ; ms. cit., fol. 2, col. a et b.

« D'autres ont dit que la terre et l'eau ne formaient qu'une sphère ; que l'eau tout entière se trouvait contenue dans les concavités de la surface terrestre. Pour les raisons qui vont être dites, cette opinion nous semble celle qui mérite le mieux d'être affirmée.

» Considérons le diamètre du Soleil, qui contient cinq fois et demie le diamètre de la terre ; tenons compte de la distance qu'il y a entre la terre et le Soleil, soit au périgée, soit à l'apogée ; calculons enfin la grandeur ou la petitesse de l'ombre que la terre doit projeter à chaque distance ; déterminons la largeur de cette ombre au lieu où, au moment d'une éclipse, passe la Lune, soit qu'elle se trouve à l'apogée de son épicycle, soit qu'elle se trouve au périgée. Nous ne trouvons pas que cette ombre soit plus grande que ne doit l'être celle du diamètre de la terre.

» Or si la sphère de l'eau était plus grande que la sphère terrestre, il faudrait qu'elle fît une ombre plus grande que celle de la terre. Peut-être dira-t-on que l'eau est un corps diaphane et qu'un corps diaphane ne porte pas d'ombre. Je dis que l'eau porte nécessairement une ombre. Les plongeurs en font bien l'expérience lorsqu'ils explorent les profondeurs de l'eau ; plus, disent-ils, ils descendent profondément, plus ils trouvent que l'endroit est obscur. Si donc la faible profondeur que les plongeurs peuvent atteindre, et qui ne dépasse pas vingt pas, suffit à produire une différence de clarté, assurément, l'épaisseur de la sphère aqueuse, qui est beaucoup plus grande, devrait aussi produire une obscurité ou une ombre beaucoup plus considérable. Cela nous est également montré par le verre ; c'est un corps diaphane et, cependant, plus il est épais, plus il produit d'ombre ou d'obscurité. »

Accordons à Andalò Di Negro que si la sphère de l'eau était beaucoup plus grande que la sphère terrestre, c'est l'ombre de celle-là, non l'ombre de celle-ci, qui nous cacherait la Lune lorsque cet astre s'éclipse. Cette proposition n'est pas douteuse. Examinons le raisonnement astronomique de notre auteur. Ce raisonnement peut se résumer ainsi : Avant toute étude des éclipses de Lune, on connaît les rapports que le diamètre du Soleil et que les distances du Soleil et de la Lune à la terre présentent au diamètre de la sphère dont les continents recouvrent une partie ; dès lors, l'observation des éclipses de Lune permet de déterminer le rapport, au diamètre terrestre, du diamètre du corps qui, par son ombre, cache la Lune au moment de l'éclipse ; on trouve que ce diamètre est celui de la sphère dont la terre ferme fait partie.

En raisonnant ainsi, notre auteur oublie que, selon la méthode de Ptolémée, aussi bien que selon la méthode d'Aristarque de Samos, c'est l'étude des éclipses qui fournit la grandeur du cône d'ombre de la terre là où la Lune le traverse et, par conséquent, que l'égalité à laquelle il prétend arriver au terme de son calcul est un des postulats que réclame la justesse de ce calcul. Cet oubli nous montre, ce que nous savions déjà d'ailleurs, qu'Andalò Di Negro n'a, des doctrines astronomiques, qu'une connaissance extrêmement superficielle et fort peu exacte.

X

L'EXPLICATION FINALISTE. FRANÇOIS DE MAYRONNES. NICOLAS DE LYRE. CECCO D'ASCOLI

Gilles de Rome s'était vivement élevé contre ceux qui, pour rendre compte de la perpétuelle émergence de la terre ferme au-dessus des mers, se contentaient d'un décret rendu par Dieu en vue de l'existence des plantes aériennes, des animaux à sang chaud, de l'homme enfin. Ce recours à un miracle continuel ne lui paraissait pas sensé. Il demeura cependant, aux yeux de beaucoup, une suffisante explication.

Nous savons qu'en 1617, le capucin Francisco Piligiani publia, en les attribuant à Duns Scot, des *Questions sur la Physique* [1] qui étaient de Marsile d'Inghen et qu'on avait, depuis près d'un siècle, imprimées sous le nom de leur véritable auteur. Ces *Questions* accompagnaient une *Exposition* qui, très certainement, n'était pas du même auteur ; le texte attribue cette exposition à Jean de Duns Scot, et rien n'empêche de regarder cette attribution comme exacte. Or, pour expliquer comment l'eau ne recouvre pas la sphère terrestre en entier, l'auteur de cette *Exposition* se contente de dire [2] : «Si tous les éléments étaient symétriquement distribués, la terre entière serait couverte d'eau ; en fait, actuellement, une partie de la terre est découverte en vue du salut des êtres vivants.»

1. Jo. Duns Scoti Doctor Subtilis, *in* VIII *lib. Physicorum Aristotelis Quæstiones et Expositio.* Venetiis, MDCXVII, apud Joannem Guerilium.
2. Joannis Duns Scoti *Op. laud.*, p. 382.

Si cette explication finaliste n'avait pas l'aveu de Duns Scot, elle avait du moins celui de certains de ses plus illustres disciples ; tel François de Mayronnes.

En commentant le second livre des *Sentences*, François de Mayronnes déclare [1] que « le volume du feu est dix fois le volume de l'air, car, en chacun d'eux, il a été mis même quantité de matière, tandis que la rareté du feu est décuple de celle de l'air. » Puis il poursuit en ces termes :

« Pourquoi l'eau n'enveloppe-t-elle pas la terre, puisqu'elle doit être sphérique ? On répond que, naturellement, il en serait ainsi. Mais en vue de l'habitation des animaux, Dieu a dit : Que toutes les eaux se rassemblent en un même lieu. » La même théorie purement finaliste suffit à contenter Nicolas de Lyre.

Né à Neuve-Lyre (Eure) vers 1270, juif converti au Christianisme, Nicolas était, en 1291, franciscain à Verneuil ; il mourut à Paris, dans le grand couvent des Franciscains, le 14 octobre 1349. Il a composé, sur toute l'Écriture Sainte, des *Commentaires exégétiques (Postillæ)* et des *Réflexions morales (Moralia)* qui, au Moyen-Age et au temps de la Renaissance, ont connu la plus grande vogue et joui de la plus forte autorité.

Or, dans les *Postillæ* de Nicolas de Lyre sur le premier chapitre de la *Genèse*, nous lisons [2] :

« Ici vient la description de l'œuvre du troisième jour ; ce jour-là, les éléments ont été distingués les uns des autres.

» Cette distinction a été accomplie d'abord par ceci que l'eau, précédemment produite en sa forme substantielle, a maintenant reçu de Dieu la densité qui lui est due, qu'elle a occupé un moindre volume, laissant place à l'air; puis par ceci que, par la vertu de Dieu, la terre a été creusée de concavités qui ont reçu une partie des eaux ; une partie de la terre s'est ainsi montrée à découvert, en vue de l'habitation de l'homme et des animaux.

1. FRANCISCI DE MAYRONIS *Scripta in quatuor libros Sententiarum*, lib. II, dist. XIV, quæst. V. Venetiis Impensa Heredum quondam domini Octaviani Scoti Modoetiensis ac Sociorum. 24 April. 1520 ; fol. 150, col. d.

2. *Biblia sacra cum glosa ordinaria. Primum quidem a* STRABO FULDENSI *monacho Benedictino: Nunc verò novis Patrum, cum Græcorum tum Latinorum explicationibus locupletata et Postilla* NICOLAI LYRANI *Franciscani, nec non additionibus* PETRI BURGENSIS *Episcopi, et* MATTHIÆ THORINGI *replicis, opera et studio Theologorum Duacensium diligentissime emendatis.* Tomis sex comprehensa. Duaci, Excudebat Baltazar Bellerus suis et Ioannis Klerbergii Antverpiensis sumptibus. Anno MDCXVII. T. I, col. 14.

» Les éléments se trouvèrent ainsi distingués les uns des autres et placés dans les lieux qui leur reviennent. »

Un peu plus loin, Nicolas de Lyre écrit encore [1] :

« La vertu divine a creusé la terre de concavités dans lesquelles les eaux ont été reçues ; une partie de la terre, alors, se montra découverte, et les éléments apparurent en leurs lieux, distincts les uns des autres. »

Si Nicolas de Lyre ne cherche pas, à l'existence des continents, d'autre raison que le dessein, formé par Dieu, de préparer l'habitation des animaux et de l'homme, du moins semble-t-il, comme Andalò di Negro, restreindre l'eau à la petite quantité que contiennent des cuvettes creusées à la surface de la terre ; il n'admet évidemment pas que le volume total de l'eau surpasse le volume occupé par la terre.

C'est d'une pure et simple explication finaliste que se contente Francesco Stabili, dit Cecco d'Ascoli. Dans son *Commentaire à la Sphère de Joannes de Sacro-Bosco* [2], il se demande « Pourquoi la forme orbiculaire fait défaut à la terre plutôt qu'aux autres éléments. » Voici sa réponse : « Je dis que la nature ne fait rien en vain ; elle accomplit toujours l'œuvre la meilleure ; ayant fait l'homme, pour qui toutes choses ont été faites, elle laissa découverte cette partie de la terre, afin que l'existence fût conservée à l'homme et aux animaux. Ce passage a donné lieu à de multiples opinions que j'omets pour cause de brièveté ; mais ceci est vérité ; Dieu a, par sa puissance, fait qu'il en fût ainsi, selon ce qui est écrit : « Qu'elles se rassemblent, les eaux » qui sont sous le ciel et que la terre ferme apparaisse. »

XI

LE RECOURS A LA NATURE UNIVERSELLE. — PIERRE D'ABANO. JEAN DE JANDUN. GRAZIADEI D'ASCOLI

Au lieu de recourir franchement à la finalité pour lui demander compte de l'ordre des éléments, certains physiciens ne lui adressent qu'un appel déguisé ; à l'exemple de Roger Bacon et de Thomas d'Aquin, ils imaginent, sous le nom de Nature

1. NICOLAS DE LYRE, loc. cit. ; éd. cit., t. I, col. 23.
2. Pour les diverses éditions de cet ouvrage, voir : Deuxième partie, ch. X, § VIII, t. IV, p. 263-264.

universelle ou d'Ordre du Monde, une eau si efficiente qui exécute précisément ce que réclament les causes finales.

La pensée de Roger Bacon trouve, en particulier, un reflet très fidèle dans la doctrine exposée par Pierre d'Abano.

« L'eau, dit Pierre d'Abano [1], est un corps simple, dont le lieu naturel est autour de la terre... Nous disons : Le lieu naturel. Il se trouve, en effet, que certaines parties de la terre ne sont pas couvertes par l'eau. Cela peut provenir de diverses causes.

» En premier lieu, cela peut provenir de ce que les constellations qui se trouvent hors du Zodiaque, dans la région septentrionale, retiennent la Mer Océane et l'empêchent d'inonder la terre. Aussi le Psalmiste dit-il : Vous avez réuni les eaux comme dans une outre. Plusieurs imaginent que le déluge est advenu parce que les forces de ces constellations s'étaient relâchées.

» Cela peut provenir aussi de ce que, comme il est dit au second livre des *Météores*, la partie septentrionale de la terre est surélevée. Au même livre, cette vérité est démontrée par l'écoulement de la mer, qui prend naissance dans la région du Palus Méotide et du Don pour finir en Espagne.

» Cela peut provenir encore de ce que la terre, rare et poreuse, boit l'humidité de l'eau ; ou bien encore de la chaleur des rayons, particulièrement des rayons solaires, qui résolvent l'eau en vapeurs.

» Cela peut être, enfin, en vue de l'existence permanente des animaux. Les plus parfaits d'entre eux, en effet, avaient besoin d'air afin de conserver leur chaleur ; il fallait qu'en eux, la nature terrestre se trouvât dominée, afin qu'ils fussent constitués avec sagesse ; il fut donc nécessaire qu'en certains lieux, la terre fût exposée toute nue au contact de l'air, en vue de l'existence des animaux nobles ; car, dit Algazel, ils ne pouvaient demeurer dans l'eau, puisqu'ils sont doués de poumons.

» Peut-être semblera-t-il que le concours d'un tel ordre est contraire à la nature particulière des éléments ; mais il ne l'est pas à la nature universelle, dont il sera parlé en la XVe différence ; celle-ci tend sans cesse à ordonner toutes choses le mieux possible, afin de les faire parvenir au Bien souverainement désirable. »

Pierre d'Abano prétendait être un conciliateur ; il n'était,

1. *Conciliator differentiarum philosophorum et præcipue medicorum clarissimi viri* PETRI DE ABANO PATAVINI. Diff. 13.

en réalité, qu'un compilateur ; il n'a point accordé les unes avec les autres les diverses explications de la persistance de la terre ferme qui avaient été données avant lui ; il s'est contenté de les rapporter, presque sans omission, mais sans aucun choix. Il semble bien, toutefois, que la dernière théorie qu'il expose, par le rang qu'il lui assigne comme par les développements qu'il lui consacre, se montre celle à laquelle vont ses préférences.

Voyons donc ce que le célèbre Médecin padouan va dire de la nature universelle en cette quinzième différence à laquelle il nous renvoie [1] :

« Remarquez qu'il y a deux natures, la nature universelle et la nature particulière.

» La nature universelle, c'est une vertu céleste qui fixe et imprime son effet dans les êtres inférieurs ; elle adhère fermement à la voie unique et à l'ordre indiqués par le mouvement de celui qui cause toute bonté et toute perfection dans les choses d'ici-bas. Aussi est-il dit au second livre *Des jours critiques*, chapitre second [2] : Tout ce qui est bon et beau, tout ce qui est fortement attaché à l'ordre et à la voie uniques, tout ce qui montre en soi le vestige de la sagesse, tout cela ne peut provenir que d'en haut.

» La nature particulière, c'est l'impression marquée dans les choses d'ici-bas par le sceau de la première nature, de la nature universelle. La nature particulière, en effet, est régie et gouvernée par la nature universelle.

» La nature particulière, à son tour, est de deux sortes ; l'une se trouve tout en bas ; l'autre est intermédiaire entre celle-ci et la nature universelle. De cette dernière sorte est la nature des êtres vivants qui est plus ou moins bien ordonnée selon qu'elle est plus ou moins rapprochée de cette nature supérieure ; en sorte que la nature humaine, qui en est la plus voisine, est aussi la mieux ordonnée.

» Les natures particulières qui sont tout en bas, ce sont les natures des éléments ; à force d'être distantes de la première nature, elles lui sont presque opposées ; parce qu'elles sont plus proches de la matière première, plus voisines des éléments, elles adhèrent moins à l'ordre et à la voie uniques.

» Voilà ce qui fait que beaucoup de choses sont contraires à la nature particulière, mais non pas à la nature universelle,

1. Petri Aponensis *Op. laud.*, diff. XV.
2. Voir : Première Partie, ch. XIII, § XIII ; t. II, p. 366.

car celle-ci est cause et dominatrice de celle-là. La mort, par exemple, va contre le courant de la nature particulière ; mais non de la nature universelle... De même, que l'eau de la mer flue et reflue, c'est contraire à sa nature particulière, car il lui serait plus naturel de demeurer en repos ; mais cela n'est pas contraire à la nature universelle, savoir, au mouvement de la Lune qui meut la mer. »

La nature universelle, telle que la conçoit Pierre d'Abano, est bien celle à laquelle Roger Bacon recourait dans les circonstances les plus diverses. Le médecin de Padoue rattache nettement cette notion à ses origines astrologiques.

Jean de Jandun avait revu les commentaires composés par Pierre d'Abano sur les *Problèmes* d'Aristote. On peut donc penser qu'il avait lu le *Conciliator differentiarum*. D'autre part, nous l'avons entendu, alors qu'il étudiait les mouvements qui s'opposent à la production du vide, invoquer, à l'exemple de Bacon, la nature universelle. Rien d'étonnant, donc, s'il demande à cette nature d'expliquer l'existence de la terre ferme.

« Il est bien vrai, dit-il [1], qu'en ce qui concerne la nature particulière de l'eau et de la terre, la terre devrait être complètement entourée par l'eau. Mais, en vue du bien et de la perfection de l'Univers entier, il en est autrement. Il est donc véritable que le lieu naturel doit entourer la totalité du corps logé, à moins que quelque autre cause n'y mette empêchement ; telle est la nature universelle, lorsqu'elle tend à un plus grand bien que ne le serait cet enveloppement total. »

Cette nature universelle peut, pour assurer au Monde un plus grand bien, troubler l'ordre des lieux naturels, car c'est elle-même qui, à chaque élément, assigne un lieu naturel. Albert le Grand avait indiqué comment les vertus qui caractérisent les divers lieux naturels émanent des orbes célestes. Graziadei d'Ascoli reprend avec beaucoup de précision les considérations de l'Évêque de Ratisbonne [2].

« L'ordre qui s'observe dans les situations des diverses parties de l'Univers se tire de l'ordre qui préside à leurs natures ; nous voyons, en effet, que les êtres qui sont d'une nature plus élevée se trouvent également rangés dans une situation plus élevée.

» Comme le premier contenant est, selon l'ordre de nature

1. JOANNIS DE JANDUNO *Quæstiones in libros Physicorum*, lib. IV, quæst. VII.

2. *Questiones fratris* GRATIADEI DE ESCULO... *peripsum in florentissimo studio patavino disputate*. Quæst. IX, secunda autem via. — Ed. Venetiis, 1503, fol. 118, col. a et b.

comme selon l'ordre de la situation, le corps suprême parmi tous les corps physiques, il est nécessaire qu'aux distances diverses comptées à partir de cet orbe, correspondent des degrés différents de nature ; aussi voyons-nous qu'un corps lui est d'autant plus voisin qu'il a une plus noble nature, qu'il en est d'autant plus éloigné que sa nature est moins noble... A une distance déterminée à partir du premier contenant correspond immédiatement, une certaine parenté de nature *(connaturalitas)*; cette parenté est le fondement de l'ordre auquel telle nature déterminée a droit dans l'Univers.

» De tous les corps qui se trouvent dans la sphère des choses sujettes à l'action et à la passion, le feu est, par sa nature, celui qui est le plus voisin du premier contenant ; il a donc droit, dans l'*Univers*, à un ordre fondé sur cette parenté de nature qui résulte de la plus grande proximité possible à l'égard du corps céleste ; or cette parenté de nature avec le feu, c'est dans la surface concave de l'orbe de la Lune qu'elle se rencontre en premier lieu ; voilà pourquoi le feu se range immédiatement dans cette surface comme en son lieu propre...

» Bien que la surface concave de l'orbe de la Lune et la surface convexe du feu aient des natures différentes, il y a cependant, entre elles, une parenté de nature, parenté qui correspond au feu ; il en résulte qu'elles s'accordent aussi pour jouer le rôle de corps logeant [et de corps logé]... La parenté de nature qui est requise pour jouer le rôle de corps logeant consiste surtout en une vertu propre à contenir et à conserver la nature ignée.

» Cette vertu, qui provient de l'orbe supérieur, s'affaiblit au fur et à mesure qu'augmente la distance à cet orbe. Aussi la parenté de nature dont nous venons de parler s'étend-elle jusqu'à une certaine distance de l'orbe. Brusquement, alors, elle est remplacée par une parenté de nature avec l'air, parenté qui se rencontre, tout d'abord, dans la surface concave du feu. Aussi dit-on que l'air se loge immédiatement dans cette surface comme en son lieu naturel. Mais ce lieu naturel, ce n'est pas la surface pure et simple ; c'est la surface considérée comme munie d'une vertu propre à contenir et à conserver une certaine nature, vertu qui provient de l'orbe.

» De la même manière, la parenté naturelle avec l'air s'étend jusqu'à une certaine distance du premier contenant. Tout aussitôt après, commence la parenté naturelle avec l'eau. Puis vient la parenté naturelle avec la terre. »

La parenté naturelle *(connaturalitas)* qui caractérise le lieu propre à chaque élément dépend uniquement de la distance à l'orbe céleste. Ce sont donc nécessairement des surfaces sphériques concentriques au ciel qui séparent les uns des autres les divers lieux propres. Selon l'ordre de l'Univers tel que Graziadei vient de le décrire, l'eau devrait entourer la terre de toutes parts. Comment se fait-il qu'il n'en soit pas ainsi ? Notre dominicain ne nous le dit pas. Mais nous savons qu'il concevait le rôle de la nature universelle exactement comme l'avaient conçu Bacon et Pierre d'Abano. Il est donc permis de penser que c'est à cette nature qu'il avait recours, lorsqu'il voulait expliquer pourquoi les lieux naturels des éléments ne sont pas bornés, en fait, par des surfaces sphériques concentriques

XII

LA QUESTION DE L'EAU ET DE LA TERRE ATTRIBUÉE A DANTE ALIGHIERI

En 1508, on publia à Venise une *Quæstio de duobus elementis aquæ et terræ* que l'éditeur donnait comme œuvre authentique de Dante Alighieri [1].

Cette attribution résultait clairement des premières lignes de l'ouvrage, si toutefois ces premières lignes n'étaient pas l'œuvre d'un faussaire. Elles disaient, en effet [2] :

« A tous et à chacun de ceux qui verront le présent écrit, de la part de Dante Alagherius de Florence, le moindre parmi ceux qui sont vraiment philosophes, Salut en Celui qui est le principe de la lumière de vérité.

» Qu'il soit manifeste à vous tous que, lorsque j'étais à

1. *Questio florulenta ac perutilis de duobus elementis aquae et terrae tractans, nuper reperta que olim Mantuae auspicata. Veronae vero disputata et decisa ac manu propria scripta, a* DANTE FIORENTINO *poeta clarissimo, quam diligenter et accurate correcta fuit per reverendum Magistrum Ioannem Benedictum Moncettum de Castilione Arretino Regentem Patavinum ordinis Eremitarum divi Augustini sacraeque Theologiæ doctorem excellentissimum.* — Colophon : Impressum fuit Venetiis, per Manfredum de Monteferrato, sub Inclyto principe Leonardo Lauredano, Anno domini MDVIII sexto Calen. Novembris.

Nous avons fait usage de l'édition suivante :

La «Quaestio de Aqua et Terra» di DANTE ALIGHIERI. *Edizione principe del* 1508 *riprodotta in facsimile. Introduzione storica e transcrizione critica del testo latino di* G. BOFFITO *con Introduzione scientifica del Ing.* O. ZANOTTI-BIANCO *e Proemio del Dott.* PROMPT. *Cinque versioni: italiana*, (G. BOFFITO), *francese e Spagnuola (Dott.* PROMPT), *inglese* (S. P. THOMPSON) *e tedesca* (A. MULLER). Firenze, Leo S. Olschki, Editore, 1905.

2. *La « Quæstio de Aqua et Terra »*, § 1 ; éd. cit., p. 3-5.

Mantoue, il s'éleva une certaine question, qui, discutée plusieurs fois suivant l'apparence plus que suivant la vérité, n'avait pas encore été résolue. Aussi, comme j'ai été nourri continuellement depuis l'enfance dans l'amour de la vérité, je n'ai pu laisser cette question sans la discuter, et il m'a été agréable de montrer la vraie solution, et de détruire les arguments contraires, soit par amour de la vérité, soit par haine de l'erreur. Et de peur de beaucoup d'envieux qui, en l'absence des personnes, fabriquent à leur insu des mensonges nuisibles, et modifient ce qui avait été bien dit, il me plaît de laisser sur ces feuilles, par écrit de ma propre main, tout ce qui a été démontré, et de reproduire, à l'aide de la plume, la forme entière de l'argumentation. »

Le nom de l'auteur se retrouve encore à la fin de la pièce, et la date de la discussion y est jointe [1] :

« Cette démonstration philosophique a été donnée alors que l'invincible seigneur Can Grande de la Scala commandait à Vérone, pour le saint et sacré empire romain. Elle l'a été par moi, Dante Alagherius, le moindre des philosophes, dans l'illustre ville de Vérone, dans le temple de la glorieuse Hélène, en présence de tout le clergé de Vérone, sauf quelques-uns qui, brûlant d'une trop grande charité, n'admettent pas les prières des autres, et qui, pauvres du Saint-Esprit, par la vertu de l'humilité, s'enfuient pour ne pas assister aux discours des autres, de peur de paraître approuver leur excellence. Et ceci a été fait en l'année mille trois cent-vingt de la nativité de Notre Seigneur Jésus-Christ, le jour du Soleil, que notre Sauveur ci-dessus nommé nous a enseigné à vénérer, l'ayant choisi pour le jour de sa glorieuse naissance et de son admirable résurrection. Ce jour fut le septième après les ides de Janvier et le treizième avant les calendes de Février. »

La *Quæstio de duobus elementis* dont on ne possède aucun manuscrit, dont on n'a relevé aucune mention avant l'édition de 1508, est-elle véritablement de Dante Alighieri ? C'est un point que les érudits ont débattu avec passion. Une multitude d'auteurs [2] ont tenu pour l'authenticité de l'opuscule. Une foule de critiques en ont affirmé le caractère apocryphe. Si l'opinion de ceux-là ne trouve à s'étayer que de raisons fort peu solides, l'affirmation de ceux-ci révèle trop souvent une connaissance

1. *La « Quæstio de Aqua et Terra »*, § 24 ; éd. cit., p. 55-57.
2. Pour la bibliographie de ce débat, voir l'*Introduzione storico-critica* de G. Bonfitto ; éd. cit., p. VII-XXIII.

insuffisante de l'état de la Science au voisinage de l'an 1320.

Pour nous, nous nous garderons de prendre parti dans cette discussion. Si nous donnons le nom de Dante Alighieri à l'auteur de la *Quæstio de duobus elementis*, ce sera simplement pour nous conformer au texte que nous allons analyser, mais sans assurer qu'aucun faussaire n'a corrompu ce texte. Nous verrons que la *Question de l'eau et de la terre* reprend et résume, d'une façon remarquablement complète, le débat dont les pages précédentes retracent l'histoire.

Selon l'usage scolastique, Dante commence par énumérer les raisons favorables à la thèse qu'il veut combattre, et cette thèse, c'est celle-ci : La mer est plus élevée que la terre, car la surface sphérique qui borne l'eau n'a pas même centre que la terre.

Les raisons qu'il énumère sont celles que les traités du XIIIe siècle, du commencement du XIVe siècle avaient accoutumé d'invoquer. Celle-ci, par exemple [1], invoque les principes et presque les termes dont se servait Saint Thomas d'Aquin [2] :

« Au corps le plus noble est dû le lieu le plus noble ; or un lieu est d'autant plus noble qu'il est plus élevé, car il est alors plus voisin du contenant le plus noble, qui est le premier ciel ; il faut donc que le lieu de l'eau soit plus élevé que le lieu de la terre et, partant, que l'eau soit plus élevée que la terre, puisque le lieu et le corps logé ont même situation. »

Ce langage de Saint Thomas, Graziadei d'Ascoli le reprendra bientôt en le développant.

Que l'eau soit plus haute que la terre, cela est prouvé [3] « par l'expérience des navigateurs qui, en mer, voient les montagnes au-dessous d'eux ; la preuve en est qu'en montant au sommet du mât, ils voient ces montagnes que, du pont du navire, ils n'apercevaient pas. »

De même [4], « si la terre était plus haute que l'eau, la terre serait absolument sans eau, du moins dans sa partie découverte... Il n'y aurait ni sources ni fleuves ni lacs. »

Gilles de Rome, qui poursuivait le même but que Dante, avait pris soin, lui aussi, dans ses *Questions sur le second livre des Sentences*, de citer et de réfuter ces raisons.

Des arguments énumérés par la *Quæstio de duobus elementis*,

1. *La « Quæstio de Aqua et Terra »*, § 4 ; éd. cit., p. 6.
2. Vide supra, p. 122-123.
3. *La « Quæstio de Aqua et Terra »*, § 5 ; éd. cit., p. 6-8.
4. *La « Quæstio de Aqua et Terra »*, § 6 ; éd. cit., p. 8.

il en est un seul que nous n'ayions pas rencontré dans les divers écrits que nous avons parcourus, et c'est celui-ci [1] :

« L'eau paraît suivre surtout le mouvement de la Lune, comme on le voit par le flux et le reflux de la mer ; mais l'orbe de la Lune est excentrique ; il semble donc raisonnable que l'eau imite, en sa sphère, l'excentricité de l'orbe lunaire, et, par conséquent, qu'elle soit excentrique ; or cela ne peut être à moins qu'elle ne soit plus élevée que la terre. »

A tous ces arguments, Dante répond fort sagement par la raison suivante [2] :

« Le contraire nous est prouvé par le sens. Sur toute la terre, en effet, nous voyons les fleuves descendre vers la mer, aussi bien vers la mer méridionale que vers la mer septentrionale, vers la mer occidentale que vers la mer orientale, ce qui ne serait pas si les sources des fleuves et les trajets de leurs lits n'étaient point plus élevés que la surface de la mer. »

Mais, cette preuve fournie par l'observation, il va la seconder par le raisonnement.

« Si l'eau, considérée dans sa circonférence [3], était, en quelque point, plus élevée que la terre, cela aurait lieu nécessairement de l'une de ces deux manières, ou bien parce que l'eau serait excentrique..., ou bien parce que, étant concentrique, elle aurait quelque gibbosité, par laquelle elle s'élèverait au-dessus de la terre. »

Ces deux propositions, Dante va démontrer qu'elles sont insoutenables. « Pour l'évidence de ce qui sera dit [4], il faut supposer deux choses ; la première, c'est que l'eau se meut naturellement vers le bas ; la seconde, c'est que l'eau est un corps naturellement instable *(labile)* et qui ne s'impose pas à lui-même une borne. »

A partir de ces postulats, l'auteur développe longuement les démonstrations promises, à l'exemple de celle qu'Aristote avait donnée au Περὶ Οὐρανοῦ et que tant de commentateurs avaient, depuis, reproduite.

La terre, elle aussi, doit être, en tout point, équidistante du centre du Monde. « Admettons [5], en effet, le contraire ou l'opposé de cette proposition, et disons qu'elle en est inégalement distante ; supposons que, d'un côté, la distance de la surface de

1. *La « Quæstio de Aqua et Terra »,* § 7 ; éd. cit., p. 10.
2. *La « Quæstio de Aqua et Terra »,* § 8 ; éd. cit., p. 10.
3. *La « Quæstio de Aqua et Terra »,* § 10 ; éd. cit., p. 18.
4. *La « Quæstio de Aqua et Terra »,* § 11 ; éd. cit., p. 14.
5. *La « Quæstio de Aqua et Terra »,* § 16 ; éd. cit., p. 26.

la terre au centre du Monde soit de vingt stades, tandis que de l'autre côté, elle est seulement de dix stades ; un hémisphère sera donc plus volumineux que l'autre ; il n'importe, d'ailleurs, que les distances diffèrent peu ou beaucoup, du moment qu'elles diffèrent.

» Or un plus grand volume de terre a une plus grande force de pesanteur ; par cette force de pesanteur qui prévaut, le plus grand des deux hémisphères poussera le plus petit jusqu'à ce que leurs volumes deviennent égaux, car cette égalité des volumes entraînera l'égalité des poids ; la surface terrestre reviendra aussi, de tous côtés, à la distance de quinze stades du centre du Monde ; il arrive ce que nous voyons lorsque des poids égaux sont pendus à une balance. »

Nous reconnaissons le raisonnement d'Aristote.

Dante avait certainement lu dans Simplicius ce qu'Alexandre disait au sujet de ce raisonnement ; il avait vu comment, au gré du commentateur d'Aphrodisias, la terre pouvait ne pas être exactement sphérique, parce qu'elle était hétérogène et n'avait pas même poids spécifique en toutes ses parties.

« On disait [1] :... Comparée aux autres corps, la terre est le corps le plus grave ; mais si on la compare à elle-même, et suivant ses diverses parties, elle peut, à la fois, être le corps le plus grave et ne pas être le corps le plus grave, car une des parties de la terre pourrait être plus grave qu'une autre ; ce n'est pas par leur volume en tant que volume que des corps graves s'égalisent, mais par leur poids ; il pourra donc, ici, y avoir égalité de poids sans qu'il y ait égalité de volume. La démonstration précédente n'est donc qu'apparente ; elle est inexistante.

» Mais cette objection est nulle ; elle provient de l'ignorance de ce que sont les corps simples et les corps homogènes. Il y a, en effet, des corps homogènes et des corps simples ; les corps homogènes, comme l'or épuré, et les corps simples, comme le feu et la terre, ont des propriétés naturelles qui sont régulièrement distribuées en toutes leurs parties... Partant, comme la gravité réside naturellement dans la terre et que la terre est un corps simple, il est nécessaire que la gravité soit régulièrement distribuée en toutes les parties de la terre, suivant le rapport des volumes. » Ainsi la terre élémentaire, corps simple, a même poids spécifique en toutes ses parties ; il est donc bien

1. *La « Quæstio de Aqua et Terra »*, § 17-18 ; éd. cit., p. 28-30.

vrai qu'elle devra prendre la forme d'une sphère, dont le centre soit celui du Monde.

Mais maintenant, « sachons [1] que la nature universelle n'est pas frustrée de ce qui est sa fin. Parfois, la nature particulière est frustrée de la fin à laquelle elle tend, parce que la matière n'obéit pas. Mais la nature universelle ne peut jamais être en défaut pour réaliser ce à quoi elle tend ; à la nature universelle, en effet, sont également soumis l'acte et la puissance de toutes les choses qui peuvent être et ne pas être.

» Or l'intention de la nature universelle, c'est que toutes les formes qui sont en puissance dans la matière première soient mises en acte, que chacune d'elles y existe en acte selon sa nature spécifique, afin que la matière première, considérée dans sa totalité, se trouve, à la fois, sous toute forme matérielle possible, encore que chacune de ses parties soit privée de toutes les formes sauf une...

» Or, si l'on excepte les formes des éléments, les formes matérielles des substances soumises à la génération et à la corruption requièrent une matière, un sujet qui soit mixte et complexe et les éléments en tant qu'éléments sont ordonnés en vue de la formation d'un tel sujet.

» Mais il n'y a pas de mixtion possible là où les corps destinés à être mélangés ne peuvent coexister ; cela est évident de soi. Il est donc nécessaire qu'il existe, dans l'Univers, quelque endroit où les corps destinés à être mélangés, c'est-à-dire les éléments, puissent se trouver rassemblés ; et, d'autre part, cela ne pourrait être si la terre n'émergeait en quelqu'une de ses parties, comme le voit quiconque y prête attention.

» Partant, puisque toute la nature obéit à l'intention de la nature universelle, il a été nécessaire que la terre ne fût pas seulement le siège de cette nature simple qui consiste à être en bas, mais qu'il s'y trouvât aussi quelque autre nature, par laquelle la terre pût obéir à l'intention de la nature universelle, par laquelle, comme si elle obéissait à un ordre, elle souffrit d'être soulevée en partie par la force du ciel. »

Celui qui écrivait ces lignes avait recueilli l'enseignement de Roger Bacon, d'Albert le Grand, de Pierre d'Abano ; de cet enseignement, il donnait un exposé parfaitement clair et précis.

1. *La « Quæstio de Aqua et Terra »*, § 18, p. 30-34.

C'est maintenant de l'enseignement de Gilles de Rome que nous allons entendre l'écho [1] :

« La terre donc, suivant la nature simple qui lui est propre, tend également au centre de toutes parts ; mais suivant une certaine autre nature, elle tolère d'être soulevée d'un côté, afin de rendre la mixtion possible ; elle obéit par là à la nature universelle. »

Mais comment se fait ce soulèvement de la terre ? Est-ce la sphère terrestre tout entière qui se trouve tirée d'un certain côté ? Dans ce cas, le contour de la partie émergée aurait la figure d'une circonférence parfaite. « Or que la terre émergente ait la forme d'une demi-lune, cela nous est enseigné par les physiciens qui ont traité de la terre, par les astronomes qui ont décrit les climats, par les cosmographes qui ont marqué les places des diverses régions de la terre. » « Il en résulte donc que la terre émerge par une bosse *(gibbum).* »

De cette bosse, Gilles s'était contenté d'affirmer l'existence ; de la cause qui l'avait pu produire, il n'avait pas parlé. Au gré de Dante [2], c'était procéder logiquement, « car la question : *An est ?* doit précéder la question : *Propter quid est ?* »

Mais Dante ne va pas s'arrêter à la question : *An est ?* De l'effet dont il a manifesté la réalité, il va rechercher la cause finale et la cause efficiente.

« Pour cause finale, ce qui a été dit dans les précédentes distinctions doit suffire. » Dante nous montre par là qu'il n'a pas prétendu jusqu'ici mettre en évidence autre chose que la cause finale de l'émergence des continents ; la nature universelle ne lui paraît donc pas, comme à Roger Bacon, capable de jouer le rôle de cause efficiente.

« Pour rechercher, d'ailleurs, la cause efficiente, il faut noter d'abord que le présent traité n'excède pas la matière dont traite la Physique. *(Materia naturalis).* » L'auteur s'interdira donc tout recours à une explication qui serait du domaine de la Théologie.

Voici, dès lors, comment il va conduire son raisonnement :

« Je dis que la cause efficiente de cette élévation ne peut être la terre elle-même ; soulever quelque chose, en effet, c'est le porter de bas en haut ; or porter de bas en haut est contraire à la nature de la terre et rien ne peut être, directement, cause

1. *La « Quæstio de Aqua et Terra »*, § 19 ; éd. cit., p. 34-36.
2. *La « Quæstio de Aqua et Terra »*, § 20 ; éd. cit., p. 40-42.

d'un effet contraire à sa nature ; ainsi la terre ne saurait être la cause efficiente de cette élévation.

» Cette cause, l'eau ne peut pas l'être davantage ; l'eau, en effet, est un corps homogène ; d'une manière immédiate, toute vertu doit être distribuée d'une manière uniforme entre ses diverses parties ; il n'y aurait donc aucune raison pour qu'elle élevât la terre d'un côté plus tôt que de l'autre. »

Cette même raison interdit cette causalité à l'air et au feu ; et comme au delà, il ne reste que le ciel, il faut rapporter cet effet au ciel comme à sa cause propre.

» Mais il y a plusieurs cieux ; encore donc il reste à rechercher quel est le ciel auquel cet effet doit être rapporté comme à sa propre cause. »

Ce ne peut être le ciel de la Lune. « L'instrument, en effet, de la force ou de l'influence qu'exerce ce ciel, c'est la Lune elle-même. » Or, dans son cours, la Lune s'écarte de l'équateur, vers le Sud, autant et aussi souvent que vers le Nord. Le continent qu'elle eût élevé ne se fût pas plus étendu dans l'hémisphère septentrional que dans l'hémisphère méridional.

« La même raison [1] interdit ce genre de causalité à tous les orbes planétaires. D'autre part, le premier mobile, qui est la neuvième sphère, est uniforme dans sa totalité ; il est donc, partout, doué de force d'une manière uniforme ; dès lors, il n'y aurait aucune raison pour qu'il eût élevé la terre d'un côté plus que de l'autre. Or il n'y a plus qu'un seul corps mobile, le ciel des étoiles fixes, qui est la huitième sphère ; c'est à lui donc qu'il est nécessaire de rapporter cet effet.

» Pour que cela devienne évident, sachez que le ciel des étoiles fixes jouit, sans doute, de l'unité de substance ; mais il possède une multiplicité dans sa force ; c'est pour cela qu'il lui a fallu présenter, dans ses parties, cette diversité que nous voyons, afin qu'il pût, à l'aide d'instruments divers, influer des forces diverses. Celui qui ne prête pas attention à cela se met, qu'il le sache bien, hors des bornes de la Philosophie...

» Or cette terre découverte s'étend de l'équateur au cercle [polaire arctique] que décrit le pôle du Zodiaque autour du pôle du Monde. Il est donc manifeste que la force soulevante appartient aux étoiles placées dans la région du Ciel comprise entre ces deux cercles ; soit que cette force soulève sous forme d'attrac-

1. *La « Quæstio de Aqua et Terra »*, § 21 ; éd. cit., p. 44-48.

tion, comme l'aimant attire le fer ; soit qu'elle agisse sous forme de pression, en provoquant la formation de vapeurs capables d'exercer une poussée, comme on le voit en certaines régions montagneuses. »

Pierre d'Abano nous avait fait entendre un langage presque semblable à celui-là.

« Mais, poursuit Dante, on demande encore : Pourquoi cette élévation s'est-elle produite dans cet hémisphère-ci, et non dans l'autre ? Il faut donner à cette question la réponse que formule le Philosophe au second livre du *De Caelo*, lorsqu'il se demande pourquoi le ciel se meut d'Occident en Orient, et non pas en sens contraire. Il dit en cet endroit que de telles questions procèdent ou d'une forte sottise ou d'une grande présomption, car elles passent notre intelligence.

» A cette question, voici donc ce qu'il faut répondre : Ce dispensateur qu'est le Dieu de gloire, de même qu'il a établi la situation des pôles, la situation du centre du Monde, la distance à ce centre de l'ultime circonférence de l'Univers, et d'autres choses semblables, a aussi réglé cet effet ; et celui-ci comme ceux-là il les a faits parce qu'il était mieux qu'il en fût ainsi. Lorsqu'il a dit : « Que les eaux se réunissent en un même lieu et que la terre ferme apparaisse », il a, tout à la fois, doué le ciel de la force nécessaire pour agir et la terre de la puissance nécessaire pour subir cette action. »

Manifestation de cette cause finale qui requiert, pour les éléments, la possibilité de se mélanger entre eux ; recours à une nature universelle qui impose aux natures particulières des effets contraires à leurs propres tendances ; appel aux influences astrales qui sont les instruments de cette nature universelle ; toutes ces explications que Dante regarde comme tirées des principes de la Physique ne le dispensent pas, quoi qu'il en ait, d'invoquer, en dernier recours, l'action directe et surnaturelle de Dieu.

La *Quæstio de duobus elementis* a-t-elle été vraiment écrite en l'année 1320 ? S'il nous est impossible de répondre avec certitude, du moins pouvons-nous affirmer qu'elle rassemble avec ordre et clarté une grande part des pensées qui avaient été émises, avant 1320, touchant l'équilibre de la terre et des mers, et qu'elle ne dit rien qui, à cette époque, fût inédit.

XIII

LES VOLUMES DES SPHÈRES ÉLÉMENTAIRES SELON THOMAS BRADWARDINE

Parmi les théories sur la figure des éléments qui avaient cours au XIIIe siècle, il en est une dont la *Quæstio de duobus elementis* n'a pas touché mot ; c'est celle-ci :

Les masses totales des divers éléments doivent être égales entre elles, en sorte que les volumes des quatre sphères élémentaires doivent être proportionnels aux volumes spécifiques des corps simples qui les remplissent.

On admet, d'ailleurs, que ces volumes spécifiques sont décuples les uns des autres ; la sphère aqueuse doit donc être décuple de la sphère terrestre ; les volumes occupés par l'air et par le feu doivent être cent fois et mille fois le volume de la terre.

Cette théorie se heurtait à une contradiction qu'on n'avait pas remarquée. Elle entraîne, en effet, cette conséquence : La surface sphérique qui contient le feu élémentaire enferme un volume égal à 1111 sphères terrestres. Or les astronomes pensaient avoir déterminé avec certitude le rapport du rayon de la concavité de l'orbe de la Lune au rayon terrestre ; le rapport qu'ils avaient obtenu ne donnait nullement, entre les sphères auxquelles appartiennent ces deux rayons, un rapport égal à 1111.

Cette objection frappa Thomas Bradwardine. De la théorie qu'elle condamnait, il garda la première supposition : Les volumes des sphères élémentaires sont les uns aux autres dans un rapport constant. Mais il se garda bien de se donner *a priori* la valeur de ce rapport ; il prit comme connues par les déterminations des astronomes la grandeur de la sphère terrestre et la grandeur de la concavité de l'orbe de la Lune, et il calcula le rapport inconnu de telle façon que l'eau, l'air et le feu pussent remplir exactement l'intervalle entre la terre et la sphère de la Lune.

¶ Ce calcul est exposé dans le *Tractatus de proportionibus editus a Magistro* THOMA DE BRADEWARDIN *Anno Domini MoCCCoXXVIIIo*. Il en occupe la fin [1].

1. Bibliothèque Nationale, fonds latin, ms. no 14.576, fol. 261, col. a, b et c. Les éditions imprimées du *Tractatus proportionium* de Bradwardine ne reproduisent pas cette partie.

Très logiquement, notre auteur pose d'abord les trois propositions sur lesquelles s'appuiera sa déduction :

« Les propositions suivantes doivent être reçues comme véritables :

» Les quatre éléments sont joints les uns aux autres par une proportion continue.

» Les quatre éléments occupent ou devraient naturellement occuper en son entier la sphère des choses corruptibles.

» Le rayon de la sphère entière des choses corruptibles contient trente-trois fois le demi-diamètre de la sphère terrestre, plus le quart de ce dernier diamètre, plus un vingtième de ce diamètre. Cela se voit par Alfragan dans sa XXIe différence. »

Si l'on désigne par x le rapport du volume d'un élément au volume de l'élément qui se trouve au-dessous de lui, par K le le rapport entre la distance de la Lune au centre du Monde et le rayon terrestre, x est déterminé par l'équation

$$x^3 + x^2 + x + 1 = K^3$$

Bien entendu, Bradwardine ne donne pas la solution algébrique de cette équation ; il se contente de la résoudre par tâtonnements ; cependant, il n'en a pas fallu davantage pour lui valoir, au Moyen-Age, un grand renom de mathématicien.

Ne quittons pas Bradwardine sans citer un passage de son *Tractatus de continuo;* de ce traité, Maximilian Curtze a donné la description et l'analyse [1].

Après avoir montré qu'une même corde soustend, en des circonférences inégales, des arcs inégaux, et qu'à la plus grande circonférence correspond le plus petit arc, Bradwardine ajoute :

« Lorsqu'un liquide continu se trouve contenu dans un vase, il abandonne les extrêmes bords du vase, qu'il laisse à sec, et, dans le vase demi-plein, il forme une intumescence au-dessus du diamètre du vase. Si l'on élève alors ce vase demi-plein, il devient plus plein, puis tout-à-fait plein et de surface convexe vers le haut... En descendant, il devient moins plein. »

Maximilian Curtze a vu, dans ce passage, une allusion aux effets de la capillarité ; c'était n'y rien comprendre ; l'auteur songe à la figure sphérique, concentrique au Monde, que prend la surface d'un liquide, et il en tire la conséquence quelque peu surprenante qui ravissait déjà Roger Bacon.

1. MAXIMILIAN CURTZE, *Ueber die Handschrift* R. 4° 2, *Problematum Euclidis explicatio, der Könige. Gymnasialbibliothek zu Thorn* (*Zeitschrift für Mathematik und Physik*, XIII ter Jahrgang, 1868 ; Supplement, p. 85).

XIV

PAUL DE BURGOS

Joannes de Sacro-Bosco, Brunetto Latini voulaient que la terre occupât le centre du Monde, et que le centre de la surface sphérique des mers fût distinct du centre de l'Univers ; le niveau de la mer devait être, au gré de cette doctrine, regardé comme plus élevé que la surface de la terre ferme.

Contre cette théorie, la *Quæstio de duobus elementis* s'était élevée avec vivacité ; elle n'avait pas convaincu tout le monde ; longtemps après le siècle qui vit Dante Alighieri, l'opinion de Joannes de Sacro-Bosco comptait encore des partisans convaincus.

C'en était un que Paul de Burgos.

Don Salomon Lévi naquit à Burgos vers 1350 et fut d'abord rabbin dans cette ville. En 1390, il reçut le baptême et prit le nom de Paul de Sainte-Marie. Il fut d'abord, à Burgos, archidiacre « de Triminio », puis évêque de Carthagène le 30 juillet 1403, enfin évêque de Burgos le 18 décembre 1425 ; il mourut à Burgos le 29 août 1435.

L'œuvre de Nicolas de Lyre, qui, comme lui, était juif de naissance et qui, comme lui, s'était converti au Christianisme, attira vivement l'attention de Paul de Burgos ; aux *Postillæ* que Nicolas de Lyre avait composées sur la Bible, il joignit de volumineuses *Additiones* qui partagèrent la grande vogue de l'ouvrage auquel elles étaient unies. Une de ces additions est consacrée [1] à décrire la disposition que la terre et l'eau prennent l'une par rapport à l'autre.

« Au sujet de l'œuvre du troisième jour, dit-il, il s'agit de dire comment se doit entendre cette réunion des eaux ; et la difficulté que présente cette question ne paraît pas petite. En vertu de la pesanteur absolue qui lui est naturelle, la terre devrait être, de toutes parts, recouverte par les eaux ; on n'aperçoit donc sur la terre aucun lieu dans lequel les eaux se devraient réunir d'une manière naturelle, de telle façon que la terre demeurât découverte. »

Notre auteur énumère alors diverses solutions que des auteurs ont proposées, mais qui n'ont pu ravir son acquiescement.

1. *Biblia Sacra cum glosa ordinaria.* Duaci, MDCXVII. (Pour la description de cette édition, voir plus haut p. 149, note 2.) Additio Burgensis super Genesim, cap. I ; coll. 47 sqq.

« Certains disent que la terre a présenté certaines parties concaves propres à recevoir les eaux lorsqu'elles ont délaissé, en s'écoulant, les parties aujourd'hui découvertes de la terre. Mais il ne paraît pas que cet avis se puisse soutenir. L'élément de l'eau, en effet, est beaucoup plus rare que la terre, de même que l'air est beaucoup plus rare que l'eau ; le témoignage des sens nous le montre avec évidence ; une petite quantité d'eau, réduite en vapeur par l'œuvre du feu, produit un volume d'air beaucoup plus grand. Aussi certains philosophes disent-ils que l'élément de l'eau est dix fois plus volumineux que l'élément terrestre, et que, de même, l'élément de l'air excède de beaucoup en grandeur l'élément de l'eau. Cela se manifeste assez clairement à qui considère les lieux propres des éléments ; plus ils s'éloignent du centre pour s'approcher de la circonférence, plus grande est leur capacité. La terre n'est donc pas assez volumineuse pour recevoir dans ses parties concaves une quantité d'eau aussi considérable que celle dont était couvert le continent habitable ; celui-ci, en effet, au dire des astronomes, occupe à peu près le quart de la surface terrestre tout entière. »

D'autres prétendent donc qu'avant sa réunion, l'élément aqueux avait la forme de nuées ; en se condensant, ces nuées ont pris un volume beaucoup moindre et les parties concaves de la surface terrestre se sont trouvées assez grandes pour recevoir l'eau liquide. D'autres affirment qu'au sein des mers où elle est réunie, l'eau s'élève, sous forme d'éminences et de montagnes, beaucoup plus haut que la terre. Ces explications ne satisfont pas Paul de Burgos qui, « sauf, bien entendu, meilleur jugement », présente la théorie qu'il croit juste.

« Il faut, tout d'abord, observer ceci : Au dire des astronomes et des philosophes, la terre se trouve au milieu de l'Univers qui est son centre ; elle a une figure ronde ou sphérique dont le centre coïncide avec le centre de l'Univers ; c'est démontré en Astronomie et en Philosophie. De même et pour la même raison, l'élément de l'eau, lors de sa première production, avait, par sa nature même, une figure ronde ou sphérique dont le centre coïncidait avec le centre de la terre ou de l'Univers.

» Mais il fallait qu'en certaines de ses parties, la terre ne fût pas couverte par les eaux ; c'était nécessaire en vue d'une fin, en vue de l'habitation des êtres animés. Or la Sagesse divine, qui a disposé toutes choses avec harmonie, a voulu que l'élément de l'eau, tout en gardant sa rondeur naturelle, eût un centre séparé du centre de la terre et de l'Univers ; de même, au dire des astronomes qui ont soigneusement étudié les mouvements des astres, le centre de certains orbes planétaires est distinct du centre de l'Univers ; à ces orbes, ils donnent le nom d'orbes excentriques *vel egressæ cuspidis ;* il en est question an quatrième livre de l'*Almageste* et dans d'autres parties de cet ouvrage.

» Cette diversité, cette distance mutuelle du centre de la terre et du centre de l'eau a été voulue par Dieu, de telle façon qu'il en résultât cinq conséquences qui se rapportent à notre objet.

» De ces conséquences, voici la première : Encore qu'il se rencontre, en divers lieux, de nombreux amas d'eau, cependant, toutes les eaux qui sont sous le ciel sont réunies vers un même lieu, conformément à la disposition voulue par Dieu. Toute masse d'eau, en effet, a une égale inclination vers le centre de l'élément aqueux comme toute masse de terre vers le centre de la terre. Nous tenons ainsi le sens véritable de cette parole : Que toutes les eaux se réunissent vers un même lieu. Céla signifie : Que toutes les eaux qui sont sous le ciel tendent vers un même lieu, c'est-à-dire vers un même centre distinct du centre de la terre ; que toutes les eaux se réunissent vers ce centre comme toutes les parties de la terre se réunissent vers le centre de la terre. Cette réunion a véritablement lieu dans tous les amas d'eau, dans les fleuves, dans les étangs, dans les citernes ; toutes les eaux, en quelque endroit qu'elles se trouvent, ont naturelle inclination au centre de l'eau ; dès là qu'elles sont débarrassées de tout obstacle, elles coulent vers ce centre ; ainsi les parties de la terre, lors même qu'elles se trouvent en l'air, qu'elles sont suspendues au-dessus de la terre, gardent inclination à leur propre centre.

« Voici maintenant la seconde conséquence entraînée par la distance en question : L'eau ne recouvre pas toute la terre ; elle en laisse à découvert une certaine partie, selon ce que requiert la mutuelle distance des centres ; c'est pourquoi il est dit dans l'Écriture : Que la terre ferme apparaisse !

» De cette distance des centres résulte une troisième conséquence... puis une quatrième conséquence, qui est celle-ci : Sur le rivage de la mer, la terre et la mer sont de même hauteur ; mais lorsqu'on s'avance en mer en s'éloignant du rivage, la mer devient toujours plus haute que la terre... Et, parfois, on s'avance assez au large pour que la mer soit plus élevée que les montagnes terrestres... Les eaux de l'Océan, surtout en s'avançant vers le milieu, sont plus hautes que les montagnes de la terre.

» Voici enfin la cinquième conséquence qui résulte de la susdite descente : Quand, marchant sur terre, on se dirige vers la mer, on doit dire qu'on descend...

» En effet l'eau, prise en sa nature primitive, devait entourer la terre, car toute partie de l'eau avait inclination au centre de la terre, qui est le centre de l'Univers. Mais Dieu a disposé que cette sphère de l'eau aurait inclination à un même lieu, » c'est-à-dire à un même centre distinct du centre de la terre et de l'univers, « afin que la terre ferme apparût... »

» On voit ainsi la raison pour laquelle l'eau, en quelque endroit de la terre qu'on la mette, s'écoule naturellement et descend vers la mer, à moins qu'elle n'en soit empêchée... Et de là résulte qu'on doit dire d'un homme qu'il descend lorsqu'en marchant sur terre, il se dirige vers la mer... En effet, selon la commune façon de parler, les lieux de la terre que les eaux délaissent en s'écoulant sont dits plus élevés que les lieux vers lesquels elles coulent. »

A cette disposition par laquelle le centre de l'élément aqueux se trouve séparé du centre du Monde, Paul de Burgos ne veut attribuer aucune raison naturelle ; la volonté directe de Dieu l'a seule produite. « Il est évident que cela dépend seulement de la toute puissance de Dieu, ainsi que l'ineffable providence divine ; cette providence, qui dispose toutes choses d'une manière harmonieuse, a donné aux eaux, d'admirable façon, un lieu connaturel, afin qu'elles ne recouvrent plus toute la terre... Cela est assez manifeste, car ce changement qui a séparé le centre de l'eau du lieu qui lui revenait dans la production primitive pour le mettre en un autre lieu fort distant n'a pu être causé que par Dieu ; de lui seul la nature tient son institution. »

Paul de Burgos soutient, de la manière la plus explicite, les doctrines que rejetait la *Quæstio de duobus elementis;* il reprend la théorie de Joannes de Sacro-Bosco ; il y joint une considération que nous n'avons rencontrée chez aucun de ses prédécesseurs.

« Quelle est, dit-il, la distance d'un centre à l'autre, ? Il est fort difficile de le découvrir par les moyens humains ; mais il suffit que cette distance soit assez grande pour que les susdites conséquences en découlent. On peut, d'une manière probable, mais non pas avec certitude, penser que le centre de l'eau élémentaire coïncide avec le centre de l'excentrique de la Lune ; en effet, comme l'observation nous le montre, l'élément de l'eau, par son flux et son reflux, suit le mouvement de la Lune. »

Le malheureux est si peu astronome qu'il ne voit pas quelles suites aurait son hypothèse ; chaque jour, par l'effet du mouvement diurne, le centre de la sphère aqueux ferait le tour de la terre et la masse des eaux, en un formidable raz de marée, balayerait les continents.

Le quinzième siècle avait déjà commencé, sans doute, quand Paul de Burgos reprenait l'antique théorie de Joannes de Sacro-Bosco et la couronnait par cette monstrueuse hypothèse. Depuis bien longtemps, à Paris, on professait une toute autre opinion sur l'équilibre de la terre et des mers, et cette opinion se réclamait de principes vraiment scientifiques.

Chapitre XVII

L'ÉQUILIBRE DE LA TERRE ET DES MERS
II — LA THÉORIE PARISIENNE

I

LA PREMIÈRE THÉORIE MÉCANIQUE DE L'ÉQUILIBRE DE LA TERRE ET DES MERS

Lorsqu'il avait voulu démontrer que l'eau se termine à une surface sphérique concentrique au Monde, lorsqu'il avait expliqué comment la terre garde son centre immobile au centre de l'Univers, Aristote avait usé d'arguments qui supposaient cette profonde pensée : C'est la pesanteur qui rend compte de la figure de la terre et des mers. De cette figure, il avait tenté de donner une théorie mécanique. Sans doute, la Mécanique du Stagirite impliquait, au sujet de la pesanteur, bon nombre de propositions qu'une Science mieux informée serait, un jour, conduite à rejeter ; mais en corrigeant et perfectionnant la méthode, elle en garderait l'idée essentielle.

La théorie mécanique de l'équilibre de la terre avait été accueillie avec faveur par les commentateurs grecs d'Aristote ; un Alexandre d'Aphrodisias, un Simplicius avaient, entre cette théorie et la doctrine du centre de gravité, construite par Archimède, fait un rapprochement qui devait être, bien des siècles plus tard, reconnu illégitime, mais qui, auparavant, donnerait des conséquences fécondes ; favorisée d'une vogue plus lente à venir, mais plus durable, la théorie mécanique de l'équilibre des mers avait reçu d'Archimède une forme plus savante, mais encore entachée d'erreur.

Cet important effort pour rendre compte, à l'aide des seules lois de la Statique, de quelques-uns des plus grands effets de ce Monde, put sembler, cependant, n'avoir produit qu'un avortement. A cette question : Pourquoi la sphère aqueuse ne recouvre-t-elle pas en entier la sphère terrestre ? la théorie mécanique du Stagirite ne donnait pas de réponse. Aussi la réponse désirée fut-elle demandée aux principes les moins apparentés à cette théorie. On invoqua les causes finales ; on réclama l'intervention d'un perpétuel miracle de Dieu ; on imagina une nature universelle, véritable *Deus ex machina*, prêt à fournir à chaque cause finale la cause efficiente dont elle avait besoin ; on eut recours, enfin, aux influences des orbes et des astres, qu'on douait de vertus si nombreuses et si puissantes qu'aucune explication ne risquait de rester dans l'embarras ; on se servit, en un mot, de tout l'attirail de ces fallacieuses raisons qui ont discrédité la science du Moyen-Age.

Si puissante, si prolongée que soit la domination d'une piperie, elle finit bien, cependant, par se heurter à la justesse d'esprit qui la brise. Aussi allons-nous voir, au XIVe siècle, les physiciens chercher de nouveau à rendre compte de l'équilibre de la terre et des mers par des raisons de Mécanique. Peut-être leur Statique nous paraîtra-t-elle bien enfantine encore, et nous pourrons, à coup sûr, y découvrir mainte proposition erronée. Elle méritera, cependant, que nous en observions avec soin l'apparition et les progrès, car ceux qui nous la proposeront auront l'insigne honneur de ramener dans ce domaine l'esprit humain à l'emploi de la saine méthode.

La première tentative dont nous ayions à nous occuper présente cette particularité que nous ne pouvons nommer aucun de ses partisans ; nous ne la connaissons que par deux de ses contradicteurs.

Aristote avait dit [1] : « Supposons que la terre soit sphérique et qu'elle occupe le centre du Monde, puis qu'on ajoute un grand poids à l'un de ses hémisphères ; le centre de l'Univers et celui de la terre ne coïncideront plus. Qu'arrivera-t-il alors ? Ou bien la terre ne demeurera pas immobile au milieu de l'Univers, ou bien elle demeurera immobile, bien qu'elle ne tienne pas ce milieu et, partant, qu'elle soit apte à se mouvoir. Voilà la question douteuse. » Et de la discussion du problème, le Stagirite avait tiré cette conclusion : « La terre se mouvra nécessairement jusqu'à ce qu'elle environne le centre d'une manière uniforme,

1. ARISTOTE *De Cælo* lib. II, cap. XIV (ARISTOTELIS *Opera*, éd. Didot, t. II, p. 407-409 ; éd. Bekker, vol. I, p. 296, col. b). — Voir : Première partie, ch. IV, § XIV ; t. I, p. 216.

les moindres parties se trouvant égalées aux plus grandes en ce qui concerne la poussée de leur poids. »

Les auteurs inconnus dont nous voulons examiner la tentative s'étaient évidemment inspirés de ce passage du Philosophe ; ils avaient dû raisonner de la manière suivante :

Imaginons qu'au commencement, la terre sphérique ait son centre au centre du Monde ; puis que, sur une des faces de cette terre, on dépose la grande masse d'eau qui est destinée à former l'Océan ; le poids de cette eau va déplacer la terre ; le centre de celle-ci va s'écarter du centre du Monde ; il adviendra ainsi que la mer sera terminée par une surface sphérique concentrique au Monde, mais que le centre de la sphère terrestre se trouvera hors du centre du Monde, du côté opposé à celui qu'occupe l'Océan ; une partie de la surface terrestre pourra, de cette façon, rester hors de l'eau ; et ce qui maintiendra soulevée la sphère de la terre, ce sera la poussée exercée sur cette sphère par le froid de la mer.

Telle est la première tentative qui semble avoir été faite pour expliquer mécaniquement l'émergence des continents.

Même si l'on regarde la pesanteur comme une force dirigée vers un point fixe qui serait le centre du Monde, elle est inadmissible ; elle ne serait recevable que si l'eau était plus dense que la terre ; moins dense que la terre, l'eau n'écarterait pas la sphère terrestre de la position où son centre coïncide avec le centre du Monde, mais elle se répandrait uniformément à la surface de la sphère terrestre.

C'est ce que semble avoir vu Jean de Jandun.

« Il y a, dit-il [1], un doute qui est le suivant : Il est certain que l'eau est pesante. Or, à présent, une partie de la terre, celle qu'habitent les animaux, n'est pas couverte par l'eau ; il en résulte, semble-t-il, que le centre de la terre n'est pas au centre du Monde ; la terre, en effet, est, d'un côté, plus élevée que l'eau, et l'eau est pesante ; dès lors, du côté où l'eau se trouve au-dessus de la terre, cette eau, qui est pesante, pousse la terre et la chasse de son lieu dans la direction où l'eau ne se trouve pas ; le centre de la terre n'est donc pas au centre du Monde, car un corps grave tel que l'eau, lorsque rien ne l'en empêche, se meut vers le bas. »

1. JOANNIS DE JANDUNO *Quæstiones in libros de Cælo et Mundo*, lib. I, quæst. XVI : An terra sit in medio mundi.

A ce raisonnement, voici ce qu'objecte Jean de Jandun : « Lorsqu'on dit : L'eau, parce qu'elle est grave, chasse la terre dans la direction opposée, on doit répondre : Il est vrai que l'eau, même en son lieu propre, possède une gravité *(aqua habet gravitatem etiam in loco suo)*. Mais cette gravité de l'eau n'a pas, pour mouvoir la terre et l'écarter du centre, une force motrice si grande que la force résistante de la gravité terrestre ne la surpasse. Si l'eau était aussi grave que la terre, alors le raisonnement serait concluant. »

Nicolas Bonet rejette, lui aussi, la théorie que Jean de Jandun a combattue, mais il la rejette pour des raisons toutes différentes. Ses raisons sont tirées de la doctrine qu'il professe au sujet du lieu naturel.

Cette doctrine est intimement liée à celle qu'Albert le Grand avait proposée.

Selon Nicolas Bonet [1], la nature a découpé le volume sphérique qu'enclôt la sphère de la Lune en quatre volumes partiels ; ces volumes sont séparés les uns des autres par des surfaces sphériques concentriques au Monde et entièrement déterminées.

Chacun de ces volumes est le lieu propre d'un élément ; chaque élément, lorsqu'il ne se trouve pas dans son lieu propre, tend à le regagner, et cette tendance constitue la pesanteur ou la légèreté de l'élément ; si cette tendance ne trouve pas d'obstacle, elle produit son effet, le mouvement naturel de l'élément, qui reconduit celui-ci à son lieu propre ; lorsque l'élément réside en son lieu propre, il n'est plus sollicité par une semblable tendance, il n'est plus ni grave ni léger.

L'eau, par exemple, ne se meut pas de mouvement naturel pour aller au centre du Monde, mais bien pour se rendre à son lieu naturel, c'est-à-dire pour gagner une région comprise entre deux surfaces sphériques concentriques au Monde ; de ces deux surfaces, la surface inférieure est, en même temps, la borne supérieure du lieu de la terre ; la surface supérieure est, en même temps, la limite inférieure du lieu de l'air. Quand l'eau est comprise entre ces deux surfaces, elle est en son lieu propre, elle ne tend plus à se mouvoir, elle n'est plus pesante.

Telle est la doctrine que Nicolas Bonet formule avec son habituelle netteté, que ne fait jamais hésiter l'étrangeté d'une affirmation.

1. Voir : Cinquième partie, ch. III, § VIII ; t. VII, p. 262-264.

« Les quatre éléments, dit Nicolas Bonet[1], ont des lieux qui sont absolument déterminés et immobiles, aussi bien par en haut que par en bas.

» Premier exemple, le feu élémentaire... Lors même que, par impossible, l'orbe de la Lune serait totalement anéanti, le feu, cependant, ne monterait jamais au-delà du lieu qu'il occupe maintenant ; il a, en effet, un lieu par en haut *(locus sursum)* qu'il ne peut jamais dépasser en montant ; ainsi la surface purement imaginée qui embrasse la couche sphérique ultime de la sphère du feu est immobile ; elle est, par en haut, le lieu immobile du feu.

» L'air a, lui aussi, son lieu immobile ; c'est la concavité de la sphère du feu ; il ne peut monter naturellement au-delà de cette surface ; quand bien même on anéantirait toute la sphère du feu, l'air ne monterait pas au-delà de cette surface imaginée.

» On en peut dire autant de la surface ultime de l'eau qui est la concavité de la sphère de l'air et qui est le lieu immobile de l'eau ; on en peut dire autant de la terre à l'égard de l'eau.

» Il est également manifeste que chacun des éléments a son lieu immobile par en bas *(secundum inferius)*.

» Exemple : La terre dont le centre [du Monde] est le lieu ultime et immobile au-delà duquel elle ne se meut point. Admettons, par impossible si ce n'est possible, que la terre soit percée d'outre en outre suivant un diamètre passant par le centre ; si une pierre, placée au sein de l'air, tombait dans ce trou, elle ne descendrait jamais que jusqu'au centre ; là elle s'arrêterait et demeurerait en repos ; elle ne se mouvrait pas au-delà, à moins que ce ne soit par violence, parce que le centre est le lieu immobile auquel elle tend...

» Il est également évident que l'élément de l'eau a un terme, une borne, un lieu, qui est absolument immobile dans l'Univers, qui lui est assigné par la nature, au-delà duquel il ne se meut pas naturellement ; cette limite, c'est la surface ultime de la terre. En effet, l'eau est grave et, par conséquent, se meut vers le bas ; toutefois, elle ne se meut pas vers le bas purement et simplement jusqu'au centre, mais seulement jusqu'à un certain lieu déterminé par la nature, c'est-à-dire jusqu'à la partie ultime du lieu naturel de la terre.

1. NICOLAI BONETI *Physica*, lib. VIII, cap. XII ; Bibliothèque Nationale, fonds latin, ms. nº 6.678, fol. 182, rº et vº ; ms. nº 16.132, fol. 144, col. b. et c.

» De là cette conséquence : Si, par impossible, l'élément terrestre était anéanti en totalité, l'eau ne se mouvrait point naturellement pour occuper le lieu de cet élément ; elle ne se mouvrait pas de mouvement naturel jusqu'au centre du Monde ; elle se mouvrait seulement jusqu'à la surface ultime du lieu de la terre, et là, elle resterait suspendue, elle demeurerait naturellement en repos ; l'espace du lieu naturel de la terre demeurerait vide.

» De cela, on peut donner une confirmation :

» Une grande partie de la terre est recouverte par l'eau, c'est manifeste ; si, toutefois, l'eau était grave, et s'il lui fallait naturellement descendre, pourvu qu'elle en eût la possibilité, jusqu'au centre de la terre, par son poids, elle écarterait du centre la masse de la terre ; comme l'eau a un volume très grand par rapport au volume de la terre, elle est plus grave et plus pesante que la terre ; par son poids, donc, elle chasserait la terre et la rendrait excentrique ; or l'expérience nous apprend que cela est impossible.

» On doit dire semblablement de l'air et du feu que chacun d'eux a son lieu propre, déterminé par en haut et par en bas, au-delà duquel il ne se meut point naturellement. »

Pour des raisons bien différentes, Jean de Jandun et Nicolas Bonet condamnaient l'essai de théorie mécanique qui, dans la pesanteur de l'eau, cherchait la force capable de faire émerger une face de la terre. Durant la première moitié du XIVe siècle, cette condamnation était, sans doute, généralement reçue par les physiciens de Paris. Pour expliquer l'existence permanente de la terre ferme, ces physiciens, continuateurs de Roger Bacon, recouraient au pouvoir de la nature universelle. Nous avons entendu Jean de Jandun se contenter de cette raison. Elle satisfaisait également Walter Burley.

« La terre, dit-il [1], n'est pas en totalité enveloppée par l'eau pure, et en voici la cause finale : C'est afin que puissent vivre l'homme et les animaux terrestres qui sont parties essentielles de l'Univers ; dans l'eau pure, en effet, ils ne pourraient vivre ; la nature universelle s'est donc ingéniée afin qu'une certaine partie de la terre ne fût pas enveloppée par l'eau pure ; cet effet advient de la part de la nature universelle ; et il advient en vue du bien et de l'achèvement au Monde entier.

1. BURLEUS *Super octo libros physicorum*, lib. IV, tract. I, cap. I. Ed. Venetiis, 1491, fol. qui précède le fol. sign. n, col. a.

» Mais, direz-vous, la terre se trouve alors privée de sa perfection naturelle [qui consiste à être entourée d'eau], et cela ne convient point.

» Je dis que ce n'est pas là la perfection essentielle *(per se)* de la terre, mais seulement une perfection accidentelle ; en ce qui touche au lieu, la perfection essentielle de la terre consiste à se trouver au milieu du Monde ; mais qu'elle se trouve tout entière contenue dans la surface ultime de l'eau, ce n'est pas, pour elle, une perfection essentielle ; or que la terre soit perpétuellement privée d'une perfection accidentelle en vue d'un plus grand bien, du bien de l'Univers entier, par exemple, il n'est pas vrai que cela ne convienne point ; c'est, au contraire, plus convenable et plus décent. »

II

L'EAU EST-ELLE PESANTE LORSQU'ELLE RÉSIDE EN SA SPHÈRE ?

L'essai de théorie mécanique dont nous venons de parler a été condamné par Nicolas Bonet aussi bien que par Jean de Jandun, mais ces deux auteurs se sont réclamés de principes mécaniques tout opposés. L'eau est pesante lors même qu'elle se trouve en son lieu propre, affirmait Jean de Jandun ; l'eau, lorsqu'elle se trouve en son lieu naturel, ne pèse pas, déclarait Nicolas Bonet. Nous saisissons ici un exemple remarquable d'une incertitude qui embarrassa fort l'Hydrostatique de l'Antiquité et du Moyen-Age. Essayons de marquer exactement en quoi consistait le débat et quelles raisons on invoquait de part et d'autre.

Entre le centre du Monde et la concavité de l'orbe lunaire, nous pouvons tracer trois surfaces sphériques, concentriques à l'Univers, qui découpent en quatre régions la sphère des choses périssables ; ces quatre régions sont celles qu'occuperaient les éléments s'ils étaient disposés comme le requiert leurs natures particulières ; du centre à la circonférence, ce sont : la sphère de la terre, la couche sphérique de l'eau, la couche sphérique de l'air, la couche sphérique du feu.

Imaginons qu'une masse de l'un des trois premiers éléments se trouve dans la sphère qui lui correspond, qu'une masse d'eau, par exemple, se trouve dans la région de l'espace que nous avons appelée sphère de l'eau ; cette masse y est-elle pesante ?

Pour répondre à cette question, il faut se reporter aux principes sur lesquels le Péripatétisme fait reposer la théorie du mouvement naturel. Un corps est-il en son lieu propre ? Il y demeure naturellement en repos sans avoir besoin que rien l'y retienne, sans faire aucun effort pour en sortir. Est-il hors de son lieu propre ? S'il n'est gêné par aucun obstacle, il se meut naturellement pour gagner ce lieu ; si quelque entrave l'empêche de se mouvoir, il presse et fait effort sur le corps qui l'arrête ; d'une façon comme de l'autre, il *pèse*, il *gravite* vers son lieu naturel.

La question posée se transforme, dès lors, en celle-ci : Quand est-ce qu'une masse d'eau se trouve en son lieu naturel ? Est-elle en son lieu naturel quand elle se trouve au centre du Monde ? Dans ce cas, même quand elle réside au sein de la sphère de l'eau, elle continue de peser vers le centre du Monde. Est-elle en son lieu naturel quand elle réside à l'intérieur de la couche sphérique qui lui est attribuée ? Dès lors, elle n'y est pas pesante ; si elle est libre, elle ne se meut pas pour en sortir ; si elle est entourée d'autres corps, elle n'exerce sur ces corps aucune pression.

Chacune des deux opinions a eu ses tenants. Nous venons d'entendre Nicolas Bonet formuler la seconde avec une entière netteté ; elle était la conséquence forcée de la théorie du lieu naturel qu'Albert le Grand avait introduite dans l'École.

Aristote professait assurément la première opinion. « Dans la région de l'espace qui lui est réservée, disait-il [1], tout élément, même l'air, est pesant ; le feu seul fait exception — Ἐν τῇ αὑτοῦ γὰρ χώρᾳ βάρος ἔχει πλὴν πυρός, καὶ ὁ ἀήρ. » Le Stagirite, d'ailleurs, se hâtait de citer, à l'appui de son affirmation, une observation fausse : « La preuve en est, ajoutait-il, qu'une outre pèse davantage lorsqu'elle est gonflée que lorsqu'elle est vide. » Aristote n'eût pu légitimement prétendre au titre de précurseur d'Archimède.

Que l'eau demeure pesante même quand elle réside dans sa propre sphère, c'est ce que suppose toute la théorie d'Archimède. L'un des premiers postulats [2] de cette théorie, c'est que

1. Aristote *De Cælo* lib. IV, cap. 4 (Aristotelis *Opera*, éd. Firmin Didot, t. II, p. 429 ; éd. Bekker, vol. I, p. 311, col. b).

2. 'ΑΡΧΙΜΗΔΟΥΣ 'Οχουμένων α' (Archimedis *Opera omnia cum Commentariis* Entocii. Iterum edidit J. L. Heiberg. Vol. II, Lipsiae, MDCCCCXIII, p. 318). Sur le sens exact qu'il convient d'attribuer à ce postulat, voir : Pierre Duhem, *Archimède a-t-il connu le paradoxe hydrostatique ?* (*Bibliotheca mathematica*, 3te Folge, Bd. I, p. 15.).

« chacune des parties du fluide est pressée par tout le fluide qui est verticalement placé au-dessus d'elle. — Ἕκαστον τῶν μερέων αὐτοῦ θλίβεσθαι τῷ ὑπεράνω αὐτοῦ ὑγρῷ κατὰ καθετον ἐόντι. » Et pour évaluer cette pression supportée par une surface, ce que calcule Archimède, c'est toujours le poids de ce qui se trouve, suivant la verticale, superposé à cette surface.

Mais s'il est d'accord avec Aristote au sujet du principe qu'il admet, Archimède rectifie la conclusion fausse que le Stagirite en avait tirée. « Un corps solide plus lourd qu'un fluide et plongé dans ce fluide, dit-il [1], devient plus léger d'une quantité égale au poids du liquide qui aurait un volume égal au volume du solide. — Τὰ βαρύτερα τοῦ ὑγροῦ ἀφεθέντα..... ἐσσοῦνται κουφότερα ἐν τῷ ὑγρῷ τοσοῦτον, ὅσον ἔχει τὸ βάρος τοῦ ὑγροῦ τοῦ ταλικοῦ τον ὄγκον ἔχοντος, ἁλικος ἐστὶν ὁ τοῦ στερεοῦ μεγέθεος ὄγκος. »

Lorsqu'on gonfle une outre, le poids de cette outre augmente du poids de l'air qu'on insuffle entre ses parois ; mais son volume augmente, en même temps, du volume de cet air ; pesée dans l'air, donc, elle gardera, d'après la règle d'Archimède, un poids apparent égal à celui qu'elle avait lorsqu'elle était vide ; elle ne sera pas plus lourde, comme le prétendait Aristote.

Peu de pensées demeurèrent plus longtemps et plus complètement méconnues que les géniales découvertes d'Archimède. Les règles qu'il avait tracées pour déterminer ce que pèse un corps plongé dans un fluide furent universellement admises ; mais le sens en fut universellement incompris ; on n'y vit pas les conséquences des pressions qu'un fluide, pesant dans son propre domaine, exerce sur tout corps qui prend sa place ; on y vit simplement l'affirmation qu'une masse fluide n'est pas pesante lorsqu'elle est entourée de tous côtés par le fluide qui lui est identique ; et cette affirmation, on la transforma d'une manière insensible en cette autre : Un fluide qui réside en son lieu naturel ne pèse pas.

Cette inintelligence de la pensée d'Archimède est bien frappante dans le traité de Héron d'Alexandrie [2], qui cite le Περὶ ὀχουμένων du grand Syracusain et prétend s'autoriser de la doctrine exposée par cet ouvrage.

1. ARCHIMÈDE *Op. laud.*, VII ; éd. cit., p. 332-334.

2. HERONIS ALEXANDRINI *Spiritalium liber*. A. FEDERICO COMMANDINO URBINATE, *ex Graeco, nuper in Latinum conversus*. Urbini, MDLXXV. Fol. 7, v° ; fol. 8, r° et v°.

« En elle-même, dit Héron, l'eau n'a ni gravité ni force de compression. C'est pourquoi ceux qui plongent au fond de la mer... n'éprouvent aucune compression, bien qu'ils portent sur leurs épaules un poids d'eau considérable... Il a été démontré par Archimède, dans son livre *Sur les corps flottants*, qu'un corps de même gravité [spécifique] qu'un liquide, plongé dans ce liquide, n'émerge pas du liquide et ne s'y enfonce pas ; il ne comprimera donc pas ce qui se trouve au-dessus de lui ; en effet, si l'on supprime tout ce qui le comprimerait par-dessus, il demeurera au même lieu ; comment donc un corps qui ne désire pas descendre plus bas comprimerait-il ce qui se trouve au-dessous de lui ? Semblablement, le liquide qui occupe la place où était ce corps ne comprimera pas les corps sous-jacents ; en effet, en rien de ce qui touche au repos et au mouvement, ledit corps et le liquide qui occupent la même place ne diffèrent l'un de l'autre. »

Ainsi le principe d'Archimède, dont la raison d'être se trouvait dans la pression que le liquide exerce sur le corps immergé, était pris comme argument par ceux qui voulaient nier cette pression.

Les mécaniciens hellènes ont assurément donné, de la pensée d'Archimède, la très fausse interprétation qu'en proposait Héron d'Alexandrie.

Simplicius [1] nous rapporte ce que disait Ptolémée, à ce sujet, dans son traité *Des poids*, Περὶ ῥοπῶν, qui est aujourd'hui perdu. Il soutenait contre Aristote, « qu'en sa région propre, ni l'eau ni l'air n'a de poids — Ὅτι ἐν τῇ αὐτῶν χώρᾳ οὔτε τὸ ὕδωρ οὔτε ὁ ἀὴρ βαρός ἔχει. » Que l'eau n'ait pas de poids en son propre domaine, il en donnait pour preuve le témoignage des plongeurs qui, si profondément qu'ils s'enfoncent, ne sentent pas le poids du liquide qui les surmonte. Que l'air ne pèse pas non plus lorsqu'il est dans sa sphère, il prétendait le démontrer par l'expérience ; non seulement, à son avis, une outre gonflée ne pèse pas plus qu'une outre vide, mais elle est plus légère.

Le nom d'Archimède n'a été connu de la Scolastique latine que par un petit traité, parfois intitulé : *De incidentibus in aquam*, dont l'objet semble avoir été de définir le poids spécifique d'un corps et d'apprendre à le déterminer au moyen de

1. Simplicii *In Aristotelis libros de Caelo commentaria*, lib. IV, cap. IV ; éd. Karsten, p. 313, col. b ; éd. Heiberg, p. 710.

l'aréomètre. Ce petit traité, dont nous avons précédemment parlé [1], est très certainement une relique de la science hellène. Or le premier postulat qu'il invoque est ainsi formulé :

« Nul corps n'est lourd en lui-même ; ainsi l'eau n'est d'aucun poids dans l'eau, ni l'huile dans l'huile, ni l'air dans l'air. »

La pensée de Héron d'Alexandrie devient le principe d'où se tirent les propositions qu'on met, sans doute à juste titre, au compte d'Archimède.

Thémistius soutient fermement [2], contre Aristote, qu'aucun élément n'est ni pesant, ni léger, dans cette région qui constitue sa sphère, qu'Aristote nomme son *espace* αὐτοῦ χώρα, et il en donne clairement la raison ; c'est qu'à son avis, cet espace est le *lieu propre* de l'élément, αὐτοῦ τόπος.

« Dans leurs lieux propres, dit-il, les éléments ne sont doués ni de pesanteur ni de légèreté. Sinon, ils ne se mouvraient pas naturellement vers leurs lieux propres, ils ne reposeraient pas naturellement en ces lieux, mais ils posséderaient naturellement le mouvement qui les écarte de ces lieux... Le mouvement propre d'un corps, en effet, c'est celui qui l'incline naturellement à venir résider en son lieu. C'est pour cette raison que nous disons de la terre, placée dans l'air, qu'elle possède naturellement le mouvement vers le bas ; c'est par ce qu'elle incline vers ce lieu ; de même disons-nous que le feu, partant de terre, se meut [naturellement] vers le haut parce qu'il incline à ce lieu. Mais si un élément qui réside en son lieu propre était encore le siège d'une inclination, cette inclination lui donnerait poids ; il ne tiendrait plus alors de la nature la propriété de se mouvoir vers son lieu propre, mais bien de se mouvoir, à partir de ce lieu propre, vers le lieu auquel il incline, c'est-à-dire vers le bas ; car les corps qui [en leurs lieux propres] seront doués de gravité, inclineront vers le bas ; et on pourra raisonner semblablement de ceux qui auront légèreté. Les éléments possèderont donc naturellement la propriété non point de rester en repos dans leurs lieux propres, non point de se mouvoir vers ces lieux, mais de se mouvoir au sein de leurs lieux propres, et de se mouvoir pour les quitter. »

1. Voir : Cinquième partie, ch. X, § VI ; t. VIII, p. 212-213.

2. THEMISTII *Peripatetici lucidissimi Paraphrasis In Libros Quatuor Aristotelis de Cælo... Moyse Alatino Hebraeo Spoletino... Interprete.* Venetiis, apud Simonem Galignanum de Karera, MDLXXIIII. Lib. IV. Fol. 62, v°, et fol. 63, r°. — THEMISTII *In libros Aristotelis de Cælo paraphrasis Hebraice et Latine.* Ed. Samuel Landauer. Berolini, MCMII. Lib. IV, cap. IV, p. 233-234.

Thémistius rejette cette opinion et, pour la rejeter, il n'hésite pas à révoquer en doute l'expérience de l'outre, qu'Aristote avait citée.

Cette expérience contestée, Simplicius [1] l'avait reprise. « J'ai fait l'expérience, dit-il, avec toute l'exactitude possible, et j'ai trouvé que le poids de l'outre, après qu'elle avait été gonflée, était le même qu'avant... Mais Aristote ayant dit que l'outre gonflée était plus pesante que l'outre vide, il est malaisé de ne tenir aucun compte de l'assertion d'un homme aussi exact. Il se peut que l'air soufflé dans l'outre par une bouche humaine soit légèrement humide et qu'il soit, de plus, condensé par l'insufflation longtemps continuée, en sorte qu'il ajouterait parfois à l'outre un poids modique, qu'un observateur diligent ne pourrait négliger. »

Simplicius ne paraît pas regarder [2] comme convaincant l'argument donné par Héron d'Alexandrie et par Ptolémée pour démontrer que l'eau ne pèse pas dans l'eau. Sans doute, les plongeurs ne sentent pas le poids énorme de l'eau que portent leurs épaules ; mais n'est-ce pas parce qu'ils sont « comme ces animaux qui vivent dans les trous d'un mur ? L'eau qui se trouve au-dessus, au-dessous et sur les côtés des plongeurs s'appuie de toutes parts sur elle-même, comme les parties du mur qui sont au-dessus, au-dessous et sur les côtés des animaux qu'elles entourent. Si l'eau n'avait pas cette continuité, les plongeurs en sentiraient le poids. »

Peut-être faut-il, en ce passage, reconnaître une intuition ou un souvenir de la pression hydrostatique, telle que la concevait Archimède ; intuition ou souvenir bien vague, à coup sûr, et bien peu capable de faire revivre la pensée du génial Syracusain qu'avait fait évanouir cet aphorisme faux, mais clair : Dans la région qui lui est propre, un élément est dénué de poids.

Averroès prend contre Thémistius la défense d'Aristote ; mais s'il sauve les paroles du Stagirite, c'est à la condition d'en altérer profondément le sens.

Pour défendre en Péripatéticien intelligent ce qu'affirmait le dernier livre au Περὶ Οὐρανοῦ, il fallait nettement distinguer deux notions que le Stagirite avait eu le tort de mêler ; d'une

1. Simplicii *Op. laud.*, lib. IV, cap. IV ; éd. Karsten, p. 314, col. b ; éd. Heiberg, p. 712.
2. Simplicii *Op. laud.*, loc. cit. ; éd. Karsten, p. 313, col. b ; éd. Heiberg, p. 710.

part, il fallait définir le *lieu* propre l'αὐτοῦ τόπος d'un élément, qui est le lieu vers lequel l'élément se meut de mouvement naturel et dans lequel il se repose ; d'autre part, il fallait marquer l'*espace* propre, l'αὐτοῦ χώρα du même élément, c'est-à-dire l'orbe sphérique qu'il occupe quand les divers corps se sont superposés suivant l'ordre que leur assigne leur gravité. L'*espace* propre de l'eau, c'est la couche comprise entre deux certaines surfaces sphériques concentriques au Monde; le *lieu* propre de l'eau, c'est le centre même du Monde.

En son *lieu* propre, un élément demeure naturellement en repos ; il ne se meut plus de mouvement naturel ; il ne tend pas à quitter la position qu'il occupe ; il n'exerce aucune pression sur les corps qui l'entourent ; il n'a donc ni gravité ni légèreté ; au centre du Monde, une masse d'eau ne serait plus pesante. Il n'en est pas de même lorsqu'une masse d'eau se trouve dans son *espace* propre ; si elle y demeure immobile, ce n'est pas d'elle-même et par nature ; c'est parce qu'il y a, au-dessous d'elle, des corps plus graves qui l'empêchent de descendre au centre du Monde ; mais elle y tomberait si l'on ôtait ces obstacles et, maintenus par eux, elle exerce sur eux une certaine pression ; dans son *espace* propre, donc, elle garde son poids.

Telle est, très certainement, la pensée habituelle d'Aristote, encore que certains souvenirs de l'enseignement de Platon aient, parfois, mis quelque trouble dans cette distinction du *lieu* propre et de l'*espace* propre [1].

Cette distinction, Averroès la méconnaît entièrement ; très formellement, nous l'avons entendu déclarer [2] que le *lieu* propre vers lequel un corps se meut de mouvement naturel, c'est la surface qui est destinée à le contenir ; partant, le terme auquel l'eau tend par son mouvement naturel, ce n'est pas le centre du Monde ; c'est la surface concave de la sphère de l'air ; le *lieu* propre est donc identique à l'*espace* propre.

Dès lors, Averroès devrait logiquement concéder à Thémistius que l'eau n'est ni grave ni légère, lorsqu'elle se trouve dans cette région propre, entre la surface terrestre et la concavité de l'atmosphère. Mais que deviendrait, en ce cas, la lettre d'Aristote, dont le Commentateur de Cordoue se montre, en toutes circonstances, le gardien si étrangement jaloux ? Voici par quel artifice elle sera sauvée [1] :

1. Voir : Chapitre précédent, p. 89-90.
2. Voir : Chapitre précédent, p. 106-107.

« Si, par gravité ou par légèreté, nous entendons la nature même du corps qui est grave ou léger, comment pourrait-on penser que cette gravité ou cette légèreté ne réside pas dans un élément lors même qu'il se trouve en son lieu naturel ? Mais, si par gravité ou légèreté, nous entendons le mouvement » — et, par ce mot, Averroès veut très certainement désigner ce que les Grecs nommaient ῥοπή, ce que nous appelons *force* — « Si nous entendons le mouvement et non pas la nature d'où provient le mouvement, il est vrai qu'en son lieu naturel, un élément n'a ni gravité ni légèreté, c'est-à-dire qu'il n'a pas de mouvement... » La cause pour laquelle la gravité ou la légèreté meut dans certaines circonstances et ne meut point dans d'autres, c'est la suivante :

» Parfois le corps grave ou léger est en puissance, celui-ci parce qu'il est en bas ou celui-là parce qu'il est en haut ; il se meut alors en tant qu'il est en puissance. Mais lorsqu'un corps est d'une manière actuelle en son lieu propre, il ne se meut point, car le mouvement, c'est la perfection d'une chose en puissance. »

Cette nature qu'on appelle gravité demeure donc inhérente au corps grave même quand celui-ci se trouve en son lieu naturel ; mais alors, elle est parfaite, il n'y a plus rien en elle qui soit en puissance, partant elle n'est plus une tendance, elle ne détermine plus un mouvement, elle n'est plus une force (ῥοπή). Assurément, ce n'est pas là ce que voulait dire Aristote ; en affirmant que l'air est pesant même dans la région qui lui est assignée (αὐτοῦ χώρα), il entendait bien dire qu'il y demeure soumis à une force, dont la tendance est de le mouvoir vers le bas ; la fausse expérience de l'outre, invoquée par le Stagirite, ne nous permet pas, à cet égard, de nous méprendre sur sa pensée.

L'artifice d'Averroès a donc bien pu sauver pour la forme la lettre même du langage tenu par Aristote ; mais, faussant le sens de ce langage, elle en a fait sortir cette affirmation : Lorsqu'une masse d'eau se trouve dans la sphère qui lui est assignée, elle n'a plus aucune tendance au mouvement vers le bas, elle n'a plus de *poids*. Ainsi l'aphorisme de Héron d'Alexan-

1. AVERROIS CORDUBENSIS *Paraphrasis in libros Aristotelis de Cælo et Mundo*, lib. IV, Summa III, cap. II. — Cf. AVERROIS CORDUBENSIS *Commentarii in libros Aristotelis de Cælo et Mundo*, lib. IV, summa III, cap. II, comm. 30. Dans ce dernier ouvrage, la pensée d'Averroès ne se montre pas aussi clairement que dans le premier.

drie, de Ptolémée, de Thémistius a pu fort injustement se réclamer de l'autorité d'Aristote.

Comment les mécaniciens de la Scolastique latine se seraient-ils tenus en garde contre une proposition si fortement appuyée ? Ils ne l'ont pas fait, et nous les en devons excuser.

Au quatrième livre de son *Opus quadripartitum numerorum*, Jean de Murs développe, non sans quelque maladresse, les enseignements du petit traité *De incidentibus in aquam* faussement mis au compte d'Archimède. Des *petitiones* sur lesquelles il compte appuyer ses déductions, la première est ainsi formulée [1] : « Nul corps n'est grave dans son propre sein. — *Nullum corpus in seipso grave est.* »

Vers la fin du XIVe siècle, Blaise de Parme développe, dans la troisième partie de son *Tractatus de ponderibus*, les doctrines de ce même opuscule ; voici comment débute cette partie :

« Nul élément ne pèse dans sa propre région. C'est ce que dit Archimède au traité *Des corps qui tombent dans un liquide.* Dans son ouvrage sur l'Univers, le grand Académicien Aristote dit le contraire dans les termes suivants : Dans sa propre région, tout élément, sauf le feu, possède gravité. Mais cette philosophie n'a guère de partisans et, avec ce que nous allons dire, elle ne s'accorde pas ; laissons-là donc de côté. — *Nullum elementum in ejus propria regione ponderat. Hoc dicit Alaminides in tractatu de incidentibus in liquido. Cujus magnus Achademicus Aristotiles contradicit, in ejus volumine de Universo sub hoc tenore : Quodlibet elementum in regione propria preter ignem habet gravitatem. Que philosophia non multis placet, nec dicendis confert; iedo relinquatur.* »

Ainsi les théoriciens de la Mécanique, ceux qu'on nommait les *Auctores de ponderibus*, conspiraient avec les commentateurs mêmes d'Aristote pour rejeter l'enseignement du Stagirite, l'enseignement authentique d'Archimède, et pour déclarer qu'une masse d'eau est dénuée de tout poids, lorsqu'elle réside entre les deux surfaces sphériques qui délimitent le domaine de l'eau.

1. *Quadripartitum numerorum Magistri Johannis de Muris*, lib. IV, tract. II : De ponderibus et metallis. (Bibliothèque Nationale, fonds latin, ms. n° 7.190, fol. 81, r°.)

2. *Tractatus de ponderibus secundum Magistrum* BLASIUM DE PARMA, pars III. (Bibliothèque Nationale, fonds latin, ms. n° 10.252, fol. 157, v°.)

III

L'ÉQUILIBRE DE LA TERRE. LE SCEPTICISME DE JEAN BURIDAN

Les discussions dont nous venons de retracer l'esquisse auront d'importantes conséquences, lorsque le temps sera venu d'étudier l'équilibre du système formé par la terre et par l'eau. Pour le moment, c'est l'équilibre de la terre qui va seul retenir notre attention.

Si Aristote a été conduit à émettre quelques pensées touchant l'équilibre de la masse terrestre [1], si ses commentateurs et, en particulier, Alexandre d'Aphrodisias ont été amenés à développer ces pensées, c'est qu'un point délicat de la Physique péripatéticienne les y avait sollicités.

Le lieu de la terre, c'est le centre du Monde ; pour que la terre demeure en repos, il faut qu'elle réside au centre du Monde ; c'est vers le centre du Monde qu'elle se meut de mouvement rectiligne, quand elle n'est pas en son lieu naturel. Mais le centre du Monde est un point sans étendue ; ni la terre entière, ni une masse de terre, si petite qu'on la suppose, ne se réduit à un simple point. Dès lors, dans une masse de terre, quel est le point qui assurera le repos de la masse entière en se plaçant au centre du Monde ? Quel est le point qui se dirigera en droite ligne vers le centre du Monde pendant que la masse se mouvra de mouvement naturel ? Telles sont les questions auxquelles Aristote et ses commentateurs s'étaient efforcés de répondre.

De ces deux questions, la seconde, nous l'avons vu [2], s'était offerte déjà à la vive imagination de Roger Bacon.

Aristote n'avait rien conçu, en sa Physique, qui fût analogue à notre notion de masse ; pour qu'un corps, soumis à une certaine puissance, pût se mouvoir avec une vitesse finie, il fallait qu'une certaine résistance le retînt ; en l'absence de toute résistance, il parviendrait instantanément au terme de son mouvement. Un grave, par exemple, soumis à sa seule pesanteur, atteindrait le sol au moment même qu'il serait libre de tomber; si sa chute dure un certain temps, c'est qu'une certaine résistance lutte contre la gravité dont il est

1. Voir : Première partie, ch. IV, § XIV ; t. I, p. 215-219.
2. Voir : Chapitre précédent, § IV, p. 112.

doué. Cette résistance, Aristote l'attribue entièrement à l'air ambiant ; cette doctrine lui fournit un de ses principaux arguments contre la possibilité du vide ; dans le vide, un grave n'éprouverait aucune résistance ; sa chute serait donc instantanée.

A l'encontre de cette théorie d'Aristote, Roger Bacon entreprend [1] de prouver qu'en un grave qui tombe, il n'y a pas seulement une pesanteur naturelle qui joue le rôle de puissance, mais encore une violence interne qui résisterait à cette puissance lors même que le milieu ambiant serait supprimé.

« Les physiciens estiment, dit le célèbre Franciscain, que la descente des graves est entièrement naturelle et qu'il en est de même de l'ascension des corps légers en sorte que ces deux mouvements ne comportent aucune violence. Mais une figure géométrique *(fig. 1)* suffit à nous montrer le contraire. Soient, en effet, D B C, une pierre ou un morceau de bois placé dans l'air, A le centre du Monde et G H un diamètre du Monde. Comme les trois points D, B, gardent toujours, au sein du tout, les mêmes distances mutuelles, il faut qu'ils descendent vers le centre suivant des lignes parallèles ; D descendra donc par la ligne D E, B par la ligne B A et C par la ligne C O. D tombera donc hors du centre du Monde, sur le diamètre H G, en un point plus rapproché du Ciel, savoir le point E ; C tombera de même en O. En cette descente, D s'éloignera du centre A et s'approchera du Ciel selon la distance A E, et C selon la distance A O. Mais toutes les fois qu'un grave s'éloigne du centre pour se rapprocher du Ciel, il y a violence. D et C se meuvent donc de mouvement violent, et il en est de même de toutes les parties du corps D B C, sauf de la partie B qui va seule au centre. Il se produit donc ici une grande violence. »

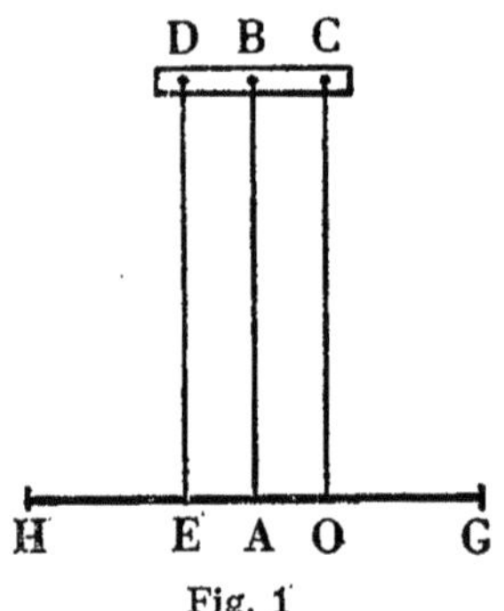

Fig. 1

Quant à la première question, nous voyons Walter Burley préoccupé d'y répondre.

Selon Burley [2], le lieu naturel de l'élément terrestre n'est pas

1. Fratris ROGERI BACON *Opus majus*, Partis IVæ dist. IV, cap. XV ; éd. Jebb, p. 103-104, numérotées par erreur 99-100 ; éd. Bridges, vol. I, p. 167-169.
2. BURLEUS *Super octo libros physicorum*, lib. IV, tract. I, cap. I ; éd. Venetiis, 1491, 3e fol. après le fol. sign. m 4, col. c.

la surface interne de l'élément de l'eau ; « la terre n'est en son lieu naturel que si sa sphère a pour centre le centre du Monde. » « De même, l'eau n'est en son lieu naturel que si sa sphère a pour centre le centre du Monde, qui est le même que celui de la terre. » On peut en dire autant des autres éléments : « Aucun élément n'est en son lieu naturel si son centre n'est au centre du Monde. » « Une portion de la terre, libre de tout obstacle, se meut vers le centre du Monde et non vers la surface interne de l'eau. » Une difficulté, il est vrai, se présente : « Lorsque la terre a pour centre le centre du Monde, chacune de ses parties se trouve violentée, car, libre de toute entrave, elle se mouvrait naturellement vers le centre. » « De même si la terre était percée, de part en part, d'un trou passant par le centre, une motte de terre, jetée dans ce trou, se mouvrait jusqu'à ce que son milieu vienne au milieu du Monde ; une moitié de cette masse serait alors d'un côté du centre du Monde et l'autre moitié de l'autre côté ; mais cela ne peut se faire à moins qu'une partie de cette motte de terre ne s'éloigne du centre de l'Univers pour se rapprocher du Ciel ; or, ce dernier mouvement est un mouvement vers le haut, donc un mouvement violent, ce qui est impossible. » A cela Burley répond « qu'une partie de la terre, détachée de son tout, est violentée lorsque son milieu n'est pas le centre du Monde, car, délivrée de tout obstacle, elle se mouvrait vers le centre du Monde ; mais lorsqu'elle est unie au reste de la terre, elle peut, sans être violentée, reposer hors du centre du Monde, car elle est en repos, non par elle-même, mais en vertu du repos de l'ensemble. »

Dans ses *Questions sur la Physique* d'Aristote, Buridan examine, lui aussi, les deux problèmes dont nous venons de parler ; mais bien loin d'en proposer une solution, il propose d'en regarder l'énoncé comme dénué de sens ; et dans le scepticisme qu'il manifeste à leur endroit, nous reconnaissons la tradition d'Ockam.

Guillaume d'Ockam affirmait avec persistance [1] que dans les notions purement géométriques de point, de ligne, de surface, il n'y a rien de réel, rien de positif ; seul, le volume, la grandeur à trois dimensions étendue en longueur, largeur et profondeur, peut être réalisé. La surface est une pure négation, la négation

1. Gulielmi de Occam *Tractatus de Sacramento Altaris*, cap. I, II et IV. — *Quodlibeta*, Quodlib. I, quæst. IX. — *Logica*, cap. de Quantitate, etc.

que le volume d'un corps s'étende au-delà d'un certain terme ; de même, la ligne est la négation que l'étendue d'une surface franchisse une certaine frontière, le point, la négation qu'une ligne se prolonge au-delà d'une certaine borne.

Écoutons le célèbre Nominaliste gourmander [1] avec sa fougue habituelle les physiciens qui parlent des pôles immobiles du Ciel, du centre immobile du Monde, réalisant ainsi des points, des indivisibles, qui sont de pures abstractions de géomètre :

« Ce qu'on dit de l'immobilité des pôles et du centre procède d'une fausse imagination, à savoir qu'il existe, dans le Ciel, des pôles immobiles et, dans la terre, un centre immobile. Cela est impossible. Lorsque le sujet est animé de mouvement local, si l'attribut demeure numériquement un, il se meut de mouvement local. Mais le sujet de cet accident que sont les pôles, c'est-à-dire la substance du Ciel, se meut de mouvement local ; ou bien donc les pôles seront incessamment remplacés par d'autres pôles numériquement distincts des premiers, ou bien ils seront en mouvement.

» Peut-être dira-t-on que le pôle, qui est un point indivisible, n'est pas une partie du Ciel, car le Ciel est un continu et les continus ne se composent pas d'indivisibles.

» Mais si le pôle existe, et s'il n'est pas une partie du Ciel, c'est donc quelque substance corporelle ou incorporelle. Si elle est corporelle, elle est divisible et non pas indivisible. Si elle est incorporelle, elle est de nature intellectuelle, et l'on arrive à cette conclusion que le pôle du Ciel est une intelligence. »

L'esprit qui a guidé Ockam lorsqu'il a écrit ce passage est aussi celui qui a inspiré Buridan en la discussion des deux problèmes dont nous avons parlé ; l'opinion du Philosophe de Béthune semble pouvoir se résumer en ces termes : Les deux questions dont il s'agit sont dénuées de tout sens, car elles attribuent la réalité et des propriétés physiques au centre du Monde, tout en traitant ce centre comme un point indivisible.

Voyons d'abord ce que le Philosophe de Béthune dit de la question posée au sujet du lieu naturel de la terre [2].

Selon Buridan [3], le lieu naturel de l'élément terrestre est, en

1. Gulielmi de Occam *Summulæ in libros Physicorum*, lib. IV, cap. XXII ; éd. Venetiis, 1506, fol. 31, col. b.

2. Magistri Johannis Buridani *Questiones quarti libri Phisicorum*. Queritur quinto utrum terra sit in aqua sive in superficie aque tanquam in loco proprio et naturali (Bibl. nat., fonds lat., ms. 14.723, fol. 63, col. d). — Joannis Buridani *Quaestiones super orto phicicorum libros Aristotelis*, éd. Parisiis, MDIX, fol. lxx, col. c.

3. Jean Buridan, *loc. cit.*, ms. cit., fol. 64, col. c. ; éd. 1509, fol. lxx, col. d.

partie, la surface interne de l'eau, en partie la surface interne de l'air.

« A l'opinion qui prétend que le lieu propre et naturel de la terre n'est point l'eau, mais le centre du Monde, nous répondrons [1], tout d'abord, que le centre du Monde, c'est la terre tout entière, et la terre ne saurait être à elle-même son propre lieu. Si par contre nous entendons un point indivisible que l'imagination mathématique place au centre du Monde, ce centre-là ne saurait être lieu, car il ne contient rien. Si l'on supposait que la terre fût placée ailleurs, sous d'autres éléments, elle ne se mouvrait pas vers ce point. » On dit, il est vrai, à l'appui de cette opinion, que si la terre était percée de part en part, un fragment terrestre, jeté dans ce trou, descendrait au centre du Monde ; mais cette remarque est sans valeur ; « il faut bien que, selon la nature, le trou se remplisse de quelque manière. »

L'esprit d'Ockam est bien reconnaissable dans le passage que nous venons de citer ; il l'est plus encore dans celui-ci, où Buridan examine [2] « si la durée successive qui affecte le mouvement des corps graves ou légers vers leurs lieux naturels provient entièrement de la résistance du milieu ».

« Remarquez à ce sujet, dit le Philosophe de Béthune [3], que certains physiciens admettent bien aisément l'existence d'une résistance intrinsèque au cours de la chute naturelle d'un grave.

» Supposons qu'un gros homme descende ; toutes les parties de cet homme tendent en ligne droite au centre. Mais les parties latérales extrêmes ne peuvent se diriger en ligne droite vers le centre, car les parties médianes les en empêchent. Il semble donc que les parties de ce grave éprouvent un certain empêchement, une certaine résistance à l'encontre de l'inclination qui les porte au centre. Cela paraît contraire à la conclusion précédemment posée qui attribue, dans la chute des graves, toute résistance au milieu ambiant.

« Voici, ce me semble, ce qu'il faut répondre : Le centre ou milieu du Monde n'est aucunement une chose indivisible, sem-

1. JEAN BURIDAN, *loc. cit.*, ms. cit., fol. 65, col. a ; éd. 1509, fol. lxxii, col. b.

2. Magistri JOHANNIS BURIDAM *Questiones quarti libri Phisicorum.* Queritur nono utrum in motibus gravium et levium ad sua loca naturalia tota successio proveniat a resistentia medii (Bibl. nat., fonds lat., ms. 14.723, fol. 66, col. c). — Ed. 1509, fol. lxxiiii, col. b.

3. JEAN BURIDAN, *loc. cit.*, ms. cit., fol. 67, col. a ; éd. 1509, fol. lxxiiii, col. d. — Au lieu de : *grossus homo*, le texte imprimé porte : *grossus lapis.*

blable au point qu'on peut imaginer sur une ligne. Le centre ou milieu du Monde est une chose qui a une certaine grandeur, qui est longue, large et profonde ; c'est, par exemple, toute la terre ou une partie possédant un certain volume *(pars quantitativa)* de cette même terre. Le lieu inférieur, le lieu le plus bas, ce n'est pas le centre [indivisible] du Monde ; bien plutôt, ce lieu contient ce centre [indivisible] du Monde. Un homme qui tombe n'a pas inclination, ne se dirige pas vers le centre indivisible du Monde. Bien plus ! S'il n'y avait aucun corps grave à l'endroit vers lequel tombe cet homme, s'il y avait seulement de l'air là où se trouvent actuellement la terre et l'eau, cet homme aurait inclination et tendance à devenir [en son entier] milieu du Monde ; c'est à cela, et à cela seulement, que ses diverses parties auraient toutes ensemble inclination et tendance, à savoir que [le corps entier de] cet homme devînt le milieu du Monde ; en cela, les parties ne se gêneraient aucunement l'une l'autre.

» D'ailleurs, cet homme, pris en son ensemble, se mouvrait beaucoup plus rapidement que ne se mouvrait une de ses parties prise isolément ; bien loin donc que ses diverses parties s'empêchent et se retardent l'une l'autre, elle se rendent mutuellement plus vives et plus vites.

» De même, en une grande masse d'eau continue, une partie n'aspire pas à descendre au-dessous d'une autre partie, si elles ont toutes deux même degré de pesanteur ou de légèreté. Voilà pourquoi un marin qui descend au fond de la mer ne sent pas la pesanteur de l'eau, bien qu'il en ait sur les épaules cent tonnes ou mille tonnes ; cette eau, en effet, qui se trouve au-dessus de lui, ne tend pas à descendre davantage. Elle aurait, au contraire, une semblable inclination par rapport à l'air, si cet air se trouvait au-dessous d'elle.

» Lors même que cette masse d'eau ne se trouverait pas en son lieu naturel, qu'elle serait fort élevée en un vase placé en un sommet terrestre, une partie de cette eau ne tendrait pas davantage à se placer au-dessous d'une autre partie. Supposons, en effet, qu'en un tel lieu, un homme se trouve dans un bain et que sa jambe soit au fond de ce bain, surmontée d'une quantité d'eau que, dans l'air, cet homme ne pourrait porter ; l'homme, cependant, ne sentirait pas le poids de cette eau, car cette eau n'aurait aucune inclination à se placer au-dessous de l'eau qui l'entoure ou qui lui est sous-jacente.

» J'en dis autant de la terre tout entière, qui est le centre du

Monde. Non seulement la partie centrale de cette terre se trouve naturellement en repos, mais il en est de même de ses parties extrêmes ; celles-ci n'éprouvent aucune inclination vers ce point milieu que l'on imagine être le centre de la terre. La terre entière, et ses diverses parties toutes ensemble, tendent, par une inclination continuelle, à occuper autant d'espace qu'elles en occupent actuellement ; c'est pourquoi elles se meuvent en ligne droite sans que ni les parties centrales, ni les parties extrêmes, s'empêchent mutuellement ou résistent les unes aux autres. »

Les principes que le Philosophe de Béthune expose en ces divers passages se trouvent encore formulés par lui en un autre lieu [1]. Lorsqu'au premier livre des *Physiques*, il examine si tout être admet par nature une limite supérieure, il est amené à formuler et à discuter cet argument.

Si l'opinion soutenue était exacte, « une fourmi, tombant à terre, mettrait en mouvement la terre entière. Cette conséquence est absurde, et cependant elle est logiquement déduite. Nous supposons, en effet, que la terre se trouve exactement équilibrée en son centre. Si nous imaginions, en effet, que l'on partageât la terre au moyen d'un plan passant par son centre (j'entends son centre tel que le conçoivent les mathématiciens), chacune des deux parties de la terre aurait même poids ; chacune d'elles tendrait à placer son milieu au centre du Monde si l'autre ne l'en empêchait ; mais aucune de ces deux parties ne peut mouvoir l'autre, car elles concourent toutes deux au même but et sont exactement égales en puissance et en résistance. Si l'on ajoutait à l'une d'elles le poids d'une seule fourmi, il n'y aurait plus entre les deux parties relation d'égalité ; la partie qui porte la fourmi surpasserait l'autre ; elle mettrait donc en mouvement l'autre moitié, jusqu'à ce que le tout fût en équilibre, comme précédemment. »

Voici ce que Buridan répond à cet argument : « Ce raisonnement suppose un principe faux, à savoir que toutes les parties de la terre tendent ou ont inclination vers un centre qu'on imagine indivisible. Or, cela est faux. Lorsque la terre entière se trouve en son lieu naturel, de telle sorte qu'aucune

1. Magistri Johannis Buridam *Questiones primi libri Physicorum*. Duodecimo queritur utrum omnia entia naturalia sint determinata ad maximum (Bibl. Nat., fonds latin, ms. 14.723, fol. 16, col. d, et 17, col. a). — Ed. 1509, fol. xvi, col. b et col. c.

de ses parties ne se trouve au-dessus de l'eau, de l'air ou du feu, cette masse entière de la terre n'a plus aucune inclination à descendre davantage ; elle tend seulement à demeurer en repos là où elle se trouve ; et il en est de même de chacune de ses parties. Lorsqu'au contraire une partie de la terre se trouve au-dessus d'une certaine partie de l'eau, de l'air ou du feu, alors cette partie a inclination à venir se placer au-dessous de cette eau, de cet air ou de ce feu. Mais le reste de la terre, qui ne se trouve au-dessus d'aucune partie de l'eau, de l'air ou du feu, est beaucoup plus grande ; elle a, pour résister, une puissance qui surpasse de beaucoup la puissance motrice des parties situées au-dessus de corps plus légers. Une petite partie de la terre ne suffit donc pas à mouvoir la terre entière. Il faudrait une masse de terre très grande pour vaincre la résistance de toute la terre, résistance qui provient du désir de rester en repos en son lieu naturel, car elle est en son lieu naturel selon sa totalité et aussi par toutes celles de ses parties qui ne se trouvent pas au-dessus d'un élément plus léger. »

Il est clair que Buridan, dans ce passage, délaisse entièrement cette affirmation : Le lieu naturel de la terre, c'est le centre du Monde. Au sujet du lieu naturel des éléments, il paraît parfois, dans sa *Physique*, adopter la théorie que Plutarque soutenait dans son petit ouvrage : *Sur le visage qu'on voit dans le disque de la Lune* [1]. Les éléments tendent à prendre une disposition relative déterminée ; ils ne tendent aucunement à prendre, dans l'Univers une position absolue déterminée. Ils s'efforcent de former des couches sphériques concentriques telles que chaque élément soit entouré par les éléments moins denses et enveloppe, à son tour, les éléments plus denses ; dans la recherche de cette disposition, ils n'ont aucun égard à ce point indivisible qu'est le centre de l'Univers ; si cette disposition se trouvait réalisée sans que cependant la terre fût au centre, la terre ne se mouvrait pas pour chercher le centre.

Une telle doctrine est bien celle que semblent supposer ces paroles : « Si l'on supposait que la terre fût placée ailleurs, sous d'autres éléments, elle ne se mouvrait pas vers ce point qu'est le centre du Monde. »

Cette doctrine qui, au temps même de Buridan, séduisait

1. Voir : Première partie, ch. XIII, § XII ; t. II, p. 361-363.

vivement, comme nous le verrons, la raison de Nicole Oresme, a bien pu s'offrir parfois à l'esprit du Philosophe de Béthune; il ne semble pas qu'il y ait adhéré. La théorie qu'il propose clairement, dans ses *Questions sur la Physique*, c'est celle qu'Albert le Grand avait ébauchée et dont Nicolas Bonet avait donné la formule rigoureuse.

« L'air ou l'eau, écrit-il [1], peut, à l'égard de la terre, être appelé lieu naturel ou convenable dans deux sens différents ; d'une première manière, ce nom peut être donné en considération des qualités élémentaires, qui sont le chaud et le froid, le sec et l'humide, et des qualités secondes qui en sont les conséquences ; d'une autre façon, ce nom peut être donné en considération des vertus et influences que l'élément reçoit des corps célestes ; ces vertus et influences diffèrent selon que l'élément est plus ou moins voisin du ciel. Selon que la distance au ciel est petite ou grande, le ciel influe de près ou de loin, et l'influence qui vient de près convient à un élément, tandis que l'influence qui vient de loin convient à un autre élément. Il est dit, au premier livre des *Météores*, que ce monde-ci est relié d'une manière continue aux circulations célestes et qu'ici-bas, toute force est gouvernée par le ciel. Le ciel, donc, dans le corps qui le touche immédiatement, influe la vertu qui convient au feu, tandis que dans le corps qui se trouve le plus éloigné, il influe la vertu qui convient à la terre ; dans les corps intermédiaires, il influe les vertus qui conviennent à l'air et à l'eau.

» Et voici ce qu'il faut remarquer : De même que Dieu et la nature ont donné aux éléments des qualités actives et passives par lesquelles ils puissent se mêler entre eux et se changer les uns en les autres, en vue de la génération des animaux et des plantes, qui sont la fin à laquelle les éléments sont ordonnés, de même Dieu et la nature ont doué les éléments de gravités et de légèretés à l'aide desquelles chacun d'eux fût mû vers le lieu qui lui convient le mieux en raison de la distance, petite ou grande, qui le sépare du ciel. Ainsi le feu se meut pour résider au-dessus de tous les autres éléments et la terre pour se trouver au-dessous de tous ; l'air se meut pour être au-dessous du feu et au-dessus de l'eau, l'eau pour être au-dessous du feu et de l'air et au-dessus de la terre.

1. Johannis Buridani *Subtilissime questiones super octo phisicorum libros Aristotelis*, lib. IV, quæst. V : Utrum terra sit in aqua sive in superficie aquæ tanquam in loco suo proprio et naturali. Ed. 1509, fol. lxxi, col. d.

» Le Commentateur en conclut que si la terre se meut vers la surface concave de l'eau, elle ne se meut pas vers elle en tant qu'elle est surface de l'eau, mais en tant qu'elle se trouve à telle distance de l'orbe de la Lune. Si donc l'air ou le feu se trouvait là où l'eau réside maintenant, une masse de terre se mouvrait vers la surface, par laquelle cet air ou ce feu toucherait et contiendrait la terre, tout comme à présent elle se meut vers la surface concave de l'eau...

» L'air, donc, qui est actuellement contigu à la terre, ce n'est pas en tant qu'air qu'il est lieu naturel de la terre, mais en tant que sa surface concave est à telle distance du ciel. »

La pensée de Buridan est très nette. Autour du point géométrique qui est le centre de l'orbe de la Lune, une surface sphérique est tracée, déterminée par la distance qui la sépare de la concavité du ciel. Cette surface a reçu de l'influence céleste, certaines vertus et qualités qui la rendent propre à contenir la terre ; placée hors de la sphère que délimite cette surface, une masse de terre se mouvra pour gagner cette sphère ; placée dans ce volume, cette masse demeurera en repos, car elle résidera en son lieu naturel ; qu'on donne si l'on veut à cette sphère entière le nom de centre du Monde et l'on pourra dire, alors, que la terre a pour lieu propre le centre du Monde ; c'est ce qu'Albert le Grand avait proposé ; cette proposition donnera satisfaction au principe occamiste qui refuse au point mathématique toute réalité ; ne nous étonnons donc pas si Buridan l'adopte.

Par exemple, en ses *Questions sur la Métaphysique d'Aristote* [1], il est amené à définir ce que les astronomes désignent par les noms de sphères homocentriques et de sphères excentriques ; voici la précaution qui précède cette définition :

« Il faut savoir que, dans le Monde, le centre naturel est la terre elle-même. On ne saurait y supposer un centre indivisible, si ce n'est par imagination. Imaginons toutefois un point au milieu de la terre et regardons-le comme centre du Monde.

1. *In Metaphysicen Aristotelis. Quæstiones argutissimæ* Magistri JOANNIS BURIDANI *in ultima prælectione ab ipso recognitæ et emissæ: ac ad archetypon diligenter repositæ: cum duplice indicio: materiarum videlicet in fronte; et quæstionum in operis calce.* Væunundantur Badio. Colophon : Hic terminantur Metaphysicales quæstiones breves et utiles super libros Metaphysice Aristotelis quæ ab excellentissimo magistro Ioanne Buridano diligentissima cura et correctione ac emendatione in formam redactæ fuerunt in ultima prælectione ipsius Recognitæ rursus accuratione et impensis Iodoci Badii Ascensii ad quartum idus Octobris MDXVIII. Deo gratias. Lib. XII, quæst. X : Utrum in corporibus cœlestibus ponendi sunt epicycli. fol. LXXIII, col. b.

Alors, toutes les sphères qui auront pour centre ce centre de la terre seront dites homocentriques... »

IV

L'ÉQUILIBRE DE LA TERRE ET DES MERS. — JEAN BURIDAN REPREND ET DÉVELOPPE LA THÉORIE D'ALEXANDRE D'APHRODISIAS

Influence néo-platonicicienne développée par Albert le Grand, influence nominaliste émanée de Guillaume d'Ockam, ces deux tendances si différentes s'étaient mises d'accord pour dicter à Jean Buridan, dans ces *Questions sur la Physique d'Aristote,* une théorie du lieu naturel de la terre d'où toute considération de Mécanique se trouvait exclue. Que l'auteur de cette théorie en dût venir un jour à reprendre, au sujet de l'équilibre de la terre, les raisonnements de Statique indiqués par Alexandre d'Aphrodisias, à développer ces raisonnements au point d'en tirer une doctrine complète, c'était chose invraisemblable. Cette chose invraisemblable devint cependant vérité.

Jean Buridan a développé sa nouvelle doctrine à deux reprises, dans ses *Questions sur le traité du Ciel* et dans ses *Questions sur les Météores.*

Sa palinodie ne fait guère que mettre en pleine évidence le disparate des propos tenus par le Philosophe lui-même, au sujet du lieu naturel, dans la *Physique,* d'une part, et dans le *Traité du Ciel,* d'autre part.

Dans ses *Questions sur le Traité du Ciel,* il discute plusieurs des suppositions, par lesquelles on avait tenté d'expliquer comment l'eau ne recouvre pas toute la terre ; de cette discussion, citons quelques passages [1]:

« Il y a à ce sujet, dit notre auteur, trois grandes opinions.

» Certains admettent qu'un quart seulement de la terre est habitable ou quasi-habitable ; d'autres, au contraire, prétendent que d'autres quartiers de la terre sont habitables ; parlons d'abord de cette dernière opinion.

» Les partisans de cette opinion disent donc que la terre et l'eau sont toutes deux concentriques au Monde, en sorte que

1. *Questiones super libris de celo et mundo magistri* JOHANNIS BYRIDANI *rectoris Parisius;* lib. II, quæst. VII : Septimo consequenter queritur utrum tota terre sit habitabilis. Bibliothèque Royale de Munich, cod. lat. 19.551, fol. 87, col. c et d.

le centre du Monde est le centre de l'une et de l'autre. Mais ils ajoutent qu'en chacun des quartiers de la terre, se trouvent un grand nombre de places que l'eau ne couvre pas, parce que la terre présente un grand nombre de bosses et d'élévations semblables à des montagnes qui dépassent l'eau. En revanche, prétendent-ils, beaucoup d'autres parties de la terre sont recouvertes par l'eau car, entre ces élévations, elles forment des dépressions semblables à des vallées. Il en est ainsi, assurent-ils, en chacun des quartiers de la terre ; ce qui le prouve, c'est qu'en partant d'une terre ferme de vaste étendue, nous traversons une mer très longue et très large pour arriver à une autre grande région découverte ; il est vraisemblable qu'il en serait constamment de même, si l'on faisait le tour du Monde.

» Mais cette opinion donne lieu à deux grands sujets de doute, dont voici le premier :

» Toutes les mers que quelque homme a pu traverser et toutes les terres habitables qui ont pu être découvertes sont contenues dans le quartier que nous habitons; certains se sont efforcés de traverser la mer pour parvenir à d'autres quartiers ; jamais ils y ont pu parvenir à quelque terre habitable ; aussi dit-on qu'Hercule, aux confins du quartier que nous habitons, a placé des colonnes pour signifier qu'au-delà, il n'y a plus ni terre habitable ni mer qu'on puisse traverser. »

Cet argument conduirait à supposer que les gibbosités par lesquelles la terre dépasse la surface de l'eau se trouvent seulement dans le quart de la surface terrestre où nous résidons ; il mènerait ainsi à reprendre la théorie de Gilles de Rome.

« Il y eut donc une autre opinion. Au gré de celle-ci, pour le salut des animaux et des plantes, Dieu et la nature ont ordonné de toute éternité que l'eau fût excentrique au Monde. Le centre de la terre serait donc le centre du Monde, mais le centre de l'eau serait hors du centre du Monde. Ainsi[1], disent les partisans de cette opinion, l'eau coule toujours au lieu qui est le plus bas à l'égard du centre propre de l'eau, et non pas à l'égard du centre de la terre et du Monde. Ainsi une partie de la terre, qui en est à peu près le quart, peut demeurer à sec, tandis que les autres quartiers sont recouverts par l'eau. Ceux qui pensent de la sorte expliquent ainsi comment un quart

1. Le texte dit : *Et sic dicunt aquam semper defluere ad locum decliviorem in respectu centri terræ et mundi, sed non respectu centri proprii aquæ.* Il est clair que la suite logique des pensées veut qu'on reporte le mot : *non* avant les mots : *ad locum decliviorem.*

de la terre ou à peu près se trouve seul non recouvert par l'eau. »

Nous reconnaissons ici la théorie qu'admettaient Guillaume d'Auvergne et Ristoro d'Arezzo.

Buridan lui fait cette objection :

« Ce monde est, il est vrai, régi par Dieu ; mais à Dieu, le ciel sert d'intermédiaire ; si nous voulons parler en physiciens *(naturaliter)*, il faudrait donc assigner au ciel la cause de cette excentricité. On ne peut, en effet, l'assigner convenablement à la terre, dont les parties sont semblables entre elles et homogènes ; on ne la peut, non plus, assigner à l'eau, et cela pour la même raison. Mais on ne la peut attribuer au ciel mobile, car il tourne uniformément et indifféremment autour de la terre comme autour de l'eau [1] ; on ne saurait donc mettre à son compte la raison pour laquelle le centre de l'eau se trouve hors du centre de la terre d'un côté plutôt que de l'autre. »

Cette objection, il est vrai, ne causait guère d'embarras à certains physiciens astrologues ; ils en étaient quittes pour attribuer le maintien de la terre ferme à l'Empyrée immobile, et c'est même une des raisons qu'ils invoquaient en faveur de l'existence de cet Empyrée. Buridan va nous l'apprendre [2] :

« On dit habituellement que l'équateur divise la terre en deux hémisphères et que que l'hémisphère antarctique est inhabitable. L'autre hémisphère, un grand cercle mené par le pôle le divise en deux quartiers ; l'un de ces deux quartiers est habitable, car nous l'habitons ; l'autre est inhabitable parce que l'eau le recouvre.

» Mais la terre est gouvernée par le ciel ; si donc notre quartier est, plus que l'autre, habité et non couvert d'eau, cela doit provenir de la part du ciel. Or on n'en peut rendre raison ni cause au moyen d'un ciel mobile, car uniformément, les mêmes parties du ciel et les mêmes astres tournent au-dessus de ce quartier-ci et de celui-là. Il en faut donc attribuer la cause à un ciel immobile dont une partie, celle qui est au-dessus de nous, exerce son influence et sa domination en vue du salut des animaux et des plantes, tandis que l'autre partie commande surtout au rassemblement des eaux. »

« Pour cette raison, dit encore Buridan [3], on a proposé une

1. Cette argumentation semble un résumé de la discussion semblable donnée par la *Quæstio de Aqua et Terra* attribuée à Dante Alighieri. *Vide supra*, p. 161-163.

2. JOHANNIS BURIDANI *Op. laud.*, lib. II, quæst. VI : Sexto queritur utrum sit ponendum celum quies cens supra celos motos ; ms. cit., fol. 86, col. c.

3. JOHANNIS BURIDANI *Op. laud.*, lib. II, quæst. VII ; ms. cit., fol. 87, col. d.

troisième opinion, qui me semble probable et qui, perpétuellement, sauve toutes les apparences. Selon cette opinion, la terre et l'eau sont toutes deux concentriques au Monde. Par nature, la terre tout entière est ramassée autour du centre du Monde ; par nature aussi l'eau coule au lieu qui se trouve le plus bas par rapport au centre du Monde ; mais une grande quantité d'eau se trouve dans les entrailles de la terre et une autre grande quantité d'eau se trouve, par évaporation, mêlée à l'air ; il n'y aurait donc pas, dans la mer, assez d'eau pour dépasser les éminences de la terre. »

Ce langage ressemble fort à celui d'Andalò di Negro.

Cette opinion, qui « semble probable » au philosophe de Béthune, est-elle celle qui ravit son assentiment définitif ? Non pas, il en est une autre qu'il préfère ; il l'expose dans les *Questions sur le Traité du Ciel*[1] et, avec plus de précision et plus de détails, dans ses *Questions sur les Météores*. Présentons-là d'après ce dernier ouvrage [2].

« Nous allons, dit notre auteur, poser des conclusions qui découleront les unes des autres.

» *Première conclusion*. Toutes choses égales d'ailleurs, et sous le même volume, la terre que l'eau recouvre est plus grave que la terre découverte ; le *Soleil*, en effet, échauffe davantage la terre découverte ; comme nous l'avons dit précédemment, celle-ci devient plus poreuse, elle participe davantage de l'air qui se trouve dans ses pores ou qui lui est mêlé, et aussi des gaz *(subtilis exhalatio)*.

» *Seconde conclusion*. Le centre de gravité de la terre n'est pas le même point que le centre de grandeur. Nous parlons ici de la masse totale de la terre.

» Cette conclusion résulte de la précédente. Admettons, en effet, qu'une moitié du volume terrestre se trouve sous la mer, tandis que l'autre moitié est constamment découverte ; imaginons le grand cercle qui partage la terre en ces deux hémisphères ; il est certain que le centre de grandeur de la terre, c'est le centre de ce cercle, car, par hypothèse, il y a, de part et d'autre de ce cercle, même volume ; mais le centre de gravité ne se trouve pas dans le plan de ce cercle ; le centre de gravité,

1. Johannis Buridani *Op. laud.*, lib. II, quæst. VII ; ms. cit., fol. 88, col. a.

2. *Questiones super tres primos libros metheororum et super majorem partem quarti a magistro* Jo. Buridam, lib. I, quæst. XXI : Utrum possibile est naturaliter tantos montes quanti maximi apparent nobis destrui et reverti ad planiciem. (Bibl. Nat., fonds latin, ms. n° 14.723, fol. 203, col. a et b).

en effet, c'est un point tel qu'il y ait autant de pesanteur d'un côté que de l'autre ; et cela ne serait pas ici, car l'hémisphère que la mer recouvre serait plus pesant ; il faut donc que le centre de gravité soit distant du centre de grandeur, puisque, de part et d'autre de celui-ci, il n'y a pas égale pesanteur.

» *Troisième conclusion.* De là il résulte que le volume terrestre n'est pas concentrique, mais excentrique au Monde. On nomme, en effet, concentrique au Monde ce dont le centre coïncide avec le centre du Monde ; or le centre de grandeur de la terre n'est pas le centre du Monde ; c'est le centre de gravité de la terre qui est le centre du Monde, car c'est en raison de sa pesanteur, et non de sa grandeur, que la terre occupe le lieu central ; c'est en vertu de sa pesanteur qu'elle s'équilibre au centre du Monde comme deux poids égaux se font, l'un à l'autre, équilibre dans une balance, bien que leurs volumes soient inégaux.

» *Quatrième conclusion.* Lors même que la terre tout entière serait rendue parfaitement sphérique, comme il arriverait si, demain, Dieu prenait les montagnes pour combler les vallées, la partie que la mer recouvre aujourd'hui n'en continuerait pas moins d'être recouverte, et la partie qui est découverte resterait découverte. Il y a plus ; si Dieu, après avoir ainsi donné à la terre la figure sphérique, disposait la mer, sous forme d'une couche sphérique, tout autour de cette terre, et s'il permettait ensuite à l'eau de s'écouler comme l'exigent la nature et la pesanteur de ce corps, l'eau ne cesserait de s'écouler de la partie qui est maintenant découverte vers l'autre partie, jusqu'au moment où elle se trouverait rassemblée là où elle est à présent ; en sorte que la partie qui est maintenant découverte se trouverait découverte derechef. En voici la cause : L'eau coule toujours au plus bas lieu, c'est-à-dire au lieu le plus rapproché du centre du Monde ; or la surface de l'hémisphère le plus pesant se trouverait ainsi plus bas placée et la surface de l'hémisphère le plus léger serait plus haute ; la mer, donc, délaisserait la partie la plus élevée pour couler vers la plus basse.

» De là suit ce corollaire : Il n'est pas nécessaire d'imaginer que les océans *(magnum mare)* résident dans une vallée ou dans une partie concave de la surface terrestre ; ils recouvrent la partie la plus basse de cette surface, et ils la recouvriraient encore, si la terre entière était parfaitement sphérique et ne présentait aucune partie concave. Mais touchant les mers partielles, force est de concéder qu'elles se trouvent dans des vallées ou dans des parties concaves de la terre ; au-dessous d'elles, la terre est déprimée par rapport à sa sphéricité, comme il arrive pour les étangs ; ces mers, en effet, sont immédiatement en contact avec la partie la plus légère et la plus élevée de la terre ; si donc la terre était parfaitement sphérique, si, à l'endroit où se trouvent ces mers, sa surface ne présentait aucune dépression, ces mers s'écouleraient aussitôt vers le lieu où se trouvent les océans. »

Il n'est pas utile, en général, de commenter Buridan ; ce qu'il veut dire, il le dit avec une clarté et un ordre parfaits ; ainsi en est-il dans le morceau qu'on vient de lire ; il reprend la distinction qu'Alexandre d'Aphrodisias avait établie entre les deux centres, l'un de grandeur et l'autre de gravité, qu'il faut attribuer à la terre ; mais, fort ingénieusement, il en tire ce que le philosophe grec n'en avait point déduit, une solution mécanique de cette question : Pourquoi l'eau ne recouvre-t-elle pas la terre en son entier ?

Un seul point retiendra notre attention.

Buridan admet, à l'exemple d'Alexandre, que le point qui occupe le centre du Monde, c'est le centre de gravité de la terre ; ajoutons, pour préciser sa pensée, de la terre seule ; nous ne voyons pas qu'il se préoccupe, pour définir ce centre de gravité, de l'eau qui recouvre une partie de la terre ; et les considérations qui justifient sa quatrième conclusion semblent bien prouver qu'à son gré, l'équilibre de la terre autour du centre du Monde ne dépend en aucune façon de la présence et de la distribution de l'eau à la surface de la terre.

Evidemment, Buridan admet que l'eau n'est point grave lorsqu'elle est en son lieu et que la mer n'exerce aucune pression sur la terre sous-jacente.

Que le philosophe de Béthune professe, en Hydrostatique les idées erronées que les Héron d'Alexandrie et les Ptolémée ont proposées, nous n'en saurions douter ; ne l'avons-nous pas entendu, lorsqu'il disait [1] : « Dans une grande masse d'eau continue, une partie n'aspire pas à descendre au-dessous d'une autre partie, si elles ont toutes deux même degré de pesanteur ou de légèreté. Voilà pourquoi un marin qui descend au fond de la mer ne sent pas la pesanteur de l'eau, bien qu'il en ait sur les épaules cent tonnes ou mille tonnes ; cette eau, en effet, qui se trouve au-dessus de lui, ne tend pas à descendre davan-

1. Voir : § précédent, p. 191.

tage. Elle aurait, au contraire, une semblable inclination par rapport à l'air, si cet air se trouvait au-dessous d'elle. »

L'eau qui se trouve à la surface de la terre, étant moins grave que cette terre, ne tend pas à se placer plus bas qu'elle ; celle-ci n'éprouve donc aucune pression de la part de l'eau qui la surmonte ; elle ne sent pas plus le poids de l'eau qu'elle porte que le plongeur ne sent le poids de l'eau qui repose sur ses épaules.

Ils sont donc bien chargés d'erreurs les principes de Statique et d'Hydrostatique à l'aide desquels Jean Buridan prétend expliquer l'équilibre de la terre et des mers ; sa théorie est bien loin de celle qu'une Mécanique exacte, fondée sur l'hypothèse de la gravité universelle, nous permet aujourd'hui d'ébaucher ; elle s'en rapproche, cependant, en ce qu'elle est une théorie mécanique ; par là, elle est beaucoup plus voisine de nos doctrines modernes que des doctrines auxquelles elle vient de se substituer, que des explications qui recouraient à l'intervention miraculeuse de Dieu, à l'organisation finaliste de la nature universelle ou à l'influence des astres ; les théorèmes particuliers de Mécanique dont usait Jean Buridan sont aujourd'hui rejetés ; mais la pensée essentielle qui l'inspirait est celle qui nous dirige encore.

V

L'ÉQUILIBRE DE LA TERRE ET DES MERS SELON NICOLE ORESME

De la théorie qui veut, par les lois de la Statique, rendre compte de l'équilibre de la terre et des mers, Jean Buridan est-il le créateur ? Ou bien, en l'adoptant, après en avoir, dans sa *Physique*, combattu les idées essentielles, n'a-t-il fait que recevoir l'opinion proposée par quelque autre mécanicien ? Nous l'ignorons. Tout ce que nous pouvons dire c'est que, de son temps, cette extension de la doctrine professée par Alexandre d'Aphrodisias fait son apparition à l'Université de Paris et, tout aussitôt, ravit tous les suffrages.

Parmi les maîtres qui enseignaient à la même époque que Jean Buridan, Nicole Oresme était, peut-être, le plus éminent. Or, à la théorie de l'équilibre de la terre et des mers que nous venons d'exposer, Nicole Oresme, à plusieurs reprises, accorde une adhésion formelle.

Voici d'abord ce qu'il écrit dans son *Traicté de la sphère*[1], au premier chapitre intitulé : *De la figure du Monde et de ses parties principales :*

« Après la terre est l'eau, ou la mer ; mais elle ne couvre pas toute la terre ; car aulcune partie de la terre n'est pas de si pesante nature comme l'aultre. Ainsi comme nous voions que estaing ne poise pas tant comme plomb. Et pource, la partie moins pesante est plus haulte et plus loing du centre ; et descouverte d'eau ; affin que les bestes y puissent vivre, et est ainsi comme la face et le visaige de la terre, tout descouvert ; fors que parmy ya aulcunes petites mers, braz de mer et fleuves ; et tout le demourant est ainsi comme enchapperonné, vestu, et affublé de la grant mer. »

Dans son commentaire français « au livre d'Aristote appellé du Ciel et du Monde » Oresme développe la doctrine[2] que son *Traicté de la sphère* s'était contenté d'esquisser. C'est au second livre de son ouvrage que l'auteur nous donne cet exposé. « Ou XXXe chapitre, il monstre que la terre est de figure spérique par II raisons naturèles. » — « Ou XXXIe chapitre, il preuve encore que la terre est spérique par quatre raisons de Astrologie. » Puis il poursuit en ces termes :

« En ces II chapitres, oultre ce que dit est, sont aucunes chouses plésentes à considérer.

» Et première dire de la pesanteur de la terre ou regart du centre...

» Quant au premier point, je di que, en ces propos, III centres sont à considérer, c'est assavoir le centre du Munde, le centre de la quantité de la terre et le centre de la pesanteur. Mes si elle estoit, vers une partie, de pur or, et vers l'autre fust mixtionné de plus légier métal, le centre et le milieu de sa pesanteur ne seroient pas le centre de sa quantité ; ce centre de sa pesanteur, et ce seroit le centre du Munde. »

Sans doute, le copiste a omis ici de reproduire une phrase où Oresme déclarait que, pour une terre homogène, les deux centres de quantité et de pesanteur coïncideraient entre eux et avec le centre de l'Univers ; cette phrase préparait ce qui suit :

1. *Traicté de la sphère, translaté de latin en françois par Maistre* NICOLE ORESME, *très docte et renommé philosophe. On le vent à Paris en la rue Judas chez Maistre Simon du Bois imprimeur.* In fine : Imprimé à Paris par Maistre Simon du Bois. s. d.

2. NICOLE ORESME, *Le livre d'Aristote appellé du Ciel et du Monde.* Livre II. « Glouse » faisant suite aux chapitres XXX et XXXI. Bibliothèque Nationale, fonds français, n° 1,083, fol. 94, col. c et d.

« Et doncques une partie quelconque de sa superficie ne seroit pas plus basse que l'autre, et par conséquent, il s'ensuivroit qu'elle feust toute couverte de eaue, ce n'estoit par aventure le copeau d'une haute montaigne.

» Et pource qu'il n'est pas ainsi, il s'ensuit que la terre est dessemblable selon ces parties, tellement que en la partie qui est descouverte d'eaue, n'est pas si grande pesanteur comme en l'autre, pour ce, par aventure, que ce n'est pas terre pure, mes a en elle mixtion d'autres ellémens ; et Dieu et nature ont ordrené qu'elle soit descouverte, afin que les hommes et les bestes y peussent habiter ; et pour ce, ceste partie est la plus noble et est auxi comme le devant et la face ou visaige de la terre ; et le demorant ou l'autre partie est enveloppée d'eaue et vestu et covert de mer auxi comme d'un chaperon ou d'une coeffe ; et de ce dit l'Escripture : « *Abissus sicud vestimentum amictus ejus.* »

» Et le centre de la grandeur ou de la quantité de la terre [est A] ; et le centre de sa pesanteur est plus bas, ou centre du Monde, en droit B, si comme l'en peut ymaginer en figure *(fig. 2)*; et la superficie de la mer est concentrique au Munde,

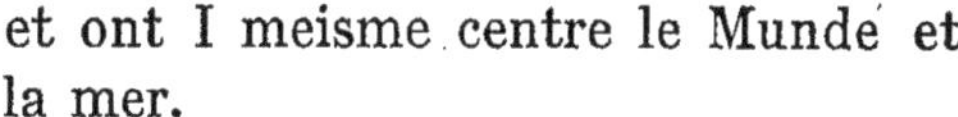

et ont I meisme centre le Munde et la mer.

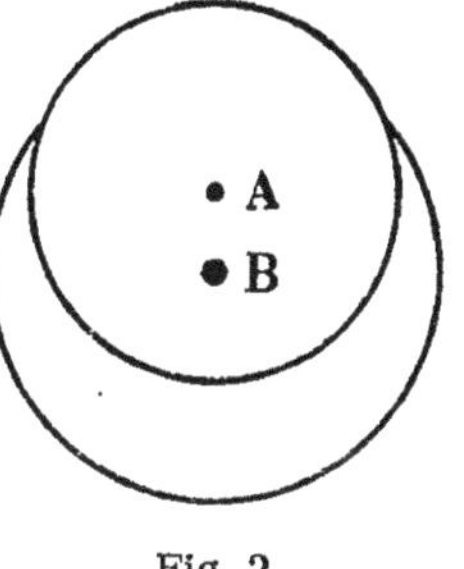

Fig. 2

» Et par ce que dit est, s'ensuit que [se] Dieu et nature faisoient que la terre, vers la partie habitable, devenist et fust faicte auxi pesante comme elle est vers l'autre partie, ou que la pesanteur de cette autre partie appetiçast, tant que toute la terre fust uniforme et de semblable pesanteur en toutes ses parties, il conviendroit que la partie qui est habitable descendist, et que toute la terre fust pungée en la mer, et toute coverte d'eaue, auxi comme I homme queuvre son visage de son chaperon ; et ainsi porroit estre I diluge, et sans plue. »

Le langage ici tenu par Nicole Oresme s'accorde pleinement avec celui de Jean Buridan. Comme Buridan, l'Évêque de Lisieux paraît admettre que le point qui doit coïncider avec le centre du Monde, pour que la terre soit en équilibre, c'est le centre de gravité de la terre seule, et que la présence ou l'absence de l'eau ne change rien à cet équilibre ; il ne semble pas qu'on puisse interpréter autrement les lignes qu'on vient de lire.

VI

L'ÉQUILIBRE DE LA TERRE ET DES MERS SELON ALBERT DE SAXE

Au temps d'Oresme et de Buridan, tous les physiciens n'étaient pas de cet avis ; certains professaient une opinion plus raisonnable touchant l'indissoluble lien qui existe entre l'équilibre de la terre et l'équilibre des mers ; Albert de Saxe va nous l'apprendre.

La sphéricité de la terre a longuement préoccupé Albert de Saxe ; de cette sphéricité, il donne, comme Aristote, des preuves de fait et une raison mécanique. Les preuves de fait ne diffèrent de celles qu'apportait le Stagirite que par une brève addition ; mais cette addition qu'aucun auteur n'avait encore formulée, du moins à notre connaissance, mérite d'être citée.

Comme Aristote, Albert de Saxe avait dit[1] : « La terre est ronde du Nord au Sud. On le prouve : Si un voyageur s'avance suffisamment du Sud vers le Nord, il voit le pôle s'élever sensiblement ; cele ne peut provenir que du renflement présenté par la terre entre le Nord et le Sud. »

A cette preuve, il ajoute la remarque suivante :

« Au sujet de cette conclusion, il faut savoir qu'on peut déterminer par l'expérience si la terre est ronde, du moins du Sud au Nord. Qu'un observateur, partant d'un certain lieu, se déplace vers le Nord jusqu'à ce que le pôle lui semble d'un degré plus élevé qu'auparavant, et qu'il mesure le chemin parcouru. Cela fait, qu'il revienne à son point de départ et que, partant de ce lieu, il se dirige vers le Sud jusqu'à ce que le pôle lui paraisse d'un degré moins élevé qu'il n'était au lieu marqué comme point de départ ; qu'il mesure de nouveau le chemin parcouru. Si ces deux chemins se trouvent être égaux, c'est un signe certain que la terre est circulaire du Nord au Sud ; si, au contraire, il se trouvait qu'ils ne fussent point égaux, ce serait un signe que la terre n'est pas ronde du Nord au Midi. — *Juxta istam conclusionem est sciendum quod isto modo posset experiri quod terra est rotunda saltem inter meridiem et septen-*

1. Alberti de Saxonia *Subtilissimæ quæstiones in libros de Cælo et Mundo*, lib. II, quæst. XXVII. — Cette question est la XXVe dans les éditions données à Paris, en 1516 et 1518, où deux questions manquent au second livre.

trionem : Quod aliquis ambularet ab aliquo loco versus septentrionem tamdiu quam polus esset sibi elevatus plus uno gradu quam ante, et tunc mensuraret spatium pertransitum; hoc facto, rediret ad locum pristinum, et ab eodem loco ambularet versus meridiem, tamdiu quam polus esset sibi elevatus minus uno gradu quam erat in loco signato a quo ambulavit, et iterum mensuret illud spatium pertransitum; tunc si illa spacia invenirentur æqualia, signum esset rotunditatis terræ inter Septentrionem et meridiem; si autem non invenirentur æqualia, signum esset quod terra non esset rotunda inter septentrionem et meridiem. »

Dans la mesure de la longueur qu'occupe, sur la terre, l'arc qui correspond à une variation d'un degré dans la latitude, les Anciens avaient découvert le moyen de mesurer la grandeur de la terre *supposée sphérique;* mais que la mesure d'un degré du méridien, répétée sous diverses latitudes, pût servir à déterminer la forme réelle du globe, c'est une idée qui ne semble pas s'être présentée à l'esprit des astronomes de l'Antiquité [1]. Cette mesure de l'arc d'un degré sous divers climats est le problème capital de la Géodésie ; pour voir les observateurs s'efforcer d'en donner la solution, il sera nécessaire d'attendre le XVIIe siècle ; mais il est intéressant de remarquer que, dès l'année 1368, dans ses *Subtilissimæ quæstiones in libros de Cælo et Mundo,* Albert de Saxe en formulait l'énoncé précis.

Venons à l'explication mécanique de la sphéricité de la terre, qu'Albert donne à l'imitation d'Aristote :

« La terre est ronde, dit-il [2], à ce point que, par rapport à la terre entière, les élévations des montagnes sont petites et comme négligeables. On le prouve, en premier lieu, parce que les graves, tombant sur un sol qui ne soit point celui d'une montagne ni d'une vallée, y tombent à angles égaux [normalement]. Cela n'aurait point lieu si les graves ne tendaient pas au même centre ; et comme toutes les parties de la terre sont graves, il en résulte qu'elles tendent toutes au même centre. Cela ne serait pas si la terre n'était pas ronde ou ne tendait pas naturellement à la rondeur.

» En second lieu, les parties de la terre tendent toutes également vers le centre du Monde ; elles descendent aux lieux les plus bas, à moins qu'elles ne se soutiennent l'une l'autre, comme

1. Paul Tannery, *Recherches sur l'Histoire de l'Astronomie ancienne.* (*Mémoires de la Société des Sciences physiques et naturelles de Bordeaux,* 4e série, t. I, p. 104 ; 1893.)

2. Albert de Saxe, loc. cit.

on le voit par les montagnes ; néanmoins, au cours des temps, toute chose descendra et se précipitera vers le centre du Monde ; il semble que ce soit là la cause de la rotondité de la terre.

» Par là on peut connaître que si la terre était fluide comme l'eau, de telle sorte que ses diverses parties ne se soutinssent pas l'une l'autre, elle coulerait vers une rotondité uniforme et une sphéricité parfaite. »

Revenons à la chute d'un grave vers le centre du Monde. Roger Bacon avait, à ce sujet, soulevé une question embarrassante que Jean Buridan connaissait bien, qu'Albert de Saxe connaît également ; mais tandis que Buridan l'écartait au nom des principes de l'Occamisme, Albert la résout dans le sens du Péripatétisme le plus pur [1].

Cette difficulté consiste à prétendre « que les parties d'un même grave s'entravent mutuellement, parce que chacune d'elles a une inclinaison à descendre par la ligne la plus courte ; et comme, seule, la partie moyenne descend par une telle ligne, elle gêne les parties latérales ; par suite de cet empêchement mutuel des diverses parties, les graves simples se meuvent dans le temps », même s'ils tombent dans le vide.

Mais, dit Albert, « cette raison ne peut tenir. En premier lieu, elle prétend que chacune des parties d'un même grave tend à descendre par la ligne la plus courte ; cette raison n'est pas valable ; chacune des parties ne tend pas à ce que son centre devienne le centre du Monde, ce qui serait impossible. C'est le tout du grave qui descend de telle sorte que son centre devienne le centre du Monde ; et toutes les parties tendent à ce but que le centre du tout devienne le centre du Monde ; elles ne s'entravent donc pas l'une l'autre... »

Voilà formulée la doctrine dont Albert va faire de multiples applications ; le désir de s'unir au centre du Monde n'appartient point en propre à chaque partie d'un grave, de telle sorte que le désir d'une partie puisse se trouver en compétition avec le désir d'une autre partie ou le contrecarrer ; tous ces désirs s'unissent en un seul ; ils concourent à placer au centre du Monde un point du grave qu'Albert, ici, nomme simplement le centre, qu'il nommera constamment ensuite le *centre de gravité;* dans une chute libre, c'est ce point qui se dirige en droite ligne vers le centre du Monde.

1. Alberti de Saxonia *Quæstiones in libros de physico auditu*, lib. IV, quæst. V.

Cette doctrine va guider Albert dans la recherche du lieu naturel de la terre [1].

Ce lieu est-il la surface concave de l'eau ? Non, car il ne suffit pas qu'un grave soit entouré d'eau pour demeurer en repos ; il tombe au sein de l'eau ; il n'y est donc pas en son lieu propre. Ce lieu est-il le centre du Monde ? Pas davantage, car la terre n'est pas un simple point et ne saurait être logée en un point. La terre est un ensemble de graves ; elle est en son lieu naturel lorsque le centre de gravité de cet ensemble est au centre du Monde.

« La terre, limitée en partie par la surface concave de l'air, en partie par la surface concave de l'eau, occupe sa situation naturelle lorsque le centre de gravité de ladite terre est au centre du Monde ; car si la terre se trouvait hors de la surface qui la situe de la sorte, elle se mettrait à descendre et se mouvrait jusqu'à ce que le centre de l'agrégat qu'elle forme avec tous les graves devînt le centre du Monde, à moins qu'elle n'en fût empêchée...

» A quoi j'ajouterai quelques remarques : En premier lieu, si la masse entière de la terre se trouvait placée hors de son lieu, par exemple en la concavité de l'orbe de la Lune et si elle y était retenue de force, si, d'autre part, on laissait tomber un grave, ce grave ne se mouvrait pas vers la masse totale de la terre, mais il se mouvrait en ligne droite vers le centre du Monde ; la raison en est qu'une fois parvenu au centre du Monde, il serait en son lieu naturel, pourvu du moins que son centre de gravité fût le centre du Monde — *Saltem si medium gravitatis suæ esset medium mundi...*

» La terre n'est pas naturellement logée par l'eau, à moins que son centre de gravité, comme nous venons de le dire, ne soit le centre du Monde. Il ne faut donc pas dire qu'une masse de terre est en repos et se trouve en son lieu naturel dès là qu'elle est entourée par l'eau ; son centre de gravité, en effet, n'est pas encore au centre du Monde ; et il n'est pas non plus au centre du Monde, le centre de tout l'agrégat formé par cette masse et par le reste de la terre. Cette masse continue donc à descendre jusqu'à ce que le centre de gravité de tout l'agrégat formé par cette portion de terre et tout le reste de la terre soit au centre du Monde. — *Ita ulterius descendit tamdiu quam totius aggregati*

1. Albert de Saxe, loc. cit.

ex illa portione terræ et totali terra residua medium gravitatis fiat medium mundi. »

Le principe qui vient d'être formulé renferme la solution d'une difficulté dont Burley avait déjà touché quelques mots et que l'Occamisme de Buridan avait jugée sans fondement ; cette difficulté, Albert de Saxe l'expose en ces termes [1] :

« Chacune des parties de la terre est située de telle sorte qu'elle se trouve violentée ; la terre entière ne saurait donc être naturellement située. Voici la preuve de la prémisse : Le centre de gravité de chaque partie de la terre n'est pas le centre du Monde ; chaque partie de la terre n'est donc pas naturellement située, car pour qu'un corps grave soit naturellement situé, il est requis que son centre de gravité soit le centre du Monde. — *Ad situm naturalem corporum gravium requiritur quod centrum gravitatis eorum sit medium mundi.* »

A cette objection, Albert ne répond pas ; mais la réponse découle évidemment des principes qu'il a posés dans sa *Physique;* chacune des parties de la terre ne tend pas à ce que son centre de gravité particulier soit au centre du Monde ; elle tend à ce que le centre de gravité de l'ensemble formé par toutes les parties soit au centre du Monde.

C'est d'ailleurs la réponse qu'à la même époque, Nicole Oresme formulait très explicitement contre de telles objections.

« Et pour ce mieux entendre, écrivait l'Évêque de Lisieux [2], je argue contre.

» Premièrement que il [Aristote] dit que le milieu ou centre est le lieu où les parties de terre tendent ou sont meues. Et tel centre est un point indivisible qui ne peut rien contenir et ne peut estre équal à quelcunque corps. Et tout lieu contient le corps qui est en tel lieu et est équal à lui, si comme il appert ou quart [livre] de *Phisique.*

» Item, il dit que toutes les parties de terre tendent à un seul lieu naturèlement. Et nature ne entent oncque chose impossible. Et c'est impossible que plusieurs corps soient en un lieu, car ce seroit pénétracion de dimencions, si comme il appert ou quart de *Phisique.*

1. Alberti de Saxonia *Quæstiones in libros de Cælo et Mundo;* lib. II, quæst XXV. (Quæst. XXIII ap. ed. Parisiis, 1516 et 1518.)

2. Nicole Oresme, *Le livre d'Aristote qui est dit du Ciel et du Monde;* livre II, ch. XVII. « Ou XVIIe chapitre, il monstre par une autre raison qu'il ne peut estre fors un seul monde. ». Bibliothèque Nationale, fonds français, ms. n° 1.083, fol. 15, col. a et b.

» Au premier, je respon et di que le lieu est dit de deux choses. Une est ce qui contient un corps et est équal à tel corps, aucunement si comme il appert ou quart de *Phisique*. Et en ceste manière, un tonneau, selon sa concavité, est le lieu du vin qui est dedens et l'eau est en partie lieu de la terre.

» Mes autrement, lieu est selon quoy un corps est dit estre bien à point assis en son propre lieu naturel. Et en ceste manière, le centre du Monde est le lieu de la terre et de toute la masse des choses pesantes, car telle masse est là où elle doit estre et en son propre lieu naturel par ce que le centre de sa pesanteur est en milieu du Monde, et que tel centre et le centre du Monde sont un meisme point, combien que ceste masse soit ou fust environnée et contenue de eaue ou de air ou de tous II.

» Au second, je dis que plusieurs corps qui ne sont parties d'un corps ou partie un de l'autre ne peuvent estre en un lieu qui soit propre à chascun d'eulz meismement, à prendre lieu en la première manière, pour la chose qui contient.

» Mes plusieurs corps, dont l'un est tout et les autres sont parties de lui, ont un mesme lieu, si comme il appert ou quart de *Phisique*.

» Et meismement à prendre lieu en la seconde manière. Et selon ce, non pas seulement les parties de terre qui est élément, mes toutes choses pesantes tendent à un lieu, tellement et afin qu'elles soient conjointes et uniées à toute la masse de la pesanteur, de laquelle le centre du Monde soit milieu et centre. »

Ce passage d'Oresme achèverait d'éclaircir, s'il en était besoin, le sens dans lequel doit être prise cette proposition d'Albert de Saxe [1] : « Un grave est naturellement situé lorsque son centre de gravité est le centre du Monde. — *Tunc gravia naturaliter sunt situata cum centra suarum gravitatum sunt medium Mundi.* »

Ces considérations nous préparent tout naturellement à recevoir la théorie de l'équilibre de la terre, telle qu'Alexandre d'Aphrodisias l'avait proposée, telle que Buridan et Oresme l'ont reprise. Voici comment Albert de Saxe présente cette théorie [2] :

« Ici, il convient de poser deux distinctions dont voici la première : Il y a deux points qui peuvent être nommés milieux

1. ALBERT DE SAXE, loc. cit.
2. ALBERT DE SAXE, loc. cit.

ou centres des corps graves, savoir le centre de grandeur et le centre de gravité ; car dans les corps où la gravité n'est pas uniformément répartie, le centre de gravité n'est pas le centre de grandeur ; tandis que dans les corps de gravité uniforme, le centre de grandeur et le centre de gravité peuvent bien coïncider.

» La seconde distinction est celle-ci : Dire qu'un corps est au milieu du Monde peut s'entendre de deux manières différentes ; d'une première manière, on entend que son centre de grandeur est au centre du Monde ; d'une seconde manière, que son centre de gravité est au centre du Monde.

» Or je suppose que la terre n'est pas d'uniforme gravité, et voici ce qui rend cette supposition évidente : Une partie de la terre, en vue de l'habitation des animaux et des plantes, est laissée à découvert par les eaux ; le côté opposé, au contraire, est couvert d'eau. Or l'air, qui est naturellement chaud, et le Soleil échauffent la partie de la terre que les eaux ne recouvrent pas ; ils la rendent par là plus subtile, la raréfient et l'allègent, tandis que la partie de la terre que l'eau couvre demeure plus compacte et plus grave. Il en résulte immédiatement que, pour la terre, autre est le centre de grandeur, autre est le centre de gravité.

» Dès lors, on peut poser cette première conclusion : Ce n'est pas le centre de grandeur de la terre qui est au centre du Monde... Puis cette seconde conclusion : C'est le centre de gravité de la terre qui est au centre du Monde. On le prouve : Toutes les parties de la terre tendent au centre par leur gravité ; Aristote le dit dans le texte, et cela est véritable. Or la partie plus pesante pousserait l'autre partie jusqu'à ce que le centre de la gravité totale de la terre se trouvât au centre du Monde ; et alors les deux parties, également graves, encore que l'une soit de plus grand volume et l'autre de volume plus petit, se maintiendraient l'une l'autre comme le font deux poids dans une balance. »

Sur l'équilibre de la terre, nous voici très exactement renseignés ; songeons maintenant à l'équilibre des mers.

Qu'en vertu de sa pesanteur et de sa fluidité l'eau doive prendre la figure d'une sphère ayant pour centre le centre du Monde, Albert de Saxe l'admet dans tous ses raisonnements, encore qu'il ne reproduise pas la démonstration si connue qu'Aristote en donnait au Περί Οὐρανοῦ. Il prend soin, d'ailleurs, de reprendre ceux qui, de la sphéricité de l'eau, cherchaient une autre raison, qui prétendaient y reconnaître une propriété essentielle de la forme substantielle de l'eau et qui, pour le prouver, citaient la figure des gouttes de rosée.

De cette théorie, c'est à la *Sphère* de Joannes de Sacro-Bosco que notre auteur, semble-t-il, empruntait l'énoncé que voici [1] :

« En un corps homogène, le tout doit avoir la même figure que les parties ; sinon ce ne serait point un homogène ; mais les particules de l'eau semblent tendre vers la sphéricité, comme le montrent les gouttes de rosée ou de pluie ; la masse totale de l'eau, elle aussi, doit donc être sphérique. »

A cette opinion, Albert de Saxe, à l'imitation d'Albert le Grand, répond :

« Au sujet de la figure sphérique des gouttes d'eau, je dis que ce n'est point une conséquence de la forme substantielle de l'eau ; elle résulte plutôt de la fuite des contraires, car cette figure sphérique est celle où les diverses parties se trouvent le plus étroitement unies, où elles peuvent le mieux résister à une cause de destruction ; aussi n'importe quelle masse tend-elle à prendre cette figure, pourvu qu'elle n'en soit pas empêchée par quelque autre cause, comme la dureté ou la pesanteur. Cette tendance se remarque surtout lorsque le corps est en petite quantité. Elle ne convient pas seulement à l'eau, mais à tous les liquides, comme on le voit avec le vif argent. »

La pesanteur et la fluidité expliquent donc la disposition que l'eau prend à l'égard du centre du Monde ; mais comment se place, à l'égard de ce centre, l'ensemble de la terre et des mers ? Albert nous a enseigné qu'un agrégat de graves quelconques était naturellement situé, lorsque le centre de gravité de cet ensemble résidait au centre du Monde. N'en devons-nous pas conclure que la terre et les mers se doivent disposer de telle façon que ces deux conditions soient vérifiées :

En premier lieu, la surface des mers est une surface sphérique concentrique au Monde.

En second lieu, le centre de gravité de l'ensemble de la terre et des mers coïncide avec le centre du Monde.

Qu'à une certaine époque, une telle doctrine ait paru vraisemblable à Maître Albert de Saxe, nous en avons pour preuve une phrase de ses *Questions sur la Physique*. Après avoir enseigné [2] qu'une masse de terre « descendrait jusqu'à ce que le

1. Alberti de Saxonia *Quæstiones in libros de Cælo et Mundo*, lib. III, quæst. ultima.

2. Alberti de Saxonia *Quæstiones in libros Physicorum*, lib. IV, quæst. V.

centre de gravité de tout l'agrégat formé par cette masse et par les autres poids devînt le centre du Monde *(terra descenderet et moveret tamdiu quam medium ipsuis gravitatis totius aggregati ex ipsa et aliis gravitatibus fieret medium mundi)* », il ajoutait :

« Je dis qu'on doit concevoir une opinion conforme de tout l'agrégat formé par la terre et l'eau ; elles font peut être une gravité totale dont le centre de gravité est le centre du Monde. — *Dico quod conformiter intelligendum est de toto aggregato ex terra et aqua, quæ forte faciunt unam totalem gravitatem cujus medium gravitatis est medium Mundi.* »

Le centre du Monde, d'ailleurs ne coïncide pas seulement avec le centre de gravité de tout l'ensemble des corps pesants ; il coïncide également avec le centre de légèreté de l'ensemble des corps légers. « Le froid [1] étant particulièrement intense sous les pôles, la couche de l'élément igné y serait bien plus mince qu'à l'équateur, si le feu, continuellement engendré à l'équateur, ne s'écoulait constamment vers les pôles. De même que l'eau s'écoule constamment vers les lieux les plus bas, afin que le centre de toute gravité se trouve au centre du Monde, de même nous devons admettre que le feu s'écoule sans cesse de l'équateur vers les pôles, afin que son centre de légèreté soit au centre du Monde. Il faut concevoir que, sous les pôles, le feu se transforme constamment en air, tandis qu'à l'équateur, l'air se transforme continuellement en feu ; et, sans cesse, le feu coule de l'équateur vers les pôles, afin que le centre de toute légèreté se trouve au centre du Monde, comme le centre de toute gravité. — *Unde imaginandum est quod sicut aqua continue fluit ad locum decliviorem ut centrum gravitatis totius sit centrum Mundi, ita et continue ignis fluit de æquinoctiali versus polos ut centrum ejus levitatis sit centrum Mundi... ad istum finem ut semper centrum totius levitatis sit centrum Mundi, sicut centrum totius gravitatis.* »

Albert de Saxe avait entrevu une grande vérité.

Le problème de l'équilibre de la terre et des mers, auquel il consacrait les pages que nous venons d'analyser, a été repris au moyen des principes de la Mécanique céleste Newtonienne et par le plus grand des successeurs de Newton, par Laplace.

Selon les lois de la gravitation universelle, le problème, pris dans toute son ampleur, pourrait se formuler ainsi :

1. Alberti de Saxonia *Op. laud.*, lib. IV, quæst. VI.

Une terre est donnée, qui se compose d'une masse solide de figure quelconque et d'un océan que constitue un liquide homogène ; le corps solide est en partie recouvert par l'Océan ; il émerge en partie.

Toutes les parties infiniment petites en lesquelles on peut subdiviser par la pensée ce solide et ce liquide s'attirent deux à deux suivant la loi que Newton a posée, c'est-à-dire proportionnellement au produit de leur masse et en raison inverse du carré de leur distance.

La terre ainsi faite, enfin, est animée du mouvement compliqué que l'Astronomie lui attribue.

Quelle sera la figure de la surface qui bornera l'Océan ?

Les progrès de la Science consistent, en grande partie, à nous mieux faire reconnaître la difficulté des questions qu'elle pose. Albert de Saxe et ses contemporains n'hésitaient pas à rechercher la condition d'équilibre de la terre et des mers. Aujourd'hui, nous voyons que la solution du problème, tel qu'il vient d'être formulé, passe les forces de nos procédés algébriques.

Pour le résoudre, donc, Laplace a commencé par le simplifier. Il a réduit le mouvement compliqué de la terre à une simple rotation uniforme autour de l'axe du Monde.

Il a supposé que le noyau solide n'émergeait nulle part, qu'il était partout recouvert par l'Océan.

Enfin, il a tenu pour assuré d'avance que la surface qui borne l'Océan différait peu d'une sphère.

Alors, à l'aide d'une méthode dont il a été le créateur, il lui a été possible de déterminer la figure que doit prendre cette surface.

En particulier, il a établi un très beau théorème, qui est véritable, quelles que soient la configuration et la constitution du noyau solide entièrement recouvert par l'Océan ; ce théorème est le suivant [1] : Le centre de gravité de la surface [2] des mers coïncide avec le centre de gravité de tout le sphéroïde composé par le noyau solide et par l'Océan.

1. P. S. LAPLACE, *Traité de Mécanique céleste*, première partie, livre III, chapitre IV : De la figure d'un sphéroïde très peu d'une sphère et recouvert d'une couche de fluide en équilibre. N° 31. Tome second. Paris, an VIII. p. 90.

2. On sait ce que les géomètres entendent par là. Ils supposent qu'on recouvre la surface considérée d'une couche matérielle qui ait partout même densité et même épaisseur infiniment petite ; le centre de gravité du corps ainsi formé est ce qu'ils nomment centre de gravité de la surface.

La solution donnée par Laplace au problème de l'équilibre des mers consiste en une série d'approximations successives ; ces approximations fournissent une suite de surfaces de plus en plus voisines de la borne véritable de l'Océan. La figure déterminée par la première approximation est celle d'une sphère ; comme le centre de gravité d'une surface sphérique coïncide évidemment avec le centre même de cette surface, on peut énoncer cette proposition : Au premier degré d'approximation, l'Océan est terminé par une surface sphérique dont le centre coïncide avec le centre de gravité de toutes les masses, tant solides que liquides, qui composent le globe terrestre. C'est donc cette première approximation qu'Albert de Saxe avait reconnue par une très heureuse intuition.

Mais, dans ses *Questions sur les livres du Ciel et du Monde*, il eut la malencontreuse idée de rejeter la proposition que ses *Questions sur la Physique* avaient jugée véritable ou très probable ; voici, en effet, le langage qu'il tient dans ce nouvel ouvrage [1].

« Mais, direz-vous, ce qui est au centre du Monde, il ne semble pas que ce soit le centre de gravité de la terre ; il semble plutôt que ce soit le centre de gravité de l'agrégat formé par la terre et l'eau ; en effet, puisque, d'un côté, la terre est couverte d'eau, il semble que cette eau, prise avec la partie de la terre que l'eau recouvre, doit faire contre-poids à l'autre partie de la terre, et la repousser jusqu'à ce que le centre [de gravité] de tout l'agrégat formé par la terre et par l'eau soit devenu le centre du Monde.

» Nous répondrons en niant que le centre de gravité de tout l'agrégat formé par la terre et par l'eau soit le centre du Monde. Si l'on imaginait, en effet, que toute l'eau fût ôtée, le centre de gravité de la terre serait certainement le centre du Monde... ; mais la terre est essentiellement plus grave que l'eau, comme le montre une petite masse de terre qui descend au sein d'une grande masse d'eau ; partant, qu'une quantité d'eau quelconque soit placée d'un côté de la terre et non de l'autre côté ; cette partie-ci de la terre n'en recevra pas plus d'aide qu'auparavant pour contrebalancer et repousser cette partie-ci ; et cela parce que l'eau est essentiellement moins grave que la terre. La réponse à l'argument est donc évidente, car je dis que la

1. ALBERTI DE SAXONIA *Quæstiones in libros de Cælo et Mundo*, lib. II, quæst. XXV. (Quæst. XXIII apud. ed. Parisiis, 1516 et 1518.)

partie de la terre recouverte par les eaux ne pèse pas plus à l'encontre de l'autre partie que si ces eaux ne la recouvraient pas. »

Voilà donc qu'Albert de Saxe s'est rallié avec une grande netteté à l'opinion qu'avaient admise Jean de Jandun, Nicolas Bonet et Jean Buridan.

Pour justifier la théorie qu'il avait révoquée en doute dans ses *Questions sur la Physique* et qu'il adopte dans ses *Questions sur le Traité du Ciel,* Albert de Saxe doit, à son tour, examiner ce problème que Jean de Jandun et Nicolas Bonet résolvaient en des sens différents : Un élément continue-t-il d'être pesant quand il réside en son lieu propre. Ce problème, il l'analyse plus soigneusement qu'aucun de ses prédécesseurs ne l'avait fait ; des solutions contradictoires qu'ils en avaient proposées, il pense montrer l'accord à l'aide d'une distinction.

« Pour répondre à cette question, dit-il [1], je pose d'abord une distinction qui est la suivante : Le mot gravité peut être pris de deux façons. D'une première manière, il peut être pris pour une certaine disposition habituelle et potentielle qui résulte de la forme du grave, que cette disposition, d'ailleurs, détermine ou non une disposition actuelle au mouvement ; cette gravité-là se nomme gravité habituelle ou potentielle. D'une autre manière, gravité se prend pour une disposition qui, d'une manière actuelle, incline au mouvement ; cette gravité-ci s'appelle gravité actuelle...

» Voici alors notre première conclusion : En quelque lieu que se trouve un élément pesant, il possède sa gravité habituelle. Cette gravité, en effet, est une qualité qui résulte de la forme substantielle du corps pesant ; pour l'enlever et supprimer, le mouvement local ne suffit pas ; il faudrait que la forme substantielle fût corrompue...

» Seconde conclusion. En son lieu propre, un élément pesant possède la gravité habituelle. Cela résulte de la conclusion précédente. Cela se peut aussi prouver comme suit : La qualité par laquelle un élément est mû vers son lieu propre lorsqu'il se trouve hors de ce lieu est aussi celle en vertu de laquelle il demeurera naturellement en repos dans son lieu propre quand il l'aura atteint ; or, pour un élément pesant, cette qualité, c'est la gravité ; c'est par sa gravité qu'un tel élément se meut

1. Alberti de Saxonia *Quæstiones in libros de Cælo et Mundo,* lib. III, quæst. III.

de mouvement naturel vers son lieu propre, c'est par cette même gravité qu'il demeure en repos lorsqu'il réside en ce lieu ; mais cette gravité est dite tantôt actuelle, et tantôt habituelle ou potentielle ; actuelle, quand, d'une manière actuelle, elle incline au mouvement ; potentielle, quand elle n'incline pas au mouvement d'une manière actuelle. »

La gravité par laquelle se meut vers son lieu propre un grave qui en a été éloigné n'est donc pas anéantie au moment où le poids, ayant atteint son lieu, s'arrête et demeure en repos ; elle continue d'exister, mais d'actuelle, elle est devenue habituelle ou potentielle.

La gravité potentielle est, d'ailleurs, toujours prête à redevenir actuelle. « Qu'on veuille arracher une partie de terre à son lieu propre ; elle va résister. En effet, aussitôt qu'on tentera de violenter cetts terre, cette gravité qu'elle possédait et qu'on appelait seulement habituelle va passer à l'acte et résister, à celui qui veut soulever ce poids ; et à partir de ce moment, il la faudra nommer gravité actuelle ; j'accorde donc que même en son lieu naturel, un poids possèderait une gravité actuelle dès là qu'on lui voudrait faire violence ; la gravité ne mérite pas seulement le nom de gravité actuelle, en effet, lorsque, d'une manière actuelle, elle incline le poids au mouvement vers le bas, mais encore lorsqu'elle résiste et fait effort contre la violence. »

Un Archimède eût sans doute accordé la légitimité de cette distinction ; mais il eût ajouté qu'un élément pesant, lorsqu'il se trouve en son lieu naturel, comprime, en vertu de sa gravité habituelle ou potentielle, les corps qui le supportent, qui l'empêchent de descendre davantage et qui, par là, lui font violence.

Cette proposition, Albert de Saxe se refusera à la prendre pour vérité. Si un poids exerce une pression sur le support qui l'empêche de descendre, c'est seulement dans le cas où ce support le retient hors de son lieu naturel ; et alors ce n'est pas par sa gravité potentielle, mais par sa gravité actuelle que ce poids comprime l'obstacle : « Un grave entravé et retenu en l'air, à l'aide d'une colonne, par exemple, est grave d'une manière actuelle ; en effet, bien que sa gravité ne le meuve pas d'une manière actuelle, elle fait cependant effort, d'une manière actuelle, pour comprimer le support qui retient le poids par violence. »

Mais lorsqu'un corps pesant réside en son lieu naturel, lorsqu'il possède encore une gravité habituelle mais plus de gravité actuelle, il n'exerce plus aucune pression sur les corps qui se trouvent au-dessous de lui. « Si les parties centrales de la terre sont plus denses, ce n'est pas qu'elles soient comprimées par celles qui se trouvent au-dessus d'elles, car les parties supérieures ne pèsent pas sur les parties inférieures — *Partes centrales terræ non propter hoc sunt dempsiores quod comprimantur a superioribus, nam superiores non ponderant super ipsas.* »

Ce que nous venons de dire de la terre, nous pouvons, bien entendu, le répéter de l'eau [1]. « Les parties supérieures de l'eau ne compriment ni ne pressent les parties inférieures — *Aqua... cujus partes superiores non comprimunt nec deprimunt inferiores.* »

Par sa distinction de la gravité habituelle et de la gravité actuelle, Albert de Saxe n'entend pas justifier l'Hydrostatique d'Archimède, dont il n'a, d'ailleurs, jamais ouï parler ; ce qu'il défend, c'est l'Hydrostatique de Ptolémée et de Héron d'Alexandrie.

Si l'eau, quand elle réside en son lieu propre, est incapable de comprimer l'eau qui se trouve au-dessous d'elle, il va de soi qu'elle est également incapable d'exercer la moindre pression sur la terre sous-jacente. La terre se mettra donc en équilibre comme si l'eau qui la recouvre en partie n'existait pas ; au centre du Monde, elle placera son propre centre de gravité, et non pas le centre de gravité de la masse qu'elle forme avec l'eau sur la terre ainsi disposée et que sa présence n'ébranle pas, l'eau coulera de manière à se rapprocher le plus possible du centre du Monde, sans se soucier de la position prise par le centre de gravité de l'agrégat qu'elle forme avec la terre. C'est l'enseignement que nous avons entendu de la bouche de Buridan ; c'est celui qu'Albert de Saxe va nous répéter.

« Une partie de la terre, dit-il [2], émerge des eaux ; la terre, en effet, n'est pas uniformément grave, en sorte que son centre de gravité se trouve fort au-dessous de son centre de grandeur ; il est beaucoup plus près de l'une des calottes convexes qui limitent la terre que de l'autre ; alors l'eau, qui est uniformément grave et qui tend au centre du Monde, coule vers la calotte terrestre qui est la plus voisine du centre de gravité de la terre ; de sorte que l'autre calotte, celle qui est la plus éloignée du centre de gravité, demeure découverte. »

1. Alberti de Saxonia *Quæstiones in libros de physico auditu*, lib. IV, quæst. X.

2. Alberti de Saxonia *Quæstiones in libros de physico auditu*, lib. IV, quæst. V.

« Le centre de grandeur de la terre [1] ne coïncide pas avec le centre de gravité de ce corps ; d'un côté, la terre est plus voisine du ciel et les eaux la laissent à découvert ; de l'autre, elle est plus éloignée du ciel et recouverte par les eaux ; c'est vers ce côté que s'écoulent toutes les eaux, afin de se rapprocher du centre du Monde. »

VII

L'ÉQUILIBRE DE LA TERRE ET DES MERS SELON THÉMON LE FILS DU JUIF

Lorsqu'Albert de Saxe adoptait l'opinion de Buridan et d'Oresme, lorsqu'il rendait compte de l'équilibre de la terre et des mers par des raisons de Mécanique, il n'ignorait pas les explications astrologiques qu'on donnait naguère de cet équilibre ; mais, assurément, il les tenait en piètre estime.

Dans une question sur le *Traité du Ciel et du Monde* [2], il recherche si, par delà les divers cieux mobiles, il existe quelque ciel immobile ; comme Buridan, il cite un des arguments qu'on invoquait pour établir la nécessité de cet Empyrée fixe :

« Hors ce ciel, on ne verrait pas pour quelle cause une partie de la terre est habitable plutôt que l'autre. De cet effet, on ne peut chercher la cause en quelque ciel mobile, car les mêmes parties du ciel tournent aussi bien autour du côté de la terre qui est habitable que de celui qui est inhabitable. Il en faut donc rendre raison à l'aide d'un ciel immobile dont une partie, celle qui se trouve au-dessus de nous, exerce sa domination sur le salut des animaux et des plantes, tandis que l'autre a plutôt domination sur l'amas des eaux. »

A cet argument, notre auteur répond dédaigneusement :

« On doit dire que, de toute éternité, cet ordre a été ainsi fixé par Dieu. Mais comment cet ordre peut, d'une manière naturelle, se maintenir ou changer, je le dirai plus tard, lorsque je traiterai les questions relatives au centre du Ciel et de la Terre. » Albert n'a pas cru que l'explication astrologique de l'équilibre de la terre et des mers valût la peine d'être discutée.

1. ALBERTI DE SAXONIA *Quæstiones in libros de Cælo et Mundo,* lib. II, quæst. XXVIII. (Quæst. XXVI apud ed. Parisiis, 1516 et 1518.)
2. ALBERTI DE SAXONIA *Quæstiones in libros de Cælo et Mundo,* lib. II, quæst. VIII.

Nous en trouverons une discussion dans un ouvrage qui, la plupart du temps, est un reflet fidèle de la pensée d'Albert de Saxe, dans les *Questions sur le Traité des météores* composées par Thémon le fils du Juif.

Thémon consacre une de ses *Questions* [1] à examiner si les quatre éléments forment les termes successifs d'une progression géométrique ; ce lui est occasion d'exposer et de critiquer plusieurs des doctrines qui ont eu cours touchant la figure de la terre et de l'eau.

Thémon ne connaît pas seulement cette opinion, qui prétendait s'autoriser d'Aristote : Les volumes successifs des éléments sont décuples les uns des autres. Il connaît également la théorie proposée par « Bradwardine au dernier chapitre de son *Traité des proportions*, où il se vante d'avoir découvert ce qui était demeuré caché jusqu'à son époque, savoir, la proportion des éléments ». Mais notre maître ès arts rejette également ces deux théories. Si l'une ou l'autre d'entre elles était vraie, en effet, « l'eau serait plus grande que la terre. Or cette conséquence est fausse, et la fausseté en peut être prouvée. Si l'eau était plus grande que la terre, elle entourerait la terre de tous côtés, ce dont l'expérience nous montre l'inexactitude. Nous voyons, en effet, que si l'on jette dans l'eau une poignée de terre, cette terre tombe, parce qu'elle est plus grave que l'eau, et l'eau l'enveloppe en totalité. De même, dès là que l'eau serait plus volumineuse que la terre, si l'on y jetait la terre, cette eau permettrait à la terre d'entrer dans son sein et elle l'entourerait de toutes parts. »

Thémon affirme donc « que la sphère formée par la terre et l'eau prises ensemble est à peine aussi grande que la sphère déterminée » par les mesures géodésiques exécutées sur les continents. « Là où elle n'est pas violentée, sa surface convexe par laquelle l'eau confine à l'air est à peine aussi distante, ou même est moins distante du centre du Monde, que la convexité de la terre ferme...

» Nous le constatons par l'expérience. La surface d'une rivière qui se rend à la mer, de la Seine, par exemple, prise là où nous sommes, est moins élevée ou moins éloignée du centre du Monde que la terre environnante. Mais, au fur et à mesure qu'on approche de la mer, la surface du fleuve devient plus voisine du centre ; sinon, il n'y aurait pas de raison pour

1. Themonis Judæi *Quæstiones in libros metheororum*, lib. I, quæst. VI.

que l'eau descendît vers la mer plutôt que dans la direction opposée. Au moment où elle entre dans la mer, cette eau ne saurait s'éloigner naturellement du centre du Monde. Ainsi la surface de la mer est donc plus proche du centre du Monde que ne l'est, ici, la surface de la terre...

» Ce serait chicane sans valeur que de dire : Par la force du ciel, l'eau de la mer est plus élevée que la terre ; le ciel possède une vertu spéciale par laquelle, en ces lieux-ci, il conserve la terre sèche, par laquelle il ne permet pas à l'eau de la mer de la recouvrir, et cela, comme le dit l'Auteur de la *Sphère* [Joannes de Sacro-Bosco], en vue de la génération des animaux.

» Une telle affirmation irait tout aussitôt à l'encontre de la démonstration qu'Aristote donne, au second livre du *Traité du ciel*, lorsqu'il prouve que l'eau est sphérique ; cette démonstration ne serait plus conséquente ; on lui objecterait que le ciel soulève une partie de l'eau au-dessus de l'autre, en sorte qu'il ne serait plus indispensable qu'elle soit sphérique.

» Prenez, d'ailleurs, une partie de cette eau que vous dites soulevée par le ciel ; élevez-là en l'air, puis laissez-là tomber ; elle va tomber tout droit, comme tomberait l'eau qui se trouve en ces lieux-ci... Il n'est donc pas vrai que la force du ciel soulève de la sorte les parties de l'eau. »

« Il fut une opinion [1]... au gré de laquelle la terre et la mer étaient toutes deux excentriques au Monde ; c'est pour cette raison, pensait-on, qu'une partie de la terre n'est pas couverte par l'eau ; on admettait, d'ailleurs, que l'une et l'autre étaient sphériques...

» Cette opinion se peut réfuter mathématiquement ; il en résulterait, en effet, que la terre ferme serait de figure circulaire ; or, selon tous les astronomes, cette conséquence est fausse. » Contre la même théorie, la *Quæstio de duobus elementis*, attribuée à Dante Alighieri, avait déjà fait valoir le même argument [2].

On peut encore, contre elle, invoquer cette preuve [3] : « Dans une éclipse de Lune, l'ombre de la terre et de l'eau prises ensemble paraît ronde ; l'eau n'est donc pas plus élevée que la terre, sinon l'ombre ne paraîtrait pas ronde et circulaire. »

Désormais, notre météorologiste est débarrassé des anciennes théories sur la figure de la terre et des mers ; il va pouvoir présenter la théorie qu'il croit exacte.

1. Themonis Judæi *Op. laud.*, lib. II, quæst. I.
2. Vide supra, p. 158-159.
3. Themonis Judæi *Op. laud.*, lib. I, quæst. VI.

Thémon connaît les deux doctrines entre lesquelles Albert de Saxe a hésité ; l'une, celle qu'Albert a indiquée aux *Questions sur la Physique,* affirme que le centre de l'Univers est occupé par le centre commun des graves, aussi bien de l'eau que de la terre ; l'autre, celle qui a été exposée dans les *Questions sur le Traité du Ciel,* soutient que, seul, le centre de gravité de la terre réside au centre du Monde. Entre ces deux opinions, Thémon hésite, lui aussi, et cette hésitation se traduit, dans son enseignement, par des contradictions.

Au premier livre de ses *Quæstiones perutiles,* notre auteur semble admettre, contrairement à l'enseignement d'Albert de Saxe, que l'eau des mers pèse sur la terre solide, et qu'il faut tenir compte de leur poids pour déterminer la position que la terre occupe par rapport au centre du Monde. « J'imagine, dit-il [1], que, du côté du globe qui nous est opposé, la mer pénètre en des cavités dont la terre est creusée ; entre ces cavités, s'élèvent des proéminences pierreuses, beaucoup plus pesantes que la terre qui se trouve de notre côté ; et peut-être la pesanteur de l'eau vient-elle en aide à la gravité de ces parties de la terre, qui se trouvent au-delà du centre ; dès lors, grâce au concours de la pesanteur de l'eau, ces parties pèsent plus que les terres habitables, bien que celles-ci soient plus volumineuses ; c'est pourquoi la surface convexe de ces dernières peut se trouver plus loin du centre du Monde que la surface convexe, par laquelle l'eau se termine de l'autre côté du globe. »

L'effet naturel de ces considérations, ce serait l'acquiescement à la première théorie d'Albert de Saxe, à celle que notre météorologiste formule en ces termes [2] :

« Il est des philosophes dont l'opinion est telle : La terre et la mer constituent un poids unique ; le centre de gravité de cet aggrégat coïncide avec le centre du Monde ; ce qui se trouve donc au centre du Monde, ce n'est ni le centre de gravité de la terre ni le centre de gravité de l'eau, mais bien le centre de gravité de l'ensemble formé par la terre et par l'eau.

» Cette opinion me semble probable et forte », poursuit Thémon. Il la rejette cependant, comme Albert de Saxe l'a rejetée ; il la repousse « parce qu'une poignée de terre tombe si on la jette dans l'eau », ou, en d'autres termes, parce que le poids spécifique de la terre est plus grand que le poids spécifique

1. Themonis Judæi *Op. laud.*, lib. I, quæst. V.
2. Themonis Judæi *Op. laud.*, lib. II, quæst. I.

de l'eau. « L'ensemble de la terre se meut donc vers le milieu du Monde et, à ce mouvement, l'eau n'apporte pas un empêchement tel que la terre et l'eau soient, toutes deux, excentriques.

» Il me paraît donc plus vraisemblable que le centre de gravité de la terre ferme se trouve au centre du Monde ou près de ce centre ; en la partie du globe que l'eau recouvre, la terre est beaucoup plus lourde que celle qui se trouve de notre côté ; quant à l'eau, bien qu'elle soit naturellement grave, elle est moins grave que la terre ; cette eau demeure donc simplement superposée à la partie la plus dense de la terre, tandis qu'émerge la partie de la terre qui est la plus légère...

» Le centre de gravité de la terre tout entière coïncide avec le centre du Monde ; c'est autour de ce même centre que l'eau demeure en repos ; c'est vers lui qu'elle se meut ; elle s'en approche autant que possible.

» Imaginons que la terre soit, tout d'abord, supprimée et que toute l'eau se trouve réunie autour du centre du Monde ; concevons ensuite qu'on submerge la partie la plus lourde de la terre jusqu'à ce que le centre de gravité de cette terre occupe le centre du Monde ; on admet, en effet, que cette sphère terrestre n'est pas d'une gravité uniforme, qu'un quart de cette sphère est, par exemple, plus lourd que tout le reste ; cette partie la plus lourde demeurerait alors près du centre [et au-dessous de lui], tandis que les trois autres demeureraient au-dessus ; ainsi pourrait-il se faire qu'une partie de la terre demeurât hors de l'eau, à cause de sa plus grande légèreté. »

Nous reconnaissons la théorie proposée par Jean Buridan et par Nicole Oresme, la théorie à laquelle Albert de Saxe s'était rallié. De ces physiciens et, particulièrement du dernier, Thémon s'est montré fidèle interprète.

VIII

L'ÉQUILIBRE DE LA TERRE ET DES MERS SELON MARSILE D'INGHEN

A suivre la pensée de ses maîtres, Marsile d'Inghen n'est pas toujours aussi exact.

Dans son *Abrégé du livre des Physiques*, Marsile ne fait qu'une très courte allusion à la théorie, désormais courante à Paris, de l'équilibre de la terre.

« La surface concave de l'eau, dit-il en cet ouvrage [1], est le lieu naturel de la terre... Elle la contient, en effet, en ce que le centre de gravité de celle-ci est le centre du Monde...

» Le centre de gravité de la terre, c'est un point, intérieur à la terre, qui, de tous ses côtés, laisse un poids égal de terre ; de même, le centre de grandeur de la terre, c'est un point qui, de tous côtés, est équidistant de la surface extrême de la terre. »

Notre auteur va consacrer de plus longs développements au problème de l'équilibre de la terre dans ses *Questions de Physique selon la méthode des Nominalistes.*

Marsile connaît la difficulté soulevée par Bacon touchant la tendance d'un grave de dimensions finies vers le centre du Monde ; cette difficulté, il la résout [2] exactement comme Albert de Saxe l'avait résolue.

« Quand un grave simple tombe, dit l'objection qu'on va réfuter, une partie de ce poids fait effort contre l'inclination de l'autre partie ; il y a donc, en ce poids une résistance intrinsèque... En effet, lorsque le poids descend vers le centre, chacune de ses parties fait effort pour descendre au centre suivant la verticale ; mais de fait, aucune partie, sinon celle qui se trouve au milieu, ne descend selon la verticale ; cette partie médiane chasse donc les parties latérales de la voie que suivrait leur chute naturelle ; par conséquent, comme il y a ici violence, il y a résistance. »

A cette objection, voici la réponse :

« Dans la chute d'un grave simple, cette résistance intrinsèque n'existe pas... En effet, le grave qui tombe se meut tout entier à cette fin que son centre devienne le centre du Monde ou encore afin d'être conjoint à la gravité totale, dont le centre est le centre du Monde ; les diverses parties de ce grave ne se violentent donc pas l'une l'autre. Ce raisonnement est concluant ; ce qui est requis, en effet, pour que l'inclination du grave s'exécute, c'est que la ligne qui passe constamment par son centre fasse partie d'un diamètre du Monde ; cette prémisse est évidente ; aussitôt, en effet, que le grave est conjoint à ce poids immense dont le centre est centre du Monde, il demeure naturellement en repos, ce qui ne serait pas si là n'était point l'objet de son inclination. »

1. *Abbreviationes libri phisicorum a prestantissimo philosopho* MARSILIO INGUEN *edite*, 2e fol. après le fol. sign. O3, col. c.

2. *Quæstiones subtilissimæ* JOHANNIS MARCILII INGUEN *super octo libros physicorum secundum nominalium viam*, lib. IV, quæst. VIII.

Voilà donc clairement posé le principe de Mécanique, dont se réclame la théorie parisienne de l'équilibre de la terre. Écoutons ce que Marsile va nous dire de cet équilibre.

Il nous en parlera dans la question [1] où il examine ce problème : « L'eau est-elle le lieu naturel de la terre ? »

Après avoir rapporté, à peu près dans les mêmes termes qu'Albert de Saxe, les diverses objections qu'on peut dresser contre cette proposition : L'eau est le lieu naturel de la terre, Marsile remarque que la difficulté de la question provient de ce qu'on n'a point répondu à celle-ci : Pourquoi la terre est-elle en partie couverte d'eau et en partie découverte ?

Il cite alors plusieurs réponses qu'il rejette.

Certains, par exemple, prétendent qu'il existe une terre ferme pour le salut des animaux qui ne peuvent vivre sous l'eau. « Cette réponse assigne une cause finale et non point une cause efficiente... Or c'est une cause efficiente que nous cherchons, et là gît la difficulté.

» D'autres répondent que la terre et l'eau sont deux sphères qui se coupent, car elles n'ont point même centre ; du côté qui n'est pas couvert par les eaux, le centre de la terre est plus élevé. » Cette opinion, Marsile la réfute comme l'avaient fait déjà la *Quæstio de duobus elementis* et Thémon : « Le même point est centre du Monde et centre de la gravité ; la masse entière de l'eau et la masse entière de la terre ont donc même centre... D'ailleurs, la terre habitable ou, du moins, la terre ferme serait de forme circulaire. Cette conséquence est fausse..., car la terre habitable est plus longue que large ; sa longueur est à sa largeur comme 5 est à 3. »

Le futur recteur de Heidelberg en vient maintenant « à une quatrième solution proposée par Campanus dans son *Traité de la sphère. — Quarta via est quam ponit Campanus in tractatu suo de Sphæra.* » Ni dans son *Traité de la sphère*, ni dans aucun de ses ouvrages, Campanus ne souffle mot de l'opinion qui va nous être exposée ; mais en cette opinion, nous reconnaîtrons sans peine celle que soutenaient Jean Buridan, Nicole Oresme, Albert de Saxe et Thémon.

« Dans cette explication, on suppose tout d'abord que les diverses parties de la terre n'ont pas même gravité ; l'expérience nous prouve qu'il en est de plus lourdes et de moins lourdes... De là découle cette seconde supposition que le centre

1. JOHANNIS MARCILII INGUEN *Op. laud.*, lib. IV, quæst. V.

de gravité de la terre ne coïncide pas avec son centre de grandeur.

» Ces suppositions faites, on imagine que la terre plonge dans l'eau comme une colonne, dont la partie inférieure serait, de toutes parts, entourée d'eau, tandis que l'autre partie émergerait et formerait ce qu'on nomme la terre ferme. Supposons, par exemple, qu'un de ces clous qui servent à ferrer les chevaux *(clavus equi)* se trouve en équilibre au centre de la terre ; il n'y aurait qu'une faible longueur de ce clou d'un côté du centre, savoir, du côté où se trouve la tête, et cela parce que la tête est beaucoup plus lourde que le reste du clou. Eh bien, on suppose que la terre est placée de même par rapport au centre et sous l'eau. »

A cette explication, Marsile va-t-il accorder la faveur que ses contemporains ne lui ont pas marchandée ? Point du tout. Il la rejette, et voici pourquoi :

« Si la terre surpassait ainsi le niveau de l'eau, toute eau qui se trouve sur la terre ferme s'écoulerait continuellement vers les autres eaux, vers celles au-dessus desquelles s'élève la terre. Or cette conséquence est contraire à l'expérience, car les mers ne se meuvent nulle part, mais demeurent en repos dans les concavités de la surface terrestre. »

Marsile n'avait pas assez étudié l'enseignement de son maître Jean Buridan ; de celui-ci il eût appris que les mers partielles qui découpent les continents résident au fond de vallées creusées dans la terre ferme, et se trouvent de niveau avec l'Océan.

Notre auteur arrive enfin à la doctrine qui a ses préférences :

« La cinquième solution, dit-il, est la suivante : L'eau est beaucoup moins volumineuse que la terre ; elle occupe seulement certains bassins concaves creusés à la surface de la terre *(concavitates terræ)*. Voici ce qui le démontre : Connaissant la grandeur et le diamètre de la terre, on peut, par l'Astronomie, trouver la grandeur de l'ombre qui serait, dans une éclipse de Lune, produite par la terre seule ; or, en fait, on ne trouve pas qu'en une éclipse de Lune, l'agrégat de la terre et de l'eau cause une plus grande ombre que celle qui serait produite par la terre seule ; or il en serait nécessairement ainsi si l'eau n'était pas contenue dans la terre et était plus grande que la terre.

» Il résulte de là que les volumes des quatre éléments ne se suivent pas dans un rapport constant ; l'eau, en effet, est beaucoup plus petite que la terre, tandis que cette progression géométrique la suppose plus grande. »

La doctrine qui vient de nous être proposée et l'argument

erroné par lequel elle a été soutenue nous sont déjà connus ; Andalò di Negro nous les avait présentés [1].

IX

L'ÉQUILIBRE DE LA TERRE ET DES MERS ET LES QUESTIONS SUR LES MÉTÉORES FAUSSEMENT ATTRIBUÉES A DUNS SCOT

En étudiant le problème de l'équilibre de la terre et des mers, Marsile d'Inghen s'était écarté de la voie tracée par les Nominalistes parisiens, bien qu'il se fût proposé de la suivre dans ses *Questions de Physique.* C'est au contraire selon cette voie que marche l'auteur inconnu des *Questions sur les Météores* faussement attribués à Duns Scot.

Notre auteur s'est, à deux reprises différentes, occupé de la figure de la terre et des mers.

Il en traite, d'abord, en la question treizième du premier livre [2]. Cette question examine l'opinion selon laquelle les volumes des éléments seraient les termes successifs d'une progression géométrique. L'auteur ne cite pas seulement l'ancienne forme de cette opinion, mais aussi la forme plus récente donnée par « Thomas Bradwardine, au dernier chapitre de son *Tractatus de proportionibus* [3] » ; et comme ce traité est daté de 1328, nous sommes assurés par là que les *Questions sur les Météores* ne sont pas du Docteur Subtil.

A l'encontre de cette opinion, l'auteur prouve que le volume de la mer est inférieur au volume de la terre ; son argumentation suit très exactement celle de Thémon. « Sinon, dit-il [4], la terre entière serait submergée, conséquence contraire à l'expérience. Or cette conséquence se pourrait prouver. Qu'on ima-

1. Voir : ch. XVI, § IX, p. 147.
2. R. P. F. JOANNIS DUNS SCOTI, DOCTORIS SUBTILIS, *Ordinis Minorum, Opera omnia quæ hucusque reperiri potuerunt, collecta, recognita, notis, scholiis, et commentariis illustrata, a P. P. Hibernis, Collegii Romani S. Isidori professoribus, jussu et auspiciis* R.mi. P. F. *Joannis Baptistæ a Campanea, ministri generalis.* Lugduni, sumptibus Laurentii Durand, MDCXXXIX. — R. P. F. JOANNIS DUNS SCOTI, DOCTORIS SUBTILIS, *Ordinis Minorum, Meteorologicorum libri quatuor. Opus quod non antea lucem vidit, ex Anglia transmissum. Advertat compactor librorum hunc tractatum, æquo tardius ad nos delatum, ante tomum III ponendum esse ne erret.* Lib. I, quæst. XIII.
3. JEAN DE DUNS SCOT, loc. cit. ; éd. cit., p. 32.
4. JEAN DE DUNS SCOT, loc. cit. ; éd. cit., p. 33.

gine la terre hors de son lieu naturel et l'eau au centre du Monde ; puis que la terre descende ; avant que son centre ne parvînt au centre du Monde, elle serait entièrement submergée, puisqu'on la suppose moins volumineuse que l'eau.

» On pourrait prétendre que la terre se trouve placée d'un côté du centre du Monde et que l'eau lui fait contre-poids de l'autre côté. Mais s'il en était ainsi, la mer irait sans cesse en s'approfondissant, au fur et à mesure qu'on s'éloigne des côtes, ce qui est contraire à l'expérience.

» En second lieu, la terre tend naturellement à se placer au-dessous de l'eau ; en sorte que l'eau placée de l'autre côté du centre du Monde ne saurait lui faire contre-poids.

» Enfin l'agrégat formé par la terre et par l'eau ne serait pas sphérique. Cette conséquence est fausse, car nous voyons, dans les éclipses, que l'ombre de cet agrégat a la forme d'un cercle. Or, d'autre part, la conséquence découlerait évidemment des prémisses si l'eau était plus considérable que la terre et que celle-ci émergeât en partie. »

Le Pseudo-Duns Scot reprend cette discussion, d'une manière plus approfondie, dans la question qu'il formule ainsi : « La mer coule-t-elle sans cesse du Nord vers le Sud ? »

Au second article de cette question, en effet, il se demande [1] « si la mer est le lieu naturel des eaux », ce qui l'amène à rechercher quels sont les lieux naturels de la terre et de l'eau. Parmi les difficultés qu'il examine, en voici une, qui est la quatrième : « Ou bien l'eau, dans son mouvement, tend au même lieu naturel que la terre, ou bien non ; de la première supposition, il résulterait que le centre de la terre est le lieu naturel de l'eau comme il l'est de la terre ; de la seconde il résulterait qu'en ce monde, toute gravité ne tend pas au même centre. »

L'argumentation par laquelle notre auteur entend résoudre cette difficulté mérite d'être citée en entier, car elle donne lieu à plus d'une remarque intéressante ; la voici :

« Au sujet du quatrième argument, une grande difficulté se présente.

» Campanus, au cinquième chapitre de son *Traité de la sphère*, imagine que la terre se trouve, de notre côté, élevée au-dessus du centre du Monde, et que l'eau, placée de l'autre côté, lui fait contre-poids ; la gravité terrestre et la gravité de l'eau ont donc des centres différents. Il suppose que la terre

1. Joannis Duns Scoti *Op. laud*, lib. II, quæst. I, art. II ; éd. cit., p. 62-63.

était, tout d'abord, couverte par les eaux ; puis que, sur l'ordre de Dieu, les eaux se sont réunies en un même lieu et la terre ferme a paru, afin que l'homme et les autres animaux eussent une habitation qui leur pût convenir. Or cette réunion des eaux en un même lieu ne pourrait se faire si la terre demeurait en son centre, car l'eau tendrait alors à recouvrir la terre ferme ; il a donc été nécessaire que la terre montât hors de son lieu naturel. Voici les paroles mêmes qu'écrit Campanus ; après avoir énuméré la position et l'ordre des sphères célestes et l'ordre du feu et de l'air, il dit : « La seconde sphère est la » sphère de l'eau, dont la surface sphérique se trouve, selon » l'ordre de Dieu, interrompue par la surface de la terre, la » terre ferme émerge du milieu de cette interruption ; l'ordre » de Dieu était celui-ci : *Ut congregarentur aquæ...* »

Ce texte n'est pas, comme le dit notre auteur, emprunté au *Traité de la sphère* de Campanus ; il est tiré de la *Théorie des planètes* du Géomètre de Novare ; notre auteur, d'ailleurs, force et fausse la pensée de Campanus [1] ; mais, sans insister plus longuement à ce sujet, poursuivons notre citation :

« Contre cette supposition, voici un premier argument : S'il en était ainsi, on pourrait trouver sur la terre des endroits où une masse de terre et une masse d'eau ne tomberaient pas suivant le même chemin. Cette conséquence est contraire à l'expérience ; en quelque endroit qu'on élève une masse d'eau au-dessus du sol, elle tombe suivant le même chemin qu'une masse de terre mise au même endroit. Et, d'autre part, cette conséquence découle de la supposition faite, car l'eau se mouvrait vers le centre de l'eau et la terre vers le centre de la terre, et ces deux centres seraient distincts si la sphère de l'eau et la sphère de la terre étaient excentriques.

» En second lieu, le contour de la terre habitable serait de figure circulaire. On ne peut admettre cette conséquence car suivant Aristote, dans ce second livre des *Météores*, et selon plusieurs autres, la terre habitable est plus allongée de l'Est à l'Ouest que du Nord au Sud. Et d'autre part, on peut prouver que la conséquence découle de l'hypothèse faite, car la portion d'une sphère qui s'élève au-dessus d'une surface sphérique de centre différent possède un contour circulaire.

» Laissant donc de côté cette supposition, il nous faut admettre que la terre et l'eau sont toutes deux concentriques

1. Voir : ch. XVI, § VI, p. 130-132.

au Monde quant à la gravité, c'est-à-dire que la terre et l'eau ont, toutes deux, même centre de gravité, mais non point même centre de grandeur.

» Pour comprendre cela, il faut remarquer, tout d'abord, que la terre, dans sa totalité, n'est pas purement un élément simple ; la région que nous habitons est mélangée, et par conséquent plus légère que la terre pure qui se trouve à l'opposite ; et cela est bien certain, car ceux qui creusent la terre trouvent toujours des matières de diverses natures, du sable, des pierres et d'autres corps, qui sont des mixtes.

» En second lieu, il faut remarquer que si un corps de gravité non uniforme tombait au centre du Monde, c'est son centre de gravité, et non pas son centre de grandeur, qui se trouverait en ce point. Cela est clair. Supposons qu'au centre du Monde, il ne se trouve ni terre ni eau, mais que l'air s'étende jusqu'à ce point ; qu'on jette alors un verre d'eau et que cette eau tombe jusqu'au centre ; elle se réunirait autour de ce centre sous forme d'une petite sphère d'eau ; qu'on prenne alors un long clou de fer, muni d'une très grosse tête ; d'un côté, celui de la pointe, ce clou émergerait hors de l'eau réunie autour du centre, mais de l'autre côté, il n'émergerait point, comme on le comprend sans peine.

» Il résulte de là que le centre de gravité de la terre est distinct de son centre de grandeur car, selon la première supposition, la terre n'est pas de gravité uniforme et la partie mélangée, qui se trouve de notre côté, est la plus légère ; dès lors, la partie de la terre qui se trouve en deçà de son centre de grandeur est moins pesante que celle qui se trouve au-delà ; et comme son centre de gravité coïncide avec le centre du Monde, son centre de grandeur se doit trouver en deçà du centre du Monde. »

A plusieurs reprises, le lecteur de ce passage n'a pu manquer d'évoquer, en sa mémoire, les *Questions sur les Météores* de Thémon ; le Pseudo-Duns Scot avait cet ouvrage sous les yeux, on n'en peut guère douter, lorsqu'il rédigeait ses propres *Questions*. D'autre part, l'exemple du clou rappelle *Quæstiones in libros Physicorum secundum Nominalium viam* de Marsile d'Inghen. Le traité faussement attribué au Docteur Subtil s'inspire, de la façon la plus constante et la plus nette, de l'enseignement que Jean Buridan et ses émules donnaient à l'Université de Paris, au milieu du XIVe siècle.

X

L'ÉQUILIBRE DE LA TERRE ET DES MERS SELON PIERRE D'AILLY

C'est aussi de cet enseignement que s'inspire Pierre d'Ailly. Ses *Quatorze questions sur le Traité de la sphère de Joannes de Sacro-Bosco* font des emprunts étendus et presque textuels aux *Questions sur le Traité du Ciel* composé par Maître Albert de Saxe.

Ces emprunts sont particulièrement nombreux et reconnaissables dans la discussion de la question qui est ainsi formulée [1] : « Le ciel et les quatre éléments ont-ils la forme sphérique ? » Parmi les remarques sur la sphéricité de la terre que l'Évêque de Cambrai tient d'Albertutius, il en est une qui mérite d'être reproduite, et c'est celle-ci :

« On peut, de la manière suivante, faire l'expérience de la rotondité terrestre : Qu'un homme se déplace à la surface de la terre, à partir d'un certain point, vers le Midi, qu'il voie de quelle quantité la hauteur du pôle a changé et qu'il mesure le chemin parcouru ; puis qu'il continue son chemin jusqu'à ce que la hauteur du pôle ait subi une seconde variation égale à la première ; si le second chemin parcouru est égal au premier, il faut nécessairement que la terre soit sphérique. »

Cette remarque pose, peut-on dire, le problème fondamental de la Géodésie ; nous l'avons entendue [2] de la bouche d'Albert de Saxe ; les XIV *Quæstiones* ont assurément contribué, autant et peut-être plus que les *Quæstiones in libros de Cælo*, à la répandre parmi les astronomes.

Il est cependant un point essentiel où Pierre d'Ailly s'écarte de l'enseignement d'Albert de Saxe ou, du moins, de ce qui fut l'enseignement définitif de ce maître.

Quel point se trouve au centre du Monde ? Est-ce le centre de gravité de la terre seule ou le centre de gravité de l'agrégat formé par l'eau et par la terre ? Jean Buridan et Nicole Oresme avaient admis la première opinion sans accorder même une mention à la seconde ; c'est celle-ci qu'Albert de Saxe avait professée dans ses *Questions sur la Physique*, mais, dans ses

1. PETRI DE ALLIACO *Quatuordecim quæstiones in Sphæram*, quæst. V.
2. Voir p. 205-206.

Questions sur le traité du Ciel, il s'était rallié à celle-là ; c'est aussi la première des deux opinions qui, non sans hésitation, l'avait emporté dans l'esprit de Thémon. Pierre d'Ailly, au contraire, enseigne nettement que le centre du Monde coïncide avec le centre de gravité de tout l'agrégat formé par la terre et l'eau.

Au cours de sa cinquième question, l'Évêque de Cambrai se demande si la terre est au milieu du firmament. Il remarque, à ce propos, que « ces mots peuvent être entendus dans quatre sens différents ; ils peuvent signifier :

» 1° Que le centre du firmament coïncide avec le centre de grandeur de la terre ;

» 2° Qu'il coïncide avec le centre de gravité de la terre ;

» 3° Qu'il coïncide avec le centre de gravité d'un certain agrégat dont la terre fait partie ;

» 4° Que la terre est entourée de tous côtés par le firmament.

» Ces remarques faites », ajoute-t-il, « posons nos conclusions :

» Première conclusion : Le centre de gravité de la terre ne coïncide pas avec son centre de grandeur, car la terre n'est point d'uniforme gravité ; en effet, la partie que les eaux ne couvrent pas et sur laquelle passe le Soleil est rendue plus légère par la chaleur solaire ; au contraire, la partie couverte par l'eau est alourdie par le froid de cette eau.

» Seconde conclusion : Le centre de gravité de la terre n'est pas au milieu du firmament. Cela est évident. Si l'on partageait, en effet, la terre en deux parties qui fussent de même gravité, l'ensemble de la partie couverte par l'eau et de l'eau qui l'entoure repousserait l'autre partie jusqu'à ce que le centre de gravité de l'agrégat tout entier fût au centre du Monde.

» Troisième conclusion : La terre n'a pas un centre de grandeur placé au centre du firmament, car elle serait alors entièrement recouverte par les eaux... En la terre, donc, il faut imaginer trois centres qui demeurent réellement distincts ; le premier est le centre de grandeur ; le second le centre de gravité et le troisième le centre du firmament. Il résulte de ce qui précède que l'on ne peut, ni au premier sens ni au second, dire, de la terre, qu'elle occupe le centre du firmament ; elle ne l'occupe ni par son centre de grandeur ni par son centre de gravité.

» Quatrième conclusion : Le centre de gravité de l'agrégat formé par la terre et par l'eau se trouve au centre du firmament ; cela est évident, car cet agrégat forme un grave libre de tout empêchement ; il se meut donc jusqu'à ce que son centre de gravité se trouve au centre du Monde, comme l'exige la nature du grave. — *Quarta conclusio est quod centrum gravitatis aggregati ex aqua et terra est in medio firmamenti; patet, quia tale aggregatum est corpus grave et non impeditum; ergo movetur quousque centrum gravitatis ejus sit centrum Mundi; consequentia tenet, quia illud est de natura gravis.* — Dès lors, puisque le centre de gravité de l'agrégat formé par la terre et par l'eau est au milieu du Monde, il suit de nos remarques préliminaires que, de cet agrégat, on peut dire qu'il est au milieu du Monde. En second lieu, on voit qu'on peut dire de la terre qu'elle est située au milieu du firmament, en prenant ces mots au troisième sens, puisqu'elle fait partie d'un agrégat qui est au milieu du Monde ; et l'on en peut dire autant de l'eau. »

Pour professer une telle théorie, il faut avoir renoncé à la doctrine de la gravité habituelle, telle que l'enseignait Albert de Saxe ; cette doctrine, en effet, ne permettrait pas de dire que « l'ensemble de la partie terrestre couverte par l'eau et de l'eau qui l'entoure repousserait l'autre partie jusqu'à ce que le centre de gravité de l'agrégat tout entier fût au centre du Monde. » Nous ne nous étonnerons donc point d'entendre Pierre d'Ailly rejeter cette doctrine.

« On peut, dit-il, émettre un doute. Cet agrégat de terre et d'eau, qui se trouve naturellement en repos au centre du Monde, est-il doué de gravité actuelle ? A ce doute on peut, au moins d'une manière probable, répondre par l'affirmative. On peut s'en persuader, tout d'abord, par la raison suivante : Placé hors de son lieu naturel, cet agrégat serait actuellement grave ; or, il ne perd pas cette qualité en gagnant son lieu naturel ; il demeure donc doué de gravité actuelle lorsqu'il se trouve en ce lieu. Il ne servirait à rien d'objecter que cette gravité ne tire alors ni vers le haut ni vers le bas. Il n'en est pas moins certain que la gravité actuelle demeure et qu'elle continue d'exercer actuellement son office de gravité. Voici un argument qui le prouve : Si l'agrégat formé par la terre et l'eau n'était pas actuellement grave, une petite mouche serait de force à déplacer cet agrégat ; cette conséquence est inacceptable et, cependant, elle se tire logiquement des prémisses ; la mouche, en effet, dispose, pour pousser ou tirer, d'une certaine puissance ; l'agrégat, au contraire, n'opposerait aucune résistance à cette impulsion si sa gravité n'existait pas... Il faut donc imaginer que la gravité ou la légèreté a deux offices ; l'un de ces deux offices consiste à mouvoir le corps dans lequel elle se trouve lorsque ce corps est placé hors de son lieu naturel ; l'autre est de conserver et de maintenir le corps en son lieu lorsqu'il s'y trouve. Qu'elle exerce l'un ou l'autre de ces deux offices, la gravité doit être dite actuelle. Notre agrégat de terre et d'eau est donc actuellement grave. »

Un poids ne possède pas deux sortes de gravités distinctes selon qu'il est en son lieu propre ou hors de son lieu ; en son lieu comme hors de son lieu, il garde la même gravité, la gravité actuelle ; Pierre d'Ailly rejette, au sujet de la pesanteur, la manière de voir de Héron d'Alexandrie et de Ptolémée, que Nicolas Bonet avait clairement formulée, qu'Albert de Saxe avait savamment défendue ; il revient à l'opinion qui fut probablement celle d'Aristote et certainement celle d'Archimède.

Dès lors, sa théorie de l'équilibre de la terre et des mers est parfaitement logique ; dès là que l'eau, même en son lieu, possède la gravité actuelle et peut presser la terre sous-jacente, il est clair que le point qui se trouve au centre du Monde ne doit pas être le centre de gravité du seul élément terrestre ; ce doit être le centre de gravité de ce poids que constitue l'ensemble de la terre et de l'eau.

Après bien des hésitations et des tâtonnements, la Physique parisienne est parvenue à formuler cette proposition : La surface des mers est une sphère dont le centre coïncide avec le centre de gravité de l'agrégat de la terre et des mers. Cette proposition, nous l'avons dit, est bien voisine de la vérité ; dans la recherche, poursuivie selon la théorie de l'attraction universelle, de la figure des Océans, elle représente la première approximation. Les Nominalistes parisiens avaient donc eu la plus heureuse intuition.

A toucher si près de la vérité, ils avaient eu, toutefois, plus de bonheur que de mérite ; leur conclusion était bien voisine de l'exactitude, mais les principes dont ils l'avaient tirée n'étaient pas justes ; une Mécanique plus exacte découvre une source d'erreurs dans l'idée qu'ils se faisaient du centre de gravité ; elle ne connaît plus ce centre du Monde qui, dans leurs déductions, jouait le rôle essentiel.

Ce qu'il convient donc d'admirer dans la théorie de l'équilibre de la terre et des mers qu'a développée l'École de Paris, c'est bien moins la réussite que la méthode, la proposition presque exacte qui l'achève que l'esprit qui l'anime. Si l'on doit célébrer Buridan, ses émules et ses élèves comme des précurseurs de Newton et de ses successeurs, ce n'est pas parce qu'ils ont eu la chance de deviner une proposition que la théorie de la gravité universelle justifiera ; c'est parce qu'ils ont rejeté tout recours aux causes finales et toute considération astrologique pour tirer leur doctrine entière de raisons de Mécanique.

CHAPITRE XVIII

LES PETITS MOUVEMENTS DE LA TERRE ET LES ORIGINES DE LA GÉOLOGIE

I

LA GÉOLOGIE AVANT ARISTOTE

Ces mêmes raisons de Mécanique vont conduire Buridan et ses élèves à constituer une Géologie. Elle sera bien différente, certes, de celle qui s'enseigne aujourd'hui, mais plus différente encore des Géologies qui avaient cours avant le XIVe siècle. Celles-ci, dans les lentes variations qui, au cours des siècles, ont déplacé les continents et les mers, voyaient un effet du changement périodique auquel l'Univers est soumis, des alternatives que les révolutions célestes lui imposent, pendant la durée d'une Grande Année. Les Géologies anciennes prenaient pour principe le principe même de l'Astrologie, le gouvernement des choses d'ici-bas par les mouvements du Monde supérieur.

La Géologie que professeront les Nominalistes parisiens du XIVe siècle ne sera plus un chapitre de l'Astrologie ; pour expliquer les modifications éprouvées par la figure des continents et des mers, elle n'invoquera plus l'influence des orbes ni des étoiles qu'ils portent ; le chaud et le froid, l'évaporation des eaux marines et la chute de la pluie, l'action continuelle de la pesanteur sont les seules causes dont ils réclameront le secours ; sans doute, ils ne devineront pas toujours du premier coup le rôle exact que ces causes ont joué ; mais par cela même qu'ils n'appelleront à leur aide aucune force, sauf celles qui, chaque jour, travaillent très manifestement sous nos yeux, leurs tentatives seront animées de l'esprit même qui dirige les recherches des géologues modernes.

Pour apprécier avec justice l'œuvre des géologues du XIVe siècle, voyons ce que la Géologie avait été avant eux.

Les débris fossiles d'êtres vivants, en particulier, les coquilles si délicatement conservées qu'on observe en beaucoup de terrains ont dû, de très bonne heure, attirer l'attention des hommes et leur suggérer la pensée que certaines terres fermes avaient, autrefois, formé le fond de la mer. La plus ancienne observation de ce genre dont le souvenir nous ait été conservé est due à l'historien Xanthus de Lydie, qui vivait soit au VIe siècle, soit plus probablement, au Ve siècle avant Jésus-Christ. Cette remarque de Xanthus nous est connue par Strabon.

« Xanthus, dit Strabon [1], avait rapporté qu'une grande sécheresse s'était produite au temps d'Artaxerxès ; les lacs et les fleuves avaient été desséchés, les puits avaient tari ; il avait alors observé çà et là, fort loin de la mer, des pierres qui reproduisaient la forme de coquillages, de pétoncles ou de chéramydes ; il avait également observé un lac salé en Arménie et un autre dans la Phrygie inférieure ; par ces raisons, il avait été persuadé que ces pays étaient autrefois une mer. »

Hérodote, après Xanthus, avait fait des observations semblables : « Au-dessus de Memphis, dit-il [2], l'intervalle entre les deux chaînes de montagnes est visiblement, à mes yeux, un ancien golfe de la mer, comme les terres qui entourent Ilion et Éphèse, ou comme la plaine du Méandre ; aucun des fleuves qui ont déposé ces dernières alluvions n'est comparable au Nil... Il y a encore des fleuves, beaucoup moins considérables que le Nil, dont le travail est apparent ; je ne citerai que l'Achéloüs qui, se jetant dans la mer des Échinades (golfe de Patras), a déjà réuni au continent la moitié de ces îles... Je pense qu'à l'origine, l'Égypte a pu être un golfe de ce genre, portant jusqu'en Éthiopie les eaux de la Méditerranée... J'en ai pour preuves les coquillages qui se trouvent dans les montagnes, la saumure partout efflorescente..., le sol de l'Égypte qui est noir et friable comme du limon, comme une alluvion entraînée de l'Éthiopie par ce fleuve, tandis qu'à notre connaissance, le sol de la Lybie est plus rouge, plus sablonneux, et celui de l'Arabie et de la Syrie plus argileux, plus caillouteux. »

La présence de coquilles dans les pierres et les roches attestent que d'antiques mers ont résidé où se trouve actuellement la

1. STRABON, *Géographie*, livre I, ch. III, § 4. L'importance de ce chapitre de Strabon pour l'histoire de la Géologie a été signalée par M. L. DE LAUNAY, *La Science géologique*, Paris, 1905, p. 50.

2. HÉRODOTE, *Histoire* II, 10. Nous empruntons la traduction à M. L. DE LAUNAY, *Op. laud.*, p. 45.

terre ferme ; telle est la pensée qui, de très bonne heure, s'est offerte à l'esprit des curieux de la nature ; de très bonne heure, aussi, les philosophes se sont emparés de cette pensée et y ont trouvé argument en faveur de leurs systèmes cosmogoniques.

Beaucoup d'entre eux pensaient [1] que la vie de l'Univers était rythmée par une certaine période, la Grande Année, qui, suivant une alternative éternelle, faisait passer le Monde par un Grand Été et par un Grand Hiver, le détruisait par un embrasement général pour le régénérer par un déluge universel. La présence des coquilles fossiles sur les continents et jusqu'au sein de rochers haut perchés sur le flanc des montagnes montrait clairement que les mers étaient, autrefois, beaucoup plus étendues qu'elles ne sont aujourd'hui, qu'elles allaient donc se desséchant et se consumant ; n'était-ce pas la preuve que le Monde, engendré dans le κατακλυσμὸς, marchait vers l'ἐκπύρωσις qui le devait anéantir ?

De ceux qui tenaient ce raisonnement, Alexandre d'Aphrodisias nous dit quelques mots [2] : « Quelques physiciens prétendent que la mer est ce qui reste de l'eau primordiale. En effet, à l'époque où la région qui entoure la terre était tout entière occupée par l'eau, les parties superficielles de cette eau furent transformées en vapeurs par la puissance du Soleil, et les vents naquirent de là... Mais une partie de l'eau demeura aux lieux les plus creux de la terre ; c'est cette partie qui est, aujourd'hui, la mer. Aussi la mer continue-t-elle à décroître, car le Soleil la dessèche peu à peu, en sorte qu'un temps viendra enfin où la mer sera entièrement à sec. Théophraste rapporte qu'Anaximandre et Diogène ont soutenu cette opinion. »

Or Anaximandre très probablement [3], et Diogène d'Apollonie très certainement [4] croyaient à la succession éternelle d'une infinité de Mondes dont chacun devait être anéanti par un embrasement général pour faire place au Monde suivant.

1. Voir : Première partie, ch. II, § X ; t. I, p. 65-85.
2. ALEXANDRI APHRODISIENSIS *In Aristotelis Meteorologicorum libros commentaria*. Edidit Michael Hayduck. Berolini, MDCCCIC. Lib. II, cap. I, p. 67.
3. Voir : Tome I, p. 70.
4. Voir : Tome I, p. 71 et p. 74.

II

LA GÉOLOGIE D'ARISTOTE ET DE THÉOPHRASTE

Pour Aristote, il n'existe qu'un seul Monde qui est éternel. Les orbes célestes, incapables de changement, sont ce qu'ils ont toujours été et ce qu'ils seront toujours. Quant au Monde sublunaire, il s'y produit assurément, et sans cesse, des générations, des altérations, des corruptions, mais il n'a pas commencé d'exister et jamais il ne sera détruit. Sans doute, la mer a délaissé certaines terres ; mais ces retraits de la mer, restreints en d'étroites limites et compensés, d'ailleurs, par des effets de sens inverse, ne prouvent nullement que l'Univers marche vers un embrasement général.

Aristote étudie [1] quelques exemples de ces déplacements de la terre ferme et des mers ; il insiste tout particulièrement sur les faits que présente le Delta du Nil ; il montre comment, depuis les temps historiques, le Delta n'a cessé de s'assécher de plus en plus. « Ce qui arrive en cet endroit restreint, dit-il, il est à croire que cela se produit aussi en des lieux plus étendus et même en des pays entiers.

» Ceux donc qui ne savent regarder que les petites choses assignent comme cause à ces changements la transformation de l'Univers et, pour ainsi dire, la naissance du Ciel ; aussi prétendent-ils que la mer diminue sans cesse, par cela seul que certains terrains se sont asséchés et qu'on voit aujourd'hui plus de terres émergées qu'on n'en voyait autrefois.

» Mais si leur affirmation est en partie vraie, elle est aussi en partie fausse ; sans doute, bien des lieux qui étaient autrefois submergés sont, maintenant, terre ferme ; mais la transformation contraire se produit également ; ceux qui voudront bien tourner leur attention de ce côté verront qu'en bien des endroits, la mer est venue recouvrir la terre.

» N'allons pas prétendre, cependant, que ces changements sont dus à ce fait que le Monde a commencé. Il est ridicule d'invoquer un changement de tout l'Univers pour expliquer de petites choses qui ne pèsent pas plus qu'une plume. »

Aristote ne croit pas que la durée du Monde soit mesurée par la Grande Année ; qu'un Monde naisse au commencement

1. ARISTOTE, *Météores*, livre I, ch. XIV.

de chaque Grande Année, pour trouver, au terme de ce laps de temps, un embrasement qui l'anéantisse et pour faire place à un Monde nouveau qui durera autant que la Grande Année suivante ; mais son Monde éternel change d'une manière périodique [1], la Grande Année mesure la durée de cette période, et c'est suivant cette période que les continents alternent avec les mers.

« Ce ne sont pas toujours, dit-il [2], les mêmes parties de la terre qui se trouvent sous les eaux ni les mêmes qui sont à sec ; il y a échange entre les lieux submergés et les lieux émergés, grâce à la formation de fleuves nouveaux et à la disparition de fleuves anciens. Il se produit aussi une permutation entre les continents et la mer ; ces lieux-ci ne demeureront pas toujours mer ni ceux-là terre ferme ; là où se trouvait la terre, une mer s'est maintenant formée ; là où la mer s'étend aujourd'hui, la terre reparaîtra de nouveau.

» Nous devons penser, d'ailleurs, que ces transformations se produisent dans un certain ordre et qu'elles reviennent suivant un certain cycle. »

Périodiquement, le Monde voit revenir un Grand Hiver durant lequel l'abondance des pluies vient restreindre l'étendue de la terre ferme ; puis il se dessèche peu à peu et les continents grandissent, tandis que la mer se resserre en des bornes plus étroites ; c'est alors l'époque du Grand Été.

De cette alternance, d'ailleurs, la raison a été donnée dès le début du traité des *Météores ;* c'est le gouvernement exercé sur les choses d'ici-bas par les circulations rigoureusement périodiques des cieux.

Comme son maître Aristote, Théophraste niait qu'on pût, dans les diverses transformations géologiques, découvrir la preuve que le Monde a commencé et qu'il doit avoir une fin. Comment son enseignement à ce sujet nous a été conservé, c'est ce qu'il nous faut dire tout d'abord.

Parmi les nombreux écrits qu'on a donnés pour œuvres du Juif Philon d'Alexandrie, se trouve un petit traité intitulé Περὶ Κόσμου, *Du Monde*, ou Περὶ ἀφθαρσίας Κόσμου, *De l'éternité du Monde*. Guillaume Budé qui, en 1526, traduisit cet ouvrage et le fit imprimer à Bâle en 1527 [3], le regardait déjà comme

1. Voir : Première partie, ch. IV, § V ; t. II, p. 165-169.
2. Aristote, loc. cit.
3. Philonis Iudaei *libri Antiquitatum. Quæstionum et Solutionum in Genesin. De Essaeis. De Nominibus Hebraicis. De Mundo*. Basileae per Adamum Petrum, Mense Augusto, MDXXVII.

un apocryphe. « Philon, disait-il [1], ou celui, quel qu'il fût, qui a écrit ce livre ; car je ne suis nullement persuadé que celui qui l'a écrit soit de Philon qui passe pour avoir, en éloquence, égalé Platon. » En fait, il eût fallu bien grande naïveté pour regarder ce traité *Du Monde* comme l'œuvre authentique et non remaniée d'un auteur né trente ans avant Jésus-Christ. Boëce y est cité [2] ! Aujourd'hui, le Περὶ Κόσμου est ordinairement regardé [3] comme une réunion de fragments extraits de divers ouvrages de Philon d'Alexandrie et, en particulier, d'un traité Περὶ ἀφθαρσίας Κόσμου que le célèbre philosophe juif avait, en effet, composé, mais qui est maintenant perdu.

C'est dans cet ouvrage *Sur le Monde* que se trouve très heureusement enchâssée une relique de l'enseignement géologique de Théophraste [4]. Voici le passage qui nous la conserve :

« Théophraste regarde comme étant dans l'erreur ceux qui admettent le commencement et la fin du Monde, et qui l'admettent en vertu des quatre raisons suivantes : L'inégalité de la surface terrestre, les retraits de la mer, la dissolution graduelle de chacune des parties de l'Univers, enfin la mort qui détruit chacune des espèces d'êtres animés.

» Le premier argument se construit de la manière suivante :

» Si la terre n'avait pas eu de commencement, aucune de ses parties ne se montrerait aujourd'hui plus haute que les autres ; déjà tous les monts eussent été aplanis, toutes les collines eussent été ramenées au même niveau que les plaines. Qu'on songe, en effet, aux innombrables pluies annuelles qui seraient tombées de toute éternité ; on comprendra que, parmi les lieux qui s'élevaient, les uns eussent été, selon toute vraisemblance, rongés et entraînés par les torrents, les autres se fussent écroulés par leur propre poids, en sorte que la terre qui les formait se trouverait, maintenant, uniformément répandue

1. *De Mundo* Aristotelis *liber I*. Philonis *liber I*, Gulielmo Budæo *interprete*. Ocelli Lucani, *veteris philosophi, libellus de universa natura*. *Annotatiunculæ in libellum Aristotelis de Mundo*, Simone Grynæo *authore* Parisiis, apud Iacobum Bogardum, sub insigni D. Christophori, e regione gymnasii Cameracensis, 1541-1542. Gulielmus Budæus Jacobo Tusano, fol. 2, recto (cette préface, datée de 1526, est celle de l'édition de 1527).

2. Philonis *Liber de Mundo*; éd. cit., fol. 36, recto. — Cette citation, il est vrai, pourrait être mise au compte d'une glose qui aurait passé dans le texte.

3. Philonis Alexandrini *Opera quæ supersunt*. Vol. I. Edidit Leopoldus Cohn. Berolini, 1896. Prolegomena, p. LI.

4. Philonis *Op. laud.*, éd. cit., fol. 39, verso — fol. 41, verso. — On trouvera le texte grec de ce fragment de Théophraste dans : Theophrasti Eresii *Opera quæ supersunt omnia*. Paris, Ambroise Firmin-Didot, 1846, p. 421-422.

partout et parfaitement aplanie. Les aspérités que nous rencontrons aujourd'hui en foule, les innombrables montagnes dont les sommets s'élèvent à de grandes hauteurs, sont autant d'indices que la terre n'a pas existé de toute éternité. Sinon, comme nous l'avons déjà dit, la force des pluies tombant depuis un temps infini eût aplani la terre, pour ainsi dire, de la tête aux pieds, et l'eût rendue aussi unie qu'une grand'route. Telle est la force de cette eau qui tombe et retombe sans cesse, qu'elle arrache violemment certaines roches, tandis que, goutte à goutte, elle finit par en creuser d'autres, et qu'elle affouille, comme le ferait un terrassier, le sol le plus dur et le plus pierreux.

» D'ailleurs, disent-ils, la mer elle-même a diminué. Les deux célèbres îles de Rhodes et de Délos en sont les marques. Autrefois, elles étaient submergées, la mer les recouvrait, on ne les voyait pas ; puis, au bout d'un certain temps, elles ont commencé à émerger peu à peu et à se montrer, tandis qu'en même temps, la mer s'abaissait graduellement ; ce fait nous a été conservé par d'antiques histoires qui ont été écrites au sujet de ces îles... On dit aussi que des golfes de grande étendue, où la mer était très profonde, se sont desséchés et ont fait corps avec le continent ; des terres qui étaient submergées se sont montrées à découvert ; ces terres présentaient des régions riches et nullement stériles, comme on l'a reconnu lorsqu'on a entrepris de les ensemencer et d'y planter des arbres. Ces terres, d'ailleurs, portent des marques de la mer qui les recouvrait autrefois et qui s'est maintenant retirée ; celle-ci se reconnaît, en effet, par des graviers, des coquilles marines délaissées à sec, et divers autres objets du genre de ceux que la mer, en ses tempêtes, a coutume de rejeter. — Οἷς σημεῖα τῆς παλαιᾶς ἐναπολελεῖφθαι θαλαττώσεως ψηφῖδας τε καὶ κόγχας καὶ ὅσα ὁμοιότροπα πρὸς αἰγιαλούς εἴωθεν ἀποβράττεσθαι. »

Aux deux arguments que nous venons de rapporter, le livre du Pseudo-Philon oppose des répliques qu'il emprunte sans doute, comme les arguments eux-mêmes, à Théophraste.

A la raison tirée de la continuelle érosion que les lieux élevés éprouvent de la part des eaux pluviales, l'auteur objecte une théorie de la formation des montagnes [1] :

« L'élément igné que la terre renferme et cache en elle-même, entraîné par la force naturelle du feu qui cherche son lieu

1. Philonis *Op. laud.*, éd. cit., fol. 41-42.

propre, se meut vers le haut... ; il emporte avec lui une grande quantité de l'élément terrestre ; il se fraye la voie la plus courte possible, tandis qu'en même temps, la terre semble faire éruption. Ainsi l'élément terrestre, contraint de suivre l'élément igné qui fait éruption, s'élève à une très grande hauteur, en même temps qu'il se resserre de plus en plus, pour finir en une pointe acérée, à l'imitation de la nature ignée. »

Dans ces montagnes d'origine ignée, deux tendances contraires se combattent sans cesse ; la légèreté du feu qui demeure mêlé à la terre tend à soulever sans cesse le sommet de l'éminence déjà produite ; au contraire, la lourdeur des matières terrestres tend à ramener cette éminence au niveau général du sol ; par l'équilibre de ces deux forces opposées, la cime de la montagne demeure toujours à la même hauteur. « Les torrents que les pluies engendrent ne détruisent donc pas les montagnes ; et l'on ne saurait s'en étonner, puisque la force qui les maintient, qui est la force qui les soulève, se trouve impliquée en elles de la manière la plus constante et la plus puissante. Si le lien qui en resserre les parties venait à se rompre, il est certain qu'elles se désagrégeraient et se dissémineraient au sein des eaux ; mais actuellement, cimentées par la puissance du feu, elles opposent une opiniâtre résistance aux chutes continuelles des eaux.

» La nature des montagnes est toute semblable à celle des arbres ; à certaines époques, les arbres perdent leurs feuilles ; à d'autres époques, ils reverdissent ; de même, tour à tour, certaines parties des montagnes s'écroulent et d'autres prennent naissance. »

C'est d'une manière analogue que Théophraste, développant ce qu'avait dit Aristote, réfute le second argument de ceux qui attribuent au Monde un commencement et une fin. Il ne nie point l'émersion de terres autrefois immergées, mais il refuse d'y voir la preuve d'un incessant décroissement de la mer. Tandis que certaines terres surgissent du sein des flots, d'autres s'enfoncent dans la mer et disparaissent ; la Sicile, autrefois, était unie à l'Italie ; près du Péloponèse, trois villes, Ægire, Bure et Hélice, se sont, dit-on, abîmées dans les flots ; Platon a conté, dans le *Timée*, comment l'Atlantide fut engloutie en une seule nuit. « L'argument tiré de la diminution continuelle de la mer ne peut donc servir à prouver la fin du Monde ; s'il est véritable, en effet, que la mer se retire en certains parages, il est non moins certain qu'en d'autres lieux, elle s'avance et submerge les terres. »

Dans les discussions qui, dès le temps de Théophraste, mettaient aux prises les géologues grecs, nous reconnaissons une querelle que la Science moderne n'a pas encore vidée.

Dans les changements compliqués dont notre Monde est le théâtre, certains reconnaissent un sens principal, dominant, par cette direction qui s'impose à la plupart des phénomènes, l'Univers marche lentement vers un certain état final où toute inégalité serait effacée, où toute cause de mouvement aurait disparu, où tout demeurerait dans un éternel repos ; ainsi ceux contre qui s'élève Théophraste pensaient-ils que l'érosion causée par les eaux pluviales conduisait peu à peu la surface terrestre à la figure d'une sphère parfaitement unie que la mer recouvrirait uniformément.

Devant cette théorie s'en dresse une autre qui, dans les bouleversements éprouvés par le Monde, voit les triomphes alternatifs de forces antagonistes dont les puissances s'équivalent ; par ces transformations inverses les unes des autres et qui se compensent, l'Univers éprouve continuellement, autour d'un même état moyen, des oscillations de peu d'amplitude. Les partisans de la première doctrine avaient montré que les montagnes étaient soumises à une action, celle de l'érosion, toujours dirigée dans le même sens, tendant sans cesse à niveler tout ce qui s'élève ; à l'action continuelle d'une force de tendance invariable, les partisans de la seconde doctrine substituent la lutte perpétuelle et l'alternative victoire de deux forces opposées, l'érosion aqueuse et l'éruption ignée. Telle était l'opinion de Théophraste et, sans doute, de beaucoup d'autres, car, au moment d'exposer l'origine ignée des montagnes, le Pseudo-Philon écrivait : « Ce que nous allons dire n'est ni nôtre ni nouveau ; c'est l'invention des anciens, d'hommes fort sages qui ont discuté eux-mêmes, avec grand soin, tout ce qu'ils regardaient comme nécessaire à la science. »

Cette perpétuelle oscillation entre un état où les mers prédominent sur les continents et un état où les continents s'étendent aux dépens des Océans, Aristote la comparaît à la régulière alternance des saisons ; au cours d'une Grande Année, le Monde voyait un Grand Été succéder à un Grand Hiver ; d'une manière analogue, Théophraste compare la vie des montagnes à celle des plantes vivaces ; la croissance des montagnes sous l'influence du feu, leur abaissement sous l'action des eaux pluviales lui rappellent la poussée et la chute des feuilles.

III

LA GÉOLOGIE DES ANCIENS APRÈS THÉOPHRASTE. STRATON DE LAMPSAQUE. ÉRATOSTHÈNE. STRABON. OVIDE. OLYMPIODORE

Le témoignage de Théophraste, conservé par le traité *Du Monde* qu'on attribue à Philon, nous a montré quel intérêt les disciples immédiats d'Aristote accordaient aux choses de la Géologie ; après la mort de Théophraste, cet intérêt ne disparut pas de l'École péripatéticienne ; Straton de Lampsaque s'efforçait d'expliquer la disparition des mers dont les coquilles fossiles prouvent l'antique existence. Ce problème préoccupa également Ératosthène qui reçut comme satisfaisante l'explication de Straton. Désireux de faire prévaloir une autre théorie, Strabon nous a conservé le souvenir des opinions proposées par Straton de Lampsaque et par Ératosthène.

« Ératosthène, écrit Strabon [1], déclare qu'il est surtout une observation propre à poser une grave question : Comment se peut-il qu'en des lieux qui se trouvent au milieu des terres, et que deux ou trois mille stades séparent de la mer, on rencontre, en maint endroit, une foule de coquilles, d'huîtres et de chéramydes, de même que des lacs stagnants dont l'eau est salée. Ainsi, dit-il, autour du temple d'Ammon, et au voisinage de la route qui y conduit, laquelle est longue de trois mille stades, on rencontre une grande quantité d'huîtres éparses sur le sol ; on y trouve aussi beaucoup de sel ; des exhalaisons marines montent du sol ; on y montre des épaves de navires qui ont été brisés en mer ; on raconte que ces épaves ont été apportées et rejetées par le mouvement de la mer...

» Ératosthène approuve l'avis du physicien Straton, et aussi de Xanthus de Lydie. »

Quelles observations avait faites Xanthus de Lydie, nous l'avons dit tout à l'heure [2] d'après ce texte de Strabon ; demandons-lui maintenant ce qu'enseignait Straton de Lampsaque.

Plus que Xanthus, « Straton s'efforce de se rapprocher de la

1. STRABON, *Géographie*, livre I, ch. III, § 4.
2. Voir p. 238.

cause qui explique ces faits. Il suppose qu'autrefois, le Pont-Euxin était privé de ce débouché qui lui est maintenant ouvert auprès de Byzance ; mais par la puissance des fleuves qui tombent en cette mer, ce détroit s'est ouvert, et l'eau du Pont-Euxin a fait irruption dans la Propontide et dans l'Hellespont. Il en a été de même dans la Méditerranée ; cette mer, se trouvant remplie par les fleuves, a fini par s'ouvrir le débouché des Colonnes d'Hercule ; l'eau de la Méditerranée s'étant déversée dans l'Océan, des lieux, autrefois marécageux, se sont trouvés asséchés... Il se peut que le temple d'Ammon ait été autrefois en mer et que l'écoulement de la mer, s'étant produit de la sorte, l'ait laissé au milieu des terres... L'Égypte a été autrefois sous les eaux, de la mer jusqu'aux marécages qui avoisinent Péluse, jusqu'au mont Casius et au lac Sirbonis. En effet, lorsqu'on creuse le sol, en Égypte, là où se rencontre de l'eau saumâtre, on trouve que la tranchée est formée d'un sable rempli de coquilles. Ce pays était autrefois couvert par la mer ; les lieux qui avoisinent le mont Casius et qu'on nomme Gerrha étaient occupés par des marais qui les mettaient en communication avec la Mer Rouge ; plus tard, la mer s'étant retirée, ces lieux sont demeurés à découvert, et le lac Sirbonis est seul resté ; plus tard encore, l'eau de ce lac s'est échappée à son tour en rompant ses digues, et le lac s'est transformé en marais. De même, les rivages du lac Mœris ressemblent plus aux côtes de la mer qu'aux rives d'un fleuve. »

Comme Xanthus de Lydie, comme Hérodote, comme Théophraste, Straton de Lampsaque admet sans conteste cette vérité : La présence de coquilles fossiles dans certaines terres témoigne que ces terres ont été autrefois recouvertes par la mer. Pour expliquer ce fait, il invoque un abaissement du niveau de la mer ; mais il ne reprend pas à son compte la doctrine d'Anaximandre et de Diogène d'Apollonie ; il ne pense pas que cet abaissement soit un changement universel et incessant dû à la graduelle destruction de l'élément aqueux ; il y voit seulement un phénomène local et accidentel ; le niveau de telle ou telle mer a baissé parce qu'un déversoir s'est ouvert qui a permis à cette mer de communiquer avec une autre mer moins élevée.

D'ailleurs, l'ouverture des détroits qui font communiquer entre elles les diverses mers ne suffit pas à les mettre et maintenir toutes au même niveau. Le fond de la mer s'abaisse constamment du Pont-Euxin aux Colonnes d'Hercule ; il en est de même de la surface, en sorte qu'un courant continu entraîne vers l'Océan les eaux de la Méditerranée et du Pont-Euxin. C'est ce qu'Aristote avait très formellement enseigné :

« Cet ensemble de mers qui aboutit aux Colonnes d'Hercule, avait-il dit [1], écoule dans le sens de la déclivité terrestre les eaux que lui amènent une foule de fleuves. Le Palus Méotide coule dans le Pont-Euxin et le Pont-Euxin dans la Mer Égée. L'écoulement des autres mers est moins visible. Cela est dû au grand nombre des fleuves, car le Palus Méotide et le Pont-Euxin reçoivent plusieurs grands cours d'eau. Cela est dû aussi à la hauteur de la mer ; la mer semble être d'autant plus basse qu'elle s'approche davantage des Colonnes d'Hercule ; le Pont-Euxin est plus bas que le Palus Méotide ; la Mer Égée est plus basse que le Pont-Euxin ; la Mer de Sicile est plus basse que la Mer Égée ; la Mer Tyrrhénienne et la Mer de Sardaigne sont, de toutes, les plus basses ; quant aux eaux qui se trouvent en dehors des Colonnes d'Hercule, elles sont comme dans une cavité. De même qu'on voit les fleuves couler des lieux les plus élevés vers les lieux les plus bas, de même, dans l'Océan, un courant continuel s'établit des lieux les plus élevés de toute la terre, qui sont les régions arctiques, vers les lieux les plus bas. »

Dans ce que Strabon nous rapporte [2] de l'enseignement de Straton de Lampsaque, nous retrouvons l'inspiration de ce passage du Stagirite ; cet enseignement était, en effet, le suivant :

« Le Pont-Euxin est la moins profonde de toutes les mers, tandis que les mers de Crète, de Sicile et de Sardaigne sont les plus profondes. En effet, les fleuves les plus nombreux et les plus grands sont ceux qui viennent du Nord et de l'Est ; leur limon comble peu à peu le Pont-Euxin, tandis que les autres mers demeurent profondes ; aussi l'eau du Pont-Euxin est-elle très douce, et se fait-il un constant écoulement dans la direction selon laquelle le fond de la mer est incliné. Straton de Lampsaque pense que si cet afflux des fleuves se maintient, le Pont Euxin finira par être entièrement comblé de terre accumulée ; déjà, la partie gauche (occidentale) du Pont, où se trouve Salmydesse [3], et celle que les marins nomment Stethe, qui avoisine Histrum et le désert des Scythes, sont converties en marais. »

1. Aristote, *Météores*, livre II.
2. Strabon, loc. cit.
3. Aujourd'hui Midjeh.

Strabon nous apprend qu'Ératosthène « approuvait l'opinion du physicien Straton. » Comme celui-ci donc, il admettait l'abaissement continuel du niveau des mers méditerranéennes, du Palus Méotide aux Colonnes d'Hercule, et le courant constant, dirigé de l'Est à l'Ouest, qui résulte de cette dénivellation. Il opposait cet enseignement, c'est encore Strabon qui nous l'apprend [1], à celui d'Archimède ; car Archimède, dans son premier livre *Sur les corps flottants*, avait démontré cette proposition : « En tout fluide disposé de telle façon qu'il demeure immobile, la surface a la figure d'une sphère concentrique à la terre. » Mais Archimède et Ératosthène avaient également raison ; le premier avait formulé une condition d'équilibre ; il n'était point juste d'exiger que la surface des mers remplit cette condition, puisque, d'après les observations déjà connues d'Aristote, ces mers sont le siège d'un perpétuel courant. C'est, d'ailleurs, aux différences de niveau, de sens alternativement variable, que la Lune détermine entre deux mers unies par un détroit qu'Ératosthène, nous l'avons vu [2], attribue fort justement les courants de marée qui parcourent un tel détroit, tantôt dans une direction et tantôt dans l'autre.

Contre les hypothèses que Straton de Lampsaque avait héritées d'Aristote, qu'il avait transmises à Eratosthène, Strabon développe une pressante argumentation [3].

Il reproche à Straton de s'imaginer que « ce qui a lieu pour les fleuves ait lieu aussi pour la mer, en sorte qu'il y ait écoulement des parties les plus élevées vers les plus basses ».

Il ne croit pas que les dépôts d'alluvion puissent combler la mer. « La terre que les fleuves apportent ne s'avance pas en mer ; la cause en est que la mer, par un flux en sens contraire, la rejette sur le sol ferme. De même, en effet, que les animaux présentent un mouvement alternatif et continuel d'inspiration et d'expiration, de même la mer éprouve, sans aucune trève, un mouvement d'oscillation qui la fait rentrer en elle-même, puis sortir d'elle-même. Celui qui se tient à la lisière même de la partie de la plage que baigne la mer peut sentir ce mouvement ; ses pieds sont recouverts par l'eau, puis découverts, puis recouverts de nouveau, et ainsi de suite. L'onde, d'ailleurs, s'avance en formant des flots, même lorsque le calme est parfait. Au moment où elle se brise sur le rivage, elle a une plus grande

1. STRABON, *Géographie*, livre I, ch. III, § 11 ; éd. cit., p. 45-46.
2. Voir : Première partie, ch. XIII, § II ; t. II, p. 271.
3. STRABON, *Géographie*, livre I, ch. III, § 520 ; éd. cit.,

force, qui lui permet de rejeter les corps étrangers. » C'est par ce mécanisme que la mer refoule les alluvions amenées par les fleuves.

Ces passages nous montrent que Strabon n'avait pas, des choses de la mer, une connaissance aussi exacte que celle dont on se pouvait vanter dans l'École d'Aristote. Ne citons donc pas tous les arguments par lesquels il réfute la théorie de Straton de Lampsaque, et reproduisons seulement la doctrine qu'il prétend substituer à cette théorie.

« On peut objecter à Straton qu'il a laissé de côté les causes véritables, lesquelles sont fort nombreuses, pour en proposer de fausses. La cause principale qu'il invoque est la différence de niveau entre le fond d'une mer intérieure et le fond de la mer extérieure, et la différence de profondeur entre ces deux mers. Mais si la mer s'élève ou s'abaisse, si elle recouvre certains lieux ou si elle les délaisse, cela ne provient nullement de ce que le fond de certaines mers est plus haut ou plus bas que le fond d'autres mers ; cela provient de ce qu'un même fond tantôt se soulève et tantôt s'abaisse ; la mer, alors, s'élève ou s'abaisse en même temps que ce fond ; lorsqu'elle est soulevée, elle inonde les régions riveraines ; lorsqu'elle s'abaisse, elle rentre en son lit. S'il n'en était pas ainsi, il faudrait admettre que le débordement des eaux marines est dû à un accroissement subit de la mer, comme il arrive en la marée montante ou par la crue des fleuves ; dans le premier cas, il y a transport des eaux d'une région à une autre ; dans le second cas, il y a accroissement de leur masse. Mais les crues des fleuves ne se produisent pas subitement, ni toutes à la fois ; la marée montante ne dure pas fort longtemps ; elle est soumise à un certain ordre ; elle ne se produit pas dans la Mer Méditerranée ni en tout lieu. Il reste donc que nous attribuions au sol la cause du phénomène en question, soit au sol que le débordement de la mer vient recouvrir, soit au sol qui forme le fond de la mer, mais de préférence à ce dernier. En effet, le sol qui forme le fond de la mer est beaucoup plus mobile, et, grâce à son humidité, il peut changer beaucoup plus rapidement. »

A l'appui de cette hypothèse, Strabon cite des exemples fameux : « Afin qu'on trouve moins étonnants et moins incroyables ces changements du fond de la mer que nous prétendons être causes des déluges et des désastres analogues, de ceux, par exemple, qui se sont produits en Sicile, dans les Iles Eoliennes et dans l'île de Pithécuse (Ischia), nous pouvons citer d'autres faits semblables qui ont eu lieu ou qui ont lieu en divers autres endroits ; en effet, lorsque de tels exemples sont placés tous ensemble sous nos yeux, ils font disparaître notre premier étonnement... C'est ce qui adviendra, si l'on se souvient de ce qui s'est passé au voisinage de Théra et de Thérasia, îles situées dans le bras de mer qui sépare la Crète de la côte Cyrénaïque... En un lieu qui se trouve entre Théra et Thérasia, des flammes sont sorties de la mer pendant une durée de quatre jours, en sorte que la mer entière était bouillante et brûlante ; peu à peu, ces flammes firent émerger une île de douze stades de tour, qu'on eût dit soulevée par des machines et composée de masses diverses. »

Les éruptions sous-marines de ce genre provoquent des raz de marée, que Strabon nomme déluges, par lesquels les eaux de la mer recouvrent momentanément certains pays. Les tremblements de terre déterminent des inondations analogues ; Strabon, sur l'autorité de Démoclès, cite un tremblement de terre au cours duquel Troie fut submergée par la mer ; pendant un voyage qu'il fit à Alexandrie, la mer envahit de même la région qui se trouve entre Péluse et le Mont Casius, au point qu'entouré par les eaux, ce mont était devenu semblable à une île et que la route menant du Mont Casius en Phénicie était devenue navigable.

Que la présence de coquilles fossiles aux flancs des montagnes témoigne de certains changements de niveau éprouvés par la mer, il ne paraît pas que Strabon le veuille contester à Straton de Lampsaque. Mais Straton pense que ces débris prouvent le long séjour d'une mer aux lieux mêmes où nous les voyons aujourd'hui ; l'ouverture d'un déversoir longtemps fermé a fait ensuite écouler une partie de l'eau de cette mer dans une mer plus basse, en sorte que la première a délaissé des terres qu'elle recouvrait depuis des siècles, avec les coquilles qui y avaient vécu. Pour Strabon, au contraire, un soulèvement subit du fond de la mer, effet d'une éruption volcanique ou d'un tremblement de terre, a provoqué une inondation soudaine semblable à une marée montante ; ce déluge, ce raz de marée, dont l'onde s'avançait en submergeant les rivages, a pu y charrier des coquilles et d'autres objets d'origine marine ; mais ces fossiles sont des épaves apportées, puis abandonnées dans son retrait par l'inondation diluvienne ; ce ne sont pas les restes d'êtres qui auraient vécu là où nous en trouvons aujourd'hui les débris. Bien qu'ils n'aient, ni l'un ni l'autre, formulé d'une manière explicite leur opinion à cet égard, Straton de Lampsaque et Strabon attribuaient visiblement une origine très différente aux coquilles qu'ils avaient pu découvrir en des terrains fort éloignés de la mer. L'histoire de la Géologie primitive nous montrera la longue hésitation de l'esprit humain entre ces deux hypothèses, l'une selon laquelle les coquilles fossiles résident aux lieux mêmes où ont vécu les mollusques qu'elles revêtaient, l'autre selon laquelle ces coquilles ont été charriées, puis délaissées par des inondations temporaires.

C'est la première opinion que semble admettre Ovide.

Le poète, au XVe livre de ses *Métamorphoses*, met dans la bouche de Pythagore le récit des changements incessants dont le Monde est le théâtre : « J'ai vu la mer, dit le philosophe, aux lieux où s'étendait autrefois le sol le plus ferme ; j'ai vu des terres qui étaient sorties du sein des flots ; bien loin de la mer gisent des coquilles marines, et une ancre antique a été trouvée au sommet d'une montagne ; là où s'étalait une plaine, le cours des eaux a tracé une vallée, tandis que le ravinement des torrents aplanissait les montagnes.

» *Vidi ego, quod fuerat quondam solidissima tellus,*
Esse fretum ; vidi factas ex æquore terras ;
Et procul a pelago conchæ jacuere marinæ,
Et vetus inventa est in montibus anchora summis,
Quodque fuit campus vallem decursus aquarum
Fecit, et eluvie mons est deductus in æquor. »

Olympiodore va jusqu'à l'extrême limite de l'opinion contraire. Il ne veut pas [1] accorder au Stagirite que le Delta du Nil et la basse Égypte aient été, autrefois, le fond d'une mer ; il y veut seulement voir d'antiques marécages que les alluvions du Nil ont peu à peu comblés et asséchés. « Sans doute, ajoute-t-il, on trouve, en cet endroit, des tests de coquillages ; mais cette raison ne démontre pas d'une manière nécessaire que l'Égypte ait été, autrefois, recouverte par la mer. On trouve, en effet, de ces sortes de coquilles au sommet de très hautes montagnes fort éloignées de la mer ; peut-être est-ce par l'effet de vents très violents qui les ont enlevées le long des plages de la mer et les ont projetées jusqu'aux plus hautes cîmes des montagnes. »

Cette malencontreuse supposition d'Olympiodore n'a pas, semble-t-il, trouvé grand crédit ; les coquilles fossiles conti-

1. Olympiodori philosophi Alexandrini *In meteora Aristotelis commentarii...* Venetiis, apud Aldi filios, MDLI ; lib. I, act. XVII, fol. 31, recto. — Olympiodori *In Aristotelis meteora commentaria.* Edidit Guilelmus Stüve. Berolini, MCM, p. 116.

nuèrent d'être regardées comme d'irrécusables témoins du séjour soit prolongé, soit momentané de la mer aux lieux où on les rencontre.

Olympiodore eut peut être plus d'influence en reprenant [1] la doctrine d'Aristote, qui expliquait les changements de configuration de la terre et des mers par la vie périodique du Monde, par la régulière alternance du Grand Été et du Grand Hiver.

IV

LA GÉOLOGIE DES ARABES. LES FRÈRES DE LA PURETÉ ET DE LA SINCÉRITÉ

Que les continents et les océans se remplacent suivant une permutation régulière, que cette alternance soit rythmée par la période de la Grande Année, enfin que la durée de cette Grande Année soit celle de la circulation lente des étoiles fixes qu'Hipparque a découverte, que Ptolémée a évaluée et déclarée complète en trente-six mille ans, c'est, nous le savons [2], une doctrine que les Frères de la Pureté et de la Sincérité ont enseignée de la manière la plus formelle.

Or, après avoir rappelé, au commencement de leur cinquième traité [3], qu'« en trente-six mille ans, les étoiles fixes accomplissent leur révolution complète suivant les douze signes du Zodiaque », et que là est la cause en vertu de laquelle « les plaines se changent en mers, tandis que les mers se transforment en plaines et en montagnes », ils entreprennent de décrire en détail le procédé par lequel s'accomplissent ces échanges et de dire comment les continents font place aux Océans, comment des montagnes surgissent là où la mer s'étendait. C'est, nous l'allons voir, une théorie purement neptunienne que développent nos philosophes.

« Les torrents et les fleuves, disent-ils, sont tous issus des montagnes ; c'est de là qu'ils marchent et courent vers les marais, les lacs ou les mers.

1. Voir : Première partie, ch. V, § VII ; t. I, p. 293-295.
2. Voir : Première partie, ch. XII, § V ; t. II, p. 215-220.
3. FRIEDRICH DIETERICI, *Die Naturanschauung und Naturphilosophie der Araber im X Jahrhundert*. 2te Ausgabe, Leipzig, 1876. V, p. 99-102.

» Au cours des temps et des âges, les rayons du Soleil, de la Lune et des étoiles agissent sur les montagnes pour les échauffer ; l'humidité de ces montagnes s'étant dissipée, elles deviennent arides et sèches ; alors elles se fendent et se morcellent ; ce même effet est produit, en particulier, par les coups de foudre ; les montagnes sont ainsi réduites en blocs de rochers, en pierres, en gravier, en sable.

» Survient le ruissellement des eaux pluviales qui entraîne rochers, pierres et sable vers le lit des torrents et des fleuves ; ceux-ci, à leur tour, en s'écoulant, charrient ces matériaux jusqu'aux marais, aux lacs, aux mers. Les mers, alors, par la force de leurs vagues, par le choc violent de leurs ondes, par leur tumultueuse agitation, étendent sur leur fond, au cours des temps et des âges, sous forme de couches superposées, ce sable, cette terre, ce gravier ; brassés ensemble, ces dépôts s'accumulent l'un sur l'autre, et, au fond de la mer, des collines, des monts, des montagnes surgissent, comme dans les steppes et les déserts, au souffle du vent, se dressent les dunes de sable.

» Mais ces montagnes, ces monceaux de sable, ces entassements de roches dont nous admettons la formation au sein de la mer, finissent par combler les profondeurs de cette mer ; celle-ci, alors, s'étale et cherche à se répandre ; elle déborde ses rivages, elle s'étend sur les déserts et sur les plaines et les couvre de ses eaux.

» Au cours des temps, la mer, sans cesse, continue de s'épandre, jusqu'à ce que les plaines soient devenues des mers ; sans répit, les montagnes se fendent et se transforment en roches, en gravier et en sable ; sans relâche, le ruissellement des eaux pluviales roule tous ces débris au lit des fleuves et, continuellement, ceux-ci, dans leur cours, entraînent tous ces matériaux à la mer, et ces matériaux s'agglomèrent ensemble comme nous l'avons supposé.

» Ainsi les plus hautes montagnes s'abaissent et décroissent jusqu'à ce qu'elles soient réduites au niveau de la surface terrestre.

» D'autre part, le sable et la terre continuent sans relâche de se déposer au fond de la mer, de s'agglomérer, de former des collines et des montagnes ; du lieu où ces montagnes se forment, l'eau est chassée peu à peu, en sorte que des îles et des terres fermes surgissent enfin du sein des flots ; l'eau qui reste dans les creux et les lieux bas forme des lacs et des étangs ; quant aux montagnes, aussitôt qu'elles ont apparu, l'eau les a délaissées ; entre elles, se trouvent des marais, avec leurs canaux d'écoulement et leurs bas-fonds naturels ; dans ces marais, le ruissellement des eaux pluviales apporte, çà et là, du limon, du sable et de la terre ; ces endroits finissent par s'assécher ; alors les arbres, les plantes touffues, la végétation verdoyante y prospèrent. »

Pour construire leur Géologie, les Frères de la Pureté paraissent avoir mis à contribution, d'une part, la théorie des philosophes que combattait Théophraste et, d'autre part, l'enseignement de Straton de Lampsaque. De celle-là, ils tiennent, semble-t-il, l'idée que l'érosion produite par les eaux pluviales dégrade sans cesse les montagnes et finira par niveler la surface des continents. Celui-ci leur fournit la remarque que les dépôts d'alluvion exhaussent peu à peu le fond des mers et tendent à les combler. Dans ce dernier phénomène, ils voient un effet antagoniste du premier. Par la coexistence, de ces deux effets, les mers, pensent-ils, prendront la place des continents qui existent à présent et qui auront été entièrement nivelés avant d'être submergés ; mais à la place des mers actuelles, apparaîtront de nouveaux continents, dont la surface se hérissera de montagnes et de collines. L'action des eaux suffit donc à garder à la face de la terre un aspect perpétuellement changeant, mais aussi perpétuellement analogue à celui que nous voyons.

V

LA GÉOLOGIE DES ARABES (suite). — LE LIVRE DES ÉLÉMENTS

Le *Livre des éléments*, que la Scolastique latine attribuait au Stagirite, mais dont l'origine arabe n'est pas douteuse, paraît destiné en grande partie à réfuter les doctrines des Frères de la Pureté ou des doctrines apparentées à celles-là. Les Frères de la Pureté avaient enseigné que les continents et les mers alternaient suivant une loi périodique et que la durée de la période était trente-six mille ans. Le *Livre des éléments* connaît cette doctrine et la réfute [1].

1. Nous citons cet apocryphe d'après l'édition des ARISTOTELIS *Opera* qui porte le colophon suivant : Impræssum *(sic)* est præsens opus Venetiis per Gregorium de Gregoriis expensis Benedicti Fontanæ Anno salutifere incarnationis Domini nostri MCCCCXCVI. Die vero XIII Julii.

« Certains hommes, dit-il [1], parmi ceux qui ont composé des discours, prétendent que la mer a changé de place à la surface de la sphère terrestre et qu'il n'est, sur la terre, aucun lieu qui n'ait été autrefois sous les eaux. Ils fondent leur opinion sur les empreintes *(ex præssionibus* (?)*)* qu'on voit au sommet des montagnes. Un de ces hommes raconte qu'en creusant un puits, lorsqu'il parvint à la couche argileuse, il trouva une argile compacte et dure ; il continua de creuser cette argile, et il y découvrit un gouvernail de navire ; par là, il fut assuré que la mer, autrefois, avait été en cet endroit, qu'elle change donc de place très lentement et suivant de très longues périodes. »

Si ce changement de place était réel, déclare le Pseudo-Aristote, il serait sûrement déterminé par quelqu'une des révolutions astrales ; alors, par une discussion que nous avons rapportée en son temps [2], il montre que même la plus lente des révolutions célestes, celle qui, au bout de trente-six mille ans, ramène les étoiles fixes à leur position première, est encore beaucoup trop rapide pour s'accorder avec le témoignage de l'histoire ; ce dernier nous montre, en effet, des rivages qui, depuis des milliers d'années, n'ont subi aucun déplacement sensible.

« Ce que nous avons dit dans ce traité, conclut notre auteur, détruit donc manifestement et pleinement la théorie selon laquelle la mer aurait changé de place à la surface de la terre ; l'erreur de ceux qui ont admis cette opinion est maintenant évidente.

« Certains philosophes, poursuit le Pseudo-Aristote [3], prétendent que la terre, au moment de sa formation, était parfaitement ronde et qu'il ne s'y rencontrait ni vallée ni montagne ; sa figure était alors exactement sphérique comme celle des corps célestes. Les vallées et les montagnes que nous voyons à la surface de la terre n'ont pas d'autre cause que l'action des eaux. Les eaux ont creusé les parties de la terre qui étaient les moins compactes, et ainsi se sont formées les montagnes ; ces régions peu compactes, une fois creusées, sont devenues les lits des mers.

» Je prétends que ceux qui tiennent ce discours et qui admettent cette théorie en viennent à partager l'avis de ceux

1. Aristotelis *Liber de proprietatibus elementorum*, éd. cit., fol. 466 (marqué 366), verso.
2. Voir : Première partie, ch. XII, § VI ; t. II, p. 226-228.
3. Aristote, *Op. laud.;* éd. cit., fol. 469 (marqué 369), recto.

qui croient au changement de position des mers à la surface du globe. Or, au commencement de ce livre, nous avons réfuté le discours de ces derniers et ruiné leur opinion à l'aide de démonstrations manifestes. Revenons, cependant, à ceux qui tiennent un tel discours...

» Supposons qu'au début, la terre ait été un corps parfaitement sphérique et parfaitement lisse, qu'il ne s'y soit rencontré ni vallée ni montagne ; il était alors nécessaire que la masse terrestre fût recouverte par la masse des eaux et que celle-ci la revêtit d'une couche d'épaisseur uniforme ; dès lors, l'eau qui tombait en pluie du haut de l'air, tombait à la surface de la couche d'eau qui recouvrait la terre ; » cette pluie ne pouvait donc aucunement creuser le sol.

Invoquera-t-on l'action du vent, qui eût agité cette couche d'eau répandue à la surface de la terre ? Les mouvements de cette eau eussent alors pu déniveler le sol qu'elle recouvrait. « Mais le vent n'est qu'une vapeur émise par la terre sèche ; » il ne pouvait donc y avoir de vent alors que les eaux de la mer submergeaient toute la terre,

Ainsi se trouve réfutée l'opinion de ceux au gré desquels la terre, à l'origine, ne présentait ni vallées ni montagnes, au gré desquels les eaux ont, à elles seules, sculpté toutes les inégalités de la surface du sol.

Le *Livre des éléments* paraît donc condamner comme insuffisante la Géologie purement neptunienne qu'avaient professée les Frères de la Pureté. Sans doute voulait-il que le feu eût, à côté de l'eau, joué son rôle dans la sculpture de la face de la terre ; c'est aussi ce que soutiendra le traité, attribué au philosophe Avicenne, dont nous allons parler.

VI

LA GÉOLOGIE DES ARABES *(suite)*.

LE TRAITÉ DES MINÉRAUX ATTRIBUÉ A AVICENNE

Aristote avait-il écrit un *Traité des minéraux ?* Cette question fut agitée de tout temps, mais elle ne fut jamais résolue.

A la suite de la paraphrase qu'il a composée sur les *Météores* du Stagirite, Albert le Grand a donné un traité *De mineralibus.*

Au premier chapitre de ce traité [1], il mentionne les écrits, venus à sa connaissance, où il était parlé des minéraux. Dans ce chapitre, il s'exprime en ces termes :

« Nous n'avons pas vu les livres d'Aristote sur ce sujet ; nous n'en avons vu que des extraits partiels. Ce qu'Avicenne a dit, au troisième chapitre du premier livre qu'il a composé sur ces questions, est loin d'être suffisant. »

Albert le Grand connaissait donc un ouvrage, qu'on disait être d'Avicenne, dont un chapitre traitait des minéraux, et il a fait usage de cet écrit, tout en le complétant.

Est-il possible de retrouver la trace de cet écrit d'Avicenne.

Le manuscrit nº 16 142 (latin) de la Bibliothèque Nationale contient, comme dernier chapitre du quatrième livre des *Météores* d'Aristote, un paragraphe, intitulé *De mineris*, où la main d'un auteur arabe se traduit à chaque instant.

Dans ce paragraphe, que M. F. de Mély a publié [2], il est facile de reconnaître au moins un fragment de l'ouvrage qu'Albert le Grand attribuait à Avicenne.

Albert explique [3] comment, pour qu'une pierre se puisse former, il faut que la terre qui l'engendre soit mélangée d'eau. « Si l'élément humide, dit-il, ne se trouvait pas bien infus parmi les parties terrestres, s'il ne leur était pas adhérent, s'il s'évaporait tandis que la terre se coagule, il ne resterait qu'une poussière terreuse désagrégée. Il faut donc que cet élément humide soit collant et visqueux, que ses parties enlacent les parties terrestres comme se tiennent les maillons d'une chaîne. Alors l'élément sec retient l'élément humide, tandis que la liqueur humide, interposée entre les parties de l'élément sec, en assure la continuité. *Et hoc testatur Avicenna cum dicit quod terra pura lapis non fit quia continuationem terra non facit sua siccitate sed potius comminutionem; vincens enim in ea siccitas non permittit fieri conglutinationem. Rationem dicit idem philosophus quod aliquotiens desiccatur lutum, et fit medium inter lapidem et lutum, et deinde in spatio temporis fit lapis. Dicit iterum quod lutum aptius ad hoc quod transmutetur in lapidem est unctuosum; quod enim tale non est comminutivum, sive com-*

1. B. Alberti Magni, *Ratisponensis episcopi, De mineralibus*, liber primus, tract. I, cap. I : De quo est intentio et quæ divisio, modus et dicendorum ordo.

2. F. de Mély, *Le lapidaire d'Aristote* (*Revue des Études grecques*, t. VII, 1894 p. 181).

3. Alberti Magni *Op. laud.*, lib. I, tract. I, cap. II : De materia lapidum.

minubile in pulverem, est propter facilem humiditatis separabilitatem ab eodem. »

Or, au texte du XIIIe siècle qu'a publié M. de Mély, nous lisons [1] :

« La terre ne se change pas en pierre, car elle ne peut produire une agrégation continue, mais bien une désagrégation discontinue ; en elle, la sécheresse l'emporte et ne lui permet pas de souder entre elles ses diverses parties. Or les pierres se font de deux manières ; ou bien par soudure des parties ; c'est ce qui a lieu pour les pierres où la terre domine ; ou bien par congélation ; c'est ce qui a lieu dans les pierres où la terre est dominée par l'eau. Parfois, en effet, ce qui, tout d'abord, était de la vase, se dessèche, devient quelque chose d'intermédiaire entre la vase et la pierre, qui se change ensuite en pierre. La vase la plus apte à ce changement est celle qui est visqueuse, car elle est disposée à devenir masse continue ; celle qui n'est pas visqueuse, au contraire, se transformera en poussière.

» *Terra pura lapis non fit, quia continuationem non facit, sed discontinuationem. Vincens in ea enim siccitas, non permittit eam conglutinari. Finut autem lapides duobus modis : ant conglutinatione, ut in quibus domina est terra; aut congelatione, ut in quibus terra prædominatur. Aliquando enim desiccatur lutum primum, et fit quoddam quod est medium inter lutum et lapidem, quod deinceps fit lapis. Lutum vero huic transmutationi aptuis est viscosum, quoniam continuativum; quod enim tale non est comminutivum erit.* »

Le rapprochement de ces deux citations ne saurait laisser place au doute ; nous aurons occasion de faire plus loin, en étudiant la Géologie d'Albert le Grand, un second rapprochement du même genre ; mais il n'est pas nécessaire de l'attendre pour formuler notre conclusion : Le texte publié par M. de Mély appartient certainement au traité qu'Albert le Grand regardait comme œuvre d'Avicenne.

Au chapitre en question, Roger Bacon n'attribue pas l'origine que lui donnait Albert le Grand. Dans ses *Communia naturalium*, après un passage où les principes de l'Alchimie lui ont donné occasion de citer les noms d'Aristote et d'Averroès, il poursuit en ces termes [2] : « Silence aux sots qui abusent de

1. F. DE MÉLY, *Op. laud.*, p. 186.

2. Fratris ROGERI BACON *Communia naturalium*, pars prima, dist-I, cap. II : De numero et ordine scientiarum naturalium. (Bibliothèque Mazarine, ms. n° 3.576, foll. 2 et 3.) Cf. EMILE CHARLES, *Roger Bacon, sa vie, ses ouvrages, ses doctrines.* Bordeaux, 1861, p. 372.

l'autorité du passage placé à la fin de la traduction du quatrième livre des *Météores*, bien que ce qu'ils soutiennent soit la vérité. Ils disent qu'il est écrit en cet endroit : *Sciant artifices Alkimiæ species rerum transmutari non posse*, et ils donnent cette phrase comme si elle était parole d'Aristote. Mais rien n'est de lui, à partir du commencement de ce chapitre : *Terra pura lapis non fit*. Tout cela a été ajouté *ab Alveredo*. »

Cet Alveredus dont parle Bacon, c'est un Anglais, Alfred de Sereshel, qui, à la traduction du quatrième livre des *Météores*, faite par Henri Artistippe († 1162), ajouta, au commencement du XIIIe siècle, le fragment dont parle Bacon et qu'il avait traduit d'Avicenne.

Vincent de Beauvais était sans doute mis par Roger Bacon au nombre de ces sots qui croyaient d'Aristote le chapitre inauguré par les mots : *Terra pura lapis non fit*. En effet, tout ce que le *Speculum naturale* contient d'intéressant au sujet de la Géologie est emprunté au traité *Des minéraux* qu'Albert le Grand disait être d'Avicenne et Roger Bacon d'Alfred de Sereshel ; Vincent le Bourguignon, lui, met ce traité au compte d'Aristote. Les deux chapitres qui forment le fragment publié par M. de Mély sont éparpillés en diverses parties de deux livres distincts du *Miroir de la Nature*, et ils y sont donnés comme s'ils provenaient de deux écrits différents.

La première partie du traité *Des minéraux* se retrouve tout entière, disséminée en différents chapitres du septième livre de Vincent de Beauvais [1] ; ce livre est, d'ailleurs, entièrement consacré à la science des pierres et des métaux ; c'est notamment, au quatre-vingtième chapitre de ce livre qu'est inséré le curieux passage où Avicenne traite de la pétrification des animaux, passage dont nous parlerons dans un moment.

Ce n'est pas Avicenne, mais bien Aristote que Vincent de Beauvais donne pour auteur au chapitre dont il disperse les fragments au long de son septième livre ; chacun de ces fragments, en effet, y est précédé de cette mention : *Ex quarto*

1. Au lib. VII du *Speculum naturale*, le cap. II : De quatuor *corporum speciebus* reproduit le fragment publié par M. de Mély, depuis le commencement : *Corpora mineralia...*, jusqu'à : *nisi per ingenia naturalia* (loc. cit., p. 185). — Le cap. LXXII : *De sale harmoniaco* reproduit la suite, depuis : *Alumen autem...*, jusqu'à : *coagulatum ex siccitate* (loc. cit., p. 186). — Le cap. LXXIX : *De naturali generatione lapidum mineralium* donne ce qui vient après, depuis : *Terra pura lapis non fit...*, jusqu'à : *quæ liquefaciunt certissime* (loc. cit., p. 187. — Enfin, le cap. LXXX : *Iterum de generatione lapidum et corporum mineralium*, poursuit depuis : *Fiunt ergolapides...*, jusqu'aux mots : *per magnum temporis spatium*, qui terminent (loc. cit., p. 188) le premier chapitre du fragment publié par M. de Mély.

libro metheororum. Nous savons, en effet, qu'Alfred de Sereshel l'avait adjoint à ce quatrième livre des *Météores*, et c'est ainsi que nous le présente le manuscrit du XIIIe siècle d'où M. de Mély l'a extrait.

Le traité qu'Albert le Grand dit être d'Avicenne se termine par un chapitre *De la cause des montagnes* dont, tout à l'heure, nous dirons l'intérêt. Ce chapitre a passé tout entier, lui aussi, au *Speculum naturale;* il est inséré d'un seul bloc au sixième livre de cet ouvrage dont, sous ce titre : *De montibus et causis eorum*, il forme le vingtième chapitre. Vincent ne le donne plus comme extrait du quatrième livre des *Météores*, mais d'un traité qu'il intitule *De natura rerum;* or cette indication est, de la part de l'Évêque de Beauvais, erreur manifeste, car l'ouvrage qu'il nomme *De natura rerum* est sans cesse celui qu'Albert le Grand appelait *De causis proprietatum elementorum*, que le Moyen-Age, en l'attribuant au Stagirite, désignait plus brièvement par ce titre : *Liber de elementis*.

C'est également Aristote qui est, pour Barthélemy l'Anglais, l'auteur du fragment ajouté au quatrième livre des *Météores* par Alfred de Sereshel.

Dans son chapitre *Du sable*, il cite [1] le passage qui commence par : *Terra pura lapis non fit* comme écrit par Aristote au quatrième livre des *Météores*. Il reproduit la même mention [2] dans son chapitre *Sur l'argile* en citant le passage qui débute par ces mots : *Lutum unctuosum*.

Le chapitre où *Le propriétaire des choses* traite *Des montagnes* [3] cite d'abord quelques phrases dites par Aristote au livre *De proprietatibus elementorum*. Puis il poursuit : « Aristote dit également, au *Livre des météores*... » Or, ce qu'annonce cette mention, c'est un résumé de ce que l'addition faite par Alfred de Sereshel traite en son dernier chapitre : *De causis montium*.

Cette addition, Barthélemy l'Anglais et Vincent de Beauvais sont seuls assez sots (selon le mot de Bacon) pour la prendre comme authentique expression de la pensée d'Aristote ; à part ces deux auteurs, les plus naïfs émettent au moins un doute au sujet de cette authenticité.

De naïveté en matière de critique de texte, il n'en est guère

1. BARTHOLOMÆI ANGLICI *De proprietatibus rerum*, lib. XVI : De lapidibus preciosis ; cap. I : De arena.
2. BARTHOLOMÆI ANGLICI *Op. laud.*, lib. XVI, cap. II : De argilla.
3. BARTHOLOMÆI ANGLICI *Op. laud.*, lib. XIV : De terra et partibus ejus; cap. II ; De monte.

de comparable à celle de frère Thomas [1], ce dominicain qui fut chapelain de Robert, fils de Charles II d'Anjou, roi de Naples, et qui dédia à ce prince un traité d'Alchimie, *De essentiis essentiarum*. N'est-ce pas en cet ouvrage, en effet, que Frère Thomas déclare avoir vu un livre d'Alchimie *editus* par Abel, fils d'Adam ? Mais Frère Thomas a beaucoup lu Roger Bacon, qu'il admire fort, qu'il nomme « *vir utique sapientissimus in scientiis, atque promptissimus* », dont il cite les traités *De influentiis, De speculis comburentibus, De loco, De sensu*. Très certainement aussi, il a étudié les œuvres de son illustre confrère en Saint Dominique, Albert le Grand. Ces lectures ont éveillé sa méfiance à l'égard de l'authenticité du texte qui nous occupe.

Dans son traité *De essentiis essentiarum*, notre dominicain s'occupe de la nature des minéraux ; étudiant la substance des pierres, il écrit [2] : « La matière de la pierre est l'eau, plus ou moins mélangée d'une substance terrestre, selon la pureté de la pierre ; c'est conforme à ce que dit Aristote à la fin du livre des *Météores* (d'autres disent que ce chapitre est d'Avicenne) : *Terra pura lapis non fit.* »

Saint Thomas d'Aquin n'a pas de ces hésitations. Il sait que les chapitres ajoutés par Alfred de Sereshel au quatrième livre des *Météores* ne sont pas d'Aristote, car dans son Commentaire sur cet ouvrage, il les laisse entièrement de côté. Son exemple est suivi par Pierre d'Auvergne et, après Pierre d'Auvergne, par toute l'École de Paris. C'est ainsi que Thémon le fils du Juif ne consacre aucune question à ces chapitres. Pierre d'Abano, qui les cite, comme nous le verrons plus loin, les met formellement au compte d'Avicenne.

Parmi les auteurs de la Renaissance italienne, il en est un seul, à notre connaissance qui n'ait pas imité cette sage réserve. A la fin du XVe siècle, Alessandro Achillini a publié [3] le texte qui nous occupe comme un traité *De mineralibus* dont Aristote serait l'auteur.

Achillini paraît isolé dans son sentiment. Des chapitres qu'il

1. Voir : Deuxième partie ; ch. VIII, § III, t. IV, p. 14-15.

2. *Tractatus* Fratris Thomæ *de essentiis essentiarum*. Tractatus sextus : Demineris. Cap : De materia lapidis. (Bibliothèque nationale, fonds latin, nouv. acq., ms. n° 1.715, fol. 174, r°.)

3. Aristotelis, *philosophorum maximi, Secretum secretorum ad Alexandrum... Ejusdem De mineralibus...* Alexandri Achillini *De universalibus...* Bononiæ, per Benedictum Hectorem, anno Domini 1501, die 26 octobris.

Aristotelis *Secreta Secretorum... Ejusdem* Aristotelis *De mineralibus...* Alexandri Achillini *De universalibus...* Lugduni, per A. Blanchard, 1528.

a regardés comme œuvre authentique du Stagirite sont délaissés d'un commun accord par tous les philosophes italiens qui ont commenté les *Météores*, par Gaëtan de Thiène dans ses *Commentarii* [1], par Pietro Pomponazzi (Pomponace, dans ses *Doutes sur le quatrième livre des Météores* [2], par Vicomercati dans ses *Commentaires* [3], par Luigi Boccaferri dans ses *Leçons sur le quatrième livre des Météores* [4].

Au XVIIe siècle, le petit traité *De mineralibus* fut communément regardé comme une œuvre d'Avicenne ; c'est sous le nom d'Avicenne qu'il fut inséré dans la *Bibliotheca chimica* de Manget et dans les *Gebri regis Arabum opera*.

De nos jours, M. de Mély a proposé de rejeter cette opinion et de reconnaître, dans le texte dont nous parlons, un fragment d'un écrit d'Aristote.

Sans doute, il ne pouvait être question de regarder ce traité comme une œuvre authentique et non remaniée du Stagirite ; à moins d'être de ces sots dont parle Bacon, on ne saurait mettre au compte d'Aristote les passages où l'on rapporte ce que les Arabes pensaient du fer employé par les Allemands, pour faire leurs épées. Tout ce qui porte la trace manifeste de l'influence arabe, tout ce qui se montre pénétré d'Alchimie, M. de Mély le regarde comme glose subrepticement introduite dans le texte et le retranche. Une fois ces retranchements opérés, ce qui reste lui paraît digne d'Aristote.

On peut, croyons-nous, objecter à M. de Mély que les suppressions qu'il pratique sont bien étendues et, surtout, bien arbitraires. Il est tel de ces passages abandonnés qui se soude fort bien au contexte ; s'il est regardé comme glose, c'est uniquement parce qu'il ne saurait être d'Aristote et qu'on est convenu d'avance d'attribuer le traité au Stagirite.

Encore est-il que les coupures faites par M. de Mély semblent insuffisantes, si l'on ne veut rien laisser subsister qui n'ait pu

1. GAIETANUS *super Metheo*... Colophon : Opuscula hec impressa fuerunt Uenetiis nutu ac impendio heredum quondam nobilis viri domini Octaviani Scoti civis Modoetiensis : ac sociorum. Anno salutis 1522. Die 20 Novembris.

2. PETRI POMPONATII MANTUANI *philosophi clarissimi, Dubitationes in quartum Meteorologicorum Aristotelis librum*, nunc recens in lucem editae... Venetiis, apud Franciscum Francisci, 1563.

3. FRANCISCI VICOMERCATI MEDIOLANENSIS *In quatuor libros Aristotelis Meteorologicorum Commentarii*... Venetiis, Apud Hieronymum Scotum. MDLXV.

4. LUDOVICI BUCCAFERREI BONONIENSIS, *philosophi clarissimi, Lectiones, In quartum Meteororum Aristotelis Librum; Nunc primum in lucem editæ.* Uenetiis, Apud Franciscum de Franciscis Senensem. MDLXIII.

sortir de la plume du Stagirite. Est-il vraisemblable, par exemple, que cette plume ait pu écrire ceci : « L'alun et le sel ammoniac sont du genre sel, car, dans le sel ammoniac, le feu est pour une plus grande part que la terre, aussi se laisse-t-il sublimer en totalité ; ce sel est de l'eau à laquelle se trouve mêlée une fumée très sèche, de caractère fortement igné ; il est coagulé par la sécheresse. » « *Alumen autem et sal armoniacum sunt de genere salis, quia pars ignis in sale armoniaco est major quam terra, unde et totum sublimatur, et ipsum est aqua, cui admiscetur fumus, minium subtilis, multæ igneitatis, coagulatum ex siccitate*? » Dans ce passage, conservé par M. de Mély, ne subsiste-t-il pas autant de fumeuse Alchimie que dans tous les morceaux sacrifiés ?

Sans doute, les idées sur la génération des minéraux que défend le texte en question se rattachent bien aisément aux principes qu'a posés le troisième livre des *Météores* ; sans doute, encore, on y trouve un mot que les divers éditeurs ont orthographié *optesis*, *ephtesis*, *eptesis*, et qui est certainement le mot grec ἕψησις, constamment employé aux Μετεωρολογικά ; mais ces remarques prouvent seulement que l'auteur du traité avait subi l'influence des écrits aristotéliciens ; ce n'est point pour embarrasser ceux qui veulent que cet auteur soit Avicenne ; les écrits authentiques d'Avicenne fourmillent de mots grecs déformés par leur transcription en Arabe.

Rien donc ne s'oppose à faire du traité *Des minéraux*, comme le voulait Albert le Grand, une œuvre d'Avicenne ; tout démontre, du moins, que c'est une œuvre d'origine arabe.

La discussion qu'on vient de lire montre qu'au Moyen-Age, cet opuscule fut extrêmement lu. Il importe donc, pour retracer exactement l'histoire des doctrines géologiques à cette époque, de tenir grand compte des pensées que le livre d'Avicenne pouvait suggérer.

Or, nous y trouvons deux passages particulièrement intéressants.

L'un d'eux, qui se lit au premier chapitre [1], concerne la pétrification des animaux et des plantes ; le voici :

« Les pierres peuvent donc se former, à partir d'une boue visqueuse, par la chaleur du Soleil, ou bien à partir de l'eau que coagule une vertu sèche et terrestre ou une cause de chaleur et de sécheresse. De même certains végétaux et certains animaux

1. F. de Mély, *Op. laud.*, p. 187.

peuvent être convertis en pierre par une certaine vertu minérale pétrifiante *(virtute quadam minerali lapidificativa)* qui se rencontre dans les lieux pierreux... Ce changement de nature des corps animaux ou végétaux est fort analogue à la pétrification des eaux. Il est impossible, en effet, qu'un corps complexe se convertisse, en bloc et d'un seul coup, en un élément unique ; mais les mixtes se peuvent changer l'un en l'autre et passer graduellement à l'élément dominant. »

Le second passage, plus important encore, forme comme un dernier chapitre qui a pour titre : *De causa montium.* En voici la traduction [1].

« Parfois, les monts sont produits par une cause essentielle ; c'est ce qui a lieu lorsqu'un violent tremblement de terre soulève le sol et engendre une montagne. Parfois, au contraire, ils sont produits accidentellement ; ainsi en est-il lorsque le vent ou quelque cours d'eau creuse profondément le sol ; auprès de l'excavation ainsi creusée, subsiste une éminence élevée ; c'est la principale cause de la formation des montagnes. Il y a, en effet, des terres qui sont molles et d'autres qui sont dures ; les vents et les cours d'eau enlèvent les terres molles, tandis que les terres dures subsistent et forment éminence. Les montagnes peuvent aussi être engendrées comme le sont les pierres ; en un certain lieu, un cours d'eau amène un dépôt vaseux et visqueux qui, à la longue, se dessèche et se transforme en pierre ; il est même possible qu'une certaine force minéralisante change les eaux en pierre. Voilà pourquoi on trouve dans les pierres des restes d'animaux et de bêtes aquatiques.

» Les montagnes se sont donc formées, très lentement, comme nous venons de le dire ; mais, aujourd'hui, elles décroissent. On trouve, en effet, dans les montagnes, des couches terreuses, qui ne sont pas formées de la substance pierreuse, dont nous venons de parler ; elles sont le résultat de l'érosion des montagnes ; elle sont une matière terreuse que les eaux ont amenée avec de la vase et des herbes... et qu'elles ont mêlée avec la boue venant de la montagne. Peut-être, aussi, l'antique limon de la mer n'était-il pas partout de même nature, en sorte que certaines parties se sont changées en pierre et d'autres non ; ce sont les parties demeurées terreuses, qui sont amollies et dissoutes par la puissance victorieuse de l'eau.

» Le flux et le reflux de la mer creusent également certains

1. F. DE MÉLY, *Op. laud.*, p. 188.

lieux et en relèvent d'autres. Parfois, aussi, la mer couvre toute la terre ; alors elle arrache les parties peu résistantes tout en laissant en place les roches dures ; les parties molles qu'elle a enlevées), elle les accumule en certains points ; lorsqu'ensuite elle se retire, les parties molles accumulées par elle se dessèchent et deviennent des montagnes. »

Avicenne ou l'auteur, quel qu'il soit, de ce *Traité des minéraux* a commencé par déclarer que le soulèvement du sol par les tremblements de terre était la cause *essentielle* de la formation des montagnes ; cette doctrine plutonienne s'accordait fort bien avec les pensées que le livre *Des éléments* semble insinuer, et mieux encore avec l'enseignement formel du traité *Du Monde* attribué à Philon d'Alexandrie. Mais, après cette profession de foi en faveur de la théorie plutonienne, notre auteur s'attache presque exclusivement à l'exposé des phénomènes neptuniens ; ce ne sont, a-t-il déclaré, que des causes accidentelles de la formation des montagnes ; mais, bien qu'accidentelles, il ne tarde pas à les traiter de principales ; il reprend ainsi, sur l'érosion, des considérations fort analogues à celles qui ont été développées par les Frères de la Pureté, à celles qui ont été combattues par Théophraste, par le Pseudo-Philon, par le *Liber de elementis;* dans ces considérations, il corrige seulement ce qu'il y avait de trop exclusif ; il admet, à l'origine, des soulèvements de la surface terrestre par des actions internes ; mais la mer et les rivières ont sculpté le relief actuel du sol, qu'elles aplanissent et nivellent de plus en plus.

VII

LA GÉOLOGIE DES ARABES *(fin)*. — AVERROÈS

Pour achever cette revue de ce que les Arabes ont enseigné aux Latins touchant les théories géologiques, il nous reste à rapporter quelques propos tenus par Averroès dans son *Exposition moyenne des Météores d'Aristote*.

« On est forcé de dire, écrit le Commentateur [1], que certains lieux ont été desséchés et sont devenus terre ferme après avoir

1. AVERROIS CORDUBENSIS *In Aristotelis meteorologicorum libros expositio media* lib. II, summa prima, capit. unicum : De mari.

été sous la mer, et que la mer est maintenant en certains lieux où se trouvait la terre.

» Il a été déclaré, en effet, que chacun des éléments était, en ses diverses parties, soumis à la corruption ; il est impossible, nous l'avons vu, qu'aucune partie d'un élément demeure incorruptible.

» D'autre part, cette vérité, le témoignage des sens nous la fait voir par ce qu'on trouve dans les profondeurs de la terre, par ces écailles de poisson et ces autres objets qui ne se rencontrent qu'en mer ; c'est ainsi qu'au dire d'Aristote, on trouve très fréquemment de ces sortes de choses dans la terre d'Égypte. »

Aristote n'avait nullement tenu ce langage ; il n'avait, aux débris fossiles d'animaux marins, fait aucune allusion ; mais tous ses commentateurs en avaient parlé ; les coquilles rencontrées sur le sol de l'Égypte, les ammonites, si abondantes au voisinage du temple d'Ammon, qu'elles avaient fait attribuer la corne de bélier au dieu qu'on y adorait, étaient communément citées.

Selon l'enseignement d'Aristote, Averroès veut que cette permutation des mers et des continents soit très lente, qu'elle ne produise d'effets apparents « qu'au bout de multiples milliers d'années. » Il veut aussi que cette transformation n'ait pas un sens prédominant, qu'il y ait une sorte de compensation entre l'apparition de continents nouveaux et la formation de nouvelles mers. De cette alternance, à l'exemple d'Aristote, il examine d'abord le mécanisme, il recherche « les causes prochaines. »

C'est l'analyse de ces causes prochaines qui le conduit à écrire : « Dans certains cas, il n'est pas impossible que le dessèchement des mers soit dû aux alluvions qu'y charrient les fleuves ; du côté de la mer où ces fleuves viennent aboutir, cette mer se transforme en terre ; mais la mer s'accroît de l'autre côté. Il se passe là ce qui se passe sous nos yeux dans les grands fleuves qui modifient leurs rives. »

On peut, dans ces lignes, retrouver un souvenir de ce qu'enseignait Straton de Lampsaque ou, mieux encore, de ce que professaient les Frères de la Pureté.

« Mais, poursuit Averroès, ce sont là seulement les causes prochaines de cette permutation. Les causes éloignées, il les faut chercher dans les mouvements du Soleil et des autres étoiles suivant l'Écliptique ; ici sont, en effet, les causes ultimes qui se trouvent au terme de toute génération et de toute corruption. Nous l'avons dit : La cause de la corruption d'une foule d'êtres, c'est le mouvement par lequel ces astres s'éloignent ; le mouvement qui les rapproche est, pour ces mêmes êtres, cause de génération et de croissance. C'est une même disposition qui règle la destruction des diverses parties de la terre et de la mer ou la génération de ces parties. »

Le Commentateur nous rappelle ainsi que les changements des continents et des mers suivent la période de la Grande Année, qu'ils se trouvent réglés, comme tous les effets produits dans le Monde sublunaire, par les circulations célestes. Il nous empêche oublier qu'il n'est rien ici-bas dont la science ne soit, au gré du Péripatétisme, sous la dépendance de l'Astrologie.

VIII

LE DÉLUGE SELON SAINT ISIDORE DE SÉVILLE ET SELON GUILLAUME DE CONCHES

Pour construire leurs théories géologiques, les physiciens du XIIIe siècle pourront s'inspirer des doctrines grecques ou arabes, car bon nombre des textes que nous venons d'analyser leur seront connus ; mais ils pourront également s'inspirer de certains écrits composés avant eux au sein de la Chrétienté latine. Parmi ces écrits, il en est deux où ils trouveront certains renseignements intéressants.

Dans ses *Étymologies*, Saint Isidore de Séville consacre *Aux déluges* un chapitre [1] dont voici le commencement :

« Le déluge *(diluvium)* est ainsi nommé parce qu'il détruit *(quod deleat)* toutes choses dans un désastre causé par les eaux.

» Le premier déluge eut lieu sous Noë. Le Tout-Puissant, offensé par les crimes des hommes, permit aux eaux de recouvrir le globe terrestre en détruisant tout ; il n'y eut plus de place que pour le ciel et pour la mer.

» Nous en trouvons encore aujourd'hui des indices dans les pierres que nous rencontrons sur les montagnes les plus éloignées de la mer ; souvent, en effet, elles se montrent formées de coquilles et d'huîtres ; parfois, aussi, elles ont été creusées par les eaux. »

1. SANCTI ISIDORI HISPALENSIS EPISCOPI *Etymologiæ*, lib. XIII, cap. XXII : De diluviis.

Inséré dans le livre, si souvent lu et cité, de l'Évêque de Séville, ce texte était bien propre à porter sur les coquilles fossiles l'attention des Chrétiens d'Occident ; en même temps, il leur suggérait la pensée, toute semblable à celle de Strabon, que ces débris avaient été apportés de fort loin par un débordement de la mer, par un raz de marée ; il les détournait d'y voir les reliques d'animaux qui auraient mené leur vie sous-marine aux lieux mêmes où leurs restes se rencontrent aujourd'hui.

Il était également question des déluges dans un chapitre *Sur la fin du Monde* que Guillaume de Conches avait inséré dans son Περὶ διδαξεων. [1]. Donnons la traduction de ce court chapitre :

« Parlons de la fin du Monde, disons comment l'opinion commune des philosophes fut que les choses de la terre finissaient tantôt par le déluge et tantôt par l'embrasement, voyons enfin d'où provient chacun de ces désastres.

» L'eau, comme nous l'avons dit, se trouve placée sur la source même de toute chaleur ; il arrive donc que l'élément humide augmente peu à peu ; il prend le dessus sur la chaleur ; il finit par croître à tel point que ses rivages ne le puissent plus contenir, qu'il se répand sur les terres fermes et submerge les choses terrestres.

» Mais ensuite, il est desséché par la chaleur du Soleil et la sécheresse de la terre ; la chaleur augmente peu à peu ; elle prend le dessus sur l'humidité ; enfin, elle croît à tel point qu'elle brûle les terres sur lesquelles elle se répand.

» Certains disent que ce sont là des effets soit de l'élévation simultanée des astres errants, soit de leur dépression simultanée.

» Si tous les astres errants sont élevés en même temps » — c'est-à-dire se trouvent tous en même temps à leurs apogées — « ils sont tous plus éloignés de la Terre que de coutume ; ils consument moins d'élément humide ; l'élément humide augmente alors, il se répand par les continents et un déluge se produit.

1. *Philosophicarum et astronomicarum institutionum*, GUILIELMI HIRSANGIENSIS *olim* ABBATIS, *libri tres*. Opus vetus at nunc primum evulgatum et typis commissum. Basileæ excudebat Henricus Petrus, Mense Augusto, Anno MDXXXI. Liber II, De mundi termino. Fol. sign. H 3, r° et v°. — [PSEUDO-] BEDÆ PRESBYTERI *Elementorum Philosophiæ libri quatuor;* lib. III [VENERABILIS BEDÆ *Opera*. Accurante J.-P. Migne, t. I (*Patrologiæ Latinæ*, t. XC) col. 1166]. — [PSEUDO-] HONORII AUGUSTODUNENSIS *De Philosophia Mundi libri quatuor*. Lib. III, cap. XX [HONORII AUGUSTODUNENSIS *Opera*. Accurante J.-P. Migne (*Patrologiæ Latinæ*, t. CLXXII), col. 83-84]

» Mais si un astre errant ou deux ou trois se trouvent élevés sans que les autres le soient, l'élément humide ne croît pas à l'excès ; s'il croît, en effet, par suite de l'élévation de ces astres, il se dessèche par suite de la proximité des autres.

» Si maintenant tous les astres errants sont simultanément déprimés » — c'est-à-dire s'ils passent tous en même temps à leurs périgées — « par suite de leur voisinage, ils brûlent les terres. Mais si deux ou trois de ces astres sont déprimés sans que les autres le soient, il n'y a plus combustion, car ce que ceux-là font en plus en vertu de leur proximité, ceux-ci, qui sont éloignés, le font en moins. »

Guillaume de Conches rappelle ainsi à ses contemporains et aux maîtres de la Scolastique latine qui le liront la théorie de la Grande Année, au cours de laquelle le Monde connaît successivement un κατακλυσμός et une ἐκπύρωσις. En outre, il modifie cette théorie de telle façon qu'elle devienne une conséquence naturelle de son système astronomique, fondé tout entier sur la lutte entre la chaleur et l'humidité. C'est sans doute pour donner plus de force et de vraisemblance à cette théorie qu'il rédige tout aussitôt après un chapitre où, d'une manière semblable, il explique [1] l'action de la Lune sur les vives eaux et les mortes eaux de l'Océan. La période mensuelle de la marée devient ainsi pour Guillaume de Conches, comme elle paraît l'avoir été pour Sénèque [2], une image de la Grande Année.

Toute cette théorie de Guillaume eût, sans doute, semblé bien païenne, si le passage suivant n'y eût été joint :

« Il faut observer qu'il y a déluge universel et déluge particulier. De déluge universel et continu, il ne s'en peut plus produire après celui qui a eu lieu ; mais il se peut produire des déluges particuliers. Partant, puisque les choses temporelles périssent alternativement [par le déluge et par la combustion], de même qu'au temps de Noë, le Monde a été détruit par le déluge, de même finira-t-il par l'embrasement. »

Le rationnalisme de Guillaume de Conches a trouvé moyen de construire une théorie de la Grande Année d'où se trouve bannie toute influence astrale mystérieuse, et d'expliquer le déluge universel et la fin du Monde sans invoquer l'intervention miraculeuse de Dieu.

1. Voir : Seconde partie, ch. III, § X ; t. III, p. 118-119.
2. Voir : Première partie, ch. XIII, § III ; t. II, p. 288.

IX

LA GÉOLOGIE D'ALBERT LE GRAND

On peut dire de la Géologie du XIIIe siècle qu'elle fut la Géologie d'Albert le Grand. La vaste synthèse scientifique qu'Albert avait développée sur le plan des écrits aristotéliciens eut, au cours du Moyen-Age, un nombre immense de lecteurs ; mais, parmi les traités qui la composaient, s'il en est un qui ait joui d'une vogue exceptionnelle, qui ait, de bonne heure, fait autorité, c'est assurément le *Traité des météores*. Déjà Pierre d'Auvergne, commentant à son tour les livres des *Météores*, invoque fréquemment l'opinion d'Albert ; et nous avons dit [1] comment le *Traité des météores* de l'Évêque de Ratisbonne fournissait le plus grand nombre des questions dont on disputait à la Faculté des Arts de Paris, alors que le XIIIe siècle faisait place au XIVe.

Pour composer ses théories géologiques, Albert disposait d'une bonne partie des textes que nous avons analysés ; il connaissait, cela va sans dire, les *Météores* d'Aristote et le *Commentaire* d'Alexandre d'Aphrodisias sur cet ouvrage ; il ne possédait certainement pas la *Géographie* de Strabon, si riche de renseignements sur les opinions géologiques des Anciens ; mais certains indices laissent supposer qu'il connaissait le traité *Du Monde* attribué à Philon d'Alexandrie, encore qu'il ne cite pas cet ouvrage.

Les Latins, au temps d'Albert le Grand, ignoraient peut-être l'Encyclopédie composée par les Frères de la Pureté, bien qu'une traduction latine d'une partie de cet ouvrage, faite au Moyen-âge, existe encore en manuscrit ; mais le Docteur dominicain a étudié tous les autres textes, d'origine arabe, dont nous avons résumé la doctrine.

De tous ces documents et de ses observations personnelles, voyons ce qu'Albert a tiré.

Le livre *Des propriétés des éléments*, qu'on croyait être d'Aristote, eut une grande influence sur les théorics scientifiques de la Scolastique ; Albert le Grand en a composé un long commen-

1. Voir : Quatrième partie, ch. VII, § II, t. VI, p. 538-539 et 541-542.

taire où les fruits de ses propres observations se trouvent introduits dans une paraphrase du texte apocryphe.

L'Évêque de Ratisbonne reproduit presque mot pour mot ce que le Pseudo-Aristote avait écrit du changement de place de la mer et les arguments astrologiques par lesquels il avait réfuté cette opinion [1] ; mais il y ajoute les remarques qu'il a recueillies au cours de ses voyages : « Peut-être objectera-t-on que la mer d'Angleterre, qui est une partie de l'Océan, s'est retirée de la ville qu'on nommait autrefois Tuag Octavia ; nous avons, de nos propres yeux, constaté qu'auprès de cette ville, en peu de temps, la mer avait délaissé un grand espace. De même pourra-t-on dire que la mer s'éloigne sans cesse de cette ville de Flandres qu'on nomme Burig (Bruges). Mais nous dirons que ce retrait n'est pas continu, qu'il n'est nullement causé par le mouvement du ciel des étoiles fixes, et qu'il est purement accidentel... Il se produit, en effet, parce que des dunes se forment à l'entrée des ports et que les lames de la mer les élèvent sans cesse ; la mer se ferme ainsi à elle-même l'accès de ces villes et se retire peu à peu. Dans ces pays-là, d'ailleurs, on chasse de force la mer du lit qu'elle occupe en élevant des digues le long des rivages ; les habitants de ces contrées, en refoulant ainsi la mer, conquièrent de grandes étendues de terre. Le recul de la mer, en ces lieux, n'est donc pas naturel, mais accidentel...

» Quant à cette rame qui fut trouvée, dit-on, par un homme qui creusait un puits, elle avait été, sans doute, très anciennement placée en ce lieu ; puis, de la terre avait été amoncelée sur cet objet, que la fraîcheur du sol avait ensuite protégé contre la pourriture ; ou bien encore la mer avait pu se trouver autrefois en cet endroit et s'en être retirée accidentellement. C'est ainsi qu'à Cologne, nous avons vu creuser des fosses très profondes au fond desquelles on a trouvé des constructions dont le revêtement portait des dessins et des décorations admirables ; les hommes les avaient élevées dans l'Antiquité ; puis, à la suite de la ruine des édifices, la terre s'était accumulée par dessus. »

Albert reproduit d'une manière presque textuelle les arguments du Pseudo-Aristote contre ceux qui attribuent la sculp-

1. B. Alberti Magni, Ratisponensis episcopi, *Liber de causis proprietatum elementorum*, lib. I, tract. II, cap. II : De opinione quæ dixit mare transmutari de loco ad locum ; cap. III : De improbatione opinionis quæ dicit mare transmutari de loco ad locum.

ture des inégalités du sol au travail érosif des eaux pluviales [1] ; mais il fait suivre ces raisonnements d'un chapitre [2] où il expose quelles sont, selon lui, les causes de la génération des montagnes ; nous y trouvons une paraphrase bien reconnaissable du chapitre qui porte le même titre au *Traité des minéraux* d'Avicenne ; nous y trouvons aussi la trace des observations personnelles du laborieux Dominicain.

« Au sujet de la question actuellement posée touchant la génération des montagnes et des vallées, voici la vérité : Les montagnes et les vallées peuvent être engendrées par deux causes ; l'une de ces causes est essentielle et universelle ; l'autre est particulière, elle n'agit qu'à certaines époques et en certains lieux.

» La cause essentielle et universelle est la suivante : Les montagnes naissent des tremblements de terre, en des régions où la surface du sol est trop solide et trop compacte pour se laisser briser ; alors, en effet, les gaz *(ventus)* qui se sont formés en abondance à l'intérieur de la terre et qui sont violemment agités, soulèvent le sol et forment des montagnes. Les tremblements de terre sont fréquents auprès de la mer ou des grands amas d'eau, parce que ces eaux bouchent les pores de la terre et empêchent le dégagement des vapeurs, émises par la terre, qui sont emprisonnées dans les entrailles du sol ; aussi est-ce près de la mer ou des grandes nappes d'eau que naissent, en général, les montagnes les plus élevées. Sous ces montagnes subsiste une cavité capable de contenir une grande quantité d'eau ; aussi les lieux montueux sont-ils, bien souvent, les lieux où les sources abondent et qui, par leur ruissellement, engendrent les grands lacs.

» La surface soulevée ne devient point solide et résistante, sinon aux dépens du limon gluant et visqueux que l'afflux de l'eau y amène. On trouve donc, dans les lieux montueux, des rochers immenses et nombreux ; ils ont été engendrés par ce limon et par la chaleur, car cette chaleur réunit ensemble les diverses parties du limon ; cette chaleur est elle-même produite soit par les rayons du Soleil, soit par le mouvement des vapeurs terrestres.

1. Alberti Magni *Op. laud.*, lib. II, tract. III, cap. IV : De improbatione eorum qui dixerunt montes et valles causari a cavatione aquarum.
2. Alberti Magni *Op. laud.*, lib. II, tract. III, cap. V : Et est digressio declarans causam essentialem et causas accidentales montium.

» De tout cela, nous trouvons une preuve dans les débris d'animaux aquatiques et peut-être aussi dans les engins provenant de navires qu'on découvre dans les rochers des montagnes, et dans les cavernes creusées aux flancs des monts ; l'eau, sans doute, les y a portés avec le limon gluant qui les enveloppait ; le froid et la sècheresse de la pierre les ont ensuite empêchés de se putréfier en totalité. On trouve une très forte preuve de ce genre dans les pierres de Paris, car on y rencontre très fréquemment des coquilles, les unes rondes, les autres en forme de croissant de Lune, les autres encore bombées comme des écailles de tortue.

» Nous disons donc que là est la cause essentielle des montagnes ; d'autre part, au lieu d'où a été pris ce qui s'est ainsi soulevé, une vallée s'est creusée.

» Lorsqu'une montagne est fort ancienne, le sommet, coagulé en rocher par la chaleur, se dessèche ; il s'effrite alors et tombe en morceaux, à moins que ces rochers de la cime n'aient des bases fort larges au-dessus desquelles ils s'élèvent, beaucoup plus étroits, comme s'ils se trouvaient soutenus par des colonnes et des murailles.

» Quant à la cause accidentelle des montagnes, elle peut, le plus souvent, se partager en deux autres.

» La première de ces causes est l'alluvion et, surtout, l'alluvion marine ; car les autres eaux ne peuvent produire une alluvion bien considérable. La mer, en effet, soit par ses vagues, soit par l'action du flux et du reflux, enlève aux rivages beaucoup de terre ; elle accumule ensuite cette terre, élevant une montagne d'un côté, creusant une vallée de l'autre...

» L'autre cause accidentelle se rencontre là où de grandes étendues sablonneuses sont balayées par des vents violents. Là, en effet, il arrive fréquemment que le vent enlève le sable d'un endroit pour l'accumuler dans un autre ; en ce dernier lieu, selon la masse du sable déplacé, il se fait un mont, grand ou petit. »

Nous savons, par le propre témoignage d'Albert le Grand, qu'il connaissait le petit traité *Des minéraux* et qu'il l'attribuait à Avicenne ; nous ne nous étonnons donc pas de retrouver, dans ce que nous venons de lire, des souvenirs fort reconnaissables du chapitre que ce traité consacre à la formation des montagnes ; mais le Docteur dominicain enrichit l'enseignement d'Avicenne en y introduisant ses propres remarques ; les coquilles fossiles, si abondantes dans le calcaire grossier avec lequel Paris est construit n'ont pas échappé à sa curiosité ; en outre, il retouche cet enseignement, afin de le mieux accorder avec les doctrines du *Liber de proprietatibus elementorum*. Dans la genèse des vallées et des montagnes, Avicenne avait fait une très grande place aux bouleversements que la mer apporte à la surface du sol ; ces bouleversements, à son gré, témoignaient de circonstances où la terre entière avait été envahie par les eaux de l'Océan ; Ibn Sinâ en parlait à peu près comme l'avaient fait les Frères de la Pureté. Dans son Orogénie, Albert le Grand ne fait jouer aucun rôle à ces raz de marée ; il n'en fait même pas mention ; il réduit l'action de la mer à la formation de dunes et de dépôts littoraux.

Albert s'est à la fois inspiré du livre *De causis proprietatum elementorum* et du traité *De mineralibus* qu'il dit être d'Avicenne ; ces sources sont-elles les seules où il ait puisé ? Dans son petit traité, Avicenne proclamait, à la vérité, que l'action plutonienne était la cause essentielle de la formation des montagnes ; mais, tout en reléguant l'action neptunienne au rang de cause accidentelle, il lui laissait une telle importance qu'il se prenait à dire : « C'est la principale cause de la formation des montagnes », au risque de contredire au principe qu'il avait lui-même posé. Albert demeure conséquent avec ce principe ; non seulement il déclare, comme Avicenne, que l'action plutonienne est « la cause essentielle et universelle » de la formation des montagnes, mais il s'en tient à cette déclaration ; aux soulèvements éruptifs, son Orogénie fait jouer un rôle presque exclusif ; elle n'en attribue aucun à l'érosion pluviale. Ne serait-ce pas la marque d'une influence exercée sur la pensée de l'Évêque de Ratisbonne par le traité *Du Monde* du Pseudo-Philon ?

Dans un autre écrit d'Albert le Grand, nous allons relever des indices qui nous feront regarder cette supposition comme extrêment probable ; l'écrit dont nous voulons parler est la paraphrase aux quatre livres des *Météores* d'Aristote.

C'est encore aux seuls phénomènes éruptifs qu'Albert, dans son *Traité des météores*, attribue la formation des montagnes. « Il se produit, dit-il [1], un mouvement d'élévation et de dépression du sol lorsque la vapeur emprisonnée est abondante et que les parois qui la contiennent sont fort résistantes ; alors, en

1. B. Alberti Magni *Metheororum*, lib. III, tract. II, cap. XVIII : De effectu terræ motus in movendo locum in quo est.

effet, la vapeur soulève la partie supérieure du lieu qui la contient ; une partie de cette vapeur s'échappe au dehors, tandis qu'une autre partie demeure enfermée. Lorsqu'une nouvelle quantité de vapeur vient à s'engendrer, le lieu qui la contient est soulevé de nouveau ; il subit ainsi des alternatives de soulèvement et de dépression jusqu'à ce que la vapeur se soit échappée en totalité. »

Après avoir étudié la génération des montagnes, le Docteur dominicain en étudie la destruction ; c'est ici seulement qu'il fait intervenir l'érosion produite par le ruissellement des eaux pluviales. « La ruine des montagnes, dit-il [1], peut se produire sans tremblement de terre, et cela de deux manières. En premier lieu, les bases d'une montagne peuvent être abrasées par une cause quelconque ; alors, privée de fondement, cette montagne s'écroule en totalité ou en partie. En second lieu, lorsque la montagne est fort élevée, la cime se dessèche extrêmement ; elle se fendille au sommet ; les eaux alors pénètrent dans les fissures ainsi formées ; courant avec impétuosité, elles arrachent la partie fendue du reste de la montagne, et, selon la disposition de la fissure, une partie plus ou moins grande de la cîme vient à s'écrouler. »

Le cours des eaux accomplit donc uniquement une œuvre de destruction ; cette théorie d'Albert s'accorde fort bien, et jusque dans le détail, avec les doctrines géologiques de Théophraste et du Pseudo-Philon.

Il en est de même des opinions qu'émet l'Évêque de Ratisbonne lorsqu'il examine [2] cette question : Pourquoi certaines terres sont-elles submergées, tandis que d'autres terres émergent du sein de la mer ?

« Il y a des terres qui, autrefois, étaient recouvertes par les eaux douces ou par les mers, et qui sont aujourd'hui à sec ; d'autres, au contraire, qui étaient terre ferme, sont maintenant submergées... Les lieux qui se sont asséchés n'ont pas émergé d'un seul coup ; ils ont été délaissés peu à peu selon que la terre était plus profonde en un endroit et moins profonde en un autre. Lorsqu'un de ces lieux a atteint un degré modéré de sécheresse, il est devenu habitable ; alors on y a planté des arbres, afin que les racines de ces arbres assurassent à la terre plus de cohésion, et on y a semé des graines. » Comment ne

1. ALBERT LE GRAND, loc. cit.
2. B. ALBERTI MAGNI *Op. laud.*, lib. II, tract. II, cap. XV : Quare terræ quædam submerguntur et quædam desiccuntur.

pas reconnaître, dans ces dernières lignes, une phrase empruntée à Théophraste par le Pseudo-Philon : « Ces terres présentaient des régions riches et nullement stériles, comme on l'a reconnu lorsqu'on a entrepris de les ensemencer et d'y planter des arbres ? »

Il semble donc fort probable que le traité *Du Monde*, attribué à Philon d'Alexandrie, ait été connu d'Albert le Grand.

Au sujet des changements de figure des continents et des mers, ce traité empruntait à Théophraste un enseignement très semblable à celui d'Aristote ; c'est ce même enseignement qu'Albert développe dans le chapitre que nous venons de citer. Ces changements de figure sont dus surtout aux transformations que subit le régime des pluies aux divers lieux de la terre. « Mais la cause de tout cela, c'est le mouvement du Soleil et la révolution de la sphère céleste, celle-ci agit surtout par ses grandes révolutions, par les révolutions qui ramènent la conjonction de toutes les planètes ou la conjonction des planètes supérieures, ou par la révolution des étoiles fixes. C'est par ces causes, en effet, qu'adviennent au Monde les grands changements... Mais, comme nous l'avons déjà dit, ces changements n'adviennent pas... simultanément en tous lieux ; ils affectent un lieu après un autre lieu... La cause de ces changements est celle que nous avons dite ; la cause propre n'en peut être connue que par la Science astronomique que nous achèverons avec l'aide de Dieu. »

Comme Aristote, comme Théophraste, Albert croit à une permutation entre les terres fermes et les mers ; mais, pas plus qu'eux, il ne craint la disparition totale des Océans ni l'entière submersion des continents. Il va nous le dire dans sa réponse à ces deux questions [1] : La mer a-t-elle, autrefois, couvert la terre entière ? Peut-il arriver qu'au cours des temps, elle se dessèche totalement ? Comme les deux philosophes grecs, il répond à ces questions par la négative : « Ce que nous avons dit prouve que, selon la nature (ces mots excluent le déluge universel, qui fut miraculeux) la mer n'a jamais recouvert la terre entière ; cela prouve aussi que, selon la nature, la mer ne sera jamais desséchée ; elle demeurera toujours égale à elle-même. »

1. ALBERTI MAGNI *Op. laud.*, lib. II, tract. III, cap. II : Et est digressio declarans an aqua aliquando totam terram operuit et an siccabilis est per totum procedente tempus.

En exposant la thèse qu'il se propose de réfuter, Albert déclare qu'elle est d'Anaxagore ; il ajoute qu'elle est soutenue « par Ovide et par beaucoup d'autres philosophes illustres ». L'Évêque de Ratisbonne en eût pu nommer un défenseur plus rapproché de lui que l'auteur des *Métamorphoses;* mais, en aucun cas, il ne cite Guillaume de Conches ; pour les savants du XIIIe siècle, ceux du XIIe siècle étaient comme s'ils n'eussent jamais existé.

Comment il comprenait le mécanisme de la pétrification qui nous a conservé, à l'état fossile, des débris d'animaux, Albert le Grand nous le fait connaître dans son *Traité des minéraux.* « Il n'est personne, écrit-il [1], qui ne s'étonne de trouver des pierres portant, à l'intérieur aussi bien qu'à l'extérieur, l'image d'animaux ; extérieurement, en effet, elles en montrent le dessin, et lorsqu'on les brise, on trouve en elles la figure des parties internes de ces animaux. Avicenne nous enseigne que ces apparences ont pour cause le fait que des animaux peuvent, en entier, se transformer en pierres et, particulièrement, en pierres salées. De même, dit-il, que la terre et l'eau sont la matière habituelle des pierres, de même les animaux peuvent devenir matière de certaines pierres ; si les corps de ces animaux se trouvent en certains lieux ou s'exhale une puissance pétrifiante *(vis lapidificativa)*, ils sont réduits en leurs éléments qui sont saisis par les qualités particulières à ces lieux ; les éléments que contenaient les corps de ces animaux se transmuent dans l'élément terrestre, qui en était l'élément dominant ; cet élément terrestre demeure, toutefois, mélangé d'une certaine quantité d'élément aqueux ; alors la vertu pétrifiante convertit en pierre cet élément terrestre ; les diverses parties, tant intérieures qu'extérieures, de l'animal conservent la figure qu'elles avaient auparavant.

» Le plus souvent, ces pierres salées ne sont pas dures ; il faut, en effet, une vertu très puissante pour transmuer ainsi les corps des animaux ; cette transformation brûle une partie de la matière terrestre au sein de l'élément humide, ce qui engendre la saveur salée. »

En exposant cette théorie de la pétrification, Albert a pris soin de citer le nom d'Avicenne ; ne l'eût-il pas fait, que nous eussions reconnu sans peine le souvenir manifeste de ce que nous

1. B. ALBERTI MAGNI *De mineralibus*, lib. I, tract. II, cap. VIII: De quibus dam lapidibus habentibus intus et extra effigies animalium.

avions lu, sur le même sujet, au *Traité des minéraux* d'Ibn Sinâ.

Cette analyse des doctrines géologiques d'Albert nous a fait reconnaître l'étendue de son érudition. Mais cette érudition ne lui a pas servi à produire une simple compilation. Non seulement il a enrichi d'observations personnelles très nombreuses et, souvent, très sensées et très justes, les connaissances qu'il tenait de ses lectures, mais encore il a fondu toutes ces connaissances pour en composer une théorie logiquement coordonnée. Il a rejeté tout à fait au second plan l'action orogénique des eaux douces ou marines pour attribuer le rôle principal aux soulèvements plutoniens. Il a nié les débordements soudains et universels de l'Océan ; il a réduit les changements de figure des continents et des mers à n'être que des modifications très lentes et il les a limités à des aires peu étendues. Les eaux douces ont surtout pour effet de ruiner et détruire les montagnes ; elles sont intervenues, toutefois, pour durcir, pour cimenter les terrains soulevés et les transformer en roches ; c'est au cours de cette transformation que des coquilles et d'autres animaux se sont trouvés pétrifiés. Enfin, on ne doit pas oublier que, de tous ces changements, la cause réside dans les révolutions des orbes supérieurs qui ramènent, au bout d'un temps très long, une même configuration du ciel. Les mouvements du Monde supérieur gouvernent, comme le voulait Aristote, toutes les générations et toutes les destructions d'ici-bas.

Telle est, résumée en quelques lignes, la théorie géologique d'Albert le Grand.

X

LA GÉOLOGIE DE RISTORO D'AREZZO

Les écrits d'Albert le Grand et le *Speculum naturale* de Vincent de Beauvais ont eu la plus grande vogue ; ils ont été, pour beaucoup de ceux qui ont succédé à leurs auteurs, la source où se puisait la connaissance de la nature. Nous trouvons une marque bien reconnaissable de cette influence dans le traité *Della composizione del Mondo* écrit en 1282 par Ristoro d'Arezzo.

Le chapitre de son livre où Ristoro d'Arezzo étudie la génération et la destruction des montagnes débute par un passage qu'on peut regarder comme une paraphrase de ce qu'Avicenne avait écrit, de ce que Vincent de Beauvais avait reproduit. Traduisons cette page [1] :

« Étudions maintenant la génération et la corruption des montagnes ; voyons comment elles se peuvent faire et défaire.

» Nous observons que l'eau dilue la terre, que cette terre descend des montagnes pêle-mêle avec l'eau, qu'elle remplit les vallées et en élève le niveau ; d'un autre côté, nous voyons l'eau excaver le sol, l'entailler et faire des vallées ; la vallée faite, il reste une montagne ; nous voyons l'eau enlever la terre d'un lieu et la porter dans un autre ; nous la voyons prendre la terre en un lieu bas et la monter en un lieu élevé ou bien, au contraire, la ramener du lieu élevé au lieu bas ; par tout cela, il paraît qu'elle a vertu pour produire des montagnes et des vallées. Cela se reconnaît à la suite des crues des fleuves ; lorsqu'ils viennent à baisser, la terre que les eaux avaient couverte et le sable qu'elles ont apporté se montrent tout sillonnés de monts et de vallées. Cela se voit encore sur les rivages de la mer ; en rejetant le sable hors de son sein, elle forme une dune à laquelle elle donne des figures de montagnes et de vallées, comme si elle s'étudiait à les produire. Au cours des saisons, nous voyons l'eau affouiller la terre, la tirer du fond de son lit, la soulever et la porter en un lieu plus haut ; à l'égard de l'excavation produite de la sorte, ce lieu devient un mont.

» Les montagnes peuvent encore avoir été produites par l'eau du déluge. Alors que l'eau du déluge couvrait la terre, qu'elle séjournait par toute la terre, elle a pu, par l'effet du vent ou de quelque autre cause, enlever la terre de certains endroits et la porter en d'autres endroits ; car lorsque l'eau séjourne à la surface de la terre, il est de sa nature de laisser la terre montueuse et vallonnée. »

D'une manière toute semblable, Avicenne avait attribué la formation de certaines inégalités du sol à des envahissements momentanés de la terre par la mer ; « parfois, disait-il, la mer couvre la terre ». Ristoro précise ; il ne considère qu'un seul

1. Ristoro d'Arezzo, *La composizione del Mondo. Testo italiano del* 1282, *publicato da Enrico Narducci.* Roma, Tipografia delle Scienze matematiche e fisiche, 1859. — *Della composizione del Mondo,* Milano, 1864. (Nos citations se rapportent à cette seconde édition.) — Libro VI, capitolo VIII : Della cagione e del modo della generazione delli monti, e della loro corruzione ; p. 162-166.

envahissement de ce genre ; il le nomme *il diluvio;* visiblement, il l'identifie avec le déluge dont parle la Genèse.

Que les eaux de la mer aient envahi la terre, produisant *il diluvio*, qu'elles aient alors engendré des montagnes sur le sol qu'elles submergeaient, notre auteur en trouve une preuve convaincante dans la présence d'ossements et de coquilles fossiles au sommet des monts ; cette preuve, Saint Isidore de Séville la donnait déjà ; mais Ristoro ne s'est pas contenté de lire les *Étymologies ;* il a observé et nous conte ses observations :

« En fouillant presque au sommet d'une très haute montagne, nous avons trouvé une très grande quantité d'os de ces poissons que nous nommons escargots et aussi de ceux que nous nommons coquilles ; celles-ci étaient toutes semblables à celles dont se servent les peintres pour y garder leurs couleurs. En ce lieu, se trouvait également une grande quantité de sable et des cailloux arrondis, gros ou petits, entremêlés de place en place comme s'ils eussent été déposés par un fleuve. C'est un signe certain que cette montagne a été faite par le déluge. Nous avons rencontré beaucoup de telles montagnes. »

Après avoir rapporté une autre observation du même genre, Ristoro poursuit : « Le déluge a pu également produire des montagnes sans y laisser ni sable ni os de poissons ; cela dépend de la nature du terrain que les eaux ont rencontré...

» Lorsqu'en une contrée, on découvre de ces montagnes où se trouvent du sable et des os de poissons, c'est un signe certain que cette contrée a été autrefois recouverte par la mer ou par des eaux analogues à la mer ; ailleurs que dans la mer, en effet, et particulièrement dans des fleuves de petit débit, on ne trouverait pas une quantité de sable aussi grande que celle dont sont formées ces montagnes qui contiennent des os de poissons. »

Cette dernière remarque ne semble plus empruntée au *Traité des minéraux* d'Avicenne ou au *Speculum* de Vincent de Beauvais, mais bien à Albert le Grand, qui écrivait : « La première cause de la formation des montagnes est l'alluvion et, surtout, l'alluvion marine ; les autres eaux, en effet, ne sauraient produire une alluvion bien considérable. » Cette phrase d'Albert était suivie de remarques sur la formation des dunes que Ristoro a presque textuellement reproduites et que nous avons citées tout à l'heure. Il est visible que le physicien d'Arezzo s'inspire de l'Évêque de Ratisbonne au moins autant que d'Avicenne.

C'est, en particulier, d'Albert qu'il tient le passage suivant : « Le tremblement de terre, lui aussi, est une cause également capable de produire les montagnes ou de les détruire ; lorsque la raison qui engendre le tremblement de terre, raison qui siège au sein de la terre, est puissante, elle peut projeter la terre vers le haut et produire une montagne ; elle peut encore enfler la terre par dessous, de telle sorte que sous le mont ainsi soulevé, il demeure seulement une cavité ; cette même raison produit l'un ou l'autre effet selon la nature du terrain. Il nous est arrivé de faire l'ascension de telles montagnes ; en nous promenant à leur surface, en les frappant pour les étudier, nous les avons entendues retentir et résonner comme si elles étaient creuses et élastiques à l'intérieur. »

A ces diverses causes capables de produire les montagnes, Ristoro d'Arezzo en joint une que ni le *Liber de elementis* ni Avicenne ni Albert le Grand n'avait invoquée ; il s'agit de l'attraction exercée sur certaines portions de la terre par certaines étoiles du ciel. « Ces étoiles peuvent rassembler de la terre, en amonceler les parties les unes sur les autres, tirer cette terre vers elles comme, par sa vertu, l'aimant attire le fer, construire enfin des montagnes aussi nombreuses et aussi grandes qu'il convient à leur besoin. »

Ce passage ne doit point nous étonner ; plus qu'Avicenne, plus même qu'Albert le Grand, Ristoro est soucieux de trouver au ciel la cause de chacun des phénomènes qui s'observent ici-bas.

« Les quatre sphères des éléments, dit-il [1], sont ennemies l'une de l'autre et contraires l'une à l'autre ; elles n'ont donc pas la vertu nécessaire pour se mêler ensemble, pour produire un accident quelconque ni la raison de quoi que ce soit, pour ne se point mouvoir et demeurer chacune en son lieu. Nous ne trouvons donc pas que nous leur puissions demander les raisons des choses, que nous leur puissions poser ces questions. Pourquoi ? Où ? Combien ? Quand ?

» Si donc nous voulons savoir la raison de toutes les choses au sujet desquelles on peut dire : Pourquoi ? nous avons besoin de recourir ailleurs et d'aller chercher le corps du Ciel, qui est le moteur, et dans lequel nous trouverons les raisons du Pourquoi, de l'Où, du Combien, du Quand. C'est en lui que toute chose a une raison ; nous trouverons qu'il est le moteur de tous

1. Ristoro d'Arezzo *Op. laud.*, lib. VII, cap. IV : Di trovare la ragione perche li venti e le pluvie, e le grandini e l'abbondanza, e la fame é la pace, e la guerra e altri accidenti, che si fanno in diverse parti del mondo, secondo li tempi e la diversità delle luogora. Ed. 1864, p. 239.

les accidents qui adviennent sur la terre, qui se rencontrent dans les animaux, dans les plantes, dans les minéraux, et dans toutes les autres choses dont on peut dire : Pourquoi ? »

Si donc on demande : Pourquoi il y a des montagnes ? C'est au Ciel qu'en dernière analyse, il faudra demander la réponse. Le Ciel est la cause immédiate des montagnes que les étoiles ont fait sortir de terre comme l'aimant attire le fer. Mais le Ciel est la cause indirecte des montagnes produites par les tremblements de terre, car les vapeurs enfermées dans les cavités terrestres qui causent ces ébranlements « peuvent être mues par la vertu du Ciel [1]. » Mais le Ciel est aussi la cause indirecte des montagnes élevées par les eaux du déluge, car le déluge est l'effet d'une certaine conjonction d'étoiles [2].

Pour Ristoro, la Géologie, comme toute science d'ailleurs, n'est qu'une dépendance de l'Astrologie.

XI

PIERRE D'ABANO

Comme Ristoro d'Arezzo, Pierre d'Abano est Italien ; mais il a longtemps séjourné à Paris ; c'est à Paris qu'il a commencé son commentaire sur les *Problèmes* d'Aristote ; il le devait achever seulement en 1310, à Padoue [3].

Un de ces problèmes [4] lui donne occasion de dire quelques mots sur l'origine des montagnes. Pierre a lu Aristote et Avicenne qu'il cite tous deux ; certainement aussi, il a lu Albert le Grand qu'il ne cite pas ; entre ces influences diverses et divergentes, il demeure perplexe ; entre l'Orogénie plutonienne et l'Orogénie neptunienne, il ne se décide pas à faire un choix formel.

1. Ristoro d'Arezzo *Op. laud.*, lib. VII, part. IV, cap. VI : Delli accidenti c'addivengono nel concavo della terra, e delle loro ragioni, e'n prima del terremuoto e della sua cagione. Ed. 1864, p. 216.

2. Ristoro d'Arezzo *Op. laud.*, lib. VI, cap. VIII : Della cagione e del modo della generazione delli monti, et della loro corruzione ; éd. 1864, p. 166. — Lib. VI, cap. XII : Nello quale è trattato della cagione del diluvio, e delle maggiori pluvie e delle minori ; éd. 1864, p. 175-176.

3. Voir : Seconde partie, ch. X, § VI ; t. IV, p. 230.

4. *Problemata* Aristotelis *cum duplici translatione antiqua videlicet et nova scilicet* Theodori gaze : *cum expositione* Petri Aponi. *Tabula secundum magistrum* Petrum de tussignano *per alphabetum. Problemata* Alexandri aphrodisei. *Problemata* Plutarchi. *Cum gratia.* — Colophon : Expliciunt problemata Plutarchi-perquamemendatissime impressa Uenetijs per Bonetum Locatellum presbyterum. Anno salutis 1501. Tertio Kalendas sextiles. Particula V, problema I, fol. 69, col. a.

« Pourquoi, dit-il, certaines contrées sont-elles plates, comme la Lombardie et la Flandre, tandis que d'autres, comme l'Angleterre, la Toscane, la Gaule et l'Écosse, présentent des montagnes et des vallées ?

» Il faut répondre qu'au gré de certains auteurs, la cause en est dans les déluges. Ainsi Avicenne, à la fin des *Météores*, dit que le cours des eaux est une cause de génération des montagnes.

» Ou bien les montagnes ont pour causes les gaz *(ventositates)* enfermés sous la terre ; ces gaz soulèvent la terre en certains endroits et point en d'autres. Ainsi Aristote rapporte, au second livre des *Météores*, qu'une colline ou monticule avait été soulevé par des gaz enflammés ; ce monticule se déchira, et la cendre qui en sortit détruisit la ville de Lipari et plusieurs autres villes d'Italie.

» Ou bien encore, il faut donner cette réponse qui s'applique plus exactement à notre propos : Telle partie de la terre est tenace et visqueuse ; telle autre est sableuse et facile à diviser ; la pluie survenant, celle-là demeure, tandis que celle-ci s'accumule sur la première et s'élève sous forme de monticule.

» La façon de cultiver les champs aide grandement à cet effet. Les Lombards et les Flamands tracent des fossés et des canaux, ce que ne font point les Français, les Anglais et les Écossais ; partant, chez ceux-ci, l'eau entraîne la terre avec elle et la dresse en forme de monticule ; chez ceux-là, elle ne le fait que très peu. Ce qu'on vient de dire saute aux yeux de ceux qui examinent les confins de la Picardie et de la Flandre, ainsi que d'autres lieux. »

Si certaines contrées sont montagneuses, il le faut attribuer aux ruissellements des eaux ; ce n'est pas que l'érosion ait creusé des vallées auprès desquelles les parties de terre, demeurées intactes, s'élèvent en collines et en montagnes ; ce sont, au contraire. ces collines et ces montagnes qui doivent leur formation aux matériaux apportés, entassés par les cours d'eau. En assurant, par des fossés et par des canaux, l'écoulement paisible et régulier des eaux, les habitants de la Flandre et de la Lombardie ont évité que leurs plaines ne se couvrent peu à peu d'éminences engendrées par les alluvions. Vraiment, l'Orogénie neptunienne des Frères de la Pureté et d'Avicenne produit ici ses conséquences les moins sensées.

Des soulèvements éruptifs, auxquels Albert le Grand attribuait le principal rôle, Pierre a dit quelques mots ; il y revient ailleurs ; mais, comme Ristoro d'Arezzo, c'est pour ramener ces éruptions à des causes astrologiques ; l'action des astres, qui détermine ces soulèvements de la croûte terrestre, constitue, d'ailleurs, cette nature universelle si souvent invoquée par les maîtres de l'École pour résoudre les problèmes embarrassants.

C'est cette nature universelle qui, dans le sein de la masse terrestre, creuse des cavités et des cavernes propres à recevoir les eaux. « Nous l'avons vu, dit Pierre d'Abano [1], on trouve, dans la terre, des cavernes et des goufres... Pour en donner l'explication, il faut savoir qu'il y a deux natures, la nature particulière et la nature universelle.

» La nature particulière a été attribuée à chaque être ; elle tend toujours à la conservation de cet être ; autant qu'il est en son pouvoir, elle empêche qu'il n'advienne, en cet être, quoi que ce soit qui lui porte détriment. En vertu de cette nature, la terre est un solide continu, exempt de toute cavité.

» Il y a aussi une nature universelle ; c'est la force des astres descendue dans les choses d'ici-bas *(vis siderum in hæc inferiora delapsa)*; au sein des êtres dont la vertu la reçoit, cette force produit, à l'aide des rayons des étoiles, une certaine chaleur qui détermine l'exhalaison de l'élément humide et, par là, rend la terre poreuse ; elle y produit des cavités semblables à celles que nous voyons se former, par les temps chauds, à la surface du sol.

» Aussi, les gaz échauffés *(calidum ventosum)* distendent-ils tellement les parties de la terre que celles-ci se soulèvent en une sorte de tumeur; cette tumeur se déchire enfin en projetant une poussière de cendres ; au second livre des *Météores*, il est dit que telle chose advint près de la ville d'Héraclée, de celle qui est dans le Pont, et dans l'île sacrée de Saturne ; là, l'éruption produisit le soulèvement d'une colline ; la ville de Lipari fût ensevelie sous les cendres, et les cendres arrivèrent jusqu'à certaines autres villes d'Italie. »

L'Italie, nous l'avons dit, fut, au cours du Moyen-Age, la terre d'élection de l'Astrologie ; tout savant y était médecin et astrologue ; en particulier, Pierre d'Abano ne cesse de proclamer que tout, en ce bas monde, est gouverné par les forces célestes ; comme Ristoro d'Arezzo, c'est à l'intervention de ces forces qu'il demande en dernière analyse, la réponse à tous les pourquoi ?

1. Petri Aponensis *Op. laud.*, particula XXIII, problema V ; éd. cit., fol. 202, col. b.

Nous avons rapporté, jadis [1], ce qu'il enseignait, au sujet de la Grande Année qui, ramenant tous les astres à une même disposition, ramène, ici-bas, toute chose au même état. Sans répéter ici cet enseignement, citons un autre texte [2] où se trouve particulièrement marquée la corrélation de cette Grande Année avec les bouleversements de la surface terrestre.

Pierre nous dit, tout d'abord, qu' « au gré de Platon, le Monde a été engendré, comme on le voit dans le *Timée* ; en effet, comme il est dit au huitième livre des *Physiques*, Platon a seul admis que le temps ait eu commencement ; imbu des opinions de Moïse, il a supposé que le Monde et que les diverses espèces avaient commencé. »

Il rappelle ensuite « les opinions d'Empédocle ; celui-ci supposait que l'Univers, considéré dans toutes ses parties, était engendré et détruit successivement une infinité de fois, selon que la discorde était vaincue ou que l'amitié était dominée. »

Il ajoute enfin : « On doit dire que le Monde a eu génération et commencement ; on le doit dire à cause des transmutations si véhémentes qu'éprouve la machine d'ici-bas ; dégoûtée sans cesse de la forme dont elle est revêtue, la matière y est en perpétuelle transformation. C'est pour cette raison qu'adviennent les déluges de feu et les déluges d'eau, les pestes et les autres grandes destructions, comme le disent le *Timée* et le *Livre des propriétés des éléments*. Ces changements ont aussi pour causes, selon l'enseignement d'Aristote, les mouvements de l'Univers, c'est-à-dire du ciel des étoiles fixes, qui contient et meut le Tout. Cela provient surtout, disent les Astrologues, du mouvement de la huitième sphère ; les constellations de cette sphère, dont le nombre est 48 selon Ptolémée, et seulement 40 selon les modernes, se meuvent d'un degré en cent ans vers l'Orient, contre le mouvement du premier mobile, de celui qui produit le mouvement diurne. Comme ce mouvement, suivant Ptolémée, est accompli en trente-six mille ans, certains Pythagoriciens ont pensé que toutes choses reviendraient, au bout de ce temps, à l'état qu'elles avaient au début de ce mouvement.

» A quoi l'on ajoutera peut-être, si l'on suppose que l'âme est incorruptible et qu'il en est de même des étoiles : La matière par un tel mouvement, étant redevenue la même ou étant redevenue toute semblable, l'âme, qui en avait été autrefois

1. Seconde partie, ch. X, § VI ; t. IV, p. 238-239.
2. Petri Aponensis *Op. laud.*, particula X, problema XIII ; éd. cit., fol. 103, col. a.

séparée, redescendra dans cette même matière au sein de laquelle elle était précédemment descendue.

» On peut dire aussi, comme il est dit au second livre *De la génération et de la corruption*, que les choses dont la substance a péri ne reviendront pas numériquement les mêmes.

» Aussi est-il dit au premire livre de l'*Opus quadripartitum* [1] que le retour à un même premier état de ce qui est au ciel et de tout ce qui est en la terre ne se peut produire ou bien que nul ne peut atteindre le temps au bout duquel il se produirait. »

Cette réflexion de Ptolémée n'est pas citée par Pierre d'Abano comme propre à faire douter de l'existence même de la Grande Année ; le doute, semble-t-il, ne porte, à son gré, que sur un point : Les choses qui se produisent au terme d'une Grande Année sont-elles numériquement les mêmes que celles dont le début de cette Grande Année avait vu la naissance ? Ou bien, tout en étant de même espèce que celles-ci, celles-là en sont-elles numériquement différentes ? Entre les deux partis, les diverses écoles de la Philosophie antique s'étaient partagées [2], et le Médecin padouan n'ose pas faire un choix.

En revanche, il ne doute certainement pas que la marche des astres errants et des étoiles fixes ne soit la cause première des cataclysmes géologiques.

Aux actions des astres, que n'attribue-t-il pas ? Nous allons voir quel rôle il leur fait jouer dans la formation des fossiles.

Dans un de ses problèmes, Aristote parle des pétrifications ; il se demande pourquoi les sources chaudes sont plus volontiers pétrifiantes que les sources froides. Pierre commente ce problème [3] ; ce lui est occasion de parler de ses observations personnelles. « Il en est ainsi, dit-il, de la source dite fontaine d'Anténor, qui se trouve dans la ville d'Abano où je suis né *(Sicut ex fonte Antenidoro Apono dicto, ex quo extiti oriundus)*; des eaux très chaudes y donnent naissance à des pierres blanchâtres, rugueuses et poreuses ; la quantité de ces pierres est déjà si grande qu'une petite colline en est résultée. »

1. Claudii Ptolemæi *Opus quadripartitum*, lib. I, Cap. I (Claudii Ptolemæi Pelusiensis Alexandrini *omnia quæ extant opera, præter Geographiam, quam non dissimili forma nuperrimè ædidimus : summa cura & diligentia castigata ab* Erasmo Osualdo Schrekhenfuchsio, *et ab eodem Isagoica in Almagestum præfatione, et fidelissimis in priores libros annotationibus illustrata, quemadmodum sequens pagina catalogo indicat. Basileæ.* — In fine : Basileæ in officina Henrichi Petri. Mense Martio. Anno MDLI. p. 380, col. 6).

2. Voir : Première partie, ch. II, § X, t. I, p. 66-85.

3. Petri Aponensis *Op. laud.*, particula XXIV, problema XI ; éd. cit., fol. 212, col. a et b.

Notre auteur déclare que la chaleur de l'eau n'est pas, comme le voulait Empédocle, la cause unique de la formation de ces pierres. « Dans ce cas, en effet, elles se devraient faire à l'endroit le plus chaud ; or ce n'est pas ce qui arrive à Abano ; elles se font plutôt aux environs du lieu le plus chaud. »

L'analyse du mécanisme par lequel se produisent ces pétrifications conduit Pierre à rappeler ce qu' « Avicenne dit à la fin des *Météores :* La terre pure ne se change pas en pierre — *Terra pura lapis non fit* ». Résumant ce passage si souvent cité, il ajoute : « Avicenne dit aussi qu'une vertu pétrifiante universelle convertit en pierres des animaux et des végétaux. Chez nous, en Italie, il existe un certain endroit où tout objet qu'on y a mis se convertit en pierre avec le temps ; il en est de même en Angleterre. »

Ces diverses observations laissent de côté toute considération astrologique. Il n'en sera plus de même de celles que nous allons rapporter.

Comme tous ses contemporains, Pierre d'Abano croit que des êtres vivants peuvent naître sans parents au sein des matières en putréfaction ; comme tous ses contemporains, c'est à l'action des astres qu'il attribue ces générations spontanées. Cette action se fait, à son gré [1], comme en deux temps. Les changements de position des corps célestes ont, tout d'abord, le pouvoir de produire au sein de la matière une sorte de germe, de raison séminale, de principe à partir duquel l'être vivant sera plus tard engendré. « Puis, à revêtir une certaine forme, ce germe est déterminé par la vertu des étoiles et par sa forme spécifique ; le monde entier, en effet, est rempli de ces formes spécifiques ou idées. »

De cette puissance formatrice que possèdent les étoiles, notre auteur donne une preuve étrange [2] ; ce pouvoir se manifeste par la production de pierres dont la figure est celle d'organes qui appartiennent à des êtres vivants. »

La forme spécifique des différents êtres et, en particulier, des pierres, ne résulte donc pas simplement [3] de la proportion suivant laquelle les quatre éléments sont mélangés en eux ;

1. PETRI APONENSIS *Op. laud.*, particula X, problema XIII ; éd. cit., fol. 102, col. b.

2. PIERRE D'ABANO, loc. cit. ; éd. cit., fol. 102, col. c : « Per oppositum igitur quædam errunt [stellæ] in generatione proprie ordinate ; ut ostendunt quidam lapides natura producti ad similitudinem membri virilis et femellæ. »

3. PETRI APONENSIS *Conciliator differentiarum;* Differentia LXXI, art. 3.

elle provient aussi d'une vertu céleste qui se combine avec cette vertu élémentaire. Parmi les preuves qu'on en peut donner, Pierre cite la suivante :

« En certaines pierres, on trouve des figures merveilleuses ; elles sont des témoins de la figure des corps célestes et non de la figure des corps d'ici-bas. C'est ce qu'on voit dans les pierres qu'on trouve à Vérone ; par leur forme et leur rondeur, elles ressemblent à des tortues ; en ces pierres, des étoiles sont figurées par cinq rayons qui s'étendent à égale distance à partir du centre ; la sculpture en est admirable au point qu'aucune intelligence humaine n'aurait assez d'art pour en construire de semblables. Avicenne [1], au quatrième livre des *Météores*, pense que ce sont des animaux qui ont vécu jadis et qu'une vertu minéralisante a changés en pierre. Ce qu'Aristote dit également à ce sujet paraît avoir fort peu de valeur, comme je l'ai montré en discutant les *Problèmes* de cet auteur. »

Que les pierres figurées à la ressemblance de coquilles et d'animaux marins soient vraiment les débris et les témoins d'êtres qui ont vécu jadis, dont les restes, au cours des temps, se sont changés en pierre, Avicenne n'était pas seul à le penser. Depuis Xanthus de Lydie, depuis Hérodote, l'opinion des observateurs était unanime sur ce point. Si des débats s'élevaient entre les auteurs, c'est seulement au sujet de la cause qui devait expliquer la présence de ces fossiles au lieu où on les rencontrait ; les animaux dont ils provenaient avaient-il vécu dans ces lieux mêmes que la mer recouvrait alors, ou bien quelque raz de marée les y avait-il charriés, puis délaissés ?

Voici que sur une vérité si claire et si communément reçue, l'Astrologie a jeté son voile de mensonge et de déraison. Pierre d'Abano, qui, dans son commentaire aux *Problèmes* d'Aristote, n'avait point dressé d'objection contre l'opinion d'Avicenne, rejette maintenant cette opinion. Près de Vérone, il a recueilli d'élégants fossiles ; au lieu d'y reconnaître des tests d'oursins qui vivaient en cet endroit lorsque la mer le recouvrait, il voit, dans l'étoile à cinq branches, que les plaques ambulacraires dessinent sur ces tests, la marque d'une influence céleste ; les astres ont ainsi moulé les pierres à leur ressemblance.

Cette explication astrologique de la formation de pierres

1. Le texte que nous avons consulté (éd. Papiæ, per Gabrielem de Grassis, 1490, fol. sign. p. 3, col. a) porte seulement l'initiale A.

semblables à des coquilles se va maintenant répandre, particulièrement en Italie.

Non pas que tous les Italiens donnent désormais, dans cette doctrine insensée. Cecco d'Ascoli, Jean Boccace vont, tous deux, parler des fossiles, et tous deux y verront des débris d'êtres vivants [1]. Un passage assez obscur de l'*Acerba* reconnaît, dans des empreintes végétales dont les pierres sont marquées, la preuve que les montagnes mêmes ont été jadis submergées. La présence de coquilles aux flancs des montagnes démontre à Boccace la réalité des invasions marines dont la fable nous a gardé le souvenir. Mais au XVe siècle, au XVIe siècle, nous entendrons en Italie l'écho de l'enseignement formulé par Pierre d'Abano.

A cet enseignement, comparons celui que donnait l'Université de Paris au temps même où le Médecin padouan le formulait dans son *Conciliator*.

XII

LA GÉOLOGIE A LA FACULTÉ DES ARTS DE PARIS VERS LA FIN DU XIIIe SIÈCLE

Les opinions géologiques de Ristoro d'Arezzo ne différaient guère de celles qui avaient cours, vers le même temps, à la Faculté des Arts de Paris ; ici aussi on s'instruisait en lisant le *Traité des météores* d'Aristote, les *Problèmes* du même auteur, que Pierre d'Abano venait d'apporter de Constantinople, le *Livre des éléments* faussement attribué au Stagirite, le *De mineralibus* d'Avicenne et surtout les divers ouvrages d'Albert le Grand ; on s'intéressait aux fossiles et à la façon dont ils avaient été pétrifiés ; on professait, enfin, comme le physicien d'Arezzo, et comme le médecin de Padoue, que tous les changements éprouvés par les continents et les mers sont déterminés par les circulations célestes.

Que la pétrification conservatrice des animaux et des plantes excitât la curiosité, nous en trouvons le témoignage dans les *Quolibets* qui nous sont donnés collectivement comme discutés par Henri de Bruxelles et par Henri l'Allemand [2].

1. Ces propos de Cecco d'Ascoli et de Boccace sont cités dans : MARIO BARATTA, *Leonardo da Vinci ed i Problemi della Terra;* Torino, 1903 ; p. 223-228.
2. Voir : Quatrième partie ; ch. VII, § II ; t. VI, p. 536-537.

La première des questions attribuées à ces auteurs [1] commence en ces termes : « *Questio prima fuit de mineralibus et fuit utrum animalia possunt converti in lapides.* » Donnons-en la traduction.

« La première question concernait les minéraux ; elle était ainsi formulée : Les animaux peuvent-ils être changés en pierre ?

» On prétend que non ; le bois, dit-on, ne peut être changé en pierre ; un animal, donc, ne le peut davantage.

» Avicenne et Albert soutiennent le contraire.

» A cette question, il faut répondre que les animaux peuvent être changés en pierre.

» Remarquez, à ce propos, ce que dit Avicenne et ce qui, d'ailleurs, est mis en évidence par le Philosophe au troisième livre des *Météores;* la matière de la pierre est une substance terrestre conjointe avec une humeur aqueuse ; aussi Avicenne dit-il que la terre boueuse est la matière de la pierre ; quand donc la substance terrestre, qui est sèche, est mêlée avec la substance aqueuse, quand, de ce mélange, la chaleur est chassée par le froid, quand enfin ce froid condense la substance humide avec la substance sèche, des pierres se trouvent engendrées. Les pierres ainsi obtenues diffèrent les unes des autres selon les diverses façons d'agir du froid, et selon les diverses sortes de la substance sèche qui a été mêlée à la substance humide ; quand la substance sèche est fort opaque, la pierre engendrée est [opaque ; quand la substance sèche est claire, la pierre engendrée est également] claire [2].

» Par suite, nous devons dire que les animaux peuvent être convertis en pierre, et cela se fait par la vertu de la constellation qui règne sur eux. Remarquez, en effet, que chaque espèce animale possède une constellation qui lui est immédiatement assignée, et c'est par elle qu'il est fait comme dit Avicenne. Lors donc qu'en quelque endroit la vertu de cette constellation est grande, et qu'il règne un certain froid au lieu où gît un animal, la substance sèche qui se rencontre en lui, et qui est la matière de la pierre, est congelée et coagulée ; ainsi la nature ou matière d'un animal est parfois convertie en pierre. Aussi Avicenne dit-il, en ses *Minéraux,* qu'on trouve des figures d'animaux parfois à l'intérieur des pierres et, parfois, à l'extérieur ; c'est parce que les animaux eux-mêmes ont été changés en pierres.

1. Bibliothèque Nationale, fonds latin, ms. n° 16.089, fol. 54, col. a.

2. Le texte est : *Et quando siccum est multum oppacum, et tunc generatur lapis clarus.* Il présente une omission évidente que nous avons corrigée dans la traduction.

» A l'objection, je réponds : On dit que le bois ne peut être changé en pierre ; je dis, au contraire, que si la vertu pétrifiante *(virtus factiva lapidis)* se rencontre en un lieu où se trouve un morceau de bois, celui-ci, par la vertu de sa constellation, passe à l'état de pierre.

» Aussi Albert dit-il [1] qu'il y a, en Gothie, une source d'eau douce, et que tout ce qu'on y plonge se trouve changé en pierre, et cela par la raison susdite. L'empereur Frédéric, qui en voulait faire l'expérience, jeta dans cette fontaine son gant (*siretecam* pour *chirothecam*) avec son anneau ; peu de temps après, il les retira ; il vit que la moitié en était déjà changée en pierre. »

Cette question, rédigée par Henri de Bruxelles ou par Henri l'Allemand, ajoute un seul trait à l'enseignement d'Avicenne et d'Albert le Grand ; en décrivant les opérations par lesquelles le corps d'un animal se transforme en pierre, ceux-ci n'avaient point fait mention de l'influence exercée par les astres ; non pas que cette influence leur parût oiseuse, car toute formation de mixte se fait ici-bas, ils l'ont maintes fois déclaré, sous la direction des corps célestes ; mais parce qu'ils s'étaient contentés de porter leur attention sur le mécanisme immédiat de la pétrification ; l'auteur de la question que nous venons de traduire s'empresse de réparer cette omission ; il nous rappelle avec insistance que les agents d'ici-bas, le froid et l'humidité, seraient impuissants à changer en pierre le corps d'un animal si la vertu d'une constellation bien déterminée ne provoquait cette transformation.

Toutefois, il ne pousse pas son recours aux explications astrologiques jusqu'aux excès d'un Pierre d'Abano ; si la vertu des étoiles est intervenue pour changer en pierre des débris d'animaux, on ne va pas jusqu'à prétendre qu'elle a donné la forme de coquille a des pierres qui n'ont jamais eu vie.

Pierre d'Auvergne enseignait à la Faculté des Arts de Paris en même temps qu'Henri de Bruxelles et qu'Henri l'Allemand ; il croyait comme eux que toutes les transformations du Monde sublunaire sont régies par les circulations du Monde céleste ; nous avons dit déjà [2] comment il exposait cette doctrine, comment il en concluait à la perpétuelle alternance d'un temps de grande humidité et d'un temps de sécheresse dominante ; il faisait entièrement sienne la doctrine exposée par le Stagirite

1. Cf. : ALBERTI MAGNI *De mineralibus*, lib. I, tract. I, cap. VII.
2. Voir : ch. XV, § IV, p. 35-36.

au livre des *Météores ;* il pensait que les changements lentement éprouvés par la figure des continents et des océans sont régis par les longues périodes de certains phénomènes célestes. Pour lui, comme pour tous ses contemporains, la Géologie dépendait de l'Astrologie.

XIII

LA GÉOLOGIE DE JEAN BURIDAN

Laissons passer un demi-siècle, et nous allons entendre à la Faculté des Arts de Paris un langage bien différent de celui que tenaient Henri de Bruxelles, Henri l'Allemand, Pierre d'Auvergne ; ce qu'on y enseignera, ce ne sera plus une Géologie astrologique, mais une Géologie mécanique ; c'est dans les *Questions sur le traité des météores,* composées par Jean Buridan, que nous allons trouver l'exposé complet de cette Géologie nouvelle.

L'exposé de cette Géologie occupe les deux dernières questions, la vingtième et la vingt et unième, parmi celles que l'auteur consacre au premier livre des *Météores.*

La vingtième question est ainsi formulée [1]: « La terre ferme fut-elle autrefois où la mer se trouve aujourd'hui et, inversement, là où la terre ferme est à présent, la mer a-t-elle été et y reviendra-t-elle ? »

Que les océans et les continents n'aient pu, au cours des âges, échanger leurs places, le *Liber de elementis* avait pensé le démontrer par un raisonnement qu'Albert le Grand avait soigneusement reproduit ; ce raisonnement, Jean Buridan l'expose à son tour.

« L'argument, dit-il, prend pour principe que le Monde d'ici-bas est gouverné par le ciel, comme on l'a dit au commencement du livre ; si donc la mer venait un jour là où se trouve à présent notre habitation, cela proviendrait de quelque changement des corps célestes ; mais il apparaît que cela est impossible. »

La cause de ce lent déplacement de la mer ne pourrait, cela

1. *Questiones super tres primos libros metheororum et super majorem partem quarti a magistro* Jo. Buridam. Queritur consequenter 20° de permutatione marium ad aridam et econverso. — Bibliothèque Nationale, fonds latin, ms. n° 14.723, fol. 200, col. c, à fol. 202, col. b.

va sans dire, se trouver dans le mouvement diurne. « Les mouvements des astres errants sur l'écliptique ne peuvent pas davantage être causes de ce changement ; le plus lent de ces mouvements, qui est celui de Saturne, s'achève cependant en cinquante-trois ans...

» Vient enfin le mouvement de la huitième sphère qui est le plus lent ; on dit, en effet, qu'en cent ans, il conquiert seulement un degré sur l'écliptique ; il ne peut, toutefois, être cause de ce changement ; en effet, s'il passe un degré en cent ans, il doit accomplir sa révolution en trente-six mille ans ; partant, s'il était la cause de ce changement, dans dix-huit mille ans, l'Océan *(magnum mare)* serait tout entier là où se trouve maintenant la terre habitable et inversement ; et dans les dix-huit mille années suivantes, il reviendrait à la place qu'il occupe à présent.

» Mais c'est le contraire qui nous apparaît. S'il en était ainsi, en effet, quatre mille ans suffiraient à nous manifester une partie très notable, presque le quart, de cette permutation ; de la terre qui, il y a quatre mille ans, était découverte et habitable, aujourd'hui, c'est-à-dire quatre mille ans plus tard, le quart serait recouvert par la mer. Il est visible que cela est faux ; Aristote est venu presque deux mille ans avant nous, et les Égyptiens dont parle Aristote l'avaient précédé d'autant ; et cependant, ce que les Égyptiens avaient dit de l'ordonnance des rivages, des pays, des grandes montagnes qui s'élevaient à l'ouest, à l'est, au nord, au sud, tout cela, Aristote l'a trouvé vrai de son temps et nous le retrouvons tel qu'Aristote l'a trouvé. »

D'un tel raisonnement, l'auteur du *Liber de elementis*, et Albert le Grand après lui, ont conclu que toute circulation céleste était trop rapide pour servir de règle à la permution des continents et des océans ; comme il était d'ailleurs convenu que cette dernière ne se pouvait produire à moins d'être gouvernée par le mouvement de quelque corps céleste, on en devait conclure qu'elle n'avait pas lieu.

Que ce raisonnement n'ait rien de probant, même pour qui en reçoit le principe, c'est ce que Buridan démontre, et c'est l'objet de sa troisième conclusion. Cette argumentation suppose, en effet, qu'il n'est au ciel aucun phénomène dont la période surpasse la durée de révolution du ciel des étoiles fixes ; or cette supposition n'est point exacte.

« Pour les mouvements célestes, la période la plus longue

n'est pas trente-six mille ans ; nul mortel ne saurait connaître la durée de cette plus longue période.

» Il y a des périodes dont chacune dépend d'un mouvement unique du ciel ; de ce genre sont le jour qui mesure la période du mouvement diurne, le mois qui mesure la période du mouvement de la Lune suivant le Zodiaque, la durée de trente-six mille ans qui mesure la période du mouvement des étoiles fixes parallèlement à l'écliptique.

» Mais d'autres périodes ont rapport à des mouvements divers combinés ensemble ; si, par exemple, Jupiter et Saturne sont, aujourd'hui, en conjonction dans le premier degré du Cancer, cherchez au bout de quelle période ils seront, de nouveau, conjoints dans le même degré, et vous aurez fort affaire.

» J'admets, par exemple, que le Cœur du Lion soit, à présent, au premier degré du Cancer pris selon le Zodiaque de la neuvième sphère, en sorte que cette étoile se trouve aussi près qu'elle peut être du pôle arctique du Monde ; j'admets, en outre, que Saturne soit conjoint avec elle. Il est bien vrai qu'au bout de trente-six mille ans, le Cœur du Lion reviendra à ce premier point du Cancer ; mais il n'est pas nécessaire qu'à ce moment, Saturne lui soit conjoint ; il pourra fort bien être en opposition avec lui ; et lorsque le Cœur du Lion reviendra au même point une seconde fois, Saturne pourra être encore dans un autre degré ; peut-être faudra-t-il plus de mille révolutions de la huitième sphère parallèlement au Zodiaque pour que Saturne se trouve derechef conjoint au Cœur du Lion sur le premier point du Cancer. Que sera-ce donc si vous combinez entre elles plusieurs planètes, en même temps que vous les combinerez avec le Cœur du Lion et le premier degré du Cancer ? Il est certain que nul ne peut savoir quelle sera la période correspondante, et même il est difficile de l'imaginer. (En tout cela, j'appelle Cœur du Lion une grande étoile qui se trouve à présent dans le signe du Lion.)

» Et de cette discussion, on voit déjà sortir notre quatrième conclusion. Nous accordons qu'il y ait des déluges partiels. Mais, lors même que nous concéderions que, d'un déluge maximum à un autre déluge maximum, s'écoule une durée périodique fixe et déterminée, supposant, comme Aristote le paraît faire, que les changements de ce genre doivent revenir suivant certaines périodes, nous devrions dire ceci : Ni dans les trente-six mille années qui ont précédé celle-ci ni dans les trente-six mille qui la suivront, il ne s'est produit ou ne se produira si grand déluge qu'il n'ait pu être précédé d'un déluge beaucoup plus grand, qu'il ne puisse être suivi d'un déluge beaucoup plus grand.

» Cette conclusion est évidente : Peut-être, en effet, une grande conjonction de plusieurs astres errants dans le signe des Poissons est-elle naturellement apte à produire un déluge ; peut-être, pendant les trente-six mille ans que dure la révolution de la sphère étoilée, cinq ou six astres errants se sont-ils, une ou deux fois, conjoints simultanément en ce signe ; il y manquait cependant un astre errant, et le déluge eût été plus considérable si tous les astres errants se fussent trouvés rassemblés dans le signe des Poissons ; or cela se produit peut-être une fois seulement en des centaines de millions d'années.

» Ces conclusions résolvent l'objection, formulée au début de cette question, en vue de prouver que l'Océan ne viendrait jamais à la place où se trouve à présent la terre habitée. Accorderions-nous, en effet, qu'en un certain temps l'Océan tout entier fait le tour de la terre pour revenir là où il est maintenant, cependant la période de ce déplacement serait si grande — cent mille millions d'années peut-être — qu'en trois ou quatre mille ans, on ne saurait guère percevoir une partie appréciable de cette circulation. »

Buridan ne partage pas l'opinion si communément reçue au Moyen-Age, sans doute à l'instigation des Arabes, que la durée de révolution de la sphère des étoiles fixes est, en même temps, un multiple commun des durées de révolution de tous les astres errants ; la Grande Année, donc, c'est-à-dire le temps nécessaire pour que tous les astres reprennent une même disposition par rapport à la neuvième sphère, ne se réduit pas nécessairement à la durée de révolution de la huitième sphère ; elle peut être, elle est probablement beaucoup plus considérable.

On remarquera le soin avec lequel, au cours de ce raisonnement, l'auteur laisse au compte d'Aristote l'affirmation que le changement de configuration des continents et des mers est un effet périodique, rythmé par le retour de quelque phénomène céleste. Pour lui, il se garde d'acquiescer à ce principe astrologique comme d'y contredire ; en exposant les conclusions qui composent son propre enseignement géologique, il n'y fera plus la moindre allusion.

Avant d'aborder l'enseignement des propositions qu'il tient pour vraies, il examine encore une opinion qu'il se propose de rejeter ; c'est celle au gré de laquelle la mer serait plus élevée que la terre.

Que cela puisse avoir lieu dans certains cas exceptionnels, notre auteur n'y contredit pas. « J'ai entendu dire par plusieurs escholiers de Zélande qu'une grande partie de leur patrie était beaucoup plus basse que la mer ; aussi faut-il, aux frais du pays, travailler sans cesse contre la mer et faire une rive artificielle qui s'oppose à ses progrès. Mais une telle œuvre violente et artificielle ne saurait être perpétuelle. »

C'est, d'ailleurs, contre l'opinion qui met le niveau de la mer au-dessus de la terre ferme que se dresseront les premières propositions de Buridan.

« Cette question n'est pas facile ; elle touche à beaucoup de matières très profondes ; elle soulève nombre de doutes et de questions ; je vais poser, toutefois, quelques conclusions qui me sont propres et me sont bien connues, encore qu'elles puissent paraître étranges.

» Voici la première de ces conclusions : Les montagnes élevées que nous avons, comme les monts de Régordane *(Ricordania)* ou de Savoie, comme le Mont Ventoux *(Mons ventosus)* et autres semblables, s'élèvent au-dessus de la mer, droit vers le ciel, de plus de quatre lieues de France ; et cependant Aristote nous conte qu'il y a dans d'autres pays des montagnes beaucoup plus élevées.

» Pour que cette conclusion devienne évidente à qui prend la peine de la considérer, il suffit de l'expérience et de la faculté d'imaginer les mesures.

» Du pied du Mont Ventoux, où se trouve le village de Bédouin *(Debedouin)*, jusqu'au sommet de la montagne, on monte pendant quatre lieues de Provence, qui valent six lieues de France ; et cette montée est si raide que trois pieds de chemin font plus d'un pied de hauteur véritable ; le Mont Ventoux s'élève donc de deux lieues au-dessus de la plaine qui le continue.

» D'autre part, de la terre réputée plate qui est au pied de ces montagnes, coulent des fleuves, tels que la Loire, tels que l'Allier, affluent de la Loire, qui parcourent deux cents lieues de France avant de tomber à la mer ; et cependant, toutes les fois que vous prendrez cinquante pieds de la longueur de leur cours, vous verrez que le premier de ces pieds est d'un pied plus élevé que le dernier ; si, en quelque endroit, vous trouvez une moindre pente, ailleurs vous en trouverez une plus forte, comme vous le pourrez connaître à l'aide d'un niveau. Mais pour rendre le raisonnement plus convaincant, mettons que cent pieds du cours du fleuve correspondent seulement à un pied de hauteur ; alors deux cents lieues de cours feront deux lieues de hauteur. Ainsi la plaine qui se trouve au pied des montagnes surpasse de deux lieues le niveau de la mer, et les très hautes montagnes le surpassent de quatre lieues. »

Buridan raisonne juste ; mais les mesures qui lui servent de données sont trop grandes de beaucoup.

Il avait au moins une fois fait le voyage d'Avignon ; ce voyage lui avait fourni des observations et laissé des souvenirs qui remplissent ses *Questions sur les Météores.*

Nous savons ainsi qu'à son retour, il avait passé par Carpentras et Pont-Saint-Esprit [1]. A partir de Pont-Saint-Esprit, il avait certainement suivi l'antique Voie Régordane, qui remontait la vallée de l'Ardèche et du Chassezac, franchissait la ligne de partage des eaux à la Garde-Guérin pour descendre ensuite dans la vallée de l'Allier. Les Cévennes, qu'il nomme constamment Montagnes de la Régordane, *Montes Ricordaniæ*, avaient vivement frappé son imagination de Picard habitué aux pays plats. Il avait certainement profité de son séjour en Avignon pour faire l'ascension du Mont Ventoux ; du village de Bédouin à la crête du mont, il avait dû mettre six heures de marche ; calculant alors comme s'il avait cheminé en plaine, il en avait conclu qu'il avait fait six lieues. Il arrivait ainsi à donner au Mont Ventoux, au-dessus du niveau de la mer, le double de la hauteur de l'Himalaya.

Ces évaluations exagérées, en tous cas, ne donnaient que plus de force à la seconde conclusion que formule notre auteur : « Par voie naturelle, il est impossible qu'il se produise un déluge universel, c'est-à-dire que la terre entière soit recouverte par les eaux, bien que Dieu le puisse faire par voie surnaturelle. » La conversion en eau de toute la masse de l'air n'y suffirait pas.

« Venons maintenant à ce point douteux. L'hémisphère terrestre qui, aujourd'hui, est regardé comme habitable sera-t-il quelque jour recouvert en entier par la mer, et l'hémisphère qui est à présent sous l'Océan deviendra-t-il quelque jour habitable ?

» Comme nombre de parties de la terre se meuvent ou sont engendrées, pour éviter toute chicane, j'imagine une suppo-

1. Johannis Buridam *Op. laud.*, lib. I, quæst. XVIII; ms. cit., fol. 104, col. b.

sition qui est possible ou véritable ; c'est qu'il existe un ciel perpétuellement immobile, que ce soit le ciel empyrée ou quelque autre ciel. »

Comme en la question que nous étudions et, surtout, dans la question suivante, Buridan attribuera à la terre certains mouvements, il tient à définir le repère absolument fixe auquel ces mouvements sont rapportés par la pensée ; nous avons déjà signalé, à propos de la théorie du lieu, la sagacité dont témoigne cette précaution [1].

« Je suppose aussi que le Monde a perpétuellement existé, comme Aristote semblait l'entendre, bien que ce soit faux au gré de notre foi ; je suppose que les corps célestes se meuvent et dirigent le Monde d'ici-bas sans aucun miracle.

» Soit donc A l'hémisphère du ciel immobile sous lequel se trouve présentement l'Océan et B l'autre hémisphère sous lequel se trouve aujourd'hui la terre habitable.

» Au sujet de cette question douteuse, je vais poser maintenant des conclusions soumises à certaines conditions, dont voici la première...

» Si les plus hautes montagnes de la terre se sont toujours trouvées sous les points du ciel immobile qui les dominent à présent, et si la grande dépression terrestre que l'Océan remplit aujourd'hui a toujours été placée sous la partie du ciel immobile qui la recouvre maintenant, alors, par rapport à ce ciel immobile *(in ordine ad cælum quiescens)*, la mer n'a jamais été où sont ces montagnes ; il s'en faut de beaucoup qu'elle s'en soit approchée ; toujours le continent émergé s'est trouvé où il est ; là où est l'Océan, l'Océan a toujours été et sera toujours.

» Cette conclusion est évidente ; toujours, en effet, c'est du pied des grandes montagnes que devront jaillir les sources et naître les fleuves ; c'est de là que les eaux devront toujours couler pour se rassembler au lieu le plus bas et y constituer l'Océan. Jamais il ne sera possible par voie naturelle que la mer se trouve rassemblée au lieu le plus élevé ; jamais elle ne pourra parvenir naturellement aux endroits les plus hauts ; ce serait concéder la possibilité naturelle des déluges universels. »

La dernière conclusion est la suivante : « Si ces montagnes très élevées peuvent être détruites par voie naturelle et si d'autres montagnes peuvent être engendrées, si la partie la plus déprimée de la terre peut se trouver un jour là où se trouve, à

1. Voir : Cinquième partie, ch. III, § IX ; t. VII, p. 268-275.

présent, la partie la plus élevée, alors nous devrons accorder que la position occupée aujourd'hui, à l'égard des diverses parties du ciel immobile, par l'Océan a été la position de la terre ferme, qu'elle le redeviendra, et inversement.

» Il reste donc à chercher si la position des principales montagnes sur la terre peut ainsi changer, s'il peut y avoir permutation entre la partie la plus élevée et la plus grande dépression. »

Voici donc Jean Buridan conduit à discuter le problème de la génération et de la destruction des montagnes ; c'est l'objet de la vingt-et-unième et dernière question sur le premier livre des *Météores* [1] : « De très grandes montagnes, aussi grandes que celles que nous voyons, peuvent-elles être détruites et, là où elles se trouvaient, la terre peut-elle redevenir plaine ? »

« Albert, nous dit le physicien picard, indique trois modes de formation des montagnes ; le premier, c'est le flux de la mer et le mouvement impétueux des autres eaux... ; le second, c'est le vent qui meut et rassemble la poussière et le sable... ; le troisième, que je tiens pour plus réel que les deux autres, c'est le tremblement de terre qui, parfois, soulève une grande masse de terre. » Mais le tremblement de terre lui-même ne paraît pas, à notre auteur, capable de produire des montagnes fort élevées.

« Je ne crois donc pas que des montagnes aussi considérables puissent être produites d'une manière naturelle, sinon par un grand mouvement d'ensemble de la terre tout entière. Au premier abord, il semble qu'un tel mouvement soit impossible, car Aristote dit, au second livre *Du Ciel*, que la terre demeure naturellement en repos au milieu du Monde ; les corps pesants, en effet, aussi bien que les corps légers doivent reposer naturellement en leurs lieux propres et ne se peuvent mouvoir hors de ces lieux, si ce n'est par violence ; or on ne saurait assigner quelle force est capable de violenter la terre, qui est si grande.

» Pour déterminer donc tous les préliminaires douteux, je veux, à ce sujet, poser des conclusions qui découlent les unes des autres. »

De ces conclusions, nous avons, au chapitre précédent, cité les quatre premières ; elles disent comment, au gré de Buridan, la terre et les mers sont, par leur seule pesanteur, tenues en

1. Johannis Buridam *Op. laud.;* consequenter queritur 21° et ultimo circa primum metheororum, utrum possibile est tantos montes quanti maximi apparent nobis destrui et reverti ibi terra ad planiciem. Ms. cit., fol. 202, col. c, à fol. 204, col. a.

équilibre au centre du Monde. Nous allons reprendre notre citation au point où nous l'avions interrompue et la poursuivre jusqu'à la quatorzième et dernière conclusion.

« *Cinquième conclusion.* Il est nécessaire que, toujours, la terre se meuve, soit d'une manière continue, soit de temps en temps ; toujours et continuellement, en effet, les fleuves, en tombant à la mer, y charrient beaucoup de terre enlevée à l'hémisphère découvert ; cette terre tombe ensuite au fond de la mer. Si donc on supposait que la terre, prise dans son ensemble ne se meut pas, la moitié découverte, qu'[un plan passant par] le centre du Monde sépare de l'autre moitié, diminuerait et s'allègerait sans cesse, tandis que la moitié couverte croîtrait et s'alourdirait ; le centre du Monde ne resterait donc pas centre de gravité de la terre, ce que nous regardons comme faux. Il est donc faux que la terre, prise en son ensemble, ne se meuve pas. Partant, pour que le centre de gravité de la terre se fasse sans cesse centre du Monde, ceci doit être : Autant la moitié couverte s'accroît et s'alourdit, autant la terre entière se meut et s'élève du côté découvert qui s'est allégé.

» *Sixième conclusion.* De ce qui précède, il résulte que les parties de la terre qui sont, à présent, au fond de l'Océan, viendront un jour au centre du Monde et que les parties qui sont au centre viendront à la surface externe de la terre découverte. Il faut qu'il en soit ainsi puisque le continuel écoulement de parties terrestres du continent vers le fond de la mer transporte sans cesse de la terre de la partie découverte vers la partie opposée.

» On tient ainsi le moyen par lequel les parties de la terre qui sont au centre ou au voisinage du centre peuvent néanmoins être détruites ; en effet, lorsqu'elles arriveront à la surface, elles se trouveront mises au contact d'agents qui leur sont contraires et les peuvent détruire.

» *Septième conclusion*, qui découle de la précédente. Supposons que les montagens élevées soient détruites et que leurs débris remplissent les vallées ; il se produira de nouveau des montagnes aussi élevées que celles qui existent à présent. La nécessité et le mode de cette formation sont les suivants : Aux divers endroits, la terre présente des dispositions très différentes ; ici, elle est argileuse, là, sablonneuse, là encore, pierreuse ; en un lieu, elle est plus solide et difficile à diviser ; ailleurs, au contraire, plus fragile et plus divisible. Tandis donc que la terre, comme il a été dit, se soulève sans cesse du côté de sa partie découverte, les parties de la surface découverte qui sont plus fragiles et plus divisibles sont, par les rivières et les pluies, entraînées de préférence vers les lieux les plus déclives ; au contraire, les parties qui sont plus solides et moins divisibles ne se peuvent écouler de la sorte ; elles restent donc en place et sont continuellement soulevées. Aussi voyons-nous qu'il y a plus de roches et de pierres sur les hautes montagnes que dans les plaines. De cette façon, plus la partie où la terre se montre particulièrement résistante est étendue en longueur, largeur et profondeur, plus étendues en longueur, largeur et hauteur seront les montagnes formées.

» *Huitième conclusion.* Les montagnes qui sont aujourd'hui les plus hautes seront un jour détruites ; à la longue, en effet, les pierres les plus dures finissent par être altérées et consumées ; nous voyons l'eau creuser la pierre la plus dure. En outre, dans ce continuel soulèvement de la terre entière, la masse terreuse qui s'élève au-dessous d'une montagne déjà soulevée n'est pas toujours aussi résistante et aussi pierreuse ; lors donc que la terre soulevée au-dessous d'une montagne sera fragile, les eaux la diviseront et l'entraîneront à la mer ; çà et là, le sol sera affouillé au-dessous de la montagne et l'on verra la montagne tomber par fragments dans les excavations.

» D'ailleurs, nous verrons plus loin que la partie de la terre qui, maintenant, est la plus élevée et la plus légère et qui est découverte, deviendra un jour la plus lourde, la plus déprimée, et se trouvera dès lors sous la mer. Supposons que le Mont Ventoux, que les monts des Cévennes *(Montes Ricordaniæ)* durent encore à ce moment, qu'ils soient situés au fond de la mer, que la mer recouvre leurs sommets, que la terre ferme, enfin, soit où la mer se trouve à présent ; alors se produirait un soulèvement de toute la terre dirigé vers le côté qui est découvert ; par ce soulèvement continué pendant très longtemps, le sommet de ces montagnes finirait par venir au centre de la terre.

» *Neuvième conclusion.* Il est raisonnable que de nouvelles mers partielles se produisent parfois là où auparavant il n'y en avait pas et que d'autres mers partielles disparaissent du lieu qu'elles occupaient. En effet, dès là que de haute montagnes se formeraient à un endroit où il n'y en avait pas, on verrait se produire au sein de la terre ferme une multitude de sources venues de ces montagnes ; ces sources donneraient naissance à de grands fleuves ; les fleuves couleraient là où ils ne coulaient pas auparavant pour arriver enfin à l'Océan ; il faudrait alors que la terre comprise entre ces hautes montagnes se recouvrît d'eau ; une portion de terre ainsi recouverte par l'eau prend le nom d'étang lorsqu'elle est petite et provient de petites rivières ; si elle est plus grande, on l'appelle lac *(palus)* ; si elle est très grande, très longue et très large, on la nomme mer ; cette mer devient salée, de la façon qui sera expliquée au second livre. Par contre, que viennent à diminuer les montagnes d'où naissent certains fleuves, cause d'une mer partielle ; les fleuves diminueront aussi, et la mer avec eux ; que les sources tarissent ; les fleuves et la mer seront desséchés.

» *Dixième conclusion.* Il est raisonnable que l'Océan, la grande mer qu'on ne peut traverser, éprouve parfois un accroissement considérable le long d'une de ses rives, tandis qu'il diminue sur l'autre rive. Nous l'avons déjà dit au sujet des colonnes d'Hercule [1]. Pourquoi et comment cela peut être, le voici : Sur la terre qui est à présent découverte d'eau, il est possible qu'à l'avenir, selon ce qui vient d'être dit, des montagnes élevées se forment du côté de l'Orient et que d'autres montagnes élevées soient détruites ou diminuées et viennent à manquer du côté de l'Occident ; ou bien il est possible qu'il en soit au contraire ; il peut arriver que la mer déborde par l'apport des fleuves qui s'y jettent ; nécessairement, l'Océan doit croître là où de plus grands fleuves y viennent finir leur cours ou bien encore là où des mers partielles plus grande et plus nombreuses, trouvant vers lui un écoulement, s'épanchent en son sein ; suivant donc les changements que les fleuves éprouvent, de la façon qui a été indiquée ou de toute autre façon, l'Océan doit augmenter ou diminuer de ladite manière.

» *Onzième conclusion,* qui résulte de la précédente. De la façon qui vient d'être dite, il est possible qu'à l'égard du ciel immobile, toute la partie de la terre ou tout l'hémisphère qui est maintenant habitable soit un jour couvert par l'Océan et que toute la partie couverte aujourd'hui devienne terre ferme. J'admets donc, conformément à la conclusion précédente qu'en dix mille ans, du côté de l'Orient, l'Océan ait avancé de dix lieues, couvrant une telle étendue de la terre qui était précé-

1. Dans la question précédente, en effet, on lisait : « On dit qu'Hercule chercha les confins de la terre habitable et, tant à l'Orient qu'à l'Occident, aux termes de cette terre, au-delà desquels on ne trouvait plus ni terre ferme ni aucune île, il planta deux colonnes de bronze ; or on dit qu'une de ces colonnes se trouve maintenant à une grande distance de la mer, tandis que l'autre, depuis longtemps, est submergée, comme si la mer tournait autour de la terre. »

demment habitable et que, du côté de l'Occident, il ait délaissé une égale étendue de terre ; il pourra se faire qu'en un autre temps égal, il gagne de nouveau autant vers l'Orient et perde autant vers l'Occident ; et qu'il en soit ainsi jusqu'à ce que l'Océan ait fait le tour de la terre. On objectera peut-être que, selon cette imagination, la mer monterait sur la partie la plus élevée de la terre, ce qui est impossible. Je dis qu'il n'en sera rien ; en effet, si la mer s'est accrue de dix lieues vers l'Orient et a décru de dix lieues du côté de l'Occident, cette terre qu'elle a recouvert du côté de l'Orient ne reçoit plus la lumière du Soleil ; elle se refroidit et perd de sa légèreté ; au contraire, du côté de l'Occident, la terre qui a émergé devient plus légère sous l'action de l'air et du Soleil ; or la terre va se mouvoir sans cesse du côté de la partie la plus légère ; partant, plus la mer avancera dans sa marche autour du Monde, plus la partie de la terre qu'elle aura délaissée s'allègera et s'élèvera, en sorte que la mer recouvrira toujours la partie la plus déclive de la surface terrestre.

» *Douzième conclusion.* Il est raisonnable que, du sein de la mer, émergent des îles et des montagnes ; en ce lieu, en effet, avant que la mer y fût, la terre était montagneuse. Il est raisonnable qu'en certaines mers, les îles semblent s'accroître et s'élever ; en effet, si ces mers-là diminuent, les îles s'élèvent davantage au-dessus de la surface des eaux. Il est également raisonnable qu'en certaines mers, les îles paraissent diminuer ; soit parce que ces mers augmentent, soit parce que leur flux et leur reflux, ainsi que les tempêtes dont le vent les agite rongent les rivages des îles. Mais il est raisonnable que l'Océan ne présente pas d'îles, si ce n'est au voisinage de ses côtes, car l'excentricité de la terre rend la profondeur si grande au milieu de cette mer qu'aucune montagne, s'élevant sur la surface terrestre qui en forme le fond, ne saurait atteindre la surface externe des eaux.

» *Treizième conclusion.* Une même ville peut devenir plus orientale ou plus occidentale qu'elle n'était ; on dit, en effet, qu'une ville est d'autant plus orientale qu'elle est plus proche de l'Océan du côté de l'Orient ; or elle s'en rapprocherait si la mer augmentait de ce côté-là, elle s'en éloignerait si la mer diminuait. Tandis donc que l'Océan accomplit son déplacement autour de la terre, il faut que le méridien moyen de la terre habitable change de position par rapport au ciel que nous avons supposé immobile.

» *Quatorzième et dernière conclusion.* Admettons, comme beaucoup le disent, que les métaux, le cristal de roche et les autres pierres soient formés par la coagulation d'un mixte terrestre ou aqueux, et que cette coagulation soit provoquée par un froid très intense ou par un défaut de chaleur prolongé pendant très longtemps. Il est cependant possible que les minerais de ces métaux se rencontrent dans la première, dans la deuxième ou dans la troisième croûte de la terre habitable, bien qu'on n'y trouve ni pareil froid ni semblable défaut de chaleur ; ces minerais, en effet, ont pu demeurer très longtemps au centre ou près du centre. Et lors même que leur génération eût requis des vapeurs ou des gaz chauds *(exhalatio fumosa vel vaporosa)*, ces minerais se pourraient toutefois remonter à de grandes profondeurs, alors qu'à ces profondeurs, il ne parvient guère de corps capables de fournir des gaz ou des vapeurs *(exhalativa vel vaporativa)*; d'autres minerais, en effet, venant d'ailleurs, sont transportés en ce lieu. »

Telle est la doctrine géologique de Jean Buridan, tout entière déduite de ces trois propositions :

La terre étant hétérogène, son centre de gravité ne coïncide pas avec son centre de grandeur.

Le centre de gravité de la masse terrestre doit constamment coïncider avec le centre du Monde.

La surface de la mer est une surface sphérique concentrique au Monde.

Cette doctrine, Buridan y attachait certainement une grande importance ; en effet, il ne s'est pas contenté d'en donner l'exposé très complet que nous venons de traduire d'après ses *Questions sur les Météores d'Aristote;* dans ses *Questions sur le Traité du Ciel*, il en donne une exposition moins étendue, mais cependant assez développée [1] ; en outre, dans ses *Questions sur le Traité : De longitudine et brevitate vitæ*, il se demande [2] comment la terre située au centre du Monde pourra cependant

1. *Questiones super libris de celo et mundo magistri* JOHANNIS BYRIDANI *rectoris Parisius*, lib. II, quæst. VII : Consequenter queritur utrum tota terra sit habitabilis. (Bibliothèque Royale de Munich, ms. lat. nº 19.551, fol. 87, col. d et fol. 88, col. a.)

2. *Questiones et decisiones physicales insignium virorum* ALBERTI DE SAXONIA... THIMONIS... BURIDANI *in Aristotelis Tres libros de anima. Lib. de sensu et sensato Librum de memoria et reminiscentia. Librum de Somno et Vigilia. Librum de longitudine et brevitate vitæ. Lib. de Iuventute et Senectute...* Vænumdantur in ædibus Iodoci Badii Ascensii ubi coimpressæ sunt : & Conradi Resch. Parisius, 1516 et 1518. *Questiones* M. Io. BURIDA. *de longitudine et brevitate vitæ;* quæst. II, fol. L, coll. a et b. — De ces questions, il existe un exemplaire manuscrit copié à Prague, en 1367, par Jean Krichpaum d'Ingolstadt (Bibliothèque Royale de Munich, ms. lat. nº 4.376, fol. 100, col. d, à fol. 104, col. c).

se corrompre un jour ; et ce lui est occasion de donner, de sa Géologie, un résumé succinct, mais précis. Maître Jean Buridan tenait donc fort à ce que ses élèves connussent son opinion touchant le mouvement très lent qui, sans cesse, déplace la terre, et la doctrine géologique qui en découle. Nous allons voir qu'en effet, ces suppositions attirèrent vivement l'attention des physiciens de Paris.

XIV

LA GÉOLOGIE DE BURIDAN ET L'UNIVERSITÉ DE PARIS. I. UN ADVERSAIRE : NICOLE ORESME

La Géologie de Buridan ne conquit pas du premier coup tous les suffrages.

Nicole Oresme semble tenir, à l'égard de cette doctrine, une attitude hésitante ; tantôt il paraît disposé à l'admettre ; tantôt il lui objecte certaines difficultés.

Voici d'abord un passage où se trouve admis le principe même de la théorie de Buridan [1].

« Quant au secunt point, ie suppose que les élémens natu-rèlement pevent, selon leurs parties, croistre et appeticer par généracion ou corruption ; et ce suppose Aristote, ou chapitre précédent, et appert ou livre de génération et corruption et en pluseurs autres lieux. Et doncques, posé que par telle génération feust faicte addicion notable en aucune partie de terre, si comme, pour exemple, en la partie où nous sommes sous le méridian ou ligne de mydi, et soit ceste partie de terre signée par B, ou que par corrupcion feust faicte diminucion en la partie opposite ; je di que, cest fait, il appert par Aristote, ou chapitre précédent, que le lieu où nous sommes, appelé B, descendroit vers le centre du Munde, appelé A. »

Oresme, pour justifier sa conclusion, nous renvoie au chapitre précédent ; or, en celui-ci, nous lirons une raison qui peut, au moins dans certaines circonstances, faire douter de cette conclusion.

Voici d'abord la traduction que l'Évêque de Lisieux donne du texte d'Aristote [2] :

1. NICOLE ORESME, *Le livre d'Aristote appellé du Ciel et du Monde*, livre II, ou XXXIe chapitre, il preuve encore que la terre est spérique par quatre raisons de Astrologie. (Bibliothèque Nationale, fonds français, ms. n° 1.083, fol. 94, col. d.)
2. NICOLE ORESME *Op. laud.*, livre II ; ou XXXe chapitre, il monstre que la terre est de figure spérique par II raisons naturèles ; ms cit., fol. 93, col. c.

« ... Mes ce n'est pas fort à respondre que : Considère comme une chouse pesante, auxi comme une pierre, seroit meue au milieu si elle n'avoit arrestement, car elle ne descendroit pas tant seulement tant que une partie d'elle touchast le centre ou le milieu, mes tant que le milieu d'elle fust ou milieu du Munde et que il eust autant de pesanteur d'une partie comme d'autre. Et semblablement seroit-il de toute la terre se adjoustement estoit fait d'un part et non d'autre. »

Voici maintenant la « glouse » que ce texte suggère à notre auteur [1] :

« *Glouse.* Si l'aer ne estoit, qui résiste au mouvement de la terre, si très petit de terre ou d'autre chose pesante ne porroit estre adjoustée ou engendrée d'une part de la terre plus que d'autre, qu'elle ne feust aucun petit meue, tant que le centre de [2] la pesanteur feust ou centre du Munde.

» Mes pource que l'aer résiste au movement de la terre, une petite addicion ne la peut faire movoir ; mes elle porroit bien estre si grande qu'elle seroit plus forte que la résistance de l'aer qui contient la terre, et lors, pour certain, la terre seroit meue tout ensemble tant que le milieu de sa pesanteur feust au centre du Munde. »

Que la résistance de l'air soit apte à s'opposer au déplacement lent de la masse terrestre imaginé par Buridan, c'est une supposition qui trouvera crédit auprès de nombre de docteurs ; Oresme, qui paraît l'avoir proposée le premier, mettait une borne à ce crédit.

Selon Buridan, la terre se déplace sans cesse dans un sens invariable, de la partie submergée vers la partie découverte. Cette opinion, à son tour, suggère des doutes à l'Évêque de Lisieux.

Voici d'abord en quels termes il l'expose [3] : « Et donques peut estre que la terre en aucun costé de elle soit corrumpue et apetissée, et l'autre costé ou partie soit creue ; et ainsi elle pèsera plus d'un costé que d'aultre ; et quant ce sera notablement, il convendra que la masse toute de la terre se meuve tellement que le centre de la pesanteur de elle, lequel estoit hors du centre du Munde pour la mutation dessus dicte, viegne

1. Nicole Oresme, loc. cit.; ms. cit., fol. 93, col. c et d.
2. Le texte porte : ou.
3. Nicole Oresme *Op. laud.*, livre I ; ou XXXVIe chapitre, il fait à son propos une autre raison plus espéciale et de science naturelle ; ms. cit., fol. 34, col. d, et fol. 35, col. a.

ou centre du Munde, et ainsi la partie de la terre qui estoit ou centre se traira vers la circonférence ; et par semblable transmutation en un aultre temps, s'approchera encore plus de la circonférence ; et ainsi, par procès de temps, ceste partie qui estoit ou centre vendra vers la circonférence siques au lieu où sont faites altération et corruption, et sera corrumpue, et ainsi des aultres parties de terre par long procès de temps et par moult de milliers d'ans. »

C'est bien ce que prétendait Buridan dans la sixième conclusion de sa question sur les *Météores*, ce qu'il reprenait d'une manière particulière dans sa seconde question sur le *De longitudine et brevitate vitæ.*

De cette supposition, voici ce que pense Oresme [1] :

« Je di que c'est une belle ymagination que j'ay aultre foys pensée ; mais l'en peut dire que elle prouve possibilité et ne arguë pas nécessité de la corruption de la terre qui est vers le centre ; car, posé que la partie de la terre qui est maintenant ou centre, issist du centre selon celle ymagination, encor i porroit-elle retorner par semblable manière, car il n'est pas vraisamblable que tel apetissement de la masse de la terre soit tousjours d'une part et de un costé et l'accroissement tousjours d'autre. »

Buridan s'était précisément appliqué à montrer comment, par l'érosion, c'est la partie découverte de la terre qui décroît sans cesse au profit de la partie submergée.

« Et donques, poursuit Oresme, quant l'accroissement sera d'autre partie, celle portion de terre qui estoit issue et eslongée du centre se tournera vers le centre, et jamais ne vendra siques au lieu de corruption ne près de son contraire.

» Et d'autre partie, se toute la terre estoit aucunefoiz ainsi meue comme dit est, il sembleroit que ce feust contre ce que dit le Prophète à Dieu : « *Qui fundasti terram super stabilitatem* » *suam; non inclinabitur in sæcula sæculorum.* »

Cette dernière objection, il est vrai, n'eût pas suffi à embarrasser l'Évêque de Lisieux ; nous verrons, au prochain chapitre, comment il la montrait dénuée de toute valeur contre l'hypothèse de la rotation de la terre.

1. Nicole Oresme, loc. cit. ; ms. cit., fol. 35, col. c et d.

XV

LA GÉOLOGIE DE BURIDAN ET L'UNIVERSITÉ DE PARIS. — II. LES DISCIPLES : ALBERT DE SAXE, THÉMON, MARSILE D'INGHEN, PIERRE D'AILLY

De l'hypothèse sur laquelle Buridan a fondé sa Géologie, Oresme disait : « C'est une belle ymagination que j'ay aultre fois pensée. » Plus tard, des doutes se sont présentés à son esprit qui ont fait de lui sinon un adversaire, du moins un irrésolu. Semblable hésitation ne paraît pas avoir fait balancer l'acquiescement des autres physiciens qui, dans la seconde moitié du XIVe siècle, illustraient l'Université de Paris ; parmi eux, nous n'allons plus trouver que des partisans du système proposé par le Philosophe de Béthune.

Le premier de ces partisans, c'est Albert de Saxe ; l'adhésion très explicite qu'il a donnée aux doctrines de Buridan a une grande importance historique ; ses écrits, en effet, compteront nombre d'éditions à la fin du XVe siècle et au commencement du XVIe siècle, tandis que les *Questions* de Buridan sur les *Météores* et sur le *Traité du Ciel* sont encore inédites ; c'est donc par Albert de Saxe que les physiciens de la Renaissance ont connu la Géologie du Maître picard ; c'est, en particulier, par Albert que Léonard de Vinci est devenu, de cette Géologie, un adepte convaincu.

Albert accepte pleinement l'hypothèse, admise par Buridan, que les moindres changements de densité provoquent des mouvements incessants de la terre ; il l'adopte si bien qu'il va jusqu'à penser à un petit mouvement diurne provenant de ce chef.

« En fait, dit-il [1], la terre se meut sans cesse ; sans cesse, en effet, il est une partie de la terre dont la gravité est diminuée plus qu'elle ne l'est du côté opposé ; c'est la partie qui regarde le Soleil ; or, par suite du mouvement circulaire du Soleil au-dessus de la terre, cette partie change d'instant en instant ; afin donc que le centre de gravité de la terre demeure au centre du Monde, et puisque la partie de la terre qui s'allège change continuellement, il faut que la terre se meuve sans cesse. »

Mais le mouvement terrestre auquel Albert attache le plus

1. ALBERTI DE SAXONIA *Quæstiones in libros de Cælo et Mundo*; lib. II, quæst. X.

d'importance, c'est le mouvement très lent que provoque l'érosion. Il en parle à plusieurs reprises et, en particulier, dans ses *Questions* sur le *De Generatione et corruptione.*

« La terre, dit-il [1], qui se trouve maintenant au centre du Monde, viendra quelque jour à la surface et au lieu de sa corruption. Nous devons imaginer, en effet, que certaines particules terrestres sont continuellement entraînées par les fleuves qui coulent vers la mer ; continuellement, donc, s'alourdit la terre qui est tournée vers l'autre côté du ciel, tandis que, de ce côté-ci, la terre s'allège ; le centre de gravité de la terre change donc constamment ; partant, ce qui était, à un certain moment, le centre de la terre se trouve continuellement poussé vers la surface, si bien qu'un jour cette partie de la terre sera à la surface de la terre. »

Albert écrit encore [2] :

« Il est bien vraisemblable que, sans cesse, quelque partie de la terre se meut d'un mouvement rectiligne ; on s'en peut convaincre par les raisons que voici :

» De cette partie de la terre élémentaire que les eaux ne couvrent pas, sans cesse de nombreuses masses terreuses sont, par les eaux, entraînées au fond de la mer ; ainsi, la terre s'accroît sans cesse du côté qui est couvert par les eaux, tandis qu'elle diminue du côté qui est découvert ; son centre de gravité ne demeure donc pas au même point ; aussitôt que le centre de gravité a changé de place, le nouveau centre de gravité se meut pour devenir centre du Monde ; quant au point qui était auparavant centre de gravité, il remonte vers la surface convexe que les eaux ne couvrent pas ; par cet écoulement et par ce mouvement continuels, la partie de la terre qui, à une certaine époque, se trouvait au centre, arrive à la surface, et inversement.

» A ce propos, on peut voir comment se sont formées les grandes montagnes. Il n'est pas douteux que certaines parties

1. EGIDIUS *cum* MARSILIO *et* ALBERTO *de generatione. — Commentaria fidelissimi expositoris* D. EGIDII ROMANI *in libros de generatione et corruptione Aristotelis cum textu intercluso singulis locis. — Questiones item subtilissime eiusdem doctoris super primo libro de generatione: nunc quidem primum in publicum prodeuntes. — Questiones quoque clarissimi doctoris* MARSILIJ INGUEM *in prefatos libros de generatione. — Item questiones subtilissime magistri* ALBERTI DE SAXONIA *in eosdem libros de gene. nusquam alias impresse. Omnia accuratissime revisa: atque castigata: ac quantum ars eniti potuit Fideliter impressa.* Colophon : Impressum venetijs mandato et expensis Nobilis viri Luceantonij de giunta florentini. Anno domini 1518 die 12 mensis Februarii. — *Questiones de generatione et corruptione secundum* ALBERTUM DE SAXONIA ; lib. II, quæst. VI, fol. 150, col. d.

2. ALBERTI DE SAXONIA. *Quæstiones in libros de Cælo et mundo;* lib. II) quæst. XXV. (Quæst. XXIII dandésit les ions données à Paris, en 1516 et en 1518.,

de la terre aient plus de cohésion que d'autres ; les parties qui ont peu de cohésion s'écoulent à la mer, entraînées par les fleuves ; pendant ce temps, les parties les plus cohérentes demeurent en place et forment éminence au-dessus du sol ; toutefois, à la longue, par tremblement de terre ou d'autre façon, les montagnes sont renversées, tombent et se détruisent. »

Mais cette destruction des montagnes par les eaux pluviales ne doit-elle pas, comme l'admettaient les anciens physiciens hellènes combattus par Théophraste, niveler peu à peu la terre ? Albert de Saxe connaît bien cette opinion ; il la formule en ces termes [1] : « Tout grave tend vers le bas ; il ne saurait se soutenir perpétuellement en haut ; la terre entière devrait donc être, dès maintenant, sphérique et, de toutes parts, recouverte par les eaux — *Omne grave tendit deorsum nec perpetuo potest sic sursum sustineri; quare jam totalis terra esset sphærica et undique aquis cooperta.* »

Notre auteur n'admet pas cette opinion. « Mais, direz-vous, ne peut-on reprendre une précédente objection ? En même temps que les fleuves, des parties de la terre s'écoulent constamment vers la mer ; par là, la terre finira par être aussi voisine du ciel du côté où les eaux la couvrent que du côté découvert ; et lorsque cela aura lieu, elle sera entièrement couverte par les eaux.

» Nous répondrons que cela n'aura jamais lieu, et voici pourquoi : Quand les particules terrestres sont entraînées vers l'autre côté de la terre, cet autre côté devient plus lourd, et il pousse celui-ci vers le haut, comme nous l'avons expliqué dans une précédente question. Il en sera toujours ainsi, et cela grâce à la dissymétrie de la terre ; cette dissymétrie a été réglée par Dieu, de toute éternité, pour le salut des animaux et des plantes. »

Ces divers passages donnent un exposé sommaire, mais très clair, des principes sur lesquels repose la Géologie de Buridan.

Comme celui-ci, Albert de Saxe pense que les continents seront, au bout d'un temps extrêmement long, remplacés par des mers et inversement ; mais à cette permutation, il assigne une cause que Buridan n'avait pas invoquée. « Je crois, dit-il [2], qu'à cause du changement de l'apogée solaire *(propter mutationem augis solaris)*, cette partie de la terre qui est aujourd'hui

1. Alberti de Saxonia *Op. laud.*, lib. II, quæst. XXVIII. (Quæst. XXVI dans les éditions de Paris, 1516 et 1518.)
2. Albert de Saxe, loc. cit.

émergée était autrefois immergée et inversement ; ce fait est mis en évidence par Aristote dans le livre des *Météores ;* il ne dit pas, toutefois, qu'il le faille attribuer au changement de l'apogée solaire. »

Albert ne détaille pas davantage sa théorie ; mais il est aisé, croyons-nous, de suppléer à ce que sa concision ne nous dit pas. Il fait allusion à des pensées qui n'étaient point nouvelles pour ses contemporains ; Robert Grosse-Teste, et Roger Bacon après lui avaient insisté [1] sur la très grande différence qui devait exister entre le climat de l'hémisphère boréal et le climat de l'hémisphère austral parce que l'apogée du Soleil se trouve, présentement, au nord de l'Équateur et le périgée au sud ; le climat de l'hémisphère boréal était, de ce chef, beaucoup plus tempéré que celui de l'hémisphère austral ; au gré de Grosse-Teste et de Bacon, ce dernier hémisphère devait être inhabitable. Cette différence de climat entraîne nécessairement une différence dans le régime des pluies, dans l'abondance des cours d'eau, partant dans le rapport entre la surface terrestre émergée et la surface immergée. Lorsque le mouvement lent qui l'entraîne aura fait passer l'apogée du Soleil au sud de l'Équateur, la valeur de ce rapport qui convient aujourd'hui à l'hémisphère boréal conviendra désormais à l'hémisphère austral et inversement ; il y aura changement dans la distribution des continents et des mers.

Il n'est pas douteux que telle ne soit la pensée d'Albert de Saxe ; on voit qu'elle ne fait appel à aucune influence astrologique mystérieuse ; elle ne fait, comme les réflexions de Robert Grosse-Teste et de Roger Bacon, qu'attribuer une importance excessive à une différence très réelle d'ailleurs.

On eût pu, contre l'hypothèse d'Albert de Saxe, reprendre une argumentation semblable à celle que développait déjà le *Liber de elementis ;* si la circulation de l'apogée solaire devait entraîner une complète perturbation dans la figure des terres et des mers, l'histoire, dont l'expérience est déjà vieille de milliers d'années, mettrait en évidence une part de ce changement. Buridan admettait, lui aussi, que les Océans pourraient un jour prendre la place des continents et inversement, mais il avait soin de supposer cette permutation si lente que l'histoire ne la pût contester.

1. Voir : Seconde partie, ch. VII, § IV ; t. III, p. 416-417.

Thémon ne consacre, dans ses *Questions sur les Météores*, qu'un court passage à la théorie géologique de Buridan ; c'en est assez, cependant, pour nous apprendre qu'il admet pleinement cette théorie.

« Si en quelque endroit, dit-il [1], la mer est soulevée, elle se meut aussitôt vers un lieu plus bas ; c'est ainsi qu'à certaines époques, elle délaisse une partie de la terre et s'écoule jusqu'à ce qu'elle recouvre une autre partie. Cela se produit de la manière qui a été dite, à cause de la rareté de la terre ; en effet, à une certaine époque, la terre étant plus rare d'un côté, y est plus légère ; puis, à une autre époque, les parties qui étaient légères peuvent devenir beaucoup plus pesantes qu'elles n'étaient auparavant ; la mer, alors, abandonnant une région de la terre, se répand sur celle qui est devenue plus grave. De ce mouvement parle Aristote quand il dit que certaines parties de la terre, habitables aujourd'hui, cesseront un jour de l'être parce qu'elles seront submergées. De ce mouvement aussi parle Ovide lorsqu'il conte qu'en une certaine montagne, une ancre fut trouvée sous terre, signe manifeste que la mer avait autrefois occupé ce lieu. »

Le passage d'Ovide auquel Thémon fait allusion, c'est celui que nous avons précédemment cité [2]. Afin de prouver que la mer a séjourné au sommet des montagnes, Ovide ne rapporte pas seulement cette légendaire découverte d'une ancre ; il invoque aussi l'incontestable présence de coquilles marines :

Et procul a pelago conchæ jacuere marinæ
Et vetus inventa est in montibus anchora summis.

On peut s'étonner que ni Buridan, ni Albert de Saxe ni Thémon n'aient, dans l'existence des fossiles, cherché la preuve convaincante de leur affirmation que les continents actuels ont été autrefois au fond des mers. Cette existence ne pouvait être ignorée d'habitants de Paris ; sans doute, ils avaient eu mainte occasion d'observer les coquilles qu'on trouve, si abondantes et si reconnaissables, en nombre de terrains du bassin parisien ; s'ils n'avaient pas observé, du moins avaient-ils lu Isidore de Séville, Averroès, Albert le Grand, Vincent de Beauvais, dont les écrits jouissaient d'une vogue extrême ; et ces écrits eussent suffi à les rendre attentifs aux restes d'animaux que gardent certaines pierres ; il serait invraisemblable que

1. *Quæstiones super quatuor libros metheororum compilatæ per doctissimum philosophiæ professorem* Thimonem ; lib. II, quæst. I.
2. Voir p. 252.

l'existence des fossiles leur fût demeurée inconnue et qu'ils n'eussent pas vu le parti qu'en faveur de leurs doctrines, on en pouvait tirer.

Il est plus probable que cette existence était connue non seulement des maîtres, comme Buridan, Albert de Saxe, Thémon, mais aussi des étudiants qui s'asseyaient au pied de leurs chaires ; il était inutile de rappeler expressément ce que tout le monde savait. Des vers d'Ovide, Thémon retient ce qui parle d'une ancre et point ce qui a trait aux fossiles ; n'est-ce pas parce que ses élèves avaient maintes fois vu des coquilles dans les pierres qu'ils avaient sous les yeux, tandis qu'assurément, ils n'y avaient jamais rencontré d'ancre ?

L'allusion que Marsile d'Inghen, dans son *Abrégé du livre des Physiques*, fait à la théorie de Buridan est plus sommaire encore que le résumé donné par Thémon ; elle suffit cependant à nous montrer que l'auteur connaissait cette théorie.

A la proposition qui déclare la terre naturellement logée quand son centre de gravité est au centre du Monde, notre auteur prévoit cette objection [1] :

« La terre, alors, ne serait jamais en son lieu naturel... Suppo-son, en effet, que le centre de gravité de la terre soit le centre du Monde ; aussitôt, par suite de l'évaporation et de la raréfaction de la partie de la terre que les eaux ne couvrent pas, la gravité deviendra moindre d'un côté du centre [du Monde] que de l'autre ; il n'y aura donc aucun temps durant lequel le centre de gravité de la terre reste le centre du Monde. »

A cette objection, Marsile répond [2] :

« Continuellement, la terre est en son lieu naturel ; en effet, s'il est vrai que, sans cesse, une moitié s'allège de cette façon, la terre, d'autre part, se meut continuellement, faisant monter cette moitié que les eaux ne couvrent pas et faisant descendre l'autre. »

Nous achèverons cette revue des opinions professées par les principaux maîtres de l'Université de Paris en rapportant celle de Pierre d'Ailly ; elle est particulièrement nette.

Dans sa troisième question sur la *Sphère* de Johannes de Sacro-Bosco, l'Évêque de Cambrai s'exprime en ces termes [3] :

1. *Abbreviationes libri phisicorum edite a...* Marsilio Inguen, 2e fol. après le fol. sign d 3, col. c.
2. Marsile d'Inghen, loc. cit., fol. suivant, col. b.
3. Petri de Alliaco *XIV quæstiones in Sphæram*. Quæst. III : Quæritur utrum motus primi mobilis ab oriente in occidentem circa terram sit uniformis.

« Il nous faut supposer, en premier lieu, que le centre de gravité de la terre se trouve constamment au centre du Monde. En second lieu, si l'on imaginait que la terre fût partagée en deux portions d'égale pesanteur par un plan contenant le centre du Monde, ces deux parties se comporteraient, l'une à l'égard de l'autre, comme deux poids en équilibre ; si l'on ajoutait un faible poids à l'une de ces parties, elle descendrait en repoussant l'autre. En troisième lieu, si la terre était partagée en deux parties d'égal volume, ces deux parties ne pèseraient pas également ; en effet, une partie de la terre est continuellement exposée au Soleil, en sorte qu'elle s'échauffe et s'allège par l'effet de la chaleur solaire ; l'autre partie, constamment submergée, est alourdie par le froid de l'eau ; la moitié de la terre dont la surface est émergée est donc moins lourde que l'autre. Enfin on admet que des parties détachées de la terre ferme sont, par les eaux, incessamment entraînées vers la mer ; on admet aussi que certaines parties de la terre, réduites en poussière par la sécheresse, sont transportées par les vents et, finalement, précipitées à la mer.

» Ces suppositions faites, on peut énoncer cette première conclusion : Chaque partie de la terre se meut continuellement d'un mouvement de translation. En effet, une moitié de la terre devient sans cesse plus lourde que l'autre ; dès lors, en vertu de nos deux premières suppositions, sans cesse la première moitié pousse la seconde. Il résulte de là que la partie de la terre qui est au centre à une certaine époque se trouvera à la surface à une autre époque.

» Mais, va-t-on m'objecter, si la terre se meut constamment d'un mouvement de translation dirigé vers le ciel, elle devrait déjà l'avoir atteint

» C'est à cause de cette objection que je formule une seconde conclusion, que je pose à titre de probabilité : A parler au sens catégorique, la terre, prise dans son ensemble, demeure au milieu du Monde sans être mue d'aucun mouvement de translation. Cela est évident ; à tout instant, en effet, la terre, prise en sa totalité, demeure à la même distance du ciel ; elle ne se meut donc pas d'un mouvement de translation...

» De ce que chacune des parties de la terre est mue d'un mouvement de translation, il n'en résulte pas que la terre, prise en totalité, soit mue d'un tel mouvement... Qu'on fasse, par exemple, un empilement de dix pierres ; qu'on prenne la pierre supérieure et qu'on la mette sous la pierre inférieure en poussant celle-ci vers le haut ; qu'on prenne ensuite la seconde pierre, qu'on la mette dessous, et qu'on poursuive sans cesse la même opération ; il est certain que chacune des pierres de la pile se meut et monte continuellement ; et cependant la pile entière, prise en elle-même, demeure en repos. » Tel est bien, en effet, le mouvement incessant que Buridan attribuait à la masse terrestre.

XVI

LES PETITS MOUVEMENTS DE LA TERRE A L'UNIVERSITÉ D'OXFORD

Nous venons de voir avec quelle faveur les maîtres parisiens avaient reçu l'enseignement de Buridan et, comme ce maître, attribué à la terre un mouvement très lent, mais incessant. Cette opinion ne paraît pas avoir rencontré une moindre faveur auprès des maîtres d'Oxford.

Guillaume Heytesbury regarde comme vraisemblable la supposition suivante [1] : « Toute partie d'un élément tel que la terre ou le feu peut être corrompue, car il n'en est aucune qui ne puisse être amenée au contact d'un élément contraire, et peut-être y sera-t-elle un jour amenée ; supposons, en effet, comme cela est assez probable, que la terre soit en continuel mouvement ou, tout au moins, qu'elle se meuve fréquemment, en sorte que cette portion de terre qui est maintenant près du centre puisse peut-être, au cours du temps éternel, s'en trouver distante d'un grand nombre de milles ; alors, en fait, un corps qui lui est contraire pourra s'en approcher assez pour la pouvoir corrompre. »

Lorsqu'il veut prouver que la continuation du mouvement ne suffit pas à accélérer ce mouvement, le *Tractatus de sex inconvenientibus* s'exprime ainsi [2] :

« Si la continuation du mouvement était la cause qui accélère la chute du grave, comme la Terre, depuis qu'elle a commencé d'exister et que le Soleil a, lui aussi, commencé d'exister, est en mouvement continuel à cause de la chaleur du Soleil, elle

1. *Sophismata* HENTISBERI ; Sophismatum sextum. Ed. Venetiis, 1494, fol. 89, col. b.

2. *Tractatus de sex inconvenientibus ;* Quæst. IV : Utrum in motu locali sit certa assignanda velocitas ; art. I : Utrum velocitatio motus gravis sit ab aliqua causa certa.

aurait, dès le commencement, accéléré son mouvement ; maintenant, elle se mouvrait donc très vite, et son mouvement serait sensible ; la Terre aurait donc un mouvement continuel et sensible qui renverserait les grands monuments, les maisons et les châteaux. »

Ces passages nous montrent qu'on n'ignorait pas, à Oxford, la théorie de Buridan.

XVII

CONCLUSION

La plupart des physiciens qui, au xive siècle, ont enseigné à l'Université de Paris après Jean Buridan ont admis ce que ce dernier avait dit des mouvements lents, mais incessants de la terre ; à l'aide de ces mouvements, ils ont justifié une théorie géologique toute semblable à celle qu'avait proposée le philosophe de Béthune. Au sujet de cette doctrine, Nicole Oresme a formulé certaines réserves ; mais Albert de Saxe, Thémon le fils du Juif, Marsile d'Inghen, Pierre d'Ailly l'ont admise sans restriction.

Cette doctrine sera désormais une de celles qui caractériseront la Physique parisienne. Pendant toute la durée du xve siècle, au début du xvie siècle, nous l'entendrons discuter avec passion, dans les diverses universités de l'Europe ; elle sera défendue par les tenants de la Science parisienne, combattue par les adversaires de ceux qu'on appelait les Modernes.

Mais la Renaissance avait pris fin depuis longtemps que les hypothèses de Buridan demeuraient encore d'actualité, tout au moins dans certaines écoles ; on continua d'en disputer au xviie siècle, particulièrement dans les collèges de la Société de Jésus.

La vogue que cette théorie trouva dans la Compagnie de Jésus se doit sans doute expliquer par la très formelle adhésion du célèbre théologien Gabriel Vazquez (1551-1604).

Dans ses *Commentaires* sur la *Somme* de Saint Thomas d'Aquin, dont les approbations portent les dates de 1595 et 1596, Vasquez se montre pleinement partisan de ce que la Physique parisienne avait enseigné touchant le mouvement des projectiles. C'est dans l'exposé de cette doctrine qu'il insère des considérations sur l'équilibre de la terre [1].

« Archimède, qui est sans peine le prince des mathématiciens » est aussi, au gré de Vazquez, l'auteur de cette doctrine : « En ce qui concerne la gravité, la terre et tous les graves qui prennent appui sur elle forment si bien un corps unique que ce corps est équilibré par le poids de toutes ses parties...

» La terre... est par les poids de ses diverses parties, équilibrée au centre du Monde de telle façon que son centre de gravité, qui est indivisible, pénètre le centre de grandeur de l'Univers entier.

» Lors donc que ce point, qui est le centre de gravité de la terre, coïncide avec le point qui est centre de grandeur du Monde entier, la terre est en repos. Mais ce centre de gravité n'a aucune dimension, il est indivisible. Dès lors, si la gravité pesait davantage d'un côté de la terre, le centre de gravité changerait de position et la terre ne demeurerait pas immobile dans l'état où elle se trouvait auparavant... Quand donc le centre de gravité vient à changer, si petit que soit ce changement, la terre se met en mouvement, elle éprouve une oscillation, une trépidation, afin que le nouveau centre de gravité vienne coïncider avec le centre de l'Univers ; alors, derechef, ses poids s'équilibrent exactement de toutes parts, et elle revient au repos...

» Dès là, donc, que, d'un certain côté, un corps viendra se conjoindre à la terre, le centre de gravité se trouvera changé, et la terre prendra le mouvement de trépidation que nous avons dit. »

Dans la Compagnie de Jésus, la voix de Vazquez trouva des échos.

En 1622, le Jésuite Paul Guldin publiait à Vienne une *Dissertation physico-mathématique du mouvement de la Terre, provenant du changement de son centre de gravité* [2]. Le savant géomètre, fort de l'autorité d'Aristote, y posait en principe cette proposition : « Tout corps grave non empêché dont le centre de gravité n'est pas conjoint au centre de l'Univers, se meut jusqu'à

1. *Commentariorum ac disputationum in primam partem Sancti Thomæ. Tomus secundus. Complectens quæstiones à* XXVII *usque ad* LXIV, *et a quæstione* CVI *usque ad* CXIV. *Auctore* R. P. GABRIELE VAZQUEZ BELLOMONTANO *theologo, Societatis Jesu.* Antverpiæ, apud Petrum et Ioannem Belleros, MDCXXI. Disputatio LXXXI, cap. III, art. 20-22, p. 527-528.

2. *Dissertatio physico-mathematica de motu Terræ, ex mutatione Centri gravitatis ipsius, proveniente.*

ce que le centre [de gravité] du corps mû soit le même que le centre de l'Univers. »

« Les documents que les Anciens nous ont laissés, poursuivait notre auteur, nous montrent que certaines parties étendues de la Terre, autrefois habitées, sont aujourd'hui recouvertes par une mer profonde ; les ruines de certaines villes se sont accumulées jusqu'à former des monts ; les tremblements de terre ont transformé de vastes plaines en vallées ; des montagnes ont été creusées, divisées, déplacées... ; il est donc certain que la terre qui doit, selon l'enseignement d'Aristote, demeurer en équilibre de toutes parts, a souvent changé de centre et, souvent aussi, s'est mue pour retrouver son équilibre. »

Guldin reçoit les hypothèses de Buridan ; il connaît l'objection que formulait déjà Nicole Oresme : « Certains prétendent que la Terre ne descendra pas pour conjoindre son nouveau centre de gravité au centre de l'Univers, parce que, grâce à l'immense étendue de sa surface, elle en est empêchée par l'air. » Ainsi, thèse et objection se heurtaient encore près de trois siècles après qu'elles avaient été formulées.

Peu d'années après que Guldin eût publié sa dissertation, on en vit la doctrine attaquée, avec une extrême vivacité, par le Jésuite Niccolò Cabei de Ferrare.

Dans sa *Philosophie magnétique* qui eut, au XVIIe siècle, une vogue très grande et souvent justifiée, Cabei s'en prenait [1] à ceux qui se font gloire d'avoir, en la terre, découvert une perpétuelle fluctuation.

» Ceux-ci prétendent, en effet, que la seule force qui maintienne la terre en repos, que la seule raison qui la mette en équilibre et la retienne au centre de l'Univers, c'est que son centre de gravité doit occuper le centre du Monde entier. Des propos des philosophes, ils tirent cette supposition communément reçue : Les graves tendent au centre de l'Univers, en ce sens que chacun d'eux tend à placer son centre au centre de l'Univers ; la terre, qui est le plus lourd de tous les corps, tend plus que tout autre à ce but et elle l'atteint. Cela posé, voici

1. *Philosophia magnetica in qua Magnetis natura penitus explicatur, et omnium quæ hoc lapide cernuntur causæ propriæ afferuntur : nova etiam pyxis construitur, quæ propriam poli elevationem, cum suo meridiano, ubique demonstrat. Auctore* NICOLAO CABEO FERRARIENSI. *Soc. Iesu. Ad Ludovicum* XIII *Galliarum et Navarræ Regem Christianissimum.* Ferrariæ, apud Franciscum Succium superiorum permissu. 1629. Lib. I, cap. XVIII : Cur in toto terrestri globo sit hæc vis magnetica ; ut scilicet, formetur in suo situ melius, quam sola gravitate, nec fluctuet ad motum cujus cunque rei gravis super terram ; p. 66-71.

comment ils démontrent leur opinion monstrueuse *(suum monstrum)* sur les fluctuations de la terre : Le centre de gravité de la terre entière doit demeurer au centre de l'Univers ; or ce centre de gravité change au sein du globe terrestre toutes les fois qu'un poids, si petit soit-il, est déplacé à la surface de la terre ; la terre doit donc, elle aussi, se mouvoir afin que le point qui est devenu le nouveau centre de gravité de la terre, descende au centre de l'Univers, et que la terre soit en son lieu propre ; le lieu de la terre, en effet, c'est d'avoir son centre de gravité au centre de l'Univers. Toutes les fois donc qu'un corps, si petit soit-il, est mû à la surface de la terre, la terre entière se meut et branle.

» Il leur semble qu'ils ont, par cet argument, démontré l'étrange mouvement *(portentosum motum)* de la terre, et la fluctuation perpétuelle que lui fait éprouver même la marche d'un oiseau. »

Quelle réponse Cabei fait-il aux tenants de cette opinion ? « Je nie, dit-il, que la force ou la tendance de la terre ait pour objet d'en placer le centre de gravité au centre de l'Univers ; en effet, ce n'est pas un lieu mathématique qu'elle cherche, mais un lieu physique ; la terre est donc au centre non point mathématiquement, mais physiquement... Elle est physiquement au milieu au point de vue fin pour laquelle elle s'y doit trouver, et qui consiste à recevoir également de toutes parts l'action du Ciel ; pour cela, il est sans importance qu'au point de vue mathématique, elle s'élève davantage d'un côté que de l'autre ; ce n'est pas, en effet, la distance mathématique qui a rapport à l'action, mais la distance physique. »

Ce langage n'est pas fort éloigné de celui que Jean Buridan avait tenu dans ses *Questions sur la Physique d'Aristote.*

Les violentes attaques de Cabei piquèrent au vif Paul Guldin. Dans le grand traité sur les centres de gravité qu'il publia en 1635 sous le titre de *Centrobaryca,* il s'attacha à défendre [1] « ce mouvement solennel, découlant du changement du centre de gravité, qui fait trembler la terre. — *Solennis ille motus quo terra trepidat, ex mutato centro gravitatis profluens.* » Dans ce but, il reproduisit, dans son ouvrage, sa *Dissertation physico-mathé-*

1. *Centrobaryca* GULDINI. PAULI GULDINI SANCTO-GALLENSIS *e Societate Jesu, De Centro Gravitatis Trium specierum Quantitatis continuæ. Liber primus, de Centri Gravitatis Inventione...* Viennæ Austriæ, Formis Gregorii Gelbhaar Typographi Cæsarei. Anno MDCCXXXV. Lectori S.

matique du mouvement de la Terre[1] ; il la fit suivre d'une *Adnotatio*[2] où il discutait l'argumentation de Cabei.

L'opinion dont Guldin s'était fait le défenseur garda, longtemps encore, des partisans.

Après la mort de Leibnitz, on trouva dans ses papiers une dissertation à laquelle, de son vivant, il avait parfois fait allusion sans jamais la publier ; cette dissertation, qu'il avait intitulée *Protogaea*, était une tentative pour constituer la Géologie à l'aide de l'étude des terrains et des fossiles. *Protogaea* fut publiée à Gœttingue en 1749. Dans cet ouvrage, Leibnitz se demandait si, pour expliquer la présence des fossiles au sommet des montagnes, il faut admettre que la mer, jadis, atteignit ce niveau pour se retirer ensuite dans le lit qu'elle occupe aujourd'hui. « Cette hypothèse, considérée en elle-même, écrivait-il[3], souffre d'immenses difficultés. Ce qu'il nous faut plutôt examiner maintenant, c'est ceci : Qu'est-ce qui a fourni cette masse d'eau assez considérable pour submerger les montagnes, et où s'est-elle ensuite transportée, pour que la terre pût émerger ?

» Certaines personnes, suivant une opinion plus ingénieuse que sûre, tirent cet effet du seul changement du centre de la terre ; l'inclination des graves change ainsi de direction ; la surface de la terre demeure la même, mais l'altitude ou la dépression de chaque lieu se trouve modifiée, car cette altitude ou cette dépression n'est pas déterminée en elle-même, mais par rapport au centre.

» Cette opinion donnerait peut-être quelque lieu à la créance si les mers, d'une part, et les montagnes, d'autre part, résidaient en des parties différentes du globe, et ne se trouvaient pas entremêlées dans un même hémisphère. Toutefois, même en ce cas, on pourrait admettre une oscillation *(vacillatis)* du centre, successivement dirigée en divers sens ; en effet, il y aurait de toutes parts, de cette façon, alternative d'élévation et de dépression. »

Ainsi Leibnitz avait rencontré, vivante encore, la théorie géologique de Buridan ; fort justement il montre comment la

1. Paul Guldin, loc. cit., p. 137-144.
2. Paul Guldin, loc. cit., p. 144-148.
3. *Summi polyhistoris* Godefridi Guilielmi Leibnitii *Protogaea sive de prima facie telluris et antiquissimae historiae vestigiis in ipsis naturae monumentis dissertatio ex schedis manuscriptis viri illustris in lucem edita a* Christiano Ludovico Scheidio. Goettingae sumptibus Ioh. Gull. Schmidii, Bibliopolae Universit. A. S. H. MDCCXXXXVIIII. cap. VI, p. 10.

découverte du continent américain la devait faire rejeter ; mais il semble qu'il ne l'abandonne point sans regret, car il prend soin d'indiquer par quelle modification on la pourrait peut-être sauver de la condamnation. Nous trouvons là une preuve saisissante de la longue carrière qu'a fournie le système géologique du philosophe de Béthune.

La science actuelle elle-même n'a-t-elle rien gardé de ce système ?

Nous ne parlons pas ici de l'esprit qui inspirait les géologues parisiens du XIVe siècle. De tous les bouleversements qu'ont pu éprouver la face des continents et la configuration des mers, ils s'efforçaient de rendre raison par les seuls principes de la Mécanique. Il est bien clair que cette méthode est aussi celle que suivent les géologues modernes. Mais, jetant un regard plus particulier sur les propositions mêmes que formulaient Buridan et ses disciples, nous nous demandons s'il n'en est point d'analogues dans la science la plus récente.

La proposition fondamentale de Buridan s'était, après quelques tâtonnements dont Albert de Saxe et Thémon nous ont apporté le témoignage, transformée en celle-ci, qu'avait formulée Pierre d'Ailly : La surface de l'Océan est celle d'une sphère dont le centre coïncide avec le centre de gravité de l'ensemble de la terre et des mers. Nous avons dit comment la théorie de l'attraction universelle avait conduit Laplace à retrouver cette proposition, non plus à titre de vérité rigoureuse, mais à titre de première approximation.

De cette proposition, M. Croll a fait une curieuse application au changement que le niveau des mers a sans doute éprouvé à la fin de la période glaciaire [1].

Imaginons qu'une épaisse calotte de glace recouvre une partie de l'hémisphère septentrional ; la surface de l'Océan a pris une certaine figure qu'en première approximation, nous assimilons à une sphère ayant pour centre le centre de gravité de tout le système terrestre.

Supposons que le climat de l'hémisphère boréal devienne plus tiède, celui de l'hémisphère austral plus froid ; une grande partie de cette calotte de glace va éprouver une débâcle ; elle

1. JAMES CROLL, *On the Physical Cause of the Submergence and Emergence of the Land during the Glacial Epoch.* (*Philosophical Magazine*, 4 séries, Vol. XXXI, 1866, p. 301-305). — WILLIAM THOMSON, *Note on the preceding Paper.* (Ibid., p. 305-306 et Sir WILLIAM THOMSON, Baron KELVIN, *Mathematical and Physical Papers*, vol. V, 1911, p. 157-158.)

se morcèlera en icebergs, en îlots de glace qui dériveront vers le Sud et viendront se souder en une nouvelle calotte glaciaire entourant le pôle austral. Si la surface sphérique de l'Océan et le noyau solide de la terre n'éprouvaient, l'un par rapport à l'autre aucun déplacement, le centre de gravité de tout le système terrestre ne coïnciderait plus avec le centre de la sphère aqueuse ; il se trouverait maintenant au sud de celui-ci ; en sorte que l'Océan ne serait plus en équilibre ; il devra donc se produire un changement dans la position relative du noyau solide et de la surface des mers ; ce déplacement relatif, destiné à maintenir la coïncidence entre le centre de gravité du système entier et le centre de la sphère océanienne consistera en ceci que, par rapport à ce dernier centre, le noyau solide devra s'élever vers le Nord. Ainsi le passage d'une calotte glaciaire du pôle boréal au pôle austral déterminera un changement de niveau de l'Océan ; des terres nouvelles émergeront dans l'hémisphère boréal ; dans l'hémisphère austral, des continents se trouveront submergés.

C'est précisément ce qu'eût enseigné Buridan.

Albert de Saxe, lui aussi, retrouverait parfois un souvenir de ses leçons dans les enseignements des géologues modernes, car nombre d'entre eux pensent que de tels déplacements de glace ont pu être provoqués par le mouvement de l'apogée solaire passant de l'hémisphère austral à l'hémisphère boréal et inversement.

Ainsi la tentative de Géologie mécanique à laquelle s'étaient consacrés Jean Buridan et ses disciples fut parfois récompensée par une heureuse intuition de ce que nous regardons aujourd'hui comme la vérité.

Chapitre XIX

LA ROTATION DE LA TERRE

I

QUE LA FACULTÉ DES ARTS DE PARIS DISCUTAIT, AU XIVe SIÈCLE, L'HYPOTHÈSE DE LA ROTATION DE LA TERRE

Au gré de Jean Buridan et de ses disciples, la terre éprouve un mouvement très lent, mais incessant, pour ramener au centre du Monde son centre de gravité que déplace continuellement l'érosion produite par les rivières. La question sur le *Traité du Ciel* où Albert de Saxe exposait cette hypothèse était ainsi formulée [1] : « Au milieu du Ciel ou du Monde, la Terre demeure-t-elle sans cesse en repos ou bien se meut-elle sans cesse ? » Parmi les conclusions qu'Albert formulait, se trouvait celle-ci, à laquelle il attribuait le troisième rang :

« La terre ne se meut pas d'un mouvement de rotation, soit d'Orient en Occident, soit en sens contraire, du moins de mouvement diurne, comme certains Anciens l'ont prétendu ; ils ont dit, en effet, que le ciel demeurait en repos et que la terre se mouvait. »

Or, à la suite de cette conclusion, l'auteur écrivait :

« Au sujet de cette question ou de cette conclusion, je dois avertir qu'un de mes maîtres semble vouloir soutenir cette opinion : L'impossibilité d'admettre le mouvement de la terre et le repos du Ciel ne saurait être prouvée. Mais, sauf le respect que je lui dois, il me semble que cela se peut fort bien démontrer, et cela par le raisonnement suivant : D'aucune manière nous ne saurions, en admettant le repos du ciel et le mouvement de

1. *Quæstiones subtilissimæ* Alberti de Saxonia *in libros de Cælo et Mundo;* lib. II, quæst. XXVI. (Quæst. XXIV apud ed. Parisiis, 1516 et 1518.)

la terre, sauver les oppositions et les conjonctions des planètes, ainsi que les éclipses du Soleil et de la Lune. Mon maître, il est vrai, ne pose ni ne résout cette objection, bien qu'il pose et résolve plusieurs autres arguments par lesquels on persuade que la terre est en repos et que la terre se meut. — *Circa tamen istam quæstionem vel conclusionem est advertendum quod unus de magistris meis videtur velle quod non sit demonstrabile quin possit salvari terram moveri et cælum quiescere. Sed apparet mihi, sua reverentia salva, quod imo, et hoc per talem rationem : Nam nullo modo per motum terræ et quietem cæli possemus salvare oppositiones et conjunctiones planetarum, nec eclipses Solis et Lunæ. Verum est quod istam rationem non ponit nec solvit, licet plures alias persuasiones quibus persuadetur terram quiescere et cælum moveri ponat et solvat.* »

Les *Questions sur les livres du Ciel et du Monde* ont été, nous le savons [1], écrites par Albert de Saxe en 1368. A ce moment, donc, il se trouvait à l'Université de Paris un maître, dont Albert avait été l'élève, qui tenait pour défendable l'hypothèse de l'immobilité du Ciel et de la rotation de la terre.

A ce maître, à ceux qui professaient la même opinion, on avait accoutumé de faire cette objection, parfaitement fondée : Si l'on supposait que le Ciel tout entier fût immobile, la rotation de la terre ne suffirait pas à sauver les mouvements divers des astres errants.

Que cette difficulté, soulevée par Albert de Saxe, fût fréquemment invoquée au XIVe siècle, nous en trouvons la preuve dans les *Quæstiones super libris metheororum* de Nicole Oresme, que M. H. Suter a décrites et résumées d'après un manuscrit de la bibliothèque de Saint-Gall [2].

La quatrième question du troisième livre de cet ouvrage est la suivante : « Le mouvement de la terre est-il possible ? — *Utrum motus terræ sit possibilis.* »

« Certaines personnes, dit Oresme, imaginaient que la terre se mût d'un mouvement de rotation diurne et que le ciel demeurât en repos ; par cette supposition, ils sauvaient ce qui se montre dans le Ciel, par exemple le lever et le coucher du Soleil... Mais ce n'est pas de ce mouvement de la terre qu'a l'intention de traiter la question proposée ; et, d'ailleurs, l'opi-

1. Voir : Cinquième partie ; ch. X, § VII, t. VIII, p. 219.

2. HEINRICH SUTER, *Eine bis jetzt unbekannte Schrift der Nic. Oresme (Zeitschrift für Mathematick und Physik, XXVII Jahrgang, 1882. Historisch-literarische* Abtheilung, p. 121).

nion de ces personnes n'est pas véritable, car si c'est la terre qui se meut, on ne voit pas comment nous pourrions sauver les éclipses, les conjonctions et les oppositions. — *Aliqui imaginabantur quod terra moveretur circulariter motu diurno et cælum quiesceret, et per illud salvabant apparitiones in cælo, scilicet ortum et occasum Solis... Sed de isto motu terræ non intenditur in proposito, nec opinio eorum est vera, quia si terra moveretur, non videretur qualiter possumus salvare eclipses, conjunctiones et oppositiones.* »

Les textes d'Albert de Saxe et de Nicole Oresme nous montrent qu'en leur temps, la question de la rotation diurne de la terre était discutée à l'Université de Paris. Les tenants de cette hypothèse insistaient sur l'impossibilité où l'on se trouve de prouver que c'est le Ciel qui se meut et la terre qui demeure immobile. Leurs adversaires arguaient que la seule supposition de la rotation terrestre ne saurait suffire à rendre compte des mouvements multiples du Soleil, de la Lune et des planètes.

Or, à l'époque où écrivaient Oresme et Albert de Saxe, ce débat n'était pas nouveauté parmi les maîtres parisiens ; ils l'agitaient déjà, et dans les mêmes termes, un demi-siècle auparavant ; c'est ce que va nous apprendre un texte fort court, mais très significatif qui se rencontre dans une question de François de Mayronnes sur le second livre des *Sentences ;* voici ce texte [1] :

« Quatorzième difficulté, relative à la terre, qui est immobile, alors que le feu et les autres éléments sont mobiles. Un certain docteur dit cependant que si la terre était en mouvement et le ciel en repos, ce serait une meilleure disposition. Mais cette opinion est combattue par la diversité des mouvements qui ont lieu dans le Ciel et qui ne pourraient être sauvés. — *XIV^a^ difficultas. De terra, quæ est immobilis, cum ignis et alia sint mobilia. Dicit tamen quidam doctor quod si terra moveretur et cælum quiesceret, quod hic esset melior dispositio. Sed hoc impugnatur propter diversitatem motuum in Cælo quæ non possent salvaro.* »

1. *Praeclarissima ac multum subtilia egregiaque scripta illuminati doc.* F. FRANCISCI DE MAYRONIS, *ordinis Minorum, in quatuor libros sententiarum. Ac quolibeta eiusdem. Cum tractatibus Formalitatum. Et de primo principio. Insuper Explanationes divinorum terminorum. Et tractatus de Univocatione entis.* Colophon : Venetiis Impensa heredum quondam domini Octaviani Scoti Modoetiensis : ac Sociorum. 24. April. 1520. — *Scriptum in secundum* Sententiarum, dist. XIV, quæst. V ; fol. 150, col. a.

L'écrit de François de Mayronnes sur le premier livre des *Sentences*, le *Conflatus*, est daté de 1321 ; les questions sur le second livre ne portent aucune date ; du moins savons-nous qu'elles sont antérieures à l'année 1327 qui est celle de la mort de l'auteur. Ainsi, dès le premier quart du XIVe siècle, il se rencontrait à l'Université de Paris des docteurs pour soutenir que la fixité du Ciel et la rotation de la terre assuraient au Monde une meilleure disposition que l'hypothèse contraire ; pour les réfuter, leurs adversaires leur opposaient l'insuffisance de leur système à rendre compte de toutes les apparences célestes.

Les partisans de la rotation de la terre étaient assez nombreux et leur opinion assez commune pour qu'on s'en souciât au sein des juiveries de Provence ; et là aussi, leurs adversaires leur opposaient la même fin de non recevoir ; ils reprochaient à l'hypothèse proposée de ne point sauver les mouvements des astres errants ; c'est, en particulier, le langage que tenait Lévi ben Gerson dont les relations avec les astronomes parisiens ne paraissent pas douteuses [1].

« Il est parfaitement clair, écrit Lévi [2], que le Soleil se meut, car le lieu de son lever n'est pas aujourd'hui le même que demain, et il en est semblablement de son coucher. Si la sphère du Soleil demeurait immobile tandis que la terre serait en mouvement, comme le pensent beaucoup de gens, le lever du Soleil se devrait toujours faire au même lieu de l'horizon.

» Les étoiles, sont elles aussi, toutes en mouvement. En effet, au moment où le Soleil termine son cours diurne, on remarque que les étoiles qui se lèvent un soir ne se lèvent pas le lendemain [au même moment], mais se montrent déjà au-dessus de l'horizon. Cela démontre que le mouvement qu'on observe dans les astres n'est pas le même pour tous. Or, si les astres demeuraient immobiles tandis que la terre serait en mouvement, le mouvement observé devrait être le même pour tous les astres. »

Les documents divers que nous avons recueillis semblent prouver que ce débat n'a cessé, pendant toute la durée du XIVe siècle, de préoccuper les Parisiens.

Comment donc les partisans de la rotation de la terre s'y prenaient-ils pour soutenir leur opinion ? Ne nous sera-t-il pas donné, tout au moins, d'entendre l'enseignement de l'un d'entre eux ? Nous l'entendrons ; celui qui nous l'exposera sera parti-

1. Voir : Troisième partie, ch. VIII, § III ; t. V, p. 212.
2. JOSEPH CARLEBACH, *Lewi ben Gerson als Mathematiker. Ein Beitrag zur Geschichte der Mathematik bei den Juden.* Berlin, 1910. p. 45-46.

culièrement autorisé, et, qui plus est, c'est en français qu'il nous le présentera. En effet, après avoir été, dans ses *Questions sur les Météores*, opposé à l'hypothèse du mouvement diurne de la terre, le chanoine de Rouen, qui allait être nommé évêque de Lisieux, prit, dans le *Traité du Ciel et du Monde* qu'il rédigea en français à la demande de Charles V, la défense de ce système. Cette défense est, pour l'histoire des doctrines cosmologiques, une pièce d'une importance capitale. Bien que nous l'ayons déjà publiée[1], nous l'allons reproduire ici en son entier; c'est seulement ensuite que nous la commenterons.

II

NICOLE ORESME EXPOSE L'HYPOTHÈSE DE LA ROTATION TERRESTRE

Au second livre du *Traité du Ciel et du Monde*, Aristote établit que la Terre demeure immobile au milieu du Monde ; c'est l'objet des deux chapitres qu'en sa traduction, Nicole Oresme intitule ainsi [2] :

Au XXIVe Chapitre, il commance à déterminer de la Terre, en tant comme elle est centre du Monde, et premièrement de son lieu, en reprenant autres oppinions.

Au XXVe Chapitre, il récite les oppinions d'aucuns du mouvement de la Terre.

Après avoir traduit et « glousé » ces deux chapitres, Oresme expose sa propre opinion dans les termes suivants [3] :

1. Pierre Duhem, *Un précurseur français de Copernic : Nicole Oresme* (1377). (*Revue générale des Sciences pures et appliquées*, XXe année, 15 nov. 1909.)

2. Nous gardons scrupuleusement le langage d'Oresme. L'orthographe de certains mots varie beaucoup, au cours de l'ouvrage, selon le caprice du copiste ; entre ces orthographes diverses, nous avons choisi celle qui se rapproche le plus de l'orthographe actuelle. Le seul signe de ponctuation qui figure au texte manuscrit est le point ; les autres ont été introduits par nous ; il en est de même de l'apostrophe, inconnue au temps d'Oresme ; le copiste écrit, par exemple, *il sensuit* là où nous écrivons : *il s'ensuit.*

3. Bibl. Nat., fonds français, ms. n° 1.083, fol. 87, col. a, à fol. 90, col. b.

II. Que l'on ne pourroit prouver par quelconque expérience que le Ciel soit Meu de mouvement journal et la Terre non[1].

Mes, soubs toute correction, il me semble que l'on pourroit bien soutenir et colorer la derrenière oppinion, c'est assavoir que la Terre est meue de mouvement journal et le Ciel non. Et premièrement, je vueil déclairer que l'on ne pourroit monstrer le contraire par quelconque expérience ; secundement, ne par raisons ; et, tiercement, remettre raisons à ce.

Quant au premier point, une expérience est que nous voions sensiblement le Solail et la Lune et plusieurs des estoilles de jour en jour lever et rescoucer, et aucunes tournoier entour le pôle artique, et ce ne peut estre fors par le mouvement du Ciel, sicomme il fut monstré au XVIe Chapitre ; et doncques est le Ciel meu de mouvement journal.

Une autre expérience est : Car si la Terre est ainsi meue, elle faict 1 tour parfait en 1 jour naturel, et doncques nous, et les arbres, et les maisons sommes meus vers orient très isnelment[2] ; et ainsi il nous sembleroit que l'aer et le vent ventist tousjours très fort devers orient et bruerait auxi comme il fait contre un carreau ; et le contraire appert par expérience.

La tierce est que met Ptholémée : Car qui seroit en une naif meue très isnelment vers orient et trairoit une saecte[3] tout droit en haut, elle ne cherroit pas en la naif, mes bien loing de la naif vers occident ; et semblablement si la terre est meue si très isnelment en tournant d'occident en orient, posé que l'on giestast une pierre tout droit en haut, elle ne cherroit pas au lieu dont elle part, mes bien loing vers occident ; et le contraire appert de fait.

Il me semble que par ce que je disoie à ces expériences, l'on pourroit respondre à toutes autres qui seroient amenées à cest propos.

Et doncques, je met premièrement que toute la machine corporelle ou toute la masse de tous les corps du Monde est divisée en deux parties :

Une est le Ciel, ouvecques l'espère[4] du feu et la haute

1. Ce titre et les trois titres analogues que l'on trouvera plus loin n'occupent pas, dans le manuscrit, la place que nous leur avons donnée ; on les trouve en une table des « chouses bien notables » contenues aux deux premiers livres de l'ouvrage d'Aristote et du commentaire d'Oresme, table qu'Oresme a mise après le second livre. (Ms. cit., fol. 122, col. a, à fol. 124, col. b.)

2. *Isnellé, ysnellé, ysnelleté* signifie : *vitesse; isnelment* ou *ysnelment* signifie : *vite; isnel* ou *ysnel*, signifie : *rapide*.

3. Saecte = flèche *(sagitta)*.

4. Espère = sphère.

région de l'aer ; et toute ceste partie, selon Aristote, au premier des *Méthéores*, est meue de mouvement journal [1].

L'autre partie est tout le mourant : c'est assavoir la moenne et la basse région de l'aer, l'eaue, et la terre, et les corps mixtes ; toute cette partie est immobile de mouvement journal.

Item, je suppose que le mouvement local ne peut estre sensiblement apperceu fors en tant comme l'on apperçoit un corps soy avoir autrement au regart d'autre corps. Et pour ce, si un homme est en une naif appelée A, qui soit meue très souef [2], isnelment ou tardifvement, et que cest homme ne voie autre chouse, fors une autre naif appelée B, qui soit meue de tout semblablement comme A en quoy il est, je di qu'il semblera à cest homme que l'une et l'autre ne se meuve ; et si A repose et B est meue, il lui appert et semble que B est meue ; et si A est meue et B repose, il lui semble comme devant que A repose et que B est meue.

Et ainsi, si A reposoit par une heure et B feust meue, et tantoust en l'autre heure ensuyvant feust *econverso*, que A feust meue et B reposast, cest homme ne pourroit appercevoir ceste mutacion ou variacion, mes continuelment que B feust meue ; et ce appert par experience.

Et la cause est que ces deux corps A et B ont continuelment autre regart un à l'autre, en telle manière dutout quant A est meu et B repose, comme il ont quant *econverso*, quant B est meu et A repose.

Et il appert au quart livre de la *Perspective* de Witelo [3] que l'on n'apperçoit mouvement fors tellement comme l'on apperçoit un corps soy avoir autrement au regart d'un autre.

Je di doncques que si, de ces deux parties du Monde dessus dictes, celle dessus, estoit au jour d'huy meue de mouvement journal, comme si est, et celle de bas non ; et demain feust le contraire, que celle de cy bas feust meue de mouvement journal, et l'autre non, c'est assavoir le Ciel etc., nous ne pourrion appercevoir en rien ceste mutacion, mes tout sembleroit estre en une manière huy et demain quant à ce. Et nous sembleroit

1. Aristote en donnait pour preuve le mouvement diurne des comètes qui se forment, croyait-il, en la région la plus élevée de l'air.

2. Souef = doucement *(suaviter)*.

3. Le nom de cet opticien de la fin du XIIIe siècle est généralement écrit *Vitello* ou *Vitellio*. Maximilian Curtze a soutenu (*Bulletino* de BONCOMPAGNI, t. IV, p. 49 ; 1871) que ce nom devait s'orthographier *Witelo*. Cette orthographe est justement celle qu'a adoptée Nicole Oresme.

continuellement que la partie où nous sommes reposast et que l'autre feust tousjours meue ; auxi comme il semble à un homme qui est en une naif meue que les arbres dehors sont meus.

Et semblablement, si un homme estoit au Ciel, posé qu'il soit meu de movement journal, et que cest homme qui est porté ouvecques le Ciel veoit cleirement la Terre et distinctement les mons, les vauls, fleuves, villes et chastiaux, il lui sembleroit que la Terre feust meue de mouvement journal, auxi comme il semble du Ciel à nous qui sommes à Terre.

Et semblablement si la Terre estoit meue de mouvement journal et le Ciel non, il nous sembleroit que la Terre reposast et que le Ciel feust meu ; et ce peut ymaginer légièrement chascun qui a bon entendement.

Et par ce appert cleirement la responce de la première expérience, car l'on diroit que le Solail et les estoilles appairent auxi couscher et lever et le Ciel tourner pour le mouvement de la Terre et des ellémens où nous habitons.

A la secunde, appert la responce par ce que, selon ceste oppinion, la Terre seulement n'est pas auxi meue, mes ouvecques ce, l'eaue et l'aer, comme dit est ; quant combien que l'eaue et l'aer de cy bas soient meus autrement par les vens ou par les autres causes ; et est semblable comme si en une naif meue, estoit aer enclos ; il sembleroit à celuy qui seroit en tel aer que il ne se meust.

A la tierce expérience, qui semble plus forte, de la saecte ou pierre jetée en haut etc., l'on diroit que la saecte traicte en haut, ouvecques ce trait, est meue vers orient très isnelment ouvecques l'aer par my lequel elle passe et ouvecques toute la masse de la basse partie du Monde devant signée qui est meue de mouvement journal ; et pour ce la saecte rechiet au lieu de terre dont elle est parti.

Et telle chouse appert possible par semblable ; car, si un homme estoit en une naif meue vers orient tres isnelment sans ce qu'il apperceust ce mouvement, et il tiroit sa main en descendant et en descrissant une droicte ligne contre le maast de la naif, il lui sembleroit que sa main ne feust meue fors de mouvement droit ; et ainsi, selon ceste oppinion, nous semble de la saecte qui descent ou monte droit en bas ou en haut.

Item, dedans la naif ainsi meue comme dit est, peuvent estre mouvemens du lonc, du travers, en haut, en bas, en toutes manières, et semblent estre du tout comme si la naif reposast, et pour ce, si un homme eu telle naif alloit vers occident moins isnelment qu'elle ne va vers orient, il lui sembleroit qu'il approicheroit vers occident, et il approiche vers orient ; mes semblablement, en cas devant mis, tous les mouvemens de cy bas sembleroient estre comme si la Terre reposast.

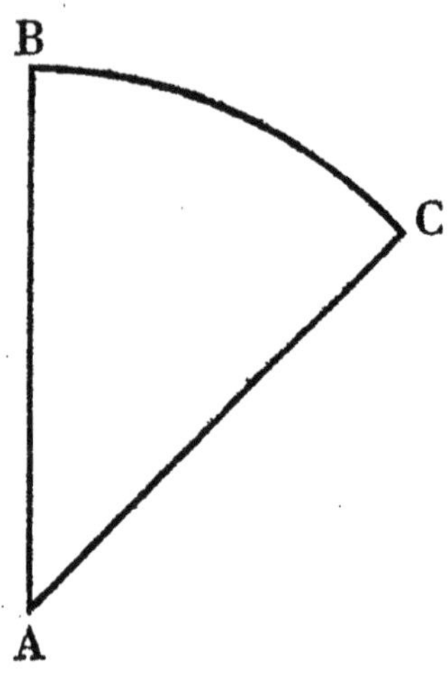

Fig. 3

Item, pour déclairer la responce à la tierce expérience, après cet exemple artificiel, j'en vueil mettre un autre naturel, lequel est vray selon Aristote ; et posé que, en la haute région de l'aer, soit une porcion de pur feu appelé A qui soit très léger, en tant que par ce il monte au plus haut, au lieu appelé B (fig. 3), près de la superficie concave du Ciel. Je di que, auxi comme il seroit de la saecte au cas dessus mis, il convient en cestuy que le mouvement de A soit composé de mouvement droit et de partie circulaire ; car la région de l'aer et les espères du feu par lesquelles A passa sont meues selon Aristote de mouvement circulaire.

Et doncques, se il n'estoient ainsi meues, A monteroit tout droit en haut par la ligne AB ; mes pour ce que, par mouvement circulaire et journal, B est entre temps translaté sicques[1] en droit C, il appert que A, en montant, descrit la ligne AC, et est le mouvement de A composé de mouvement droit et circulaire ; et ainsi seroit le mouvement de la saecte comme dit est ; et de telle composicion ou mixtion de mouvemens fut dit au tiers Chapitre du Premier.

Je conclut doncques que l'on ne porroit par quelconque expérience monstrer que le Ciel feust meu de mouvement journal et que la Terre ne feust ainsi meue.

III. Que ce ne pourroit estre prouvé par raison.

Quant au secunt point, si ce povoit estre monstré par raisons, il me semble que ce seroit par celles qui s'ensuivent, auxquelles je respondré tellement que, par ce, l'on pourroit respondre à toutes autres à ce pertinentes.

Premièrement tout corps simple a un seul simple mouvement, et la Terre est un ellément simple qui a selon ses parties

1. Sicques = jusques.

droit mouvement naturel en descendant ; et doncques elle ne peut avoir autre mouvement ; et tout ce appert par le quart Chapitre du Premier.

Item, mouvement circulaire n'est pas naturel à la Terre, car elle a un autre, comme dit est ; et se il lui est violent, il ne pourroit estre perpétuel, selon ce qu'il appert au Premier Livre, en plusieurs lieux.

Item, tout mouvement local est au regart d'aucun corps qui repose, selon ce que dit Adverrois au VIIIe chapitre ; et pour ce il conclut que il convient par nécessité que la Terre repose au milieu du Ciel.

Item, tout mouvement est fait par aucune vertu motive, sicomme il appert au VIIe et VIIIe de Phisique, et la Terre ne peut estre meue circulairement par sa pesanteur ; et si elle est ainsi meue par vertu dehors, tel mouvement seroit violent et non perpétuel.

Item, si le Ciel n'estoit meu de mouvement journal, toute Astrologie [1] seroit faulse, et une grande partie de Philosophie naturelle, où l'on suppose partout ce mouvement au Ciel.

Item, ce semble estre contre la Sainte Escripture qui dit : *Oritur Sol et occidit, et ad locum suum revertitur, ibique renascens gyrat per meridiem, et flectitur ad aquilonem; in circuitu pergit species et in circulos suos revertitur.*

Et ainsi est il escript de la Terre que Dieu la fit immobile : *Et enim firmavit orbem Terræ qui non commovebitur.*

Item, l'Escripture, dit que le Solail s'arresta au temps de Josué et que il retourna au temps du roy Ézéchias ; et si la Terre feust meue comme dit est, et le Ciel non, tel arrestement eust esté retournement, et le retournement que dit est eust plus esté arrestement, et c'est contre ce que dit l'Escripture.

Au premier argument, où il est dit que tout corps simple a un seul simple mouvement, je di que la Terre, qui est corps simple selon soy toute, non a quelconque mouvement selon Aristote, comme il appert au XXIIe Chapitre.

Et qui diroit que tel corps a un seul mouvement simple non pas selon soy tout, mes selon ses parties, et seulement quant elles sont hors de leur lieu, contre ce est forte instance de l'aer qui descent quand il est en la région du feu et monte quant il en est la région de l'eaue, et ce sont deux simples mouvements.

1. Ce mot est pris ici dans le sens qu'a aujourd'hui le mot Astronomie.

Et pour ce, l'on peut dire moult plus raisonnablement que chascun corps simple ou ellément du Monde, excepté par aventure le souverain Ciel, est meu en son lieu naturellement de mouvement circulaire.

Et si aucune partie de tel corps est hors de son lieu et de son tout, elle y retorne plus droit qu'elle peut, osté empeschement.

Et ainsy seroit il d'une partie du Ciel si elle estoit hors du Ciel ; et n'est pas inconvénient que un corps simple selon soy tout ait un simple mouvement en son lieu, et autre mouvement selon ses parties en retournant en leur lieu ; et convient telle chouse octroier selon Aristote, si comme je diré tantoust après.

Au secunt, je di que ce mouvement est naturel à la Terre, toute et en son lieu, et néantmoins, elle a autre mouvement naturel selon ses parties quant elles sont hors de leur lieu naturel, et est mouvement droit et en bas.

Et selon Aristote, il convient octroier chouse semblable de l'ellément du feu, qui est meu naturelment en haut selon ses parties quant elles sont hors de leur lieu ; et ouvecques ce, selon Aristote, tout cest ellément en son espère et en son lieu est meu de mouvement journal perpétuellement, et ce ne pourroit estre si ce mouvement estoit violent. Et selon ceste oppinion, le feu n'est pas ainsi meu, mes c'est la Terre.

Au tiers, où il est dit que tout mouvement requiert aucun corps reposant, je di que non, fors à ce que tel mouvement puisse estre apperceu, et oncor souffisoit il que tel autre corps fust meu autrement ; mes il ne requiert pas autre corps quant à ce que tel mouvement soit, si comme il fust déclairé au VIIIe chapitre.

Car posé que le Ciel soit meu de mouvement journal, et que la Terre feust meue semblablement, ou au contraire, ou que par ymagination elle fust adnichillée, pour ce ne cesseroit pas le mouvement du Ciel, et ne seroit pour ce ne plus isnel ne plus tardif, car l'intelligence qui le meut ne le corps qui est meu ne seroient pas pour ce autrement disposés.

D'autre partie, posé que le mouvement circulaire requerist autre corps reposant, il ne convient pas que ce corps reposant soit au milieu de ce corps ainsi meu, car, au milieu de la mole d'un molin ou d'une telle chouse meue, rien ne repose, fors un tout seul point mathématique qui n'est pas corps ; ne aussi au milieu du mouvement de l'estoille qui est près du pôle artique.

Et doncques l'on pourroit dire que le souverain Ciel repose ou est meu autrement que les autres corps pour ce que il est requis à ce que les autres mouvemens soient ou à ce que euls soient perceptibles.

Au quart, l'on peut dire que la vertu qui ainsi meut en circuite cette basse partie du Monde, c'est sa nature, sa forme ; et est ce même qui meut la Terre à son lieu quand elle en est hors, ou par telle nature comme le fer est meu à l'aymant.

D'autre partie, je demande à Aristote quelle vertu meut le feu, en son espère, de mouvement journal ; car l'on ne peut pas dire que le Ciel le traie ainsi ou ravice par violence, tant pource que tel mouvement est perpétuel, tant pource que la superficie concave est très polie, sicomme il fut dit au XIe Chapitre, et pour ce elle passe sur le feu très souef, sans fréer, sans tirer, sans bouter, sicomme il fut dit au XVIIIe Chapitre.

Et doncques convient dire que le feu est ainsi meu circulairement de sa nature et par sa forme, ou par aucune intelligence, ou par influence du Ciel.

Et semblablement peut dire de la Terre cellui qui met qu'elle est meue de mouvement journal, et le feu non.

Au quint, où est dit que, si le Ciel ne faisoit un circuite de jour en jour, toute Astrologie seroit faulse etc., je di que non, car tous regars, toutes conjuncions, toutes opposicions, constellacions, figures et influences du Ciel seroient auxi comme il sont du tout en tout, sicomme il appert par ce que fut dit en la responce de la première expérience. Et les tables des mouvemens et tous autres livres auxi vrais comme ils sont, fors tant seulement que du Ciel selon apparence et en Terre selon vérité ; et ne s'ensuit autre effet de l'un plus que de l'autre.

Et à ce propos fait ce que met Aristote au XVIe Chapitre, de ce que le Solail nous appert tourner et les estoilles sintiller ou oscilleter, car il dit que si la chouse que l'on voit estre meue, ou si le voiement est meu de mouvement journal.

Au sixte, de la Sainte Escripture qui dit que le Solail tourne etc., l'on diroit qu'elle se conferme en ceste partie à la manière de commun parler humain, auxi comme elle fait en plusieurs lieux, sicomme là où il est escript que Dieu se repanti, et courroça, et rapesa, et telles chouses qui ne sont pas ainsi comme la lettre sonne.

Et meisme près de notre propos lisons nous que Dieu queuvre le Ciel de nues : *Que operit celum nubibus*. Et toutes voies, selon vérité, le Ciel queuvre les nues. Et ainsi diroit-l-on que le Ciel est meu selon apparence de mouvement journal et la Terre non ; et, selon vérité, il est au contraire.

Et de la Terre l'on diroit qu'elle ne se meut de son lieu ne à son lieu selon apparence, mes bien selon vérité.

Au VIIe, presque semblablement l'on diroit que, au temps de Josué, le Solail se arresta et, au temps de Ézéchias, il retorna, et tout selon apparence ; mes selon vérité, la Terre se arresta au temps de Josué, et avença ou hasta son mouvement au temps de Ézéchias, et en ce n'ont différence à l'effet qui s'ensuit, et ceste voie semble plus raisonnable que l'autre, si comme il sera déclairé après.

IV. Plusieurs belles persuasions a montrer que la Terre est meue de mouvement journal et le Ciel non.

Et quand au tiers point, je vueil mettre persuasions ou raisons par quoy il semble que la Terre soit meue comme dit est.

Premièrement, que toute chouse qui a mestier d'une autre chouse doit estre appliquée à recevoir le bien qu'elle a de l'autre par le mouvement d'elle, qui reçoit.

Et pour ce voions nous que chascun ellément est meu au lieu naturel où il est conservé et va en son lieu, mes son lieu ne va pas à luy.

Et doncques la Terre et les ellémens de cy bas, qui ont mestier de la chaleur et de l'influence du Ciel tout environ, doivent estre disposés par leur mouvement à recevoir ce proufit deuement.

Auxi, à parler familièrement, comme la chouse qui est roustie au feu reçoit environ elle la chaleur du feu pource que elle est tournée, et non pas pource que le feu soit tourné environ elle.

Item, au cas où ne expérience ne raison ne monstrent le contraire, sicomme dit est, c'est moult plus raisonnable que tous les principals mouvemens des simples corps du Monde soient et voiesent en procédant tous en une voie ou en une manière ; et ce ne pourroit estre selon les philosophes et les astrologues que tous feussent d'orient en occident. Mes si la Terre est meue comme dit est, tous procèdent en une voie d'occident en orient ; c'est assavoir la Terre en faisant son circuite en un jour naturel sur les pôles de ce mouvement, et les corps du Ciel sur les pôles du Zodiaque, et la Lune en un moys, le Solail en un an, Mars en deux ans ou environ, et ainsi des autres.

Et ne convient mettre au Ciel autres pôles principals, ne deux manières de mouvemens, un d'orient en occident, et les autres auxi comme au contraire et sur autres pôles, la chouse il conviendroit mettre par nécessité si le Ciel estoit meu de mouvement journal.

Item, par ceste manière, et non autrement, seroit le pôle artique le dessus du Monde, en quelconque lieu que ce pôle soit, et occident seroit la dextre partie, en supposant l'ymaginacion que Aristote met au quint Chapitre.

Et ainsi la partie de la Terre qui est habitable, et meismement celle où nous sommes, seroit le dessus de nous et la dextre du Monde, et au regard du Ciel, et au regart de la Terre, car tout mouvement de tels corps par ce seroit d'occident en orient, comme dit est.

Et c'est raisonnable que habitation humaine soit en plus noble lieu que soit sur terre.

Et si le Ciel est meu de mouvement journal, tout le contraire a vérité, selon ce qu'il appert par Aristote au VIIe Chapitre.

Item, combien que Adverrois die au XXe Chapitre que mouvement est plus noble que repos, le contraire appert, car, selon meisme Aristote en ce Chapitre XXIIe, la plus noble chouse qui soit et qui puisse estre a sa perfection sans mouvement : c'est Dieu.

Item, repos est fin de mouvement et pour ce, selon Aristote, les corps de cy bas sont meus à leurs lieux naturels pour euls y reposer.

Item, en signe que repos vault mieux, nous prions pour les mors que Dieu leur donne repos : *Requiem æternam* etc.

Et doncques reposer ou estre moins meu est mieux et plus noble condicion que estre meu ou plus meu, et plus loing de repos.

Et pour ce, appert la position dessus dicte très raisonnable ; car l'on diroit que la Terre, qui est le plus vil ellément, et les ellémens de cy bas font leur circuite très isnelment ; et l'aer soverain et le feu moins isnelment sicomme il appert aucunes fois par les comètes.

Et la Lune et son ciel encor plus tardifvement, car elle fait en un mois, ce que la Terre fait en un jour naturel. Et ainsi, en procédant tousjours, les plus haux cieuls font leur révolution plus tardifvement, combien que, en ce, soit aucune instance. Et est ce procès siques au ciel des estoilles fichiés, lequel repose du tout, ou fait sa révolution très tardifvement et, selon aucun, en XXXVIm (36.000) ans ; c'est, en cent ans, meu par un degré.

Item, par ceste voie, et non par autre, peut estre légièrement solue la question que propouse Aristote au XXIe Chapitre, ouvecques peu de addicion ; et ne convient pas mettre tant de degrez de chouses ne tèles difficultés obscures comme Aristote met en sa responce au XXIIe Chapitre.

Item, c'est chouse raisonnable que les ciels qui sont plus grans ou plus loing du centre facent leur circuite en révolucion en plus de temps que ceuls qui sont moins loing du centre ; car se il les faisoient en temps équal ou mendre, leurs mouvemens seroient très isnels excessivement ; et doncques l'on diroit que nature recompense, et a ordrené que les révolucions des corps qui sont plus loing du centre soient faictes en plus grant temps.

Et pour ce, le souverain des ciels qui est meu fait son circuite ou sa révolucion en très lonc temps, et encor est il très grandement meu pour la grandeur de son circuite.

Mes la Terre qui fait très petite circuite, si l'a tantoust fait par mouvement journal. Et les autres corps moiens entre le plus haut et le plus bas font leurs révolucions moiennement, combien que ne soit pas proporcionnelment.

Et par ceste manière, une constellation qui est vers aquillon, *Major Ursa*, que nous appelons le char, ne va pas à reculons, le char devant les bœufs, sicomme il yroit posé qu'il feust meu de mouvement journal, mes va par droict ordre.

Item, tous philosophes dient que pour néant est fait par plusieurs ou par plus grandes opéracions ce qui peut estre fait par moins d'opéracions ou par plus petites. Et Aristote dit au VIIIe Chapitre que Dieu et Nature ne font rien pour néant.

Or est il ainsi que si le Ciel est meu de mouvement journal, il convient mettre ès principals corps du Monde et au Ciel deux manières de mouvemens auxi comme contraire, un d'orient en occident, et les autres *econverso*, comme souvent dit est.

Et ouvecques ce, il convient mettre une isnelté excessivement grande ; car qui bien pense et considère la hauteisce ou distance du Ciel et la grandeur de lui et de son circuite, si tel circuite est fait en un jour, un homme ne pourroit ymaginer ne penser l'isnelté du Ciel comme elle est merveilleusement et excessivement grande, et auxi comme inoppinable et inestimable.

Et doncques, puis que tous les effez que nous voions peuvent estre fais, et toutes apparences sabiées [1], pour mettre en lieu de ce une petite opéracion, c'est assavoir le mouvement journal

1. Sabiées = sauvées.

de la Terre qui est très petite au regard du Ciel, sans multiplier tant d'opéracions si diverses et si oultrageusement grandes, il s'ensuit que Dieu et Nature les auroient pour néant faictes et ordrenées ; et c'est inconvénient, comme dit est.

Item, posé que tout le Ciel soit meu de mouvement journal et, ouvecques ce, que la VIIIe espère soit meue d'autre mouvement, sicomme mettent les astrologiens, il convient selon euls une IXe espère qui est meue seulement de mouvement journal.

Mes, posé que la Terre soit meue comme dit est, le VIIIe Ciel est meu d'un seul mouvement tardif.

Et ainsi, par ceste voie, il ne convient pas songier ne adunner [1] une IXe espère naturelle, invisible et sans estoilles, car Dieu et Nature auroient pour néant faicte telle espère, quant par autre voie toutes chouses peuvent estre comme elles sont.

Item, quant Dieu fait aucun miracle, l'on doit supposer et tenir que ce fait il sans muer le commun cors de nature, fors au moins que ce peut estre ; et doncques, si l'on peut sauver que Dieu aloisgna le jour au temps de Josué pour arrester le mouvement de la Terre ou de la région de ci bas seulement, laquelle est si très petite et auxi comme un point au regart du Ciel, sans mettre que tout le Monde ensemble, fors ce petit point, eust été mis hors de son commun cors, et meismement tels corps comme sont les corps du Ciel, c'est molt plus raisonnable ; et ce peut estre ainsi salvé, sicomme il appert à la responce à la VIIe raison qui fut faicte contre ceste oppinion. Et semblablement pourroit-l-on dire du retour du Solail au temps des Ézéchias.

V. Comment telles considéracions sont profitables pour la défense de notre foy.

Or appert comme l'on ne peut monstrer par quelconque expérience que le Ciel soit meu de mouvement journal ; car comment qu'il soit posé, qu'il soit ainsi meu et la Terre non, ou le Ciel non meu et la Terre meue, si un oisel estoit au Ciel et il veist cleirement la Terre, elle sembleroit meue, et si le oiseau estoit en Terre, le Ciel sembleroit meu.

Et le voiement n'est pas pource déceu, car il ne sent ou voit fors que mouvement ; mes se il est de tel corps ou de tel, ce jugement est fait par les sens dedans, sicomme il appert en

1. Adunner = ajouter, adjoindre.

Perspective ; et sont tels sens souvent déceus en tel cas, sicomme il fut dit devant de celui qui est en la naif meue.

Après est monstré comment par raisons ne peut estre conclut que le Ciel soit ainsi meu.

Tiercement, ont esté mises raisons aucunes contraires, et qu'il n'est pas ainsi meu et la Terre non : *Deus enim firmavit orbem Terræ qui non commovebitur.*

Nonobstant les raisons au contraire ; car ce sont persuasions qui ne concludent pas évidemment.

Mes considéré tout ce que dit est, l'on pourrait par ce croire que la Terre est ainsi meue et le Ciel non ; et n'est pas évident du contraire.

Et toutes voies ce semble de prime face autant et plus contre raison naturèle comme sont les articles de notre Foy, ou tous, ou plusieurs.

Et ainsi ce que j'ay dit par esbatement en ceste matère peut valoir à confuter et reprendre ceuls qui vouldroient notre Foy par raisons impugner.

III

REMARQUES SUR L'EXPOSÉ D'ORESME

Les pages que nous venons de lire ne requièrent pas un long commentaire ; il serait difficile, en effet, de souhaiter plus d'ordre et de clarté dans les idées. Lorsque Copernic, dans son livre *Sur les révolutions des orbes célestes*, reprendra l'hypothèse de la rotation terrestre, ce qu'il dira en faveur de cette hypothèse sera loin d'avoir l'ampleur et la netteté du discours de Nicole Oresme.

Trois points seulement retiendront notre attention ; voici le premier :

Nous avons vu qu'aux partisans de la rotation de la terre, les adversaires de cette hypothèse, de François de Mayronnes à Albert de Saxe, n'avaient cessé d'adresser ce reproche : Elle suffit bien à « sauver » le mouvement diurne, mais elle ne suffit pas à « sauver » les autres mouvements, si compliqués, que révèle l'observation des corps célestes.

Que Nicole Oresme connaisse cette objection, nous n'en doutons pas ; nous avons vu qu'au temps où il rédigeait ses *Questions sur les météores*, elle l'empêchait d'admettre la rotation de la terre. Aussi n'a-t-il pas manqué d'y faire allusion dans l'exposé que nous venons de citer : « Si le Ciel n'estoit meu de mouvement journal, toute Astrologie seroit faulse, et une grande partie de Philosophie naturelle, où l'on suppose partout ce mouvement au Ciel. »

A cette « cinquième » objection, il avait fait la réponse suivante :

« Au quint, où est dit que si le Ciel ne faisoit un circuite de jour en jour, toute Astrologie seroit faulse etc., je di que non, car tous regars, toutes conjuncions, toutes oppositions, constellacions, figures et influences du Ciel seroient auxi comme il sont du tout en tout, sicomme il appert par ce que fut dit en la responce de la première expérience. Et les tables des mouvemens et tous autres livres auxi vrais comme il sont, fors tant seulement que du Ciel selon apparence et en terre selon vérité ; et ne s'ensuit autre effet de l'un plus que de l'autre. »

C'est qu'en donnant à la terre le mouvement diurne, Oresme avait bien soin de ne fixer qu'un seul ciel, le Ciel suprême, celui que les autres astronomes regardaient comme le premier mobile ; à tous les corps célestes placés au-dessous de celui-là, il gardait des mouvements relatifs à la sphère suprême identiques à ceux que l'observation leur avait fait attribuer ; ce qu'il dit des mouvements des étoiles fixes et des astres errants nous le manifeste ; il avait donc raison de dire qu'en changeant les hypothèses relatives au repos et au mouvement du Ciel suprême et de la terre, il n'apportait aucun changement à la science astronomique.

L'hypothèse de la rotation de la terre se heurtait à une autre difficulté que, depuis Aristote, on n'avait cessé de lui opposer : Une flèche, tirée verticalement en l'air, retombe exactement au lieu où elle est partie ; si la terre tournait d'Occident en Orient, l'archer, pendant que la flèche monte et redescend, se serait déplacé vers l'Orient ; il devrait donc voir la flèche retomber à l'Occident de la place qu'il occupe. Cette objection était certainement la plus forte qu'on eût dressée contre les négateurs de la fixité de la terre.

Cette objection, comment la résout-on aujourd'hui ? Au moment où la flèche quitte la corde de l'arc, cette corde a, par l'effet de la rotation de la terre, une certaine vitesse ; cette vitesse est tangente au parallèle passant par le point de contact de la corde et de la flèche, dirigée de l'Orient vers l'Occident et d'une grandeur bien déterminée. La flèche qui part n'a pas seulement la vitesse, dirigée suivant la verticale, que la corde lui communique ; elle possède également cette vitesse due à la rotation de la terre ; c'est seulement en apparence que la vitesse initiale de la flèche se réduit à la première de ces deux composantes ; en réalité, cette vitesse initiale résulte de toutes deux ; la connaissance de cette vitesse initiale totale, celle de la pesanteur, permettent de déterminer le mouvement apparent de la flèche par rapport à l'archer. Les géomètres ont complètement traité ce problème ; la flèche ne retombe pas exactement au lieu d'où elle a été tirée ; une légère déviation résulte du mouvement de la terre.

Ce n'est pas ainsi qu'Oresme traite le mouvement d'un projectile lancé verticalement. Ce projectile, à son gré, continue, même après qu'il a quitté l'arme, à faire partie du système terrestre qui comprend non seulement la terre, mais encore l'air et l'eau ; or toute cette partie du Monde est animée de mouvement diurne ; « selon ceste oppinion, la terre seulement n'est pas auxi meue, mes ouvecques ce l'eaue et l'aer. » A chaque instant, la flèche est contiguë à une certaine partie d'air ; cet air est mû d'un mouvement de rotation qui, en un jour sidéral, lui fait accomplir sa course autour de l'axe du Monde ; la flèche, qui se trouve, de l'axe du Monde, à la même distance que cet air, est animée du même mouvement de rotation, qu'il faut, à chaque instant, composer avec le mouvement produit par l'impulsion initiale de l'arc et par la pesanteur. Ainsi, avec ce dernier mouvement, nous composons, à chaque instant, un mouvement de translation dont la vitesse est constamment identique, en grandeur et en direction, à celle qui, au moment du départ de la flèche, animait la corde qui touchait cette flèche ; Oresme, au contraire, compose un mouvement de rotation dont la vitesse angulaire demeure constamment celle du mouvement diurne. La solution proposée par le Chanoine de Rouen n'est donc pas mécaniquement exacte. Pour que le principe de la solution véritable soit découvert, nous devrons attendre Giambattista Benedetti, et Galilée pour qu'il soit appliqué. Du moins les considérations exposées par Oresme étaient-elles de nature à frayer la voie à l'explication légitime.

Le troisième point sur lequel nous voudrions appeler l'attention, c'est la sûreté doctrinale avec laquelle Nicole Oresme écarte les objections que certains textes de l'Écriture Sainte semblent fournir contre le mouvement de la terre. On sait quelle importance ces objections prendront au XVIIe siècle, et comment elles aboutiront à la double condamnation de Galilée. Nicole Oresme, avec son clair bon sens, a marqué le principe qui permet au chrétien de dissiper ces sortes de difficultés :

« Au sixte, de la Sainte Escripture qui dit que le Solail tourne etc., l'on diroit qu'elle se conferme en ceste partie à la manière de commun parler humain, auxi comme elle fait en plusieurs lieux, sicomme là où il est escript que Dieu se repanti, et courroça, et rapesa, et telles chouses qui ne sont pas ainsi comme la lettre sonne. »

Notre incompétence hésiterait à vanter la justesse du sens théologique dont le Chanoine de Rouen fait preuve en ce passage ; mais, à notre propre jugement, nous sommes heureux d'en pouvoir substituer un, qui soit hautement autorisé. A propos du texte qu'on vient de lire, Son Éminence le Cardinal Mercier, archevêque de Malines, nous faisait, le 22 mars 1910, l'honneur de nous écrire :

« Ce document est du plus vif intérêt.

» Vous faites observer que certains chapitres de Copernic ne sont qu'un résumé du « traité » de Nicole Oresme ; la réponse « au sixte » semble avoir fourni le texte d'une réponse de la commission biblique. »

Au XIVe siècle, nous l'allons voir, l'hypothèse du mouvement de la terre, défendue par Oresme, trouva de savants adversaires ; mais ils ne songèrent pas à s'appuyer, pour combattre cette supposition, sur les passages de l'Écriture dont le Chanoine de Rouen n'avait pas voulu tenir compte.

D'ailleurs, bien loin de voir, dans ses persuasions en faveur du mouvement de la terre, rien qui pût effaroucher le chrétien, Oresme prétendait montrer « comment telles considérations sont profitables pour la deffense de notre foy ». Assurée pour lui-même, son orthodoxie ne fut aucunement suspectée de ses contemporains ; le traité où il regardait comme probable que la terre tourne lui valut de s'élever dans la hiérarchie ecclésiastique ; il le pouvait clore par ces paroles :

« Et ainsi, à laude de Dieu, j'ay accompli le livre du Ciel et du Monde au commendement de très excellent prince Charles Quint de ce nom, par la grâce de Dieu Roy de France, lequel, en ce faisant, m'a fait évesque de Lisieux. »

IV

LA RÉPONSE DE JEAN BURIDAN AUX PERSUASIONS D'ORESME EN FAVEUR DU MOUVEMENT DE LA TERRE

Nous montrions, au début de ce chapitre, que l'hypothèse de la rotation terrestre n'avait cessée, au XIVe siècle, d'exciter le très vif intérêt des maîtres parisiens et d'être débattue parmi eux. Au bel exposé d'Oresme en faveur de cette hypothèse, une réponse détaillée fut adressée par un autre membre de l'Université de Paris, par Jean Buridan ; cette réponse a été donnée par Buridan dans ses *Questions sur les livres du Ciel et du Monde*, qui n'ont jamais été publiées, mais que nous conserve un manuscrit de la Bibliothèque Royale de Munich ; elle a été, de ce manuscrit, exhumée par le R. P. J. Bulliot qui en a publié le texte accompagné d'une traduction française [1] ; nous en allons reproduire les principaux passages ; l'intention non seulement de discuter la supposition du mouvement terrestre, mais encore de riposter aux « persuasions » de l'Évêque de Lisieux s'y marquera de la manière la plus claire.

Après avoir donné quelques raisons pour accorder à la terre au moins un certain mouvement, Buridan énumère [2] les divers problèmes en lesquels se décompose la question qu'il veut examiner.

« Il est, dit-il, un autre sujet de doute difficile à éclaircir ; ce raisonnement d'Aristote est-il valable : Si le Ciel doit, nécessairement et toujours, se mouvoir de mouvement circulaire, il est nécessaire qu'au centre, la terre demeure continuellement en repos.

» Un quatrième point douteux est celui-ci : En admettant que la terre se meut d'un mouvement de rotation autour de son propre centre et sur ses propres pôles, peut-on sauver tous les phénomènes qui se manifestent à nous *(possunt salvari omnia nobis apparentia)*. C'est de ce dernier problème que nous allons parler tout d'abord.

1. J. BULLIOT, *Jean Buridan et le mouvement de la terre* (*Revue de Philosophie*, quatorzième année, 1914, XXV ; p. 5-24).
2. *Questiones super libris de celo et mundo magistri* JOHANNIS BYRIDANI *rectoris Parisius*. Lib. II, quæst. XXII : Utrum terra semper quiescat in medio mundi (Bibliothèque Royale de Munich, ms. lat. 19.551, fol. 98, col. d, à fol. 99, col. d.)

» Sachez donc que beaucoup ont tenu pour probable l'opinion suivante : Que la terre se meuve comme il vient d'être dit, cela ne contredit pas aux apparences ; si l'on marque une partie quelconque de la terre, en chaque jour naturel, cette partie accomplirait une révolution qui partirait de l'Occident pour aller à l'Orient et revenir ensuite à l'Occident ; il faudrait alors admettre que la sphère des étoiles fixes demeure en repos. C'est par ce mouvement de la terre que se feraient, pour nous, le jour et la nuit, en sorte que ce mouvement de la terre serait le mouvement diurne.

» On en donne un exemple célèbre. Un homme se trouve dans un navire en mouvement ; il s'imagine demeurer en repos ; en même temps, il voit un autre navire qui, lui, est vraiment en repos ; il lui semblera que cet autre navire est en mouvement ; que son propre navire, en effet, soit en repos et que l'autre navire soit en mouvement, ou qu'il en soit au contraire, son œil se comportera exactement de la même manière à l'égard de l'autre navire. Admettons, dès lors, que la sphère du Soleil soit absolument immobile et que la terre nous emporte en son mouvement de rotation alors que nous nous croyons immobiles ; tout comme l'homme placé dans un navire entraîné par un mouvement rapide ne sent ni son mouvement ni celui du navire ; il est bien certain que, pour nous, le Soleil se lèverait, puis se coucherait, tout comme il le fait alors que c'est lui qui se meut et nous qui demeurons en repos.

» Toutefois, il est vrai que si cette sphère des étoiles fixes est en repos, il faut absolument accorder que les sphères des astres errants sont en mouvement ; autrement, les situations relatives des astres errants les uns à l'égard des autres ainsi qu'à l'égard des étoiles fixes n'éprouveraient aucun changement. Selon cette opinion, donc, on imagine que chacune des sphères des astres errants se meut comme la terre, c'est-à-dire de l'Occident vers l'Orient ; mais comme la terre est de moindre circonférence, elle accomplit sa révolution en moins de temps ; la Lune vient ensuite, qui accomplit sa révolution en moins de temps que le Soleil, et ainsi de suite ; en sorte que la terre accomplit sa révolution en un jour sidéral, la Lune en un mois, le Soleil en un an. Il n'y a point de doute que si les choses se passaient comme le suppose cette opinion, tout, au Ciel, nous apparaîtrait comme il nous apparaît maintenant. »

Buridan accorde donc pleinement à Nicole Oresme qu'aucune raison tirée des observations astronomiques ne saurait conclure ni pour ni contre le mouvement de la terre.

Il poursuit en ces termes :

« En outre, ceux qui, peut-être pour le plaisir de la discussion *(gratia disputationis)*, veulent soutenir cette opinion, exposent en sa faveur, remarquons-le, quelques persuasions.

» Voici la première : Le Ciel n'a nul besoin de la terre ni des choses d'ici-bas en vue d'acquérir quelque bien ; c'est la terre, au contraire, qui éprouve le besoin d'acquérir les influences émanées du Ciel. Or, que ce qui est dans le besoin se meuve pour acquérir ce qui lui manque, c'est chose plus raisonnable que de supposer le mouvement de ce qui n'a aucun besoin.

» La seconde persuasion est la suivante : Aristote dit : Ce qui est dans un état parfait n'a pas besoin d'agir et ce qui se trouve dans un état presque parfait n'a besoin d'agir que très peu. Or les corps célestes sont beaucoup plus nobles que la terre, ils sont en bien meilleur état ; et, parmi les corps célestes, la sphère suprême se trouve en un état parfait ; il semble donc que la sphère suprême n'ait aucun besoin de se mouvoir, qu'un faible mouvement suffise à la sphère de Saturne et ainsi de suite, jusqu'à la Lune qui requiert un mouvement considérable, jusqu'à la terre qui demande le plus rapide de tous.

» Troisième persuasion : Au corps céleste et, surtout, à la sphère suprême, on doit attribuer de plus nobles conditions [qu'aux choses d'ici-bas] ; or le repos est condition plus noble que le mouvement ; la sphère suprême doit donc demeurer en repos. De la mineure, voici la preuve : Si un grave tombe, ce n'est pas à seule fin de se mouvoir ; c'est pour parvenir à son lieu naturel ; lorsqu'il s'y trouve, il y demeure ; le repos est donc la fin du mouvement, et la fin est plus noble [que ce qui y conduit]. Ce raisonnement est encore confirmé par cette remarque : Dans le repos naturel qu'un grave garde lorsqu'il est au bas de sa course, rien n'est contre nature, comme le dit le Commentateur au quatrième livre des *Physiques;* mais dans la chute de ce même grave, il y a toujours quelque chose qui n'est point naturel ; toujours, en effet, il demeure quelque chose du lieu haut placé, et c'est pour rejeter ce quelque chose que le grave se meut ; aussi peut-on dire purement et simplement qu'il y a, pour le grave, plus de perfection à demeurer en repos au bas de sa course qu'il n'y en a à tomber.

» Voici la quatrième persuasion : Toute révolution s'accomplirait ainsi d'Occident en Orient ; il en résulterait donc que notre habitation se trouve à la droite du Ciel et à la partie supérieure [de la terre], comme le dit Aristote. Il semble fort raisonnable qu'il en soit ainsi, car la droite est plus noble que la gauche et le haut que le bas. Or la partie habitable de la terre est plus noble que les parties inhabitables ; il est donc raisonnable qu'elle se trouve à droite. Notre pôle paraît également plus noble que le pôle opposé, car les étoiles qui l'entourent sont plus nombreuses et plus grandes ; il est donc raisonnable qu'il soit en haut.

» Enfin, la dernière persuasion, c'est celle-ci : S'il vaut mieux sauver les apparences par des moyens peu nombreux que par des moyens nombreux, aussi vaut-il mieux les sauver par une voie plus faible que par une voie plus difficile. Or un petit corps est plus facile à mouvoir qu'un grand ; mieux vaut donc dire que la terre, qui est extrêmement petite, est en mouvement et que la sphère suprême est en repos que de dire le contraire.

» Toutefois, cette opinion n'est pas soutenable.

» D'abord, elle va contre l'autorité d'Aristote. Ses partisans, il est vrai, répondent qu'autorité n'est pas démonstration. D'ailleurs, disent-ils, il suffit à l'Astronome de supposer un moyen de sauver les apparences, qu'il en soit ainsi ou non [dans la réalité] ; or, des deux façons, les apparences sont sauvées ; ils peuvent donc admettre celle des deux qui leur plaît davantage. — *Sed illi respondent quod auctoritas non demonstrat, et quod sufficit astrologo ponere modum per quem salventur apparentia, sive sit ita sive non ; utroque autem modo salvantur ; ideo possunt ponere quod placet eis.* »

Ce dernier langage n'est pas de Nicole Oresme ; il mérite que nous nous arrêtions un instant pour le recueillir.

Que les hypothèses de l'Astronomie n'affirment rien de la réelle nature des choses célestes, qu'elles soient simplement des artifices propres à sauver les apparences (*salvare apparentia*, σῴζειν τὰ φαινόμενα), c'est, nous le savons, une très ancienne opinion des philosophes hellènes et très répandue parmi eux [1]. Déjà Posidonius ou son abréviateur Géminus considéraient comme un tel artifice le mouvement attribué à la terre par Héraclide du Pont ou par quelque autre physicien grec [2]. Mais cette

1. Première partie, ch. X ; t. II, p. 59 s.
2. Première partie, ch. VII, § IV ; t. I, p. 410-418 ; ch. X, § 11 ; t. II, p. 74.

doctrine avait été surtout mise à profit pour garantir le système astronomique des excentriques et des épicycles contre les attaques de la Physique péripatéticienne. Après les Hellènes [1], les Sémites [2], Arabes ou Juifs, avaient usé de cette fin de non-recevoir à l'encontre des arguments forgés par les partisans des sphères homocentriques. Au XIVe siècle, les maîtres-ès-arts de Paris avaient accueilli avec faveur ce qu'un Posidonius, un Simplicius enseignaient au sujet des suppositions des astronomes [3], et Jean Buridan n'avait pas été le moins empressé à recueillir ces échos de la pensée hellénique [4].

A l'encontre des Aristotéliciens intransigeants qui voulaient, à force d'objections de Physique, les contraindre de n'employer que des sphères homocentriques au Monde, les physiciens de Paris usaient volontiers de cette riposte : Nos hypothèses ne sont point des jugements sur la réalité des choses ; elles n'ont d'autre objet que de permettre le calcul et la prévision des mouvements apparents ; nous sommes donc entièrement libres de les choisir comme il nous plaît, pourvu que les phénomènes soient sauvés. Il s'en trouvait parmi eux, Buridan nous l'apprend, qui revendiquaient de même façon la liberté de faire tourner la terre si bon leur semblait, en dépit de la Physique d'Aristote.

Au moment où les hypothèses de Copernic commenceront d'inquiéter Péripatéticiens butés et Théologiens à courte vue, on s'y prendra de même pour mettre le nouveau système à couvert de leurs critiques et de leurs condamnations. Dans la célèbre préface qu'il mettra, après la mort de Copernic, au traité *De revolutionibus*, André Osiander déclarera que « les hypothèses des astronomes n'ont pas besoin d'être vraies ni même vraisemblables ; il suffit qu'elles fournissent des calculs conformes aux observations. » En dépit des réclamations indignées des Pierre La Ramée (Ramus), des Giordano Bruno, des Képler, la doctrine d'Osiander gardera longtemps de nombreux partisans. Or le disciple de Copernic ne fera que reprendre, nous le voyons, le langage tenu, au temps de Buridan, par certains partisans de la rotation de la terre.

Revenons aux objections de Buridan contre cette hypothèse. « D'autres tirent argument de multiples apparences.

1. Voir : Première partie, ch. X ; t. II, p. 59 s.
2. Voir : Première partie, ch. XI ; t. II, p. 117 s.
3. Voir : Seconde partie, ch. IX § I, t. IV, p. 91-96.
4. Voir : Seconde partie, ch. IX ; § VI, t. IV, p. 137-142.

» La première, c'est qu'à notre sens se manifeste le mouvement des étoiles d'Orient en Occident. Leurs adversaires résolvent cette objection, car l'apparence serait la même si les étoiles demeuraient en repos tandis que la terre serait mue d'Occident en Orient.

» Voici une autre apparence sensible : Un cavalier, sur son cheval qu'emporte un rapide galop perçoit l'air qui lui résiste ; de même, si nous étions entraînés avec vitesse par le mouvement de la terre, nous sentirions une résistance notable que l'air nous opposerait. Mais on répond à cela que la terre, l'eau et la région inférieure de l'air se meuvent en commun de ce mouvement diurne ; l'air ne nous oppose donc pas de résistance.

» Une autre apparence, c'est que le mouvement échauffe ; la terre et nous, donc, qui serions mûs avec tant de vitesse, nous nous échaufferions extrêmement. A quoi les tenants de cette supposition répondent : le mouvement n'échauffe que par suite du frottement des corps les uns contre les autres, ou bien lorsque ces corps sont broyés ou pulvérisés, ici, cela n'aurait point lieu, puisque la terre, l'eau et l'air sont mûs d'un mouvement d'ensemble.

» Voici enfin une dernière apparence sensible, dont Aristote fait mention et qui, pour l'objet qu'on se propose, a plus de valeur démonstrative que les autres. Une flèche, que l'arc a lancée tout droit vers le haut, retombe sur la terre à l'endroit même d'où elle est partie ; si la terre se mouvait avec tant de vitesse, il n'en serait pas ainsi, bien au contraire ; avant que la flèche ne retombe, l'endroit de la terre d'où elle a été lancée se serait éloigné d'une lieue. Mais les partisans du mouvement de la terre veulent encore répondre à cet argument ; l'air, disent-ils, qui partage le mouvement de la terre, emporte si bien la flèche avec lui, qu'elle ne nous parait point se mouvoir, si ce n'est suivant la verticale ; et c'est ce dernier mouvement que nous percevons seul ; quant au mouvement par lequel elle est emportée avec l'air nous ne le percevons pas. »

Aux réponses par lesquelles Oresme repoussait les objections de ses adversaires, Buridan n'a fait jusqu'ici aucune réplique ; au Chanoine de Rouen, donc, il paraît accorder que toutes ces objections sont mal fondées. Il n'en est plus de même pour la dernière ; le physicien picard ne se contente plus de la réponse du physicien normand : « Cette échappatoire est insuffisante, dit-il ; en effet, l'impétuosité de la violence qui fait monter la flèche n'aurait point un mouvement latéral aussi grand que celui de l'air ; de même, si l'air était entraîné par un grand vent, une flèche, [tirée dans une direction normale au vent], ne serait pas latéralement déviée par un mouvement égal à celui du vent, encore qu'elle éprouve avec une certaine déviation. »

La réplique que Buridan adresse à Nicole Oresme définit clairement une proposition erronée qui gênera fort longtemps les progrès de la Dynamique. Insistons, afin de montrer en quoi la doctrine ici reçue par le physicien picard diffère de celle qui nous est maintenant coutumière.

Deux causes de mouvement agissent sur un mobile. Si la première exerçait seule son action, elle communiquerait au mobile une certaine vitesse dans une certaine direction. De même, la seconde, opérant isolément, communiquerait au mobile une autre vitesse dans une autre direction. Si les deux causes de mouvement agissent ensemble, elles communiquent au mobile une troisième vitesse.

La Mécanique moderne admet que la troisième vitesse est la diagonale du parallélogramme construite sur les deux premières. Ce n'est pas ce que Buridan, ce que beaucoup de ses successeurs croyaient exact ; à leur gré, chacun des deux mouvements partiels était gêné par la coexistence de l'autre mouvement : aussi, pour obtenir la vitesse résultante, ne fallait-il pas composer entre elles, suivant la règle du parallélogramme, les deux vitesses qui auraient été, séparément l'une de l'autre, communiquées au mobile ; c'étaient deux vitesses respectivement plus petites que celles-là, qui devaient, en se composant, donner la vitesse résultante.

C'est au nom de ce principe que Buridan déclare insuffisante l'explication, proposée par Oresme, du mouvement relatif d'un projectile par rapport à la terre. Ce que chacun des deux adversaires a dit au sujet de cette question nous fait mesurer la grandeur du progrès que la Mécanique devra parfaire encore avant d'être en mesure de traiter correctement ce problème ; le résoudre sera l'honneur de Galilée, de Torricelli, de Pierre Gassendi.

La réplique que nous venons d'analyser représente tout ce que Buridan a trouvé jusqu'ici pour réfuter Oresme. Aux « expériences » qu'il vient d'invoquer, et dont la dernière seule lui a semblé quelque peu démonstrative, il adjoindra maintenant des « raisons probables ».

« La première est celle-ci : La terre a droit, par nature, au mouvement vers le bas ; elle n'a donc pas droit au mouvement circulaire, car un corps simple n'a droit, par nature, qu'à un seul mouvement simple. Et qu'on n'aille pas dire que la terre est ainsi mue en dehors de sa nature ou par violence ; cela ne serait pas raisonnable, car un tel mouvement ne serait pas perpétuel, et l'on ne verrait pas bien, d'ailleurs, quelle violence produit cet effet. »

A ce propos, le R. P. J. Bulliot fait, très judicieusement, la remarque suivante [1] :

« Ici, Buridan aurait sans doute conclu tout autrement s'il avait su utiliser et la loi d'inertie et la possibilité d'une impulsion primitive donnée par Dieu, qu'il a lui-même si clairement formulée dans les passages suivants de sa *Physique* [2] : « Tandis que le moteur meut le mobile, il lui imprime un certain *impetus*, une certaine puissance capable de mouvoir ce mobile dans la direction même où le moteur meut le mobile, que ce soit vers le bas, ou vers le haut, ou de côté, ou circulairement... On pourrait dire que Dieu, lorsqu'il a créé le Monde, a mû comme il lui a plu chacun des orbes célestes ; il a imprimé à chacun d'eux un *impetus* qui le meut depuis lors... Ces *impetus*, que Dieu a imprimés aux corps célestes, ne sont pas affaiblis ni détruits par la suite du temps, parce qu'il n'y avait, en ces corps célestes, aucune inclination vers d'autres mouvements, et qu'il ne s'y trouve non plus aucune résistance qui pût corrompre ou réprimer ces *impetus*. »

L'exemple d'Oresme eût pu conduire Buridan à répéter de la terre ce que nous venons de lui entendre dire des orbes célestes. Oresme, en effet, n'hésite pas à assimiler la rotation de la terre à la révolution des corps célestes ; de tous ces mouvements qui s'accomplissent autour du centre du Monde, le mouvement de la terre est simplement le plus prompt. Le Chanoine de Rouen partageait, d'ailleurs, l'opinion de Buridan touchant la cause qui maintient les Cieux en perpétuel mouvement [3].

Mais le physicien picard nous a dit la raison pour laquelle il ne lui est pas permis d'appliquer à la terre ce qu'il a pensé du mouvement des orbes célestes. L'*impetus* communiqué par Dieu à une sphère céleste persiste indéfiniment sans jamais s'affaiblir « parce qu'il n'y a, dans ce corps, aucune inclination vers d'autres mouvements. » Les diverses parties de la

1. J. Bulliot, loc. cit., p. 17, note 3.
2. Voir : Cinquième partie ; ch. X, § VI, p. 205 et ch. XII, § II, p. 336.
3. Voir : Cinquième partie ; ch. XII, § III, p. 342-345.

terre, au contraire, outre le mouvement de rotation autour du centre du Monde, auraient une tendance à se mouvoir en droite ligne vers ce centre. Pour que cette tendance ne fût point, à l'égard du mouvement de rotation, cause d'affaiblissement et de destruction, il faudrait que cette tendance et le mouvement fussent, tous deux à la fois, conformes à la nature de la terre ; il faudrait, en d'autres termes, qu'un même corps simple pût posséder, à la fois, deux mouvements naturels. Admettre une telle proposition, c'est rejeter une des doctrines essentielles du Περὶ Οὐρανοῦ. Nous verrons qu'Oresme a eu cette audace ; plus timide, Buridan ne l'a pas suivi jusque-là.

Revenons aux raisons probables de Buridan. « En second lieu, dit-il, le mouvement circulaire est le premier des mouvements ; il le faut donc surtout attribuer aux premiers corps ; or les premiers corps, ce sont les corps célestes, et non point la terre. »

A ces deux raisons se réduisent ce que le physicien de Béthune invoque pour rendre vraisemblable le repos de la terre ; il y joint des réponses aux « persuasions » qu'Oresme avait exposées.

« A la première de ces persuasions, écrit-il, on doit accorder que la terre a besoin des influences célestes ; mais, pour la satisfaction de ce besoin, il suffit qu'elle se comporte d'une manière passive ; il n'est pas requis qu'elle se meuve de mouvement local ; c'est, au contraire, le Ciel qui se meut en vue d'exercer son influence sur la terre ; en effet, il est dans la nature d'un être parfait de donner la perfection aux autres êtres, bien qu'il ne doive rien recevoir.

» Au sujet de la seconde, nous accordont bien que pour certaines substances, pour celles qui sont séparées de la matière, la plus noble manière d'être, c'est de se trouver, sans aucun changement, dans la perfection de leur état. Toutefois, il est raisonnable que ces substances meuvent les autres êtres, afin de leur donner la perfection ; et il est raisonnable qu'elles meuvent tout d'abord les premiers corps, en tant qu'ils sont premiers. Partant, pour le Ciel, il ne serait pas noble d'être privé de mouvement ; c'est par l'intermédiaire du mouvement, en effet, que les causes premières lui confèrent sa perfection.

» La troisième persuasion dit : Il est plus parfait de rester en repos que d'être en mouvement. J'accorde qu'il en est ainsi pour les corps qui se meuvent en vue d'atteindre leurs lieux naturels. Mais pour les corps qui résident sans cesse en leurs lieux naturels, dont le mouvement n'a pas pour objet d'acquérir autre chose que ce mouvement même, dont, par conséquent, le mouvement est la perfection finale, pour de tels corps, dis-je, il est plus parfait de se mouvoir que de rester en repos ; ainsi en est-il des corps célestes.

» Enfin la dernière persuasion dit : Il est plus facile de mouvoir un petit mobile, etc. C'est vrai, peut-on dire, toutes choses égales d'ailleurs. Mais ici, il n'est est pas ainsi ; les corps pesants, les corps terrestres manquent d'aptitude au mouvement ; aussi voit-on clairement qu'il est plus facile de mouvoir l'eau que la terre, et plus facile encore de mouvoir l'air ; cette progession se poursuit au fur et à mesure qu'on s'élève, en sorte que les corps célestes sont, en vertu de leurs natures, très aisés à mouvoir. »

Buridan n'était pas seulement le contemporain de Nicole Oresme et son collègue à l'Université de Paris ; il entretenait avec lui, nous le savons [1], des relations au cours desquelles le maître picard et le maître normand échangeaient des pensées sur des questions de Physique ; nous ne saurions donc nous étonner que Buridan ait connu l'admirable exposé de l'hypothèse de la rotation terrestre qu'Oresme avait donné et qu'il l'ait analysé avec grand soin ; mais nous pouvons regretter que cette discussion, menée avec tant d'art, n'ait pas fait pencher son adhésion en faveur du mouvement de la terre. Buridan qui si souvent, et en des sujets de si grande importance, s'était soustrait à l'emprise du Péripatétisme, s'est, ici, pleinement abandonné à cette emprise. Dans ses ripostes à Nicole Oresme, il s'est montré si jaloux de se conformer à la pensée d'Aristote, qu'il en est venu à méconnaître sa propre pensée. C'est ainsi que des substances séparées qui meuvent les Cieux, il parle en péripatéticien ou en néoplatonicien fidèle, oubliant qu'il a proposé lui-même, et à maintes reprises, de délaisser ces intelligences, d'attribuer le mouvement des orbes célestes à l'*impetus* que Dieu leur a communiqué au moment de la création.

La tyrannie que la doctrine aristotélicienne exerçait sur les esprits était si puissante et, en même temps, elle gouvernait si minutieusement jusqu'au moindre détail de la science, que le plus audacieux génie ne parvenait jamais à lui échapper entièrement ; s'il réussissait ici à secouer le joug, c'était pour retomber, là, dans la servitude ; si la pensée est arrivée à

1. Voir : Deuxième partie ; ch. IX, § VI, t. IV, p. 127.

reconquérir son indépendance, c'est par lambaux ; cette conquête ne fut pas l'œuvre d'un seul ; elle fut essentiellement travail collectif ; ce que l'un rejetait de la pensée du Stagirite, l'autre le gardait encore, quitte à innover sur un autre point où le premier se montrait respectueux de l'autorité d'Aristote ; tous ces efforts, incomplets, mais se complétant l'un l'autre, construisaient pièce par pièce la doctrine qui devait remplacer la Physique péripatéticienne.

V

LES ADVERSAIRES DU MOUVEMENT DE LA TERRE AU XIVe SIÈCLE. ALBERT DE SAXE ET PIERRE D'AILLY

Ce que Nicole Oresme avait dit en faveur du mouvement de la terre, Buridan l'avait lu et discuté avec grand soin ; on continuera de le lire après Buridan, mais on ne l'examinera plus avec la même attention.

Qu'Albert de Saxe ait lu l'exposé d'Oresme, nous n'en pouvons guère douter. Lorsqu'il nous dit en 1368 qu'un de ses maîtres soutient l'impossibilité de réfuter l'hypothèse du mouvement terrestre, nous avons tout lieu de supposer que Maître Oresme est le personnage dont il parle ; le passage suivant vient renforcer cette induction, car nous y reconnaissons une comparaison dont usait Nicole Oresme :

« Certains des Anciens, dit Albert [1], ont professé cette opinion : La terre se meut d'Occident en Orient ; elle accomplit sa révolution en un jour naturel ; le Ciel, au contraire, demeure immobile ; ils ont pensé qu'ils pouvaient sauver par là les phénomènes *(apparentia)* que nous sauvons à l'aide du mouvement du Ciel ; ils pensaient sauver, par exemple, la présence du Soleil d'abord à l'Orient, puis au méridien au-dessus de nos têtes, puis à l'Occident, enfin au méridien de l'autre côté de la terre *(in angulo noctis)*. Ils croyaient que la terre se comporte comme un rôti et le Soleil comme le feu rôtisseur ; ce n'est pas le feu qui tourne autour du rôti, mais le rôti qui tourne devant le feu *(circa ignem)* ; de même, disaient-ils, ce n'est pas le Soleil qui tourne autour de la terre, mais bien la terre qui tourne

1. *Quæstiones subtilissimæ* ALBERTI DE SAXONIA *in libros de Cœlo et Mundo;* lib. II, quæst. XIII : Utrum motus cæli ab oriente in occidentem sit regularis.

devant le Soleil *(circa Solem)* [1], et cela parce que c'est la terre qui a besoin du Soleil, et non l'inverse. »

Pas plus que Buridan, Albert n'a voulu recevoir la supposition du mouvement terrestre ; contre elle, il s'est efforcé d'argumenter avec plus de force que son prédécesseur ; mais, dans cette tentative, il n'a point fait preuve de grande justesse d'esprit.

Il n'hésite pas à reprendre l'antique objection d'Aristote ; « Un corps lancé tout droit vers le haut ne retomberait pas exactement à l'endroit d'où il est parti... En effet, pendant que ce corps grave serait projeté en l'air, la terre continuerait de se mouvoir ; le projectile, en retombant tout droit, ne tomberait pas sur la partie du sol qui se trouvait au-dessous de lui au début de son mouvement. »

De cette objection, Oresme avait proposé une solution fort sensée, encore que les progrès de la Mécanique ne l'aient pas pleinement justifiée ; à l'explication d'Oresme, Buridan avait proposé une correction qu'autorisait une Dynamique aujourd'hui rejetée, mais longtemps reçue par les meilleurs esprits ; Albert de Saxe ne souffle mot ni de la réponse ni de la riposte ; il discourt comme si, depuis Aristote, la question n'avait été l'objet d'aucune discussion.

Il n'ignore pas, cependant, le principe dont se réclamait la solution d'Oresme ; il sait qu'au gré de ce physicien, la rotation diurne n'entraîne pas seulement la terre, mais encore les éléments et, en particulier, l'air ; c'est, en effet, contre cette supposition de la rotation diurne de l'air qu'il accumule les difficultés ; ces difficultés, cependant, la moindre réflexion lui eût permis d'en reconnaître la vanité.

« La terre, dit-il, ne se meut de mouvement diurne ni d'Occident en Orient ni en sens inverse, car, s'il en était ainsi, il serait plus difficile de s'avancer vers l'Occident que vers l'Orient, ce qui va contre l'expérience. En effet, de ce que la terre se mouvrait de l'Occident vers l'Orient et l'air avec elle, celui qui marcherait vers l'Occident irait à l'encontre du mouvement de l'air, tandis que celui qui marcherait vers l'Orient irait dans le sens du mouvement de l'air ; or il est plus difficile d'avancer contre le mouvement de l'air qu'avec ce mouvement. »

1. En dépit de cette expression : *circa Solem*, le contexte montre assez qu'Albert de Saxe entend parler de la rotation diurne de la terre sur son axe, et non de la révolution annuelle qu'Aristarque de Samos, devançant Copernic, faisait accomplir à la terre autour du Soleil.

Par la même raison, il serait plus difficile, au gré de notre auteur, de jeter une pierre vers l'Occident que vers l'Orient ; les oiseaux, qui volent bien contre le vent mais ne peuvent voler dans le sens du vent, ne pourraient voler vers l'Orient.

Ces considérations d'une Physique fort irréfléchie font place à quelques remarques plus judicieuses et qui, nous l'avons dit, constituaient l'argument le plus fréquemment opposé aux tenants de la rotation terrestre ; voici ces remarques :

« Si la terre se mouvait d'Occident en Orient, nous pourrions bien sauver par là quelques-uns des phénomènes qui se manifestent à nous en vertu du mouvement du Ciel ; tels le lever et le coucher du Soleil et des étoiles... Mais les phénomènes *(apparentia)* qui s'observent au Ciel ne pourraient être tous sauvés par le repos du Ciel et par ce mouvement diurne de la terre. En effet, par le repos du Ciel et par ce mouvement diurne de la terre, on ne parviendrait pas à sauver les oppositions et les conjonctions des astres errants, les changements de distances de ces astres aux étoiles fixes, distances qui sont tantôt plus grandes et tantôt plus petites ; pour sauver tous ces phénomènes, il faut donc bien supposer que le Ciel se meut. »

Pierre d'Ailly n'est, bien souvent, qu'un écho d'Albert de Saxe ; ainsi en est-il dans les circonstances présentes. Sa troisième question sur la *Sphère* de Johannes de Sacro-Bosco [1] est intitulée : « Le mouvement d'Orient en Occident que le premier mobile accomplit autour de la terre est-il uniforme ? » Il y reproduit presque textuellement des paragraphes entiers de ce qu'Albert, dans ses *Questions sur le traité du Ciel*, avait dit du même sujet.

Pour démontrer que la terre n'a point de mouvement de rotation, il répète « que l'air, mis en mouvement avec la terre, gênerait ceux qui marchent vers l'Occident et aideraient ceux qui vont à l'Orient, comme nous voyons que le font les vents. » Il répète aussi que « les oiseaux ne pourraient voler vers l'Est aussi bien que vers l'Ouest. » Il reprend cet argument : « Un corps, lancé tout droit vers le haut, ne pourrait retomber à son point de départ... Par suite du mouvement de la terre, en effet ce projectile demeurerait en arrière. C'est ce que montre une flèche tirée dans un navire en mouvement. » S'il eût fait l'expé-

1. *Reverendissimi domini* Petri de Aliaco *Cardinalis et episcopi cameracensis* XIV *quæstiones in Sphæram Johannis de Sacro Bosco ;* quæst. III : Utrum motus primi mobilis ab oriente in occidentem circa terram sit uniformis.

rience, elle lui eût montré le contraire de ce qu'il affirme, et peut-être l'eût-elle rallié à l'opinion d'Oresme.

« Admettre, ajoute-t-il, que le Ciel se meut d'Orient en Occident et que la terre demeure en repos, c'est plus raisonnable que d'admettre le contraire. En effet, bien que le mouvement de la terre d'Occident en Orient puisse sauver quelques apparences, il ne peut toutefois les sauver toutes ; il ne peut sauver les conjonctions et les oppositions des astres errants, leurs marches directes ou rétrogrades, leurs éclipses, ni ce fait qu'un astre est plus proche de la terre à tel moment qu'à tel autre.

» De là résulte la fausseté de cette opinion qui supposait le Ciel en repos et la terre animée d'un mouvement de rotation d'Occident en Orient. On imaginait par là que le Soleil se comporte comme un feu et la terre comme viandes mises à la broche devant ce feu. »

La belle dissertation de Nicole Oresme en faveur de la rotation de la terre a été lue par les plus illustres de ses contemporains ou de ses successeurs à l'Université de Paris, par les Jean Buridan, par les Albert de Saxe, par les Pierre d'Ailly ; d'aucun d'eux, elle n'a pu ravir l'adhésion. C'est que cette hypothèse n'avait pas seulement contre elle des arguments qu'affaiblissait singulièrement le discrédit croissant de la Physique péripatéticienne ; elle avait contre elle un sentiment, une impression, ce qui, bien souvent, vaut plus que toutes les raisons. Ce sentiment eût pu se traduire par ces seuls mots : A quoi bon ?

Sans doute, en arrêtant le Ciel et en faisant tourner la terre d'Occident en Orient, on « sauvait » le mouvement diurne tout aussi bien qu'en laissant la terre immobile et en donnant au Ciel suprême une rotation d'Orient en Occident. Mais sauvait-on par là quelque autre phénomène céleste ? Rendait-on superflue quelqu'une des nombreuses hypothèses de l'Astronomie ? Point. Aux étoiles fixes, aux astres errants, il fallait conserver tous les mouvements que leur attribuait l'Astronomie de Ptolémée et de ses successeurs. On changeait le siège d'une des révolutions admises par les astronomes ; on n'en supprimait aucune. Était-ce la peine, pour un si mince résultat, de heurter l'opinion du vulgaire et, en même temps, de bouleverser toute la Physique des doctes ?

Le système qu'Aristarque de Samos avait esquissé, que Copernic devait un jour perfectionner, méritait qu'en sa faveur, on délaissât ou bouleversât nombre d'idées reçues, car aux théories astronomiques, il donnait, à la fois, plus de simplicité et de précision. Mais s'il obtenait de tels résultats, c'est qu'il ne se contentait pas d'attribuer à la terre une rotation diurne autour de son axe ; il lui conférait aussi une circulation annuelle autour du Soleil. Or, de cette dernière hypothèse, aucun de nos physiciens de Paris ne paraît avoir eu le moindre soupçon ; on ne saurait s'en étonner ; l'*Arénaire* d'Archimède était alors inconnu. Partant, mis en présence de la seule supposition de la rotation terrestre, qui sauvait le mouvement diurne aussi bien que la rotation du premier mobile, mais n'était capable de sauver aucun autre phénomène céleste, ne furent-ils point gens sensés en se refusant à bouleverser sans profit la Mécanique et la Physique qu'ils avaient accoutumé de tenir pour vraies ? Cette raison avait empêché François de Mayronnes de donner dans l'hypothèse du mouvement de la terre ; elle retint, à leur tour, Jean Buridan, Albert de Saxe et Pierre d'Ailly, et Nicolas Oresme lui-même l'avait, tout d'abord, tenue pour valable. Le parti qu'elle conseillait nous paraît routinier, à nous qui, pour le juger, nous éclairons aux lumières de la science développée par les siècles suivants ; au XIVe siècle, il était le plus sensé ; ceux qui l'abandonnaient se livraient à l'admirable imprudence des intuitions divinatrices.

VI

LE MOUVEMENT DE LA TERRE ET LA PRÉCESSION DES ÉQUINOXES. ALBERT DE SAXE

Aristarque de Samos n'attribuait à la terre que deux mouvements. Copernic lui en devait donner trois ; à la rotation diurne du globe terrestre autour de son axe, à la circulation annuelle autour du Soleil, il devait adjoindre un autre mouvement ; une très lente rotation de l'axe du mouvement diurne autour d'un axe perpendiculaire au plan de l'écliptique était appelée à sauver le mouvement de précession des équinoxes, qu'Aristarque ne soupçonnait pas ; de toute la doctrine copernicaine, cette partie est précisément celle qui devait exciter au plus haut point l'admiration des contemporains et des successeurs immédiats de l'astronome de Thorn.

Or cette pensée que la précession des équinoxes n'est peut-être pas l'effet d'un mouvement propre des étoiles, mais bien la conséquence d'un déplacement très lent du globe terrestre, cette pensée, disons-nous, s'était, bien avant le temps de Copernic, offerte à l'esprit d'un physicien parisien du XIVe siècle, de celui-là même qui s'était montré le plus rebelle à l'hypothèse de la rotation diurne de la terre ; nous avons nommé Albert de Saxe.

Albert de Saxe vient d'examiner [1] si la huitième sphère, celle des étoiles fixes, se meut ou non de plusieurs mouvements ; il poursuit en ces termes :

« On peut, d'une autre façon, soutenir qu'il n'y a que huit orbes, ceux que nous avons désignés, et que la huitième sphère ne se meut point de plusieurs mouvements ; si elle paraît se mouvoir de plusieurs mouvements, voici d'où cela provient : Tandis que la huitième sphère se meut d'Orient en Occident sur les pôles du Monde, la terre elle-même, pendant ce temps, se meut d'Orient en Occident autour d'une ligne purement conçue qui se termine aux pôles du Zodiaque ; ce mouvement est de grandeur telle qu'en cent ans, la terre, par ce mouvement, ne se meut que d'un degré.

» Mais, me dira-t-on, comment sauvez-vous ce mouvement d'accès et de recès de la huitième sphère que Thâbit a imaginé ? Je réponds que ce mouvement pourrait être sauvé, lui aussi, par un autre mouvement de la terre, imaginé à la ressemblance de celui que Thâbith a conçu comme accompli par la huitième sphère.

» Nous dirions donc qu'à cause de ce double mouvement de la terre, la huitième sphère paraît, en outre du mouvement diurne d'Orient en Occident, se mouvoir de deux mouvements, savoir, le mouvement par lequel elle semble se mouvoir, d'Occident en Orient, d'un degré en cent ans, et cet autre mouvement que Thâbith nomme mouvement d'accès et de recès. Et cependant, la huitième sphère ne se mouvrait que d'un seul mouvement simple, le mouvement d'Orient en Occident.

» Cette supposition, toutefois, ne paraît pas absolument sûre, car on ne voit pas, au premier abord, ce qui donnerait à la terre un tel mouvement. Cependant, peut-être celui qui s'efforcerait à la défense de cette opinion pourrait-il aisément concevoir un moyen d'échapper à cette difficulté et découvrir plusieurs raisons qui donneraient à la dite opinion une forte teinte de vraisemblance. »

1. *Quæstiones subtilissimæ* ALBERTI DE SAXONIA *in libros de Cælo et Mundo;* lib. II, quæst. VI : De numero sphærarum utrum sint octo vel novem vel plures vel pauciores.

Ce passage vaut, croyons-nous, la peine que nous en donnions le texte latin :

« *Aliter potest dicta opinio sustineri, sustinendo quod non essent nisi octo orbes, scilicet illi qui dicti sunt, et quod octava sphæra non moveretur pluribus motibus; sed quod ipsa apparet moveri pluribus motibus, hoc provenit isto modo, quod, quando octava sphæra movetur ab Oriente in Occidentem super polis Mundi, ipsa terra movetur interim ab Oriente in Occidentem*[1] *circa lineam imaginatam quam terminant poli Zodiaci, in tantum quod in centum annis uno gradu ipsa terra est tali motu mota.*

» *Et si diceretur : Quomodo ergo salvabis motum accessus et recessus octavæ sphæræ, quem est imaginatus Thebit ? Dico quod ille etiam posset salvari per unum alium motum terræ consimiliter imaginatum qualiter Thebit imaginatur fieri motum octavæ sphæræ.*

» *Et sic diceretur propter talem duplicem motum terræ appareri octavam sphæram moveri duobus motibus, ultra motum diurnum ab Oriente in Occidentem, scilicet motu quo apparet moveri in centum annis uno gradu ab Occidente versus Orientem, et motu alio quem Thebit vocat motum accessus et recessus.*

» *Sed istud non videtur esse omnino tutum, quia non apparet prima facie quid terram sic moveret; nihilominus, forte qui niteretur in defensionem hujus opinionis posset excogitare faciliter modum hoc evadendi et plura alia dictam opinionem multum colorantia.* »

Qui s'y appliquerait avec un peu de suite, pensait Albert de Saxe, découvrirait facilement la cause qui fait lentement tourner la terre autour d'un axe parallèle à l'écliptique et produit une apparente précession des points équinoxiaux. Il se faisait une singulière illusion. Par sa difficulté, ce problème passait étrangement tout ce que les physiciens du XIVe siècle savaient de Mécanique céleste et, pas plus qu'eux, Copernic n'eût été capable de le résoudre.

Pour entrevoir quelque peu la raison de ce mouvement lent, il fallut à Newton les lumières que lui donnaient sa théorie de la gravitation universelle. « Tout est lié[2] dans la nature, et ses lois générales enchaînent les uns aux autres les phénomènes qui semblent les plus disparates ; ainsi la rotation du sphéroïde terrestre l'aplatit à ses pôles, et cet aplatissement, combiné

1. Le texte porte : *Ab Occidente in Orientem.*
2. LAPLACE, *Exposition du système du Monde;* livre quatrième, ch. XIV.

avec l'action du Soleil et de la Lune, donne naissance à la précession des équinoxes qui, avant la découverte de la pesanteur universelle, ne paraissait avoir aucun rapport au mouvement diurne de la terre...

» On conçoit, par ce qui vient d'être dit, la cause de la précession des équinoxes et de la nutation de l'axe terrestre ; mais un calcul rigoureux et la comparaison de ses résultats avec les observations sont la pierre de touche d'une théorie. Celle de la pesanteur est redevable à d'Alembert de l'avantage d'avoir été ainsi vérifiée relativement aux deux phénomènes précédens. Ce grand géomètre a déterminé le premier, par une très belle méthode, les mouvemens de l'axe de la terre. »

Ni Maître Albert de Saxe ni aucun de ses contemporains n'étaient en état de devancer Newton et d'Alembert ; mais, en plusieurs points, ils ont ouvert la voie à Copernic ; c'est déjà, pour eux, fort grand titre de gloire.

Chapitre XX

LA PLURALITÉ DES MONDES

I

LA SCOLASTIQUE ET LA PLURALITÉ DES MONDES AVANT LES CONDAMNATIONS DE 1277. — LA PLURALITÉ DES MONDES ET LE VIDE : MICHEL SCOT, GUILLAUME D'AUVERGNE, ROGER BACON. — LA PLURALITÉ DES MONDES ET LA VARIATION DE LA PESANTEUR AVEC LA DISTANCE AU CENTRE DU MONDE : ALBERT LE GRAND, SAINT THOMAS D'AQUIN

Lorsque Copernic, au lieu de laisser la terre en repos au centre du Monde, lui donnera non seulement deux rotations sur son propre centre, mais encore une circulation annuelle autour du Soleil, les astronomes pourront bien prétendre que ces hypothèses ne se donnent pas pour réalités, qu'il leur suffit d'être des fictions par lesquelles les phénomènes se trouvent sauvés d'une manière plus simple et plus exacte qu'à l'aide des artifices de Ptolémée. Mais les physiciens ne s'engageront pas volontiers dans cette échappatoire ; dans le système de Copernic, ils ne verront pas seulement une combinaison cinématique très propre à la construction de nouvelles tables des mouvements célestes ; ils y devineront une affirmation d'une portée toute autre, et qui prétend bien nous révéler une réalité ; ils y devineront cette proposition : La terre est une planète, de même nature que Vénus, Mars ou Jupiter. Le problème que la nouvelle théorie astronomique posera à leur raison sera donc celui-ci. Chacun des corps qu'on nomme les astres errants peut-il être un monde semblable à celui où nous vivons, ayant, en son centre, une terre que l'eau recouvre, que l'air environne ?

Très catégoriquement, à cette question, Aristote avait répondu : Non [1]. Imaginons, en effet, qu'en dehors de notre Monde, il existe un second Monde ayant, en son centre, une terre de même espèce que celle-ci. Cette terre aura son lieu naturel au centre de son Monde, comme notre terre l'a au centre de notre Monde. Mais cette seconde terre, étant de même espèce que la nôtre, aura également son lieu propre au centre de notre Monde. Voilà donc cette terre pourvue de deux lieux propres vers lesquels elle est également, par nature, tenue de se porter ; c'est là une supposition absurde.

A l'objection soulevée par Aristote, une intelligence façonnée par la Physique moderne propose aussitôt une réponse : Évidemment, dit-elle, cette terre tend avec plus de force à se rendre au centre dont elle est voisine qu'au centre dont elle est éloignée ; c'est donc vers celui-là, et non vers celui-ci, qu'elle se portera sans aucune hésitation ; c'est seulement dans le cas où elle serait placée à égale distance des deux centres qu'elle demeurerait en équilibre instable.

Une telle réponse implique cet axiome : La force par laquelle une masse de terre tend au centre du Monde, qui est son lieu propre, varie avec sa distance à ce centre ; elle diminue lorsque cette distance vient à croître. Or un tel axiome eût-il été reçu par Aristote ? C'est fort douteux.

Simplicius l'a regardé comme valable [2] ; il s'est efforcé, cependant, de détruire l'efficacité de la riposte qu'on en pouvait tirer contre l'argument d'Aristote ; mais Averroès semble avoir été plus fidèle interprète de la pensée du Stagirite [3] lorsqu'il a soutenu cette proposition : La proximité et l'éloignement n'ont aucune influence sur le mouvement d'un grave vers son lieu propre.

Sans insister sur les deux doctrines opposées de Simplicius et d'Averroès, que nous avons jadis examinées, bornons-nous à remarquer qu'elles posaient aux maîtres de la Scolastique cet important problème : Le poids d'un grave dépend-il, oui ou non, de la distance de ce grave au centre du Monde ?

Cependant, ce n'est pas à ce problème que s'attachèrent, tout d'abord, les auteurs du XIIIe siècle qui disputèrent les premiers touchant la pluralité des Mondes ; qu'il ne pût exister plusieurs

1. Voir : Première partie, ch. IV, § XVI ; t. I. p. 203-234.
2. Voir : Première partie, ch. IV, § XVI ; t. I. p. 203-234.
3. *Ibid.*, p. 236-239.

mondes, cela leur parut surtout résulter de l'impossibilité du vide. Hors du Monde, avait dit Aristote, il n'y a pas de lieu, car il n'y a aucun corps ; il n'y a pas non plus le vide, car un espace vide, c'est un espace où il n'y a pas de corps, mais où il pourrait y en avoir un ; hors du Monde, il ne peut pas y en avoir. Cet argument tombait dès là que, hors des bornes de notre Monde, l'existence d'un autre monde était tenue pour réelle ou seulement possible ; contre la supposition, donc, de la pluralité des Mondes, on pouvait dresser l'impossibilité du vide.

Nous avons dit précédemment [1] avec quelle faveur cet argument avait été développé par Michel Scot, par Guillaume d'Auvergne, par Roger Bacon ; nous ne reprendrons pas ici les développements qu'ils ont donnés à ce sujet ; nous dirons seulement ce qu'ils ont, contre la pluralité des Mondes, déclaré en sus de cette preuve.

Après avoir rappelé sommairement le raisonnement d'Aristote contre la pluralité des Mondes, Michel Scot ajoute [2] :

« Il en est qui prétendent ceci : Dieu, qui est tout puissant, a pu et peut encore créer, outre ce monde-ci, un autre monde, ou plusieurs autres mondes, ou même une infinité de mondes, en composant ces mondes soit d'éléments semblables à ceux qui forment celui-ci, soit d'éléments différents. »

A cette objection, l'astrologue de Frédéric II répond :

« Cela, Dieu peut le faire, mais la nature ne le peut subir. Il résulte de la nature même du Monde, de ses causes prochaines et essentielles, que la pluralité des Mondes est une impossibilité ; Dieu, cependant, pourrait faire plusieurs mondes s'il le voulait. » Il faut, en effet, distinguer entre la puissance de Dieu prise absolument et sa puissance rapportée au sujet de son opération. Il est des choses dont la puissance de Dieu, considérée d'une manière absolue, est capable ; mais ces choses ne peuvent être réalisées par sa puissance, prise en tant que relative, parce que la nature n'est pas susceptible de recevoir ces actions de la puissance divine ; c'est ainsi que la nature ne saurait recevoir plusieurs mondes.

Ernest Renan a dit de Michel Scot qu'il était le fondateur

1. Voir : Cinquième partie, ch. VIII, § III, t. VIII, p. 28-35.

2. *Eximii atque excellentissimi physicorum motuum cursusque siderei indagatoris* MICHAELIS SCOTI *super Auctore Sphæræ, cum quæstionibus diligenter emendatis, expositio confecta illustrissimi Imperatoris Domini D. Frederici precibus.* — Les éditions données à Venise en 1518 et 1531 ont été décrites au t. II, p. 146, en note et au tome III, p. 246, en note.

de l'Averroïsme [1]. Le passage que nous venons d'analyser n'est pas de nature à faire réformer ce jugement. Ce Dieu de Michel Scot dont la puissance créatrice trouve, devant elle, une nature déjà déterminée qui lui oppose une borne et lui impose des conditions ; ce Dieu qui ne peut mettre ses volontés à exécution, sinon dans la limite où cette nature est apte à subir son opération, c'est bien plutôt le Dieu d'Averroès que le Dieu des chrétiens.

Le problème de la pluralité des Mondes est maintenant lié à un autre problème que la philosophie hellénique ne soupçonnait même pas, au problème de la toute-puissance créatrice de Dieu ; c'est au nom de cette toute-puissance que la Scolastique chrétienne bouleversera la solution que le Péripatétisme avait donné de ce problème.

Guillaume d'Auvergne, comme Michel Scot, trouve dans l'impossibilité du vide, un argument péremptoire contre l'existence de mondes multiples ; nous avons précédemment rapporté [2] la forme sous laquelle il le présente. Mais à l'encontre de la pluralité des Mondes, il invoque également d'autres preuves que nous allons sommairement analyser.

Tout d'abord, à l'objection tirée de l'impossibilité du vide, on pourrait proposer une échappatoire [3]. Elle consisterait à supposer qu'au-delà de la sphère qui borne notre Monde, un autre monde s'étend, entourant le nôtre de toutes parts ; ce second monde aurait pour enceinte une sphère extrêmement éloignée de celle qui encercle le nôtre. « Mais alors comme la Sphère ultime de ce monde-là enveloppe et contient, à la fois, les Cieux de ce second monde et, nos propres Cieux, ceux qui se manifestent à nos sens, il est clair que cette sphère, avec tout ce qui se trouve enveloppé par elle, forme un monde unique, contenant en lui toutes choses. »

A l'encontre de cette thèse : Le monde est unique, on peut soulever bien des difficultés, celle-ci par exemple [4] : Un monde unique ne suffirait pas à contenir toutes les choses qui existent. Mais, riposte Guillaume, ou bien l'on suppose que Dieu a créé

1. ERNEST RENAN, *Averroès et l'Averroïsme, essai historique;* Paris, 1852, p.165.
2. Voir : Cinquième partie, ch. VIII, § III, t. VIII, p. 28-35.
3. GUILLELMI PARISIENSIS *De Universo;* primæ partis principalis pars I, cap. XIV (GUILLELMI PARISIENSIS *Opera*, vol. II, fol. xcviij, col. c ; éd. 1674).
4. GUILLELMI PARISIENSIS *Op laud.*, pars cit., cap. XV ; éd. 1516, fol. c, col. a ; éd. 1674.

une infinité de mondes, ou bien il en a créé un nombre fini ; si le nombre des mondes est supposé fini, un seul grand monde peut contenir autant de choses que beaucoup de petits mondes, et la création de ce monde unique convient mieux à la majesté de Dieu. L'Évêque de Paris oublie, dans sa discussion, la seconde branche du dilemme qu'il a posé.

Cette difficulté n'est pas la seule ; en voici une autre [1] :

« Dieu a créé ce Monde par pure et gratuite bonté ; tout aussi facilement, il en aurait pu créer un grand nombre d'autres ; donc il les a créés ; la cause qui lui en a fait créer un, et qui est sa bonté, devra, pour la même raison, lui en faire créer un grand nombre d'autres...

» Sa générosité n'a pas de fin et ses richesses n'en ont pas davantage ; comment donc l'effet de sa générosité et de ses richesses, savoir ses libéralités et ses dons, aurait-il un terme ? Or ce monde-ci c'est fini ; [s'il existe seul], les libéralités et les dons de Dieu sont finis ; la générosité divine est rétrécie et restreinte...

» Vous voyez que ce raisonnement paraît conclure non seulement contre la création d'un monde unique, mais encore contre la création d'un nombre fini de mondes ; lors même que des mondes, en nombre quelconque, seraient créés, ils n'égaleraient jamais la bonté et la générosité de Dieu, car toute chose qui existe hors de Dieu, bien loin de lui être égale, n'est rien en comparaison de lui.

» Je déclare donc que Dieu n'a pu créer ni un nombre infini ni une infinité de mondes, et qu'il ne peut pas davantage les créer actuellement ; cette impossibilité n'a pas pour cause un défaut de puissance en Dieu ou un défaut qui provienne de Dieu, mais plutôt un défaut de la part des mondes, qui ne peuvent pas être multiples, comme je vous l'ai démontré dans ce qui précède... De même, Dieu ne connaît pas le rapport de la diagonale du carré au côté, non qu'il y ait en lui défaut de science, mais parce que ce rapport ne peut être connu. »

Les impossibilités que la Physique péripatéticienne découvre dans l'hypothèse de la pluralité des Mondes sont assimilées par Guillaume à des absurdités mathématiques ; Dieu ne peut créer plusieurs mondes, non pas que sa toute-puissance se

1. GUILLELMI PARISIENSIS *Op. laud.*, pars cit., cap. XVI ; éd. 1516, fol. c, col. a et b.

heurte à des bornes, mais parce qu'une telle œuvre impliquerait contradiction.

Bacon avait lu Michel Scot qu'il tient en mince estime ; il avait étudié à Paris sous le pontificat de Guillaume d'Auvergne ; on ne s'étonne pas de reconnaître en sa pensée un reflet de la pensée de ces deux auteurs.

Dans son *Opus majus*, Bacon consacre un chapitre [1] à l'examen de ces deux questions : Peut-il exister plusieurs mondes ? La matière du Monde est-elle infinie ? Il écrit, en ce chapitre :

« Aristote dit, au premier livre *Du Ciel et du Monde*, que le Monde réunit toute sa matière propre en un seul individu d'une seule espèce, et qu'il en est de même de chacun des corps principaux dont le Monde se compose ; en sorte que le Monde est numériquement unique, qu'il ne peut exister plusieurs mondes distincts appartenant à cette même espèce, et qu'il ne peut davantage exister ni plusieurs soleils, ni plusieurs lunes, bien que beaucoup de gens aient imaginé de telles suppositions. »

Aristote, en effet, à la fin de son argumentation contre la pluralité des Mondes, avait écrit : « Le Monde, pris en sa totalité, est formé de toute la matière qui lui est propre. — Ἐξ ἁπάσης γάρ ἐστι τῆς οἰκείας ὕλης ὁ πᾶς Κόσμος. » De cette pensée, Bacon nous donne un commentaire très exact ; dans une même espèce, des individus sont numériquement distincts, au gré du Péripatétisme, lorsque la forme qui leur est commune affecte, en chacun d'eux, des parties différentes de la matière ; si, dans un individu, la forme est unie à toute la matière capable de recevoir cette forme, cet individu est nécessairement unique en son espèce ; ainsi en est-il, si nous en croyons Aristote, non seulement du Monde entier, mais de chacun des astres et de chacun des orbes célestes ; c'est, dans la doctrine aristotélicienne de l'unité du Monde, une proposition essentielle ; c'est une de celles que, bientôt, la Scolastique chrétienne va nier avec le plus de fermeté.

Après avoir rapporté et commenté cette proposition du Stagirite, Bacon, dans son *Opus majus*, tire de l'impossibilité du vide, la preuve qu'il ne peut exister plusieurs mondes sphériques extérieurs les uns aux autres.

Dans l'*Opus tertium*, notre auteur se contente de reprendre

1. *Fratris* ROGERI BACON *Opus majus*, pars IV, dist. IV, cap. XII : An possint esse plures mundi et an materia mundi sit extensa in infinitum ; éd. Jebb, p. 102 (marquée, par erreur, 98) ; éd. Bridges (cap. XIII), vol. I, p. 164-165.

très sommairement l'argumentation péripatéticienne [1] sans faire aucune allusion à l'impossibilité d'un espace vide ; mais il reprend ce principe et la preuve qu'on en peut déduire dans ses *Communia naturalium* [2], ou mieux dans ce traité *De cælestibus* que le texte conservé à la Bibliothèque Mazarine donne pour le second livre des *Communia naturalium.*

Aux raisons d'Aristote, à la preuve tirée de l'impossibilité du vide, Bacon joint maintenant ces réflexions :

« On ne peut pas, non plus, prétendre qu'un second monde entoure le premier, car alors le centre de l'un serait le centre de l'autre, en sorte qu'il n'y aurait pour tous deux qu'une seule terre ; il en serait de même des autres parties du monde ; il n'y aurait donc qu'un seul monde.

» En outre, s'il existait une raison pour qu'il y eût deux mondes, pour la même raison il y en aurait trois, quatre et ainsi de suite à l'infini, car tout ce qui concerne le monde est indifférent à tel ou tel nombre. Il faut donc qu'il y ait une infinité de mondes ou bien qu'il n'y en ait pas plus d'un ; or les mondes ne sauraient être en nombre infini ; donc il n'y en a qu'un. »

Celui qui écrivait ces lignes avait lu le *De Universo* de Guillaume d'Auvergne.

Michel Scot, Guillaume d'Auvergne, Roger Bacon, voulant prouver qu'il ne peut exister plusieurs mondes, ont tiré leur principal argument de l'impossibilité du vide, qu'Aristote n'avait pas invoquée dans ce but ; ils n'ont pas paru tenir grand compte du raisonnement que le Stagirite avait développé avec le plus de soin, du raisonnement qui a trait au mouvement de la terre vers son lieu naturel ; Michel Scot et Guillaume d'Auvergne n'en ont pas parlé ; Bacon s'est contenté de le citer en passant, alors qu'il énumérait les diverses raisons péripatéticiennes contre la pluralité des mondes.

Le raisonnement d'Aristote soulève, cependant, des problèmes essentiels. Il pose, tout d'abord, cette question : Le poids d'un grave varie-t-il avec la distance de ce grave au centre du Monde ? Sous cette question même, Averroès nous a montré qu'il fallait discerner cet autre problème, dont l'ampleur est

1. *Fratris* ROGERI BACON *Opus tertium*, cap. XLI ; éd. Brewer, pp. 140-141.

2. *Incipit secundus liber communium naturalium* [*fratris* ROGERI BACON], *qui est de cælestibus, vel de cælo et mundo*, pars III, cap. II (Bibliothèque Mazarine, ms. n° 3.576, fol. 108, coll. a et b). — *Liber secundus communium naturalium Fratris* ROGERI. *De celestibus ;* éd. Steele, p. 374-375.

extrême. La pesanteur est-elle, comme le voulaient les Pythagoriciens, comme l'enseignait le *Timée*, l'effet d'une attraction élective, d'une sympathie qui s'efforce de réunir en un seul tout les fragments séparés d'un même élément ? Est-elle, selon la doctrine péripatéticienne, une tendance par laquelle la forme du grave cherche à parvenir au lieu où elle atteindra sa perfection ?

L'importance du principal argument d'Aristote contre la pluralité des Mondes n'a point échappé à l'attention d'Albert le Grand ni de Saint Thomas d'Aquin, bien que le maître et le disciple aient, à son endroit, pris des attitudes fort différentes.

Albert le Grand suit de très près le commentaire d'Averroès ; citons un passage de sa longue exposition[1] :

« Peut-être quelque contradicteur prétendra-t-il que la nature des corps élémentaires, lorsque ces corps sont situés dans des mondes différents, se trouve modifiée par suite de la distance plus ou moins grande qui les sépare de leurs lieux naturels ; par exemple, de la terre, placée hors de notre Monde, est éloignée du centre de ce Monde et rapprochée du centre de l'autre ; elle est donc influencée par la nature de ce dernier centre et non par la nature du premier, en sorte qu'elle se meut vers le dernier centre et non vers le premier ; ainsi voyons-nous que l'aimant attire un morceau de fer voisin, parce que celui-ci acquiert une certaine propriété provenant de la pierre attirante ; mais l'aimant n'attire pas un morceau de fer éloigné, car la vertu de la pierre ne parvient pas jusqu'à ce morceau de fer.

» Nous répondrons que ce discours n'est pas conforme aux règles de la raison et qu'il est, par conséquent, erroné. Le mouvement des éléments n'est pas l'effet d'une attraction, car si les éléments se mouvaient par attraction, chacun d'eux serait attiré par son semblable, en sorte que si l'on plaçait une plus grande terre au-dessus d'une terre plus petite, celle-ci monterait nécessairement vers celle-là. Ainsi donc un mouvement qui dépend de la proximité ou de l'éloignement est un mouvement produit par un moteur extrinsèque ; mais le mouvement des éléments est dû à un moteur intrinsèque.

» Nous avons dit, en effet, au huitième livre des *Physiques* : Quand un élément est engendré, l'agent qui l'engendre lui

1. Alberti Magni *De Cælo et Mundo* liber primus, tract. I, Inquo subtilissime habetur utrum mundus sit unus vel plures ; cap. II : De contradictione eorum qui dicunt elementa *diversorum mundorum moveri ad eumdem mundum*.

donne non seulement sa forme, mais tout ce qui résulte de cette forme, il lui donne, en particulier, un mouvement naturel et un lieu naturel qui sont conséquences de la forme intrinsèque. Si donc la proximité ou l'éloignement du lieu naturel avait quelque influence sur la forme substantielle de l'élément, il faudrait que cet élément fût composé de deux formes ayant des propriétés opposées ; l'une de ces formes tirerait le corps vers ce qui est le plus voisin ; ce serait une forme émanée du corps attirant, semblable à celle que l'aimant produit dans le fer ; l'autre serait la forme naturelle donnée par le générateur ; sans qu'aucune attraction ait à intervenir, celle-ci déterminerait le mouvement du corps vers son lieu naturel ; elle serait comparable à ce qu'est la forme de pesanteur au sein d'un morceau de fer attiré par l'aimant. Les éléments seraient donc composés ; et tout mouvement d'un tel élément serait composé de deux mouvements distincts, tout comme le mouvement d'une terre qui s'approcherait du centre d'un monde en s'éloignant du centre d'un autre monde...

» La coexistence de deux telles formes est impossible. Il en faut donc conclure qu'un corps peut être plus ou moins éloigné de son lieu naturel sans que sa forme en éprouve aucun changement ;... qu'il soit près ou loin de son lieu naturel, il se meut toujours d'un mouvement simple. »

C'est d'Averroès, et d'Averroès seul, qu'Albert le Grand s'était très fidèlement inspiré ; Guillaume de Mœrbeke n'avait pas encore traduit les commentaires sur le Περὶ Οὐρανοῦ, composés par Simplicius. Saint Thomas d'Aquin, au contraire, lisait ces commentaires ; l'influence qui en émanait se reconnaît fort souvent en son œuvre ; elle se marque particulièrement ici.

Le Docteur Angélique suit l'opinion de Simplicius ; il admet que la distance d'un grave au centre du Monde, sans aller jusqu'à changer l'espèce même de la forme qui porte ce grave à son lieu naturel, peut faire varier l'intensité de cette forme ; il précise même cette opinion en la rapprochant d'une supposition que Simplicius avait, en d'autres circonstances, présentée [1] et mise au compte d'Aristote ; l'accroissement de pesanteur qu'un grave éprouve au fur et à mesure qu'il est plus voisin du centre du Monde causerait l'accélération qui s'observe en la chute d'un poids.

Voici comment s'exprime Saint Thomas [2].

1. Voir : Première partie, ch. VI, § VII ; t. I, p. 395.
2. *Sancti* THOMÆ AQUINATIS *Expositio in libros Aristotelis de Cælo et Mundo;* lib. I, lect. XVI.

« Au gré d'Aristote, on doit regarder comme déraisonnable l'opinion d'après laquelle la nature d'un corps élémentaire serait différente selon que ce corps serait plus ou moins distant de son lieu propre, à tel point que ce corps se mouvrait vers son lieu naturel lorsqu'il en est rapproché, mais non plus lorsqu'il en est éloigné. En effet, il ne paraît pas que la distance plus ou moins grande qui sépare un corps de son lieu puisse déterminer un changement dans la nature de ce corps ; la différence mathématique des intermédiaires ne saurait entraîner une différence de nature. Il est raisonnable qu'un corps se meuve d'autant plus rapidement qu'il approche davantage de son lieu naturel, bien que l'espèce du mouvement et l'espèce du mobile demeurent, l'une et l'autre, invariables ; car la différence de vitesse, tout comme la différence de distance, est un changement de grandeur, et non pas un changement spécifique. »

Le problème de la pluralité des Mondes, que Michel Scot et ses continuateurs avaient déjà relié au problème de l'impossibilité du vide, se trouve rattaché par Saint Thomas à une autre question débattue, l'explication de la chute accélérée des graves. Nous avons précédemment étudié [1] les solutions que le Moyen Age a proposées de ce problème ; il sera donc inutile d'y revenir ici.

Dans sa discussion contre la pluralité des Mondes, Saint Thomas d'Aquin ne pouvait se contenter des lumières empruntées au Stagirite et à ses commentateurs, tels que Simplicius et Averroès ; en faveur de l'opinion qui tient pour possible l'existence de mondes multiples, le christianisme avait, de la toute puissance créatrice de Dieu, fait surgir un argument que l'Antiquité païenne n'avait pas soupçonné. Voici comment le *Doctor communis* expose et réfute cet argument [2] :

« Sachez que plusieurs s'efforcent de démontrer par d'autres voies la possibilité de plusieurs mondes.

» Voici un premier argument : Dieu a fait le Monde ; mais la puissance de Dieu est infinie ; la production d'un Monde unique n'en atteint donc pas les bornes ; il est déraisonnable que le créateur ne puisse produire aucun autre monde : A cet argument, il faut répondre ainsi : Si Dieu faisait d'autres mondes, ou bien il les ferait semblables à celui-ci, ou bien il les ferait

1. Voir : Cinquième partie ; ch. XI, t. VIII, p. 231-319.
2. *Sancti* THOMÆ AQUINATIS *Op. laud.*, lib. I, lect. XIX.

différents. S'il les faisait entièrement semblables à celui-ci, il ferait œuvre vaine, ce qui ne convient pas à sa sagesse. S'il les faisait dissemblables, c'est qu'alors aucun d'entre eux ne comprendrait en lui-même la totalité de la nature du corps sensible ; aucun d'eux ne serait parfait, et c'est seulement leur ensemble qui constituerait un monde unique et parfait.

» Un second argument est celui-ci : Plus une chose est noble, plus son espèce a de puissance pour se réaliser ; or le monde est de plus noble espèce qu'aucun des êtres naturels qu'il renferme ; si donc l'espèce d'un tel être, celle, par exemple, du cheval ou du bœuf, est capable de parfaire plusieurs individus, *a fortiori* l'espèce de l'Univers peut-elle parfaire plusieurs individus. — A cela nous répondrons qu'il faut plus grande puissance pour produire un seul individu parfait que pour produire un grand nombre d'individus imparfaits ; aucun de ceux-ci ne comprend en lui-même tout ce qui convient à son espèce ; le Monde, au contraire, possède cette sorte de perfection ; cela suffit à manifester que son espèce est plus puissante que toutes les autres.

» On peut, en troisième lieu, faire cette objection : Il vaut mieux multiplier les meilleures choses que les choses moins bonnes ; il vaut donc mieux créer plusieurs mondes que plusieurs animaux ou plusieurs plantes. — A quoi nous répondrons : Il importe à la bonté du Monde qu'il soit unique ; l'unité est la raison même de sa bonté ; nous voyons, en effet, que la division suffit à faire déchoir certaines choses de la bonté qui leur est propre. »

II

LA PLURALITÉ DES MONDES ET LA CONDAMNATION DE 1277. — GODEFROID DE FONTAINES. HENRI DE GAND. RICHARD DE MIDDLETON. GILLES DE ROME

La question de la pluralité des Mondes, tout comme nombre d'autres problèmes, semblait mettre en opposition les impossibilités décrétées par la Physique péripatéticienne et la toute-puissance créatrice que le christianisme reconnaît à Dieu. Michel Scot, Guillaume d'Auvergne, Roger Bacon, Saint Thomas d'Aquin avaient tenté de prouver, par des voies diverses, que cette limitation de pouvoir n'est qu'apparente, que l'impuissance à réaliser ce que l'aristotélisme déclare impossible est un effet même de la divine perfection. La conscience chrétienne n'avait pas admis ces subtiles explications ; dans l'affirmation qu'un second monde ne saurait être produit, elle avait vu une prétention impie des philosophes à mettre une barrière au pouvoir de Dieu. Les protestations de cette conscience trouvèrent une expression dans le décret porté le 7 mars 1277 par Étienne Tempier, évêque de Paris, et ses conseillers. Parmi les erreurs que ce décret condamnait, se trouvait celle-ci, qui occupait le trente-quatrième rang [1] : « Que la Cause première ne pourrait faire plusieurs mondes. — *Quod prima Causa non posset plures mundos facere.* »

Cette condamnation obligea les maîtres parisiens à changer la tendance de leur enseignement à l'égard du problème de la pluralité des Mondes ; il ne leur fut plus permis de soutenir que cette pluralité était impossible ; et, d'autre part, comme cette impossibilité se déduisait de plusieurs théories essentielles de la Physique péripatéticienne, il leur fallut rejeter ces théories ou leur faire subir des transformations profondes. Nous avons déjà vu [2] comment la condamnation de 1277 avait entièrement changé les idées qui avaient eu cours jusque-là au sujet du vide ; nous allons montrer quelles conséquences elle eut pour d'autres principes de l'Aristotélisme.

Le problème de la pluralité des Mondes fut certainement de ceux qu'on débattait volontiers dans les discussions théologiques qui suivirent de près le décret de 1277.

Godefroid de Fontaines, par exemple, dans un de ses *Quolibets*, discute la question suivante [3] : « Hors de notre monde, une terre pourrait-elle être faite, qui fût de même espèce que la terre de ce monde-ci ? » Dans sa réponse, qui est affirmative, l'auteur vise surtout trois arguments invoqués par la Physique péripatéticienne. Le premier, que Bacon avait mis en une lumière particulièrement vive, c'est celui-ci : Un nouveau monde ne pourrait être produit, car toute la matière propre à

1. Denifle et Chatelain *Chartularium Universitatis Parisiensis*, tomus I, art. 473, p. 543. — Cette proposition occupe le vingt-septième rang dans la liste classée par le R. P. Mandonnet.

2. Voir : Cinquième partie ; ch. VIII, § I et § IV, t. VIII, p. 7-9 et p. 35.

3. *Les quatre premiers Quodlibets de* Godefroid de Fontaines, *texte inédit publié par* M. De Wulf et A. Pelzer (*Les Philosophes Belges. Textes et Études.* T. II, Louvain, 1904). Quodlib. IV, quæst. VI : Utrum posset extra mundum istum fieri altera terra ejusdem speciei cum terra hujus mundi. Quæstio longa, p. 254-255. Epitome, p. 321-322.

faire un monde est déjà comprise en celui-ci. Le second est tiré de la nature du mouvement naturel. Le troisième se fonde sur l'impossibilité du vide. Nous avons déjà rapporté ce que Godefroid disait à propos de ce dernier [1] ; seules, les réponses aux deux premiers nous retiendront ici.

« Le Philosophe pose que Dieu ne peut rien faire sans l'intermédiaire du mouvement du Ciel, et qu'il ne peut rien faire si ce n'est par un changement imposé à la matière ; en toute production *(factio)* nouvelle, il suppose que préexiste la matière du sujet de cette production ; selon lui, donc, la production d'une matière nouvelle est impossible. Partant, un autre monde ou une autre terre dans cet autre monde est chose dont la production est impossible, car ce monde-ci contient toute nature, tant en acte qu'en puissance.

» Mais Dieu, qui a déjà produit une matière, en peut produire une nouvelle, et de celle-ci, il peut produire autre chose. Par cela donc que ce monde-ci est formé de toute sa matière, l'existence d'un autre monde n'est pas rendue impossible. »

Contre les causes naturelles, dont l'action se borne à informer d'une façon nouvelle une matière préexistante, le principe d'Aristote est valable ; ces causes ne sauraient faire un monde nouveau, car hors de ce monde-ci, il n'y a plus aucune matière apte à devenir monde. Mais cet argument ne conclut rien à l'égard d'un Dieu créateur dont le pouvoir ne se borne pas à informer une matière pré-existante, mais dont la toute-puissance peut innover même une matière.

Quant à l'objection tirée du mouvement naturel, c'est aux principes mêmes du Péripatétisme et, surtout, du Néo-platonisme arabe que Godefroid en demande la solution.

Si notre terre possède, au centre de notre Monde, un lieu propre où elle demeure naturellement en repos, vers lequel elle se mouvrait de mouvement naturel si elle en était écartée par violence, elle le doit à sa propre disposition à l'égard du Ciel, à l'influence qu'elle reçoit de ce Ciel ; « en effet, au gré d'Aristote, le premier mouvement est la cause de tous les autres mouvements naturels. » De même, dans un autre monde, c'est du ciel qui l'entoure que la terre de cet autre monde tiendrait son lieu propre ; elle se mouvrait donc de mouvement naturel vers le centre de cet autre monde. « Comme, à l'égard de notre

1. Voir : Cinquième partie, ch. VIII, § IV, t. VIII, p. 35-36.

Ciel, cette autre terre n'aurait aucun rapport, qu'elle n'éprouverait de lui aucune influence, s'il lui arrivait de se mouvoir vers la surface qui enclôt notre Monde, ce serait de mouvement violent, et non pas de mouvement naturel et en vertu d'un certain rapport avec notre terre. »

Au sujet de la pluralité des Mondes, Henri de Gand professe une doctrine toute semblable à celle de Godefroid de Fontaines ; à deux reprises, il s'en explique clairement.

Dans son onzième *Quolibet*, il écrit [1] :

« Le Soleil contient toute sa matière, c'est-à-dire toute la matière créée jusqu'ici qui soit en puissance de la forme du Soleil ; il ne contient pas, cependant, toute la matière de cette sorte qui sera créée ou qui peut être créée par Dieu. Dieu, donc, peut créer de nouveau une matière qui soit en puissance de la forme du Soleil, une matière telle que celle qui existe à présent sous la forme du Soleil ; partant, il peut, s'il le veut, faire un nouveau Soleil. »

« Dieu, déclare encore le Docteur Solennel dans son treizième *Quolibet* [2], peut fort bien, hors du ciel ultime, créer un corps ou un autre monde, de même qu'il a créé la terre dans la région interne du Monde ou du Ciel, de même encore qu'il a créé le Monde lui-même et le Ciel ultime. » Dans cette seconde circonstance, il s'attache surtout à réfuter l'objection tirée de l'impossibilité du vide ; ce qu'il en dit, nous l'avons déjà rapporté [3].

Richard de Middleton, au sujet de la pluralité des Mondes, conforme sa pensée à celle de Godefroid de Fontaines et d'Henri de Gand.

« J'appelle univers, dit-il [4], un ensemble de créatures qu'une même surface enveloppe, y compris la surface enveloppante, et sous la condition que cet ensemble n'ait pas pour borne, d'autre part, une autre surface qu'il entourerait. » Par cette précaution,

1. *Quodlibeta Magistri* HENRICI GOETHALS A GANDAVO *doctoris Solemnis : Socii Sorbonici : et archidiaconi Tornacensis, cum duplici tabella. Vænundantur ab Jodoco Badio Ascensio, sub gratia et privilegio ad finem explicandis.* Colophon. In chalchographia Iodoci Badii Ascendii... ab undecimo Kalendas Septemb. Anno Domini MDXVIII... Quodlib. XI, quæst. I : Utrum Deus possit facere, sub una specie specialissima angeli, aliquem alium angelum æqualem in natura et essentia speciei angelo jam facto sub illa. Fol. CCCCXVIII, v° et fol. CCCCXIX, r°.

2. HENRICI A GANDAVO *Op. laud.*, quodlib. XIII, quæst. III : Utrum Deus possit facere corpus aliquod extra cælum quod non tangat cælum ; éd. cit., fol. CCCCCXXIV, verso.

3. Voir : Cinquième partie ; ch. VIII, § IV, t. VIII, p. 36-40.

4. *Clarissimi theologi Magistri* RICARDI DE MEDIA VILLA *seraphici ord. min. convent. super quatuor libros sententiarum Petri Lombardi quæstiones subtilissimæ.* Brixiæ, MDXCI ; lib. I, dist. XLIIII, art. I, quæst. IV ; t. I, p. 392.

Richard de Middleton évite la supposition de mondes emboîtés les uns dans les autres, supposition qui s'était présentée à l'esprit de Guillaume d'Auvergne et que nombre d'autres devaient recevoir de celui-ci.

« Je dis alors que Dieu a pu, qu'il peut maintenant encore, créer un autre Univers. Attribuer, en effet, cette puissance à Dieu, c'est n'encourir aucune contradiction.

» Une telle contradiction ne peut, en effet, provenir de la chose dont cet Univers devrait être fait, puisque Dieu n'a pas fait le Monde de quelque chose.

» Elle ne provient pas du réceptacle de cet Univers, car le Monde, pris en sa totalité, n'est pas reçu dans quelque espace ; le Philosophe dit, au premier livre *Du Ciel et du Monde*, qu'il n'y a, hors du Ciel, ni lieu ni vide ni temps ; cette proposition se doit entendre du Ciel suprême.

» Cette contradiction ne saurait être en raison de la puissance divine, car cette puissance de Dieu est infinie et, comme cet Univers-ci est fini, il n'est pas possible qu'il égale la puissance divine.

» Enfin, cette contradiction ne saurait se tirer de la nature des êtres qui se trouveraient contenus au sein de la surface de ce second Univers, lors même que Dieu les aurait faits de même espèces que les êtres de cet Univers-ci. De même que la terre de notre Univers repose naturellement au centre de ce dernier, de même la terre de ce second Univers demeurerait naturellement en repos au centre du Monde auquel elle appartient. Si la terre de cet autre Univers était placée au centre de notre Monde, elle y demeurerait naturellement immobile ; et si la terre de notre Univers était placée par Dieu au centre de l'autre, elle y trouverait son repos naturel. Si deux lieux, en effet, ne se comportent pas différemment l'un de l'autre à l'égard de l'opération naturelle de quelque créature, celle-ci demeurera en repos dans celui de ces deux lieux où, tout d'abord, on l'aura placée ; elle ne tendra pas vers l'autre lieu.

» En faveur de cette opinion, on peut invoquer la sentence de Monseigneur Étienne, évêque de Paris et docteur en sacrée Théologie ; il a excommunié ceux qui enseignent que Dieu n'a pu créer plusieurs mondes. »

Nous venons d'entendre l'aveu que le changement profond qui s'est produit, à l'égard du problème de la pluralité des Mondes, dans la raison des maîtres parisiens, a été déterminé par le décret de 1277.

Richard ne se contente pas d'admettre que la pluralité des Mondes n'est pas chose contradictoire et donc ne répugne pas à la toute-puissance de Dieu ; il va plus loin ; il entreprend de ruiner la principale objection formulée par Aristote contre cette possibilité.

Quant à l'objection tirée de l'impossibilité du vide, notre auteur ne s'y arrête pas ; il se contente d'indiquer, en passant, que le Monde n'est pas dans l'espace et de nous rappeler cet enseignement du Stagirite : Il n'y a, hors du Ciel, ni lieu ni vide ni temps. D'ailleurs nous l'avons entendu déclarer, en une autre circonstance, que la production du vide n'était pas impossible à Dieu [1].

Sans se rallier aussi formellement à la doctrine de la pluralité des Mondes, Gilles de Rome a soin de ne point contredire à la condamnation de 1277.

Dans son *Opus Hexaemeron*, il enseigne formellement « que le Ciel et chacune des parties du Ciel est formé de toute sa matière[2]. » Mais voici comment il interprète cette proposition :

« En toute chose perpétuelle, en tant qu'elle est perpétuelle, en toute chose incorruptible, en tant qu'elle est incorruptible, il n'y a pas à distinguer entre ce qu'elle est *(esse)* et ce qu'elle peut être *(posse)*. Tout ce qui peut être en une telle substance y est en acte. Si une telle substance, en effet, pouvait posséder quelque chose et ne le possédait pas d'une manière actuelle, à l'égard de ce quelque chose, elle ne serait plus perpétuelle, mais sujette à corruption.

» Or le Ciel tout entier et chacune des parties du Ciel peuvent avoir un autre *ubi* que celui dont ils sont doués à présent... Au sujet de l'*ubi*, on peut, dans une partie du Ciel, distinguer ce qu'elle est de ce qu'elle peut être... Mais quant à l'essence *(esse)*, il n'y a pas en elle de différence entre être et pouvoir être ; le Ciel et chacune de ses parties ont toute l'essence qu'elles peuvent avoir ; aussi disons-nous communément qu'ils peuvent bien éprouver un changement relatif à l'*ubi*, mais non pas un changement relatif à l'essence.

» Le Ciel donc comprend toute sa matière et il en est de même de chacune des parties du Ciel ; rien, en effet, ne peut

1. Voir : Cinquième partie ; ch. VIII, § IV, t. VIII, p. 42.

2. D. ÆGIDII ROMANI *Ordinis Fratrum Eremitarum Sancti Augustini Archiepiscopi Bituricensis Opus hexaemeron.* Romæ. Apud Antonium Bladum MDLV Pars I, cap. VIII, fol. 7, col. b.

être sous la forme du Ciel ou sous la forme d'une partie quelconque du Ciel qui n'y soit d'une manière actuelle ; sinon, il y aurait au Ciel génération et corruption, changement relatif à l'essence et à la forme. »

Ainsi pris, cet axiome : Le Ciel comprend toute sa matière, et il en est de même de chacune de ses parties, est l'équivalent de cette proposition : Dans sa totalité et dans chacune de ses parties, le Ciel échappe à la génération, à la destruction et au changement. Évidemment, cette proposition n'exclut pas la possibilité de cieux multiples. Gilles a grand soin de le marquer, car il ajoute tout aussitôt :

« Partant, s'il existait deux Soleils, on pourrait dire de chacun d'eux qu'il comprend toute sa matière ; en chacun d'eux, en effet, il n'y aurait aucun changement concernant la forme ou l'essence ; toute la matière qui peut être sous la forme de ce Soleil-ci y est entièrement en acte, et de même en est-il de toute la matière qui peut être sous la forme de ce Soleil-là ; sous ce rapport, en effet, on ne peut, en chacun d'eux, établir de différence entre ce qui est et ce qu'il peut être, entre ce qu'il a et ce qu'il peut avoir. Dès lors, chacun de ces deux Soleils possèderait, d'une manière actuelle, toute la matière qu'il peut posséder ; c'est donc à juste titre qu'on dirait de lui qu'il comprend la totalité de sa matière. »

Cette interprétation, qui semble très conforme aux principes du Péripatétisme, énerve une des objections qu'on aimait à soulever contre la pluralité des Mondes.

Le langage de Gilles de Rome dans son *Opus hexaemeron* ne fait que préciser celui qu'il avait tenu dans un de ses *Quolibets* [1].

« Parler, dit-il, au sujet des corps simples, de la production d'une espèce nouvelle, c'est dire qu'il se produirait un nouveau ciel ou un nouvel élément ; l'un comme l'autre est impossible.

» Par les voies de la nature *(via naturæ)*, un nouveau Ciel ne se peut produire, car chacun des Cieux comprend la totalité de sa matière ; un Ciel ne peut donc, par voie de corruption, se changer en un autre Ciel ; un autre Ciel ne peut davantage se convertir en celui-là ; d'aucune façon, il ne saurait s'introduire aux Cieux aucune nouveauté de forme ni de mouvement. Un

1. *Quodlibet domini* EGIDII ROMANI. — *Theoremata ejusdem de corpore christi.* — GULIERMUS OCHAM *de sacramento altaris.* — *Cum Privilegio.* — Colophon : Impressum Venetijs per Simonem de Luere : Impensis domini Andree Torresani de Asula. 18 Januarij 1502. — Quodlib. VI, quæst. VIII : Utrum via nature posset generari vel fieri nova species que nunquam fuerit facta. Fol. 77, col. b, c et d.

nouveau Ciel ne peut donc être fait par les voies de la nature.

» Pas davantage ne peut être fait un élément d'espèce nouvelle ou un élément qui, pris dans sa totalité, serait nouveau. S'il y a innovation d'un élément, c'est toujours d'une manière partielle ; tel élément se détruit en partie et tel autre élément est partiellement engendré. Mais qu'un élément soit engendré en totalité ou détruit en totalité ; ou bien encore qu'un élément soit produit qui n'aurait jamais existé, qu'un élément, qu'un corps soit fait qui ne serait ni feu, ni air, ni eau, ni terre, cela n'est pas possible. Pris en leur totalité, les éléments ne sont pas capables de génération ni de destruction...

» Ainsi, par les voies de la nature, il n'a jamais été possible qu'un nouvel élément fût engendré ; il n'est pas possible qu'il y ait eu seulement autrefois trois éléments ou moins encore ; en leurs parties, les éléments sont susceptibles de génération et de corruption ; ils ne le sont pas en totalité. Par la vertu divine, il pourrait bien se faire qu'un élément fût, en totalité, changé en un autre élément, ou qu'il fût engendré aux dépens des autres éléments ; mais non pas selon le cours de la nature. »

Gilles de Rome n'argumente donc qu'au sujet de ce qui se peut ou ne se peut pas produire selon le cours de la nature ; il n'entend pas que ses arguments imposent une borne au souverain pouvoir de Dieu.

III

GUILLAUME VARON. JEAN DE BASSOLS. THOMAS DE STRASBOURG

Le décret de 1277 marque donc un renversement complet dans l'opinion des maîtres parisiens touchant la pluralité des Mondes. Avant ce décret, ils accumulent les raisons tirées de la Physique péripatéticienne afin d'établir que l'existence de plusieurs mondes est une impossibilité ; ils refusent donc à Dieu le pouvoir de multiplier les mondes ; ils s'efforcent de prouver que ce refus n'est pas une limitation de la toute-puissance créatrice. Après ce même décret, tous les théologiens tiennent pour certain que Dieu pourrait, s'il le voulait, créer des mondes multiples ; ils s'appliquent soit à ruiner les raisons de Physique qu'on avait opposées à cette proposition, soit à les interpréter de telle manière qu'elles ne soient plus des objections.

A la suite de l'anathème formulé par Étienne Tempier, les maîtres d'Oxford, soumis, eux aussi, à cette décision, avaient élaboré, touchant la pluralité des Mondes, une doctrine où se reconnaissaient les pensées de Godefroid de Fontaines, d'Henri de Gand, de Richard de Middleton ; c'est cette doctrine qu'expose en grand détail et, quelquefois, avec une prolixité un peu confuse, une question composée par Guillaume Varon sur les *Sentences* de Pierre Lombard [1].

« On peut, dit Varon [2], considérer le Monde à deux points de vue.

» Par monde, on peut entendre l'universalité des créatures prises dans leur ensemble ; alors un monde autre que celui-ci, une fois fait, ne serait pas constitué par l'universalité des créatures ; ce ne serait donc pas un autre monde, mais seulement une partie de l'Univers.

» D'une autre manière, on peut entendre par autre monde une autre sphère céleste, à l'intérieur de laquelle seraient quatre autres éléments ordonnés comme nos quatre éléments le sont sous notre Ciel. C'est de cette seconde manière que l'entend notre question. »

Parmi les raisons favorables à la réponse affirmative, il faut, à côté d'arguments d'autorité, signaler ce passage :

« La possibilité de produire deux mondes n'implique aucune contradiction de la part du Producteur, puisque celui-ci est tout puissant. Elle n'en implique pas davantage de la part de ce qui est fait ; la matière qui est présentement produite a été faite de rien et elle est [tout entière] occupée par la totalité de la forme qui lui est propre ; puis donc qu'elle existe par création, on ne voit aucune raison qui empêche une autre matière d'être faite de rien et d'être de son côté, occupée par sa forme. Enfin elle ne répugne pas au monde déjà produit ; de même, s'il n'existait qu'un seul homme et qu'il occupât toute la matière de l'homme, il ne lui répugnerait aucunement que la création d'un autre homme fût possible. »

Parmi les objections contre l'existence de plusieurs mondes,

1. GULIELMI VARONIS *Quæstiones in quatuor libros Sententiarum;* lib. II, quæst. VIII : Quæritur utrum Deus posset facere alium mundum simul cum isto. (Bibliothèque Municipale de Bordeaux, ms. nº 163, fol. 96, col. c, à fol. 97, col. c.)

2. Loc. cit., fol. 96, col. c.

Guillaume n'a garde d'omettre celle qu'on avait accoutumé, depuis Michel Scot, de tirer de l'impossibilité du vide ; c'est même, de beaucoup, celle contre laquelle il argumente le plus longuement ; nous avons précédemment rapporté ce que sa pensée contient d'essentiel [1]. A cette longue discussion, il donne la conclusion que voici [2] :

« Nous dirons donc que, hors de ce Monde-ci, qui est de figure sphérique, Dieu peut faire un autre monde sphérique qui ne touche celui-ci en aucun point ; il le peut, car cela n'implique pas de contradiction ; de même qu'entre une partie d'un ciel et une partie d'un autre ciel, il peut faire qu'il y ait une distance, pour la même raison peut-il faire que les deux touts soient distants l'un de l'autre selon ce que sa volonté a ordonné ; sa force, d'ailleurs, n'a éprouvé aucune diminution du fait de la création de notre Monde. Avant la création de ce Monde-ci, il n'y avait, ici, absolument rien, et Dieu y a créé ce Monde-ci ; ainsi peut-il faire hors de notre Monde. On peut imaginer, en effet, un espace quasi infini, dans lequel, cependant, il n'y a absolument rien ; et de même que, là où il n'y avait rien, il a créé un premier Monde, il peut, là où il n'y a absolument rien, en créer d'autres dont la multitude soit infinie en puissance ; c'est-à-dire qu'il n'en saurait tant créer qu'il n'en pût créer encore davantage *(id est non tot quin plures)*.

» Ce qui le prouve, c'est que, s'il en était autrement, la création de ce Monde-ci aurait égalé, aurait épuisé toute la puissance de Dieu. La conséquence est fausse, car ce qui est actuellement créé est fini, et rien de fini n'égale la puissance infinie de Dieu Quant au raisonnement, il est évidemment concluant ; en effet, si une source de chaleur ne pouvait produire qu'un seul corps chaud, c'est que la puissance active de cette source serait totalement épuisée par cette production. De même, la production du Fils épuise et vide toute la puissance du Père ; aussi ne peut-il produire qu'un seul Fils ; ici, il en serait de même. »

Varon ne se contente pas de réfuter l'objection tirée de l'impossibilité du vide ; il s'efforce aussi de réduire à néant celles qu'Aristote avait formulées.

« Le Philosophe, dit-il [3], prouve que le Monde est unique

1. Voir : Cinquième partie ; ch. VIII, § IV, t. VIII, p. 44-45.
2. Loc. cit., fol. 96, col. b.
3. Loc. cit., fol. 97, col. b.

parce qu'il contient la totalité de sa matière. Nous répondrons : Cela conclut bien qu'un autre ciel ne saurait être produit par un agent créé ; l'action d'un tel agent, en effet, présuppose une matière ; il ne peut agir qu'en divisant une matière. Mais cela ne conclut pas qu'un autre ciel ne puisse être produit par un agent incréé dont l'action ne présuppose aucune matière. En dépit donc de cette raison, un autre ciel peut être créé par un agent incréé dont l'action ne présuppose pas une matière mais produit la matière ; un tel être, qui agit par création, peut, en effet, créer la matière et la forme ; dès là qu'il peut agir ainsi, il n'y a plus aucune contradiction à supposer qu'un autre ciel soit produit par création. De même, s'il existait un seul homme qui occupât la totalité de la matière humaine, si, en outre, cet homme ne pouvait engendrer un autre homme, il ne répugnerait pas à cet homme que Dieu créât un autre homme de même espèce, non en divisant la matière [humaine qui existe déjà] dans le premier homme, mais en créant une matière [humaine] nouvelle. Il en est de même dans le cas proposé. »

Voyons maintenant comment Varon répond à cette objection d'Aristote : La terre de l'autre monde, étant de même espèce que la terre de celui-ci, aurait même lieu propre que cette dernière, et devrait donc, par mouvement naturel, se porter au centre de notre Monde.

« Si la terre nouvelle, créée hors de notre Ciel, était de même espèce que la terre contenue par ce Ciel-ci, voici ce qu'il faudrait dire [1] :

» Des corps de même espèce qui sont connexes les uns aux autres et rassemblés par un même corps enveloppant, ont même lieu naturel ; mais cela n'est plus vrai de corps de même espèce qui ne sont pas connexes entre eux ni réunis sous un même corps. Ainsi, dans deux hommes distincts, les esprits vitaux sont de même espèce ; cependant, ils ont un autre lieu et, pour ainsi dire, un autre domicile dans cet homme-ci et dans celui-là. De même, dans le cas qui nous est proposé, doit-on dire que toute la terre comprise sous notre sphère [céleste] a même lieu naturel ; mais la terre de l'autre monde, n'étant point connexe à la nôtre ni comprise sous la même sphère, ne descend point au centre de notre Monde ; elle trouve son repos en son propre centre. »

1. Loc. cit., fol. 97, col. c.

Cette réponse ne fait que détailler celle qu'avait donnée Godefroid de Fontaines.

« Si l'on disait, poursuit Varon, que l'autre monde n'est pas de même espèce que celui-ci, on répondrait : L'argument, alors, ne conclut pas, car autre sera le centre de ce monde-ci, autre le centre de ce monde-là. »

Peut-être notre auteur ne regardait-il pas comme absolument concluante la réponse qu'inspirait Godefroid de Fontaines car il ajoute :

« On pourrait dire encore : L'argument conclut tout au plus que la terre créée au sein de l'autre monde y demeure par violence et contre sa propre inclination ; mais il n'en résulte pas que Dieu ne puisse faire un second centre, encore que la terre y reste par violence et contre sa propre inclination. »

La discussion minutieuse menée par Guillaume Varon ne put manquer d'attirer l'attention ; elle paraît avoir compté de nombreux lecteurs ; par exemple, ce que Jean de Bassols dit au sujet de la pluralité des Mondes offre une grande ressemblance avec l'opinon soutenue par le franciscain anglais.

Bassols enseigne [1] que « Dieu peut faire un autre univers que le nôtre, soit que cet univers-là ait même espèce que celui-ci, soit qu'il appartienne à une autre espèce.

» En second lieu, poursuit notre auteur, je ne vois aucun inconvénient à ce que Dieu crée une infinité de mondes de même espèce que celui-ci.

» En troisième lieu, je ne vois, non plus, aucun inconvénient à ce qu'il crée un très grand nombre de mondes spécifiquement différents de celui-ci. »

Ces conclusions se heurtent à diverses objections dont plusieurs ont été formulées par Aristote ; citons-en seulement quelques-unes, avec les réponses qu'y fait l' « Auditoire » de Duns Scot. Voici la première :

1. *Opera* JOANNIS DE BASSOLIS *Doctoris Subtilis Scoti (sua tempestate) fidelis Discipuli | Philosophi | ac Theologi profundissimi | In Quatuor Sententiarum Libros (credite). Aurea. Quæ nuperrime Impensis non minimis | Curaque | et emendatione non mediocri | Ad debitæ integritatis sanitatem revocata | Decoramentisque marginalibus | ac Indicibus | adnotata : Opera denique | et Arte Impressionis mirifica Dextris Syderibus elaborata fuere Venundantur a Francisco Regnault : et Ioanne Frellon. Parisiis .Cum gratia Et privilegio.* — Colophon du premier livre :... Sumptibus autem non modicis Fidelium Bibliopolarum Alme universitatis Parisiensis Francisci Regnault : et Joannis Frellon Typis mandate. In Aedibus scilicet Nycolai de Pratis Calcographi probatissimi. Anno JESU Aeterni Regis sesquimillesimo decimoseptimo Nono Idus Septembres.. Lib. I, dist. XLIV, quæst. unica, fol. CCXIV, col. a.

S'il existait un second monde, il faudrait nécessairement qu'il fût de même nature que celui-ci, et alors la terre de chacun de ces deux mondes devrait se porter vers le centre de l'autre.

« Il n'est pas nécessaire, répond Jean de Bassols [1], que la terre de l'un de ces deux mondes se porte naturellement vers la terre de l'autre monde, ni même qu'elle puisse se mouvoir ainsi vers l'autre terre ; la tendance naturelle d'une terre vers le centre ne dépasserait pas, en effet, les bornes de son propre monde ; il va sans dire, toutefois, que la vertu divine la pourrait mouvoir. Si vous me dites qu'en ce cas, la terre de l'autre monde ne serait pas de même espèce que cette terre-ci, je réponds qu'il n'est pas nécessaire qu'elle soit de même espèce. En admettant, toutefois, que cette seconde terre fût de même espèce que la nôtre, la terre de chacun des deux mondes ne se mouvrait pas vers le centre de l'autre monde, mais seulement vers le centre du monde dont elle fait partie, en sorte que l'appétit naturel de cette terre ne s'étendrait pas au-delà du tout auquel elle appartient. »

« Ce qui est constitué de la totalité de la matière qui lui est propre, objectera-t-on derechef [2], ne saurait être multiplié, car c'est par la matière seule qu'il y a multiplicité ; or on voit au premier livre *Du Ciel* que le monde est ainsi constitué. »

« Je prétends, répond Bassols [3], que Dieu peut produire une autre matière, distincte numériquement ou même spécifiquement de celle qui existe, et que le Monde ne contient pas toute la matière possible. »

Thomas de Strasbourg soutient, au sujet de la pluralité des Mondes, une doctrine toute semblable à celle de Guillaume Varon et de Jean de Bassols ; il paraît s'être directement inspiré du premier de ces auteurs.

A cette question : « Cet univers-ci continuant d'exister, Dieu pourrait-il faire un autre univers ? », Thomas répond [4] :

« Je tiens pour la conclusion affirmative, c'est-à-dire que, cet univers-ci continuant d'exister, Dieu pourrait faire un autre univers. Il pourrait faire soit un univers semblable à celui-ci,

1. JEAN DE BASSOLS, loc. cit., fol. CCXIV, col. d.
2. JEAN DE BASSOLS, loc. cit., fol. CCXIV, col. b.
3. JEAN DE BASSOLS, ibid.
4. THOMÆ AB ARGENTINA, *Eremitarum Sancti Augustini Prioris Generalis, Commentaria in IV libros Sententiarum*. Genuæ, Apud Antonium Orerium, MDLXXXV. Lib. I, dist. XLIV, quæst. I : An Deus universum potuit facere melius ; Art. IV : Utrum Deus possit facere aliud universum illo universo manente ; fol. 120, col. b, c et d.

soit un univers plus noble ; semblable, s'il formait cet autre univers de parties semblables à celles qui constituent celui-ci ; plus noble, s'il le formait de parties plus nobles. Voici comment je prouve cette affirmation :

» Soit une cause qui peut produire toutes les parties d'un certain tout, et les produire avec l'ordre voulu pour constituer ce tout ; qui peut les produire soit avec une perfection égale à celle qu'elles ont dans un tout semblable [et déjà produit], soit avec une perfection plus grande ; cette cause peut produire ce tout qui aura autant ou plus de perfection que le tout précédemment produit. Or Dieu peut produire toutes les parties requises pour composer un univers ; non seulement il les peut produire aussi parfaites, mais encore plus parfaites que celles qui ont été produites jusqu'ici ; il les peut produire avec l'ordre voulu pour former un univers ; donc il peut produire cet univers. »

Contre cette thèse, se dressent les objections de la Physique péripatéticienne, soit que ces objections aient été formulées par Aristote lui-même, soit que — telle l'objection tirée de l'impossibilité du vide — elles aient été déduites après lui des principes qu'il avait posés. Ces objections, Thomas de Strasbourg les expose toutes et les réfute avec soin. Il pense, en effet, qu' « il ne faut pas, en vertu de ces sophismes-là ou d'autres semblables, limiter la puissance de Dieu. »

Par exemple, « il est bien vrai que ce qui est constitué par la totalité de sa matière, la vertu d'aucun agent naturel ne le saurait multiplier, car l'action d'un tel agent présuppose une matière ; mais cependant la vertu divine le peut multiplier, car cette vertu crée la matière en même temps qu'elle crée la chose formée de cette matière, et son action ne présuppose rien du tout. »

On fait encore cette objection : « Ou bien la terre de l'autre monde serait perpétuellement retenue d'une manière violente hors du centre de ce monde-ci, ou bien il lui arriverait de descendre au centre de notre monde en vertu de l'inclination naturelle qui la porte en bas ; or ces deux suppositions sont également impossibles. »

A ce dilemme, notre auteur échappe de cette manière : « Ni l'une ni l'autre de ces impossibilités ne s'offrirait. Pour le prouver, voici ce qu'il faut dire : La terre de l'autre monde n'aurait aucune inclination naturelle qui la porte au centre de ce monde-ci ; elle aurait une inclination naturelle vers le centre ou milieu du monde au sein duquel elle aurait été créée par Dieu ; ce n'est donc pas par violence, mais par nature qu'elle demeurerait en repos au centre de ce même monde. »

IV

JEAN DE JANDUN

Pour réfuter cette objection d'Aristote : La terre de l'autre monde devrait tomber au centre de notre univers, Guillaume Varon, Jean de Bassols, Thomas de Strasbourg ont, d'un commun accord, répété la réponse qu'avait faite Godefroid de Fontaines : La terre de chaque monde tend exclusivement au centre du monde auquel elle appartient ; elle n'a aucune inclination qui la porte au centre d'un autre monde.

De cette réponse, les Péripatéticiens ne peuvent se contenter. Ce qui donne à un corps telle forme substantielle est aussi ce qui lui assigne tel lieu naturel ; l'identité de forme substantielle entraîne l'identité de lieu naturel, et deux corps ne peuvent avoir des lieux propres distincts s'ils n'ont des formes substantielles distinctes ; dire qu'une terre a pour lieu propre le centre de tel monde, et qu'une autre terre a pour lieu propre le centre de tel autre monde, c'est déclarer que ces deux terres n'ont pas la même forme substantielle, qu'elles ne sont pas de même espèce ; l'argument d'Aristote garde donc toute sa force pour démontrer qu'il ne saurait exister deux mondes de même espèce.

Déjà Jean de Bassols avait prévu qu'on lui ferait cette objection ; de son temps, en effet, elle était formulée avec insistance par Jean de Jandun.

Jean de Jandun, contre presque tous les docteurs de son temps, soutient avec fermeté qu'il ne saurait exister plusieurs mondes [1]. « C'est évident, dit-il, par l'autorité d'Aristote et du Commentateur, et cela se prouve par le raisonnement de Frère Thomas. » C'est de Saint Thomas d'Aquin, en effet, que s'inspire très directement son argumentation. Or nous lisons dans cette argumentation :

« Ici se présente une chicane... Il serait possible, semble-t-il, qu'il y eût un autre monde et, cependant, que la terre de ce

1. JOANNIS DE JANDUNO *Quæstiones in libros Aristotelis de Cælo et Mundo;* lib. I, quæst. XXIV : An sit possibile esse plures mundos.

monde-là ne se mût point vers le centre de celui-ci, parce que ces mondes ne seraient pas de même espèce... Mais cela va à l'encontre de ceux qui affirment l'existence de plusieurs mondes, car tous ces mondes sont, disent-ils de même espèce... La terre de l'autre monde et la terre de ce monde-ci sont donc de même espèce ; partant, il faut que la terre de l'autre monde se meuve naturellement vers le centre de ce monde-ci. »

Jandun ne veut pas davantage accepter cette raison : « La terre de l'autre monde ne se mouvrait pas vers le centre de celui-ci parce qu'elle en est trop distante ; ainsi le fer n'est pas, à toute distance, attirée par l'aimant. » Comme Averroès, dont il invoque ici l'autorité, notre auteur repousse toute assimilation entre la tendance d'un grave vers son lieu propre et la tendance du fer vers l'aimant ; il reprend, à cette occasion, la théorie des actions magnétiques qu'avait proposées le Commentateur.

Cette théorie des actions magnétiques et l'opposition qu'elle met entre le mouvement du fer vers l'aimant et la chute d'un grave semblaient au chanoine de Senlis, pensées fort importantes [1]. Si l'on consentait, en effet, à comparer ces deux sortes de mouvements, si l'on admettait qu'un grave qui tombe « est mû par une force naturelle exercée par le lieu propre *(virtute naturali loci)*, alors, la terre d'un autre monde ne tomberait pas au centre de ce monde-ci ; mais cette proposition est fausse et contredit Aristote »... Elle serait cependant conséquence évidente du principe admis ; une force exercée par le lieu *(virtus loci)*, c'est, en effet, une vertu corporelle ; elle n'agit que jusqu'à une distance déterminée.

Par sa doctrine qui tient la pluralité des Mondes pour une impossibilité, Jean de Jandun va-t-il donc encourir l'anathème d'Étienne Tempier ? Non pas, car voici la déclaration qu'il formule [2] :

« Tout cela ne préjuge rien de la puissance divine ; en celle-ci, on sauvegarde toujours une liberté infinie et le pouvoir infini de créer plusieurs mondes, bien que de cela, nous ne puissions avoir une conviction prise des choses sensibles ; or c'est de celle-ci que se tire le raisonnement d'Aristote. Cependant, c'est chose à laquelle il faut croire fermement, en donnant avec respect notre assentiment aux docteurs sacrés de la foi. »

1. JOANNIS DE JANDUNO *Op. laud.*, lib. IV, quæst. XIX.
2. JOANNIS DE JANDUNO *Op. laud.*, lib. I, quæst. XXIV.

De la part de Jean de Jandun, ce n'était pas là, nous le savons [1], déclaration de circonstance, ni précaution occasionnelle contre la condamnation de 1277 ; c'était corollaire d'un système général sur les rapports de la philosophie péripatéticienne et de la foi catholique.

V

GUILLAUME D'OCKAM ET ROBERT HOLKOT

Ceux qui tiennent pour la possibilité de plusieurs mondes tiennent aussi pour cette opinion : La terre de chacun des mondes tend exclusivement vers le centre du monde auquel elle appartient ; il n'est donc pas à redouter qu'elle tombe au centre d'un autre monde. A quoi les Péripatéticiens répondent : Attribuer à deux terres des lieux naturels différents, c'est leur attribuer des formes substantielles différentes, partant les ranger dans des espèces distinctes.

Contre l'opinion des premiers physiciens, cette objection semble très forte. Mais, bien qu'elle se puisse très certainement autoriser du texte d'Aristote, Ockam va montrer qu'elle implique une conception trop étroite du lieu naturel. Sans doute, des masses de terre qui sont de même espèce doivent avoir un lieu *spécifiquement* unique ; mais il n'est pas nécessaire que ce lieu soit spécifiquement *un*, qu'il se réduise à un point unique. Si le Philosophe a cru que le lieu naturel de la terre ne pouvait être qu'un seul point, c'est pour n'avoir considéré, en ce monde-ci, que le mouvement des corps pesants. Il lui eût suffi de porter son attention sur le mouvement du feu pour reconnaître qu'un lieu naturel, spécifiquement unique, peut être formé de parties géométriquement distinctes, et qu'un élément se porte vers telle ou telle de ces parties selon qu'il se trouve en telle ou telle région du Monde. Cette remarque ruinait, au nom d'un Péripatétisme correctement interprété, la principale objection des Péripatéticiens contre la pluralité des Mondes.

Dans son écrit sur les *Sentences* de Pierre Lombard, Guillaume d'Ockam consacre toute une question [2] au problème de la pluralité des Mondes ; cette pluralité, très fermement il la tient pour possible ; voici ce qu'il affirme :

1. Voir : Quatrième partie ; ch. VII, § III, t. VI, p. 560-564.
2. *Magistri* GUILHELMI DE OCKAM *Super quatuor libros Sententiarum annotationes*. Libri primi Sententiarum dist. XLIV, quæst. unica : Utrum Deus posset facere mundum meliorem isto mundo.

« Je dis que Dieu peut faire un monde qui serait meilleur que celui-ci et qui ne serait distinct de celui-ci que d'une distinction numérique. La raison en est la suivante : Dieu peut faire une infinité d'individus de même espèce *(ratio)* que les individus existants aujourd'hui ; il peut donc faire des individus aussi nombreux et même plus nombreux que ceux qui sont maintenant produits, et il peut les faire de même espèce que ceux-ci. Mais ces individus, Dieu n'est pas forcé de les produire dans ce monde-ci ; il les peut produire hors de ce monde-ci et en faire un autre monde tout comme il a composé ce monde-ci des individus déjà produits. »

Cette affirmation, que plusieurs Mondes sont possibles, ne se saurait soutenir si l'on ne ruinait les arguments péripatéticiens qui vont à l'encontre ; Guillaume s'applique donc à les renverser.

Le Stagirite affirmait que les diverses parties d'un même élément tendent toutes et nécessairement vers un lieu naturel unique ; qu'il ne peut donc exister deux mondes dont les centres seraient, pour la terre, deux lieux naturels distincts. Voici ce que le *Venerabilis Inceptor* lui répond :

« Tous les individus appartenant à un élément de même espèce se mouvront vers un même lieu naturel si on les place successivement, hors de ce lieu, dans une même position ; il n'en résulte pas qu'ils se meuvent toujours vers un même lieu naturel ; il peut se faire qu'ils se meuvent vers deux lieux différents. »

En voici un exemple patent :

« Si l'on place en deux régions différentes de la terre deux feux de même espèce, ils s'élèveront tous deux vers le Ciel, mais ils ne tendront pas vers le même lieu ; ils se mouvront vers deux lieux distincts ; toutefois, si l'on prenait le premier de ces deux feux et qu'on le mît à la place où se trouvait d'abord le second, ce premier feu tendrait vers le lieu où le second tendait précédemment.

« Il en serait de même dans la question qui nous occupe. Si l'on prenait de la terre appartenant à l'autre univers et qu'on la mît en cet univers-ci, elle tendrait au même lieu que la terre de notre univers ; mais lorsqu'elle se trouve hors de cet univers-ci, lorsqu'elle est à l'intérieur de l'autre ciel, elle ne se meut plus vers le centre de notre monde ; pas plus que du feu placé à Oxford ne se meut vers le lieu auquel il tendrait s'il était mis à Paris.

» Ce n'est donc pas simplement parce que ces deux terres

sont numériquement distinctes qu'elles se meuvent vers des lieux distincts, comme le prétendait l'objection que réfute Aristote ; elles se meuvent vers des lieux distincts parce qu'elles occupent des positions différentes à l'intérieur de cieux différents ; tout comme deux feux, par l'effet de leurs situations différentes, se meuvent vers des parties différentes du Ciel. »

Les Péripatéticiens vont-ils être convaincus par cette argumentation ? Non certes, car ils répondront avec leur Maître : Le mouvement naturel de la terre au sein du second monde la portera au centre de ce second monde ; par là, il arrivera qu'il éloigne cette terre du centre du premier monde ; la terre s'éloignera donc, par mouvement naturel, du centre de notre monde ; partant, lorsqu'elle tombera vers ce centre, ce sera de mouvement violent, car on a formulé cet axiome : Si un corps s'éloigne d'un lieu par mouvement naturel, il ne peut s'approcher de ce lieu que par mouvement violent.

Cet axiome essentiel de la Mécanique péripatéticienne, Guillaume d'Ockam n'hésite pas à le nier ou, plutôt, à le corriger : « Si, dit-il, un corps s'éloigne naturellement d'un lieu *quelle que soit sa position initiale*, il ne pourra tendre vers ce lieu que par mouvement violent. Mais s'il ne s'éloigne naturellement de ce lieu *qu'à partir de certaines positions initiales*, il n'est pas nécessaire qu'il s'en approche toujours par mouvement violent.

» Du feu, placé entre le centre du Monde et la circonférence du Ciel, nous en donne un exemple ; lorsqu'il tend vers la partie la plus proche de cette circonférence, il s'écarte de la partie opposée ; cependant, si on le plaçait entre le centre et cette dernière partie, c'est vers celle-ci qu'il tendrait naturellement. »

Le Stagirite s'est donc sans cesse réclamé de principes trop restreints, trop particuliers ; il avait été conduit à les formuler parce qu'il n'avait porté son attention que sur le mouvement des corps pesants ; s'il eût analysé le mouvement des corps légers, sa Physique même l'eût contraint d'admettre d'autres principes et de délaisser certains de ses arguments contre la pluralité des Mondes.

Il eût, toutefois, gardé cette objection : Il ne peut exister plusieurs cieux, car le Ciel comprend toute la matière qui convient à sa nature. Mais Ockam lui riposte alors « que le Ciel comprend toute la matière convenable déjà existante, mais non pas toute la matière qui peut exister ; Dieu peut, en effet, créer à nouveau de la matière céleste, comme il peut créer une nouvelle quantité de matière de n'importe quel corps. »

Robert Holkot se montre très souvent fidèle disciple de Guillaume d'Ockam ; ainsi en est-il, en particulier, au sujet de la pluralité des Mondes.

Le commentaire du second livre des *Sentences* fournit à Robert Holkot l'occasion de discuter ce problème : Dieu savait-il de toute éternité qu'il créerait le Monde [1] ? C'est au cours de cette discussion qu'il traire de la pluralité des Mondes [2].

« Il faut parler ici, dit-il, d'une manière conforme à la foi ; je suppose, en effet, tout au moins que le pouvoir de Dieu est infini en intensité, puisque Dieu a librement créé le Monde, enfin que la bonté et la perfection du Monde sont finies.

» Cela posé, je formule trois propositions :

» Premièrement, Dieu peut faire un monde autre que celui-ci, plus parfait que celui-ci, de même espèce que celui-ci et n'ayant avec celui-ci qu'une différence numérique.

» Secondement, Dieu peut faire un monde autre que celui-ci, plus parfait et d'une autre espèce.

» Troisièmement...

» Voici comment je prouve la première proposition ; en admettant, au sujet de la puissance de Dieu, cette supposition communément reçue que Dieu peut faire tout ce qui n'implique aucune contradiction ; à partir de cette supposition, j'argumente ainsi :

« Tout ce qui n'implique pas contradiction, Dieu le peut faire ; mais la création d'un monde qui n'aurait avec celui-ci qu'une différence numérique n'implique aucune contradiction ; donc etc.

» Voici la preuve de la mineure : Ces propositions : Il existe deux soleils, il existe deux lunes, il existe deux mondes, ne sont point contradictoires. Dieu peut donc créer d'autres corps célestes qui seraient de même espèce que les nôtres et qui n'en différeraient que d'une manière numérique... »

Holkot n'ignore pas les raisons invoquées contre la pluralité des Mondes par la philosophie péripatéticienne ; ces raisons, il les réduit à trois chefs :

« Premièrement, le Monde est formé de toute sa matière ; il ne saurait donc être multiplié ; il ne peut exister des mondes multiples...

1. Roberti Holkot *Quæstiones super libros Sententiarum*, lib. II, quæst. II, art. I : Utrum Deus ab æterno sciverit se producturum mundum.

2. Robert Holkot, loc. cit., art. VI : Deus potest facere quicquid non includit contradictionem.

» Secondement, il n'y aurait aucune raison pour qu'un grave se mût vers le centre de ce monde-ci plutôt que vers le centre de l'autre monde.

» Troisièmement, tout corps qui, naturellement, s'éloigne d'un lieu ne peut s'approcher de ce lieu, si ce n'est par mouvement violent ; mais un grave, placé dans un autre monde, s'écarte naturellement du centre de ce monde-ci... ; en quelque lieu, donc, qu'on le place, à l'intérieur de la circonférence de ce monde-ci, c'est violemment, et non point d'une manière naturelle qu'il s'approcherait du centre de ce monde. »

A ces objections, notre auteur adresse les réponses suivantes :

En premier lieu, ce raisonnement n'est pas concluant : Le ciel comprend toute sa matière ; il ne saurait donc être multiplié. « En effet, il peut être multiplié par un agent dont l'action ne présuppose aucune matière, mais qui crée le tout, la matière en même temps que la forme. »

« A la seconde objection, je réponds : Un grave qui serait au sein d'un certain monde se mouvrait vers le centre du monde dans lequel il se trouve ; un autre grave, placé dans un autre monde, se mouvrait, au sein de cet autre monde, vers le centre de ce dernier. »

Enfin, il faut rejeter ce principe aristotélicien : Tout ce qui s'écarte naturellement d'un lieu ne saurait s'approcher de ce lieu, si ce n'est par mouvement violent. « Un grave peut s'éloigner naturellement du lieu même vers lequel il se porte naturellement... Un grave mis au centre du Monde s'approcherait naturellement d'un aimant placé au-dessus de lui. Il en serait de même pour empêcher la production du vide.

» On peut voir aisément qu'il en est de même pour les corps légers. Imaginons, en effet, une ligne qui passe par le centre de la terre et se prolonge jusqu'au Ciel ; soit, sur cette ligne, A B le diamètre de la sphère des corps élémentaires, diamètre dont les extrémités sont deux points du Ciel. Il est manifeste qu'une masse de feu placée à la surface de la terre directement au-dessous du point A montera naturellement vers A ; par son ascension, donc, elle s'éloignera naturellement du point B ; cependant, si cette même masse de feu était placée de l'autre côté de la terre, directement au-dessous de B, par mouvement naturel elle s'approcherait de B et s'éloignerait de A. Ainsi un même corps léger, selon qu'on le place en des situations différentes, peut, par mouvement naturel, s'approcher ou s'éloigner d'un même lieu. J'en dis autant d'un même grave qui serait placé d'abord au sein d'un monde, puis au sein d'un autre monde. »

Nous retrouvons, en cette dernière argumentation, la trace bien visible de l'influence exercée sur Holkot par Guillaume d'Ockam. Comme le maître, le disciple prend Aristote en flagrant délit de contradiction avec sa propre théorie du lieu naturel ; rien n'était plus propre à discréditer cette théorie, rien n'en pouvait davantage hâter la ruine.

VI

JEAN BURIDAN ET ALBERT DE SAXE

Si soigneusement reproduites par Holkot, les critiques qu'Ockam adressait à la théorie péripatéticienne du mouvement naturel n'eurent pas semblable fortune auprès de certains maîtres parisiens. Jean Buridan, qui ne pouvait cependant les ignorer, parle comme s'il ne les connaissait pas. Quant à Maître Albert de Saxe, il déclare qu'elles ne sont pas fondées.

Dans ses *Questions sur le traité du Ciel*, Jean Buridan place celle-ci [1] : S'il y avait plusieurs mondes, la terre d'un monde serait-elle mue naturellement vers la terre d'un autre monde ?

« Sachez bien ceci, écrit Buridan [2] : Bien que l'existence d'un autre monde ne soit pas possible par voie naturelle, elle est cependant possible d'une manière absolue *(simpliciter)*. Par la foi, en effet, nous tenons pour certain que Dieu, qui a fait ce monde-ci, en pourrait de même faire encore un autre ou plusieurs autres. Nous devons donc croire qu'on ne formule pas une bonne conséquence lorsqu'on dit : S'il y avait plusieurs mondes, la terre d'un monde serait mue naturellement vers la terre d'un autre monde. Aristote s'efforce, cependant, de prouver cette conséquence. »

1. *Questiones super libris de Celo et Mundo magistri* JOHANNIS BYRIDANI *rectoris Parisuis*. Lib. I, quæst. XVII : Decimoseptimo queritur utrum, si essent plures mundi, terra unius moveretur naturaliter ad terram alterius. (Bibliothèque Royale de Munich, Cod. lat. 19.551, fol. 78, col. a.

2. JEAN BURIDAN, loc. cit., fol. 78, col. b.

Buridan rappelle d'abord sur quelles hypothèses repose l'argumentation d'Aristote :

« En premier lieu, ce monde-ci et l'autre seraient de même nature *(ratio)* et composés de principes spécifiquement semblables...

» Mais, en vérité, il n'est pas nécessaire d'accorder cette supposition ; en effet, Dieu, par sa toute-puissance et sa volonté libre, pourrait produire des actions dissemblables. »

La discussion des arguments d'Aristote fournit à notre auteur l'occasion de faire, à l'accélération de la chute des graves, d'intéressantes allusions que nous avons précédemment rapportées [1]. Cette discussion s'achève en ces termes [2] :

« Telle est la voie explicitement suivie par Aristote.

» Mais il me semble qu'elle n'est point démonstrative. Sans doute, c'est la nature du grave qui meut le corps, mais son action motrice est sous la dépendance des corps célestes et de Dieu ; elle est ordonnée par Dieu. Dès lors, supposons que la toute-puissance divine anéantisse tous les corps, sauf l'air de ce monde-ci, et une masse de terre ; au sein de cet air, cette masse de terre demeurerait en repos ; elle ne se mouvrait point ; il n'y aurait, en effet, aucune raison pour qu'elle se mût d'un côté plutôt que de l'autre ; une partie de l'air ne serait par en haut ou en bas plus qu'une autre ; il n'y aurait pas, dans une partie de l'air, une vertu qui ne se trouvât pas dans une autre partie ; tout cela, parce que la coordination provenant du Ciel aurait été écartée. De même, dirions-nous, que toutes choses, en ce monde-ci, reçoivent du Ciel leur manière d'être *(moderantur a cælo)*, de même en serait-il dans un autre monde à l'égard du Ciel de cet autre monde ; la terre de cet autre monde ne descendrait donc pas par mouvement naturel au centre de ce monde-ci. »

Buridan revient donc purement et simplement à la doctrine de Godefroid de Fontaines.

C'est de l'enseignement de Jean de Jandun qu'Albert de Saxe paraît s'inspirer. Comme Jean de Jandun, Albert regarde la pluralité des Mondes comme purement impossible selon les principes de la Science physique ; il ne dénie pas à Dieu le pouvoir de créer un autre monde que celui-ci ; mais s'il le

1. Voir : Cinquième partie ; ch. XI, § VIII, t. VIII, p. 282-287.
2. JEAN BURIDAN, *loc. cit.*, fol. 78, col. b et c.

faisait, ce serait une œuvre purement miraculeuse dont la Physique ne saurait rendre raison.

Albert de Saxe connaît [1] les arguments favorables à la pluralité des Mondes que Saint Thomas d'Aquin exposa jadis : « Il vaut mieux multiplier ce qui est bon et parfait que de ne pas le multiplier ; mais le Monde est bon et parfait ; il vaut donc mieux qu'il existe plusieurs mondes qu'un seul ; et comme Dieu peut faire qu'il en soit ainsi, comme en outre, parmi tous les possibles, Dieu réalise toujours le meilleur, il existe nécessairement plusieurs mondes. »

Cet argument, Albertutius le réfute : « Il n'est pas toujours vrai que la multiplicité d'une bonne chose soit meilleure que n'en est l'unité ; car, s'il en était ainsi, il serait mieux qu'il y eût plusieurs dieux qu'un seul ; et cela est faux parce qu'impossible. » Cette riposte avait été déjà donnée par Jean de Jandun [2].

Albert de Saxe connaît également les objections par lesquelles Ockam a prétendu ruiner les raisons du Stagirite [3] ; mais il s'en faut bien qu'il leur accorde la valeur que le *Venerabilis Inceptor* leur attribue.

Selon Guillaume d'Ockam, les diverses parties d'un même élément ne tendent pas forcément vers un lieu naturel unique. « Nous voyons, en effet, qu'un feu peut tendre vers son lieu naturel en montant vers le pôle nord, et un autre en montant vers le pôle sud, en sorte qu'ils tendent vers deux lieux numériquement distincts. » A quoi notre auteur répond : « Ces deux feux se meuvent vers un lieu qui, pris dans son ensemble, est numériquement unique ; c'est la concavité de l'orbe de la Lune ; bien que les diverses parties du feu élémentaire tendent vers des lieux naturels qui sont numériquement distincts. »

C'est d'Ockam, encore, que provient cette objection :

« Il semble que la distance ait quelque influence sur la gravité et sur la légèreté. En effet, si une certaine masse de feu se trouvait au centre du Monde, elle se mouvrait vers le Ciel, qui est le lieu du feu, de telle sorte qu'une partie se dirigerait vers le pôle nord et une autre vers le pôle sud ; tandis que si l'on

1. *Quæstiones subtilissimæ* ALBERTI DE SAXONIA *in libros de Cælo et Mundo;* lib. I, quæst. XIII : Utrum suit vel possint esse plures mundi.

2. JOANNIS DE JANDUNO *In libros Aristotelis de Cælo et Mundo quæstiones subtilissimæ;* lib. I, quæst. XXIV : An sit possibile esse plures mundos ?

3. ALBERTI DE SAXONIA *Op. laud.*, lib. I, quæst. XII : Utrum, supposito quod essent plures mundi, terra unius mundi moveretur ad terram alterius mundi.

plaçait cette masse de feu entre le centre du Monde et le Ciel, elle se mouvrait tout entière vers une même partie du Ciel », savoir, vers celle qui est la plus proche de ce feu. Mais Albert n'est point embarrassé par cette objection : « La distance, répond-il, peut bien faire que les diverses parties d'un même élément tendent vers leur lieu par des voies diverses ; mais elle ne peut faire qu'un corps cesse de tendre vers son lieu naturel. »

Une autre considération pourrait faire supposer que le poids d'un grave dépend de sa distance au centre du Monde : « Lorsque la terre se trouve en ce centre, elle ne pèse plus ; elle semble avoir perdu toute inclination vers son lieu naturel. » — « Bien au contraire, répond Albert de Saxe, lorsque la terre se trouve en son lieu, sa tendance est d'y demeurer, tandis que si elle se trouve hors de son lieu, sa tendance est de s'y rendre... Il est donc faux que la terre ne soit plus pesante lorsqu'elle se trouve en son lieu naturel ; puisqu'elle est douée de gravité lorsqu'elle se trouve hors de ce lieu, elle ne saurait, lorsqu'elle y parvient perdre cette gravité ; elle est donc pesante en son lieu naturel comme hors de ce lieu ; mais la gravité a un certain office lorsque la terre est hors de son lieu, et un autre lorsqu'elle se trouve en son lieu ; dans le premier cas, elle incline la terre au mouvement vers son lieu naturel et, dans le second cas, elle l'incline au repos. »

Ces considérations nous ramènent à l'une des théories favorites d'Albert de Saxe, à sa distinction entre la gravité actuelle et la gravité potentielle dont nous avons parlé dans un précédent chapitre [1].

Nous avons également vu [2] qu'Albert, à la suite de Buridan, avait, avec grande faveur, développé les conséquences de cette proposition : Une masse de terre est en équilibre lorsque son centre de gravité coïncide avec le centre du Monde. En vertu de ce principe, si la terre formait une couche limitée par deux surfaces sphériques concentriques à l'Univers, cette terre se trouverait en son lieu naturel, bien que chacune de ses parties fût fort éloignée du centre commun des graves. De là cette curieuse conclusion [3] :

« S'il existait plusieurs mondes concentriques, la terre de l'un de ces mondes ne tendrait pas vers le centre de l'autre ;

1. Voir plus haut : ch. XVII, § VI, p. 216.
2. Voir plus haut : *idem*, p. 210.
3. Alberti de Saxonia *Op. laud.*, lib. I, quæst. XIII.

toutes ces terres, en effet, auraient même centre ; et l'on doit concevoir qu'une terre qui aurait la forme d'une couche sphérique concentrique au Monde serait naturellement en repos tout comme notre terre. Le raisonnement d'Aristote, fondé sur cette proposition que la terre d'un monde se mouvrait naturellement vers le centre de l'autre, ne conclut donc pas contre la pluralité des Mondes concentriques. Mais il ne laisse pas de démontrer cette proposition que nous pouvons prendre pour seconde conclusion : Il ne peut exister plusieurs mondes excentriques l'un à l'autre, du moins naturellement. »

Que signifient ces derniers mots : « du moins naturellement » ? Albert de Saxe admet pleinement, avec Aristote, que la coexistence de plusieurs mondes est une impossibilité ; mais dans l'intention, sans doute, de se mettre à couvert de la condamnation portée par Étienne Tempier, il admet que cette impossibilité d'ordre naturel peut être surmontée d'une manière surnaturelle par la toute-puissance divine ; toutefois, la coexistence des mondes ainsi créés par Dieu serait un miracle permanent, une contradiction continuelle aux lois naturelles.

« Suivant la doctrine d'Aristote, nous concluons [1] que l'existence de plusieurs mondes non concentriques est naturellement impossible. Il n'en est pas moins vrai que Dieu pourrait, par sa toute-puissance, en créer plusieurs. »

« Dernière conclusion [2], qui s'accorde avec les précédentes : Par voie surnaturelle, il peut exister plusieurs mondes, simultanés ou successifs, concentriques ou excentriques, au gré de Dieu. »

« Si donc, par miracle [3], il existait plusieurs mondes excentriques les uns aux autres », qu'adviendrait-il des éléments contenus dans ces divers mondes ? On peut, à cet égard, donner libre cours à son imagination ; on peut émettre toutes les suppositions qu'on voudra, « en vertu de cette règle : De l'impossible, on peut conclure n'importe quoi. » On peut, par exemple, admettre qu'à la terre de chaque monde, Dieu n'a donné d'inclination que vers la terre de ce même monde.

Parmi les conclusions qu'il est loisible de formuler, dès là qu'on admet la coexistence miraculeuse de plusieurs mondes, Albert de Saxe range celle-ci : « S'il existait deux mondes, la

1. Alberti de Saxonia *Op. laud.*, lib. I, quæst. XII.
2. Alberti de Saxonia *Op. laud.*, lib. I, quæst. XIII.
3. Alberti de Saxonia *Op. laud.*, lib. I, quæst. XII.

terre de l'un de ces deux mondes ne tendrait pas vers le centre du monde auquel elle appartient ; elle tendrait à celui des deux centres qui est le plus voisin. Mais s'il arrivait qu'elle fût équidistante des deux autres, elle demeurerait en repos entre eux, comme un morceau de fer entre deux aimants qui l'attireraient avec des puissances égales entre elles. »

Guillaume d'Ockam eût sans doute souscrit à cette conclusion ; Albert de Saxe n'y voit que conséquence fantaisiste d'une supposition impossible : « *Ad impossibile potest sequi quodlibet.* »

VII

L'UNIVERSITÉ D'OXFORD ET L'ASSIMILATION DE LA PESANTEUR A UNE ATTRACTION MAGNÉTIQUE

Cette conclusion, qu'Albert de Saxe traite de chimérique rêverie, fait allusion à la théorie qui regarde la pesanteur comme une force attractive exercée sur le corps grave par le centre du Monde, et qui compare cette attraction à celle que l'aimant exerce sur un morceau de fer. Cette théorie, en effet, fait évanouir la grande objection péripatéticienne contre la pluralité des Mondes. Mais contre elle, Averroès avait lutté avec persistance, et la plupart des maîtres de la Scolastique latine avaient, à ce sujet, épousé le sentiment d'Averroès. Il en est un, cependant, qui avait formellement rejeté la doctrine du Commentateur de Cordoue et qui, dans l'action de l'aimant sur le fer, avait prétendu reconnaître une attraction exercée à distance et sans aucun intermédiaire. Pour qui recevait, en ce point, l'opinion de Guillaume d'Ockam, il n'y avait plus aucune difficulté à regarder la pesanteur comme étant, elle aussi, une attraction exercée sur le corps grave par le centre du Monde. Nous ne saurions donc nous étonner qu'une telle supposition ait paru séduisante à certains maîtres de l'Université d'Oxford.

Parmi les enseignements que Maître Clay donnait aux étudiants de Paris sur les doctrines de l'École d'Oxford, se trouvent diverses considérations relatives aux actions de l'aimant [1]. Ces considérations débutent par une phrase qui vaut la peine d'être notée. « Si le centre du Monde était un point, comme certains le pensent, et qu'il fût en mouvement, il est

1. Bibl. Nat., fonds latin, ms. nº 16.621, 213, vº.

certain que tout grave, si grand soit-il, suivrait ce point avec une vitesse égale à celle de son déplacement, car ce point est le lieu universel des graves. » La place même qu'occupe cette réflexion nous montre que les tenants de cette opinion assimilaient cette marche du grave vers le centre en mouvement à la marche du fer vers un aimant qui se déplace.

Bien connue sans doute à l'École d'Oxford, cette opinion n'y était pas universellement admise. Jean de Dumbleton prend soin de la rejeter [1]. Il marque une profonde distinction entre le mouvement des graves vers le centre du Monde et le mouvement du fer vers l'aimant. « Ces corps-là, dit-il en parlant des graves, ne suivent pas ce vers quoi ils se meuvent, comme le fer suit l'aimant lorsque l'on meut ce dernier. Lors même que ce point qui est le centre du Monde se mouvrait, la terre ne le suivrait pas. »

Lorsqu'il émettait ou rapportait cette opinion, Maître Clay ne pouvait sans doute entrevoir la fortune à laquelle elle était appelée. Obligé de renoncer à la théorie aristotélicienne de la gravité, Copernic devait un jour concevoir, en chaque astre, un point qui se mût avec cet astre, il devait admettre que toutes les parties de cet astre tendaient constamment à ce point ; plus tard, alors que cette vue de Copernic était adoptée par un grand nombre de physiciens, Guillaume Gilbert devait assimiler cette tendance qui porte les parties d'un astre vers un point de cet astre à la tendance qui porte le fer vers l'aimant, il devait construire ainsi sa *Philosophie aimantique*, destinée à ravir les suffrages de François Bacon et d'Otto de Guericke ; or toute cette Philosophie aimantique était en germe dans la réflexion de Maître Clay.

VIII

LE RETOUR A LA THÉORIE PLATONICIENNE DE LA PESANTEUR. NICOLE ORESME

Aristote avait établi une étroite relation entre son argumentation contre la pluralité des Mondes et sa théorie du lieu naturel. Il était donc difficile que cette dernière théorie ne se

1. Johannis de Dumbleton *Summa*, Pars VI, cap. X. Bibl. Nat., ms. n° 16.146 fol. 65, col. c.

trouvât pas blessée à mort par le décret où Étienne Tempier affirmait que Dieu peut créer plusieurs mondes. En effet, même après ce décret, quelques maîtres, tels Jean de Jandun et Albert de Saxe, gardèrent pleine confiance en ce qu'Aristote avait enseigné touchant la tendance des graves vers le centre du Monde ; ils accordaient à Dieu, il est vrai, le pouvoir de créer et de conserver plusieurs mondes, mais en vertu d'une action surnaturelle, d'un miracle permanent qui contredît sans cesse aux lois les plus assurées de la Physique. Toutefois, ceux qui tinrent ce langage furent certainement peu nombreux ; l'immense majorité des maîtres de Paris et d'Oxford suivirent un autre avis ; ils s'efforcèrent de corriger, de retoucher la théorie du lieu naturel jusqu'à ce qu'elle devînt compatible avec l'existence de plusieurs mondes.

Les modifications diverses qui furent ainsi apportées, de plusieurs côtés, à l'enseignement d'Aristote ne parurent pas encore suffisantes à certains esprits plus audacieux ; ceux-ci n'hésitèrent pas à délaisser complètement la doctrine qu'Aristote professait au sujet de la pesanteur pour revenir à celle que le *Timée* semblait proposer, que Plutarque avait magnifiquement développée dans son opuscule *Sur le visage qui se voit dans le disque de la Lune* [1].

Selon cette doctrine, si les divers éléments se meuvent de mouvement naturel, ce n'est pas qu'ils tendent à occuper des *positions* déterminées à l'égard du centre du Monde ; ce à quoi ils aspirent, c'est à une certaine *disposition* qui, sans tenir compte de rien qui leur soit étranger, les coordonne les uns par rapport aux autres ; ils se meuvent afin de se distribuer en sphères ou couches sphériques concentriques, superposées suivant l'ordre décroissant des densités ; quand la terre forme ainsi la sphère interne, qu'elle est recouverte par l'eau, puis par l'air, qu'enfin le feu enveloppe le tout, les quatre éléments demeurent en équilibre, quel que soit d'ailleurs, dans l'Univers, la place de leur ensemble. Dès lors, rien ne s'oppose plus à la coexistence de plusieurs ensembles d'éléments ainsi disposés ; l'argumentation aristotélicienne contre la pluralité des Mondes n'a plus de raison d'être.

Cette doctrine, il s'est trouvé, dans l'École parisienne du XIVe siècle, un maître pour la reprendre et pour la développer

1. Première partie, ch. XIII, § XII ; t. II, p. 361-363.

avec une fermeté, avec une ampleur que Plutarque n'avait pas atteintes. Ce maître, c'est Nicole Oresme. Oresme avait-il lu le traité *Sur le visage qui se voit dans le disque de la Lune ?* Il ne le cite pas et il ne paraît pas qu'il le connaisse. La lecture du *Timée* et ses propres méditations ont suffi, sans doute, à lui suggérer des pensées semblables à celles de Plutarque ; très certainement aussi, les objections de Guillaume d'Ockam contre l'argument opposé par les Péripatéticiens à la pluralité des Mondes l'ont pressé de rechercher une autre théorie de la pesanteur.

Cette influence d'Ockam se reconnaît aisément au chapitre du *Traité du Ciel et du Monde* qui porte ce titre [1] :

« *Ou XVIe chapitre, il propose assavoir mon se plusieurs mondes sont ou peuvent estre et prouve que non par II raisons.* »

Le chanoine de Rouen expose la démonstration par laquelle Aristote prétend établir que s'il existait deux mondes, la terre de l'un d'eux se porterait au centre de l'autre ; puis il poursuit en ces termes [2] :

« Jo fis autrefois un fort argument contre ceste raison.

» Supposé, par ymaginacion, que, ou centre de cest monde, soit une porcion de l'élément du feu, tellement que la moitié de elle soit d'une part du centre et l'autre moitié d'autre ; et soit le centre A, et une moitié B, et l'autre C. Et posé on met que tout ce soit osté, qui pourroit empescher le mouvement naturel de ce feu.

» Doncques conviendroit-il que chascune de ces II parties montast en hault, chascune de sa part, vers la circonférence, et se esloigneroient l'une de l'autre et départiroient.

» *Item*, se ces II parties de feu estoient conjointes en une espère [3], tellement que une partie ne se peust séparer ou deviser de l'autre, et tout autre empeschement fust hors, ceste petite espère ou porcion de feu ne se mouvroit, car l'en ne pourroit assigner cause pourquoy elle se transist plus à une partie de la circonférance que à autre ; mes se elle estoit hors le milieu, elle iroit vers la partie de la circonférance dont elle seroit plus près.

» Et tout ceci est à octroier selon la philosophie de Aristote. »

Nous reconnaissons la pensée de Guillaume d'Ockam ; nous

1. Nicole Oresme, *Le traité du Ciel et du Monde*, livre I, ch. XVI. (Bibliothèque Nationale, fonds français, ms. nº 1.083, fol. 14, col. d.)
2. Nicole Oresme, loc. cit., fol. 15, col. c.
3. Espère = Sphère.

reconnaissons également, dans la forme qui est ici donnée à cette pensée, celle contre laquelle se dirigeaient les répliques d'Albert de Saxe.

Le passage que nous venons de citer est immédiatement suivi d'une autre remarque, où nous retrouvons cette conclusion dont *Albertutius* disait avec quelque dédain : « *Ad impossibile potest sequi quodlibet.* » Voici cette remarque :

« Et l'on pourroit dire semblablement que se une porcion de terre estoit entre deux mondes par équale distance et se elle se peust deviser, une partie iroit au centre d'un monde et l'autre au centre de l'autre monde.

» Et se elle ne se pouvoit diviser, elle ne se mouvroit pour l'indifférence et seroit aussi comme un fer entre deux aymans équalz et équalement [forts].

» Et se elle estoit plus près d'un monde que de l'autre, elle tendroit vers le centre du plus prochain. »

D'ailleurs, au sujet des états d'équilibre qu'il vient de considérer : équilibre d'une sphère de feu dont le centre serait au centre du Monde, équilibre d'une masse de terre équidistante des centres de deux mondes, notre auteur a reconnu fort clairement qu'ils seraient frappés d'instabilité :

« Je cuide que ce soit vray si le cas estoit tel comme il est devant mis ; mes il ne pourroit par nature estre tel et durer en tel estat, par les variacions ou altéracions ou autres mouvemens qui sont de commun cours ; aussi comme une pesante espée ne pourroit longuement estre en estant sus sa pointe. »

Toutes ces remarques, comme l'a dit l'Évêque de Lisieux, sont « à octroyer selon la philosophie d'Aristote. » Cette philosophie, il la va délaisser dans son dernier chapitre sur la pluralité des Mondes, chapitre qui porte ce titre [1] :

« *Ou XIXe chapitre, il réprouve les opinions contraires à ce que dit est ou chapitre précéden.* »

Voici comment, à la fin de ce chapitre, il annonce qu'il nous va donner sa propre pensée [2] :

« Or sont finis les chapitres où Aristote entendoit prouver que c'est impossible que plus d'un monde soit ; et est bon de considérer selon la vérité ce que l'on puet dire en ceste matière, sans regarder autorité de homme, mes seulement à pure raison.

1. NICOLE ORESME *Op laud.*, livre I, ch. XIX ; ms. cit., fol. 17, col. a.
2. NICOLE ORESME, loc. cit., fol. 20, col. a.

» Je di que, quant à présent, il me semble que l'en puet ymaginer plusieurs mondes estre en III manières.

» Une, que un monde soit après un autre par succession de temps, si comme aucuns anciens considèrent que cest monde eust commencement.

» Mes ceste opinion ne est pas ici conclue, et est réprouvée par Aristote en plusieurs lieux de philosophie, et ne puet ainsi estre naturèlement, combien que Dieu pourroit faire et puet avoir fait tellement de sa toute-puissance, ou du tout adnichiler cest monde, et après créer un autre. Et ainsi disoit Origènes, sicomme récite Saint Jérôme, que ainsi fera Dieu par innombrables fois.

» Une autre ymagination puet estre, à quelle je vueil tractier par esbatement et pour exercitation de engin ; c'est assavoir que, en un meisme temps, un monde fust dedens un autre, sicomme se, dedens et dessoubs cest monde, estoit contenu un autre monde semblable et mendre Et combien que ce ne soit pas voir ne vraysemblable, toutevoies il me semble que il n'appert pas évidemment par raison que ce soit impossible. »

Après avoir, « par ébattement et pour exercitation de engin », développé cette assez singulière supposition, Oresme poursuit ainsi [1] :

« Mes aussi, que tels mondes soient, il n'appert ne par raison, ne par expérience, ne autrement. Et doncques, l'en ne doit pas, pour nient ne sans cause, adeviner ne mètre une chose estre, qui ne appert aucunement, ne soustenir une opinion dont le contraire est vraysemblable ; mes il est bon d'avoir considéré se c'est impossible.

» La tierce manière de mètre plusieurs mondes est que un soit du tout hors de l'autre en une espace ymaginée, si comme cuida Anaxagoras ; et ceste seule manière réprouve ici Aristote. »

C'est afin de montrer le peu de fondement des arguments d'Aristote que Nicole Oresme nous va maintenant exposer sa théorie nouvelle du lieu naturel des éléments et de la pesanteur. Voici, en effet, quelle est la suite de son discours [2] :

« Mes il me semble que ces raisons ne concludent pas évidemment ; car la première et la plus principale est que se plusieurs telz mondes estoient, il s'ensuivroit que la terre de l'autre monde fust encline a estre meue au centre de cestui et *econverso*...

1. Nicole Oresme, loc. cit., fol. 20, col. d.
2. Nicole Oresme, loc. cit., fol. 20, col. d, et fol. 21, col. a, b et c.

» Pour monstrer que cette conséquence ne est pas nécessaire, Je di premièrement que combien que haut et baz soient diz en plusieurs manières, si comme il sera dit ou second livre, toutefois, quant au propos présent, ils sont dis en une manière ou resgart de nous, si comme nous disons que une moitié ou partie du ciel est hault sus nous et l'autre est bas soubs nous.

» Mes autrement sont dis bas et hault ou regardt des chose pesantes et des légières, si comme nous disons que les pesante tendent en bas et les légières en hault.

» Je di doncques que hault et bas, en ceste seconde manière, ne sont autre chose fors l'ordenance naturèle des choses pesantes et des légières, la quelle est telle que les pesantes toutes, selon ce que il est possible, soient ou milieu des légières sans déterminer à elles autre lieu immobile...

» Je di doncques là où seroit une chose pesante et que nulle légière ne fust coniointe à elle ou à son tout, celle chose pesante ne se mouvroit, car en tel lieu, ne seroit ne hault ne bas pour ce que, tel cas estant, l'ordenance dessus dicte ne seroit pas, ne par conséquent bas ne hault ne seroient pas illuec...

» Et par ce s'ensuit clèrement que se Dieu par sa puissance créet une porcion de terre, et la metoit ou ciel où sont les estoilles ou hors le ciel, ceste terre ne auroit quelconque inclinacion à estre meue vers le centre de cest monde. Et ainsi appert que la conséquence de Aristote, devant récitée, ne est pas nécessaire.

» Après Je di que se Dieu créet un autre monde semblable à cestui, la terre et les élémens de cel autre monde seroient en lui si comme en cestui les élémens de lui.

» Mes Aristote conferme sa conséquence par une autre raison ou XVIIe chapitre, et est telle en sentence : Car toutes parties de terre tendent à un seul lieu qui est un selon nombre ; et doncques la terre de l'autre monde tendroit au centre de cestui.

» Je respon que ceste raison a pou d'aparance, considéré ce que dit est maintenant et ce que fu dit ou XVIIe chapitre, car vérité est que, en cest monde, une partie de terre ne tent pas vers un centre et l'autre vers un autre centre, mez toutes les choses pesantes de cest monde tendent à estre coniointes en une masse tellement que le centre [de pesanteur de ceste masse est uni au centre] de cest monde, et toutes sont un corps selon nombre, et pour ce ont elles un lieu selon nombre ; et se une partie de la terre de l'autre monde estoit en cestui, elle tendroit à estre coniointe à la masse de cestui et *econverso*.

» Mes, pour ce, ne s'ensuit il pas que les parties de la terre ou les choses pesantes de l'autre monde, se il estoit, tendissent au centre de cestui ; car en leur monde, elles feroient une masse qui seroit un corps selon nombre, et qui auroit un lieu selon nombre, et seroit ordenée selon hault et bas en la manière dessus dicte. »

Le principe de cette nouvelle théorie de la pesanteur, Nicole Oresme l'a formulé avec une parfaite clarté : « L'ordenance naturèle des choses pesantes et des légières est telle que les pesantes toutes, selon ce qu'il est possible, soient au milieu des légières *sans déterminer à elles aucun lieu immobile.* » Qui ne voit les conséquences d'un pareil principe ? La pesanteur de la terre n'exige plus, comme en la Physique d'Aristote, que la terre demeure immobile au centre du Monde ; entourée de ses éléments dont les plus légers enveloppent les plus lourds, elle peut se mouvoir dans l'espace à la manière d'une planète ; et, d'autre part, rien n'empêche que chaque planète ne soit formée par une terre grave qu'environnent une eau, un air, un feu analogues aux nôtres. La doctrine nouvelle permet de comparer entre elles la terre et les planètes, ce que la théorie péripatéticienne de la pesanteur interdisait d'une manière rigoureuse. Aussi l'opinion d'Oresme va-t-elle être adoptée par tous ceux qui voudront mettre la terre au nombre des planètes ; elle va être adoptée par Nicolas de Cues d'abord, par Léonard de Vinci ensuite, puis par Copernic, enfin par Giordano Bruno qui en fera une de ses thèses favorites.

D'ailleurs, cette théorie de la pesanteur, si fort opposée à la théorie péripatéticienne, elle n'est pas nouvelle en Physique ; c'est celle que Platon soutenait au *Timée;* et Platon en tirait, pour le mouvement naturel, une définition bien différente de celle que devait donner Aristote ; le mouvement naturel, ce n'est pas le mouvement qui se dirige vers le centre du Monde ou le mouvement qui s'en éloigne, selon que le mobile est grave ou léger ; c'est le mouvement par lequel un corps tend à rejoindre l'ensemble de l'élément auquel il appartient et dont il a été violemment détaché pour être placé au sein d'un élément d'autre nature ; ainsi l'air descend naturellement lorsqu'il est en la sphère du feu comme il monte naturellement lorsqu'il est environné d'eau, car, dans les deux cas, il cherche à se rapprocher de la sphère de l'air ; ces deux mouvements contraires l'un à l'autre, le mouvement centripète et le mouvement centrifuge, sont également naturels à l'air ou lui sont également violents ; pour choisir celle des deux épithètes qu'il convient d'attribuer à l'un d'eux, il faut connaître le milieu au sein duquel l'air se trouve.

Cette opinion, qui se déduit d'une manière forcée des principes posés au *Timée*, est en formelle contradiction avec la Physique d'Aristote ; car, selon cette Physique, à un corps simple convient un seul mouvement naturel, toujours circulaire, toujours centripète ou toujours centrifuge. Or, Oresme admet pleinement l'opinion platonicienne ; il l'expose avec soin et il se plaît à faire ressortir l'opposition qu'elle offre à la théorie péripatéticienne du mouvement naturel.

Le Doyen du chapitre de Rouen s'exprime en ces termes [1] :

« Posé par ymagination que un tuel ou canal de cuivre ou d'autre matière soit si long que, du centre de la terre, il ataigne iusques à la fin de la région des élémens, ce est iusques au ciel.

» Je dis que se ce tuel estoit plain de feu, fors un petit de aer qui fust par dessus tout au bout de hault, cest aer descendroit iusques au centre de la terre, car tousjours le moins légier descent soubs le plus légier.

» Et se cest tuel estoit plain d'eaue fors que cest tantet de aer fust près du centre, cet aer monteroit iusques au ciel, car tous jours monte aer en eaue naturelment. Et par ce appert que aer puet naturelment descendre et monter par le semi-dyamètre de l'espère des élémens. Et ces deux mouvemens sont simples et contraires, et doncques un simple corps est mouvable naturelment par deux simples mouvemens et contraires.

« Je respons que, par adventure, l'en pourroit dire que le mouvement de cest tantet de aer, ou cas dessus mis, en descendant est naturel siques à tant que cest aer soit en droit la région où est le lieu naturel de aer.

» Et après ce, cest aer descent encor en bas par violence pour ce que le feu, qui est plus légier, le foule et le met dessoubs soy, et ainsi ceste descendue est partie naturele et partie violence.

» Semblablement, le mouvement de cest aer en montant en l'eaue est naturel iusques à tant que il monte du centre de la terre iusques à la région de l'aer, là où est son lieu naturel.

1. NICOLE ORESME, *Traité du Ciel et du Monde*, livre I, ch. IV ; ms. cit., fol. 5, col. d.

» Et après ce, il monte par violence pour ce que l'eaue esliève cest aer et se lance soubz lui par sa pesanteur.

» Et donques toute la descendue de cest aer et toute la montée, ces deux mouvemens, entant comme ils sont contraires, un est naturel et l'autre violent. »

Qu'un corps simple ne puisse prendre naturellement deux mouvements simples distincts l'un de l'autre, c'était, pour Aristote, l'une des raisons qui rendaient inadmissible le mouvement diurne de la terre. Oresme sait bien que la ruine du principe entraîne la ruine de la conséquence ; et c'est surtout, sans doute, pour abattre celle-ci qu'il a sapé celui-là. Nous avons vu en effet, comment il répondait [1] à l'argument qu'Aristote invoquait en faveur de l'immobilité de la terre :

« Au premier argument où il est dit que tout corps simple a un seul et simple mouvement, je di que la Terre, qui est corps simple selon soy toute, non a quelconque mouvement selon Aristote comme il appert au XXIIe chapitre.

» Et qui diroit que tel corps a un seul mouvement simple et non pas selon soy tout, mes selon ses parties quand elles sont hors de leur lieu, contre ce est forte instance de l'aer qui descent quand il est en la région du feu et monte quand il est en la région de l'eau, et ce sont deux simples mouvements... Et si aucune partie de tel corps est hors de son lieu et de son tout, elle y retorne plus droit qu'elle peut, osté empeschement... »

En soutenant l'hypothèse de la rotation de la terre, et en détruisant les arguments péripatéticiens qui s'y opposaient, Oresme a été un précurseur ; il l'a été aussi, et surtout, en formulant une théorie de la pesanteur qui rendît possible la révolution copernicaine. Audacieusement novatrice, car elle impose des axiomes identiques à la Mécanique des mouvements célestes et à la Mécanique des mouvements sublunaires, cette théorie sera celle des astronomes de la nouvelle école, jusqu'au jour où la théorie de la gravitation universelle, proposée pour la première fois par Képler, viendra la supplanter.

1. Nicole Oresme, *Traité du Ciel et du Monde*, livre II, ch. XXV ; ms. cit., fol. 83, col. b et c. Voir plus haut : ch. IX, § II, p. 334.

IX

LA TACHE DE LA LUNE

Lorsque Plutarque soutint la pluralité des Mondes et, dans ce but, bouleversa toute la théorie du lieu naturel, ce fut dans un opuscule intitulé Περὶ τοῦ ἐμφαινομένου προσώπου τῷ κύκλῳ τῆς Σελήνης, *Sur le visage qui se voit dans le disque de la Lune.* Ce n'était pas simple coïncidence. Si Galilée, montrant avec son télescope qu'il y a des taches dans le Soleil, devait un jour porter le dernier coup à la Physique céleste d'Aristote, cette Physique avait rencontré, dans la tache de la Lune, un démenti perpétuel. Il était impossible d'observer cette tache sans penser qu'elle décèle, dans la structure de la Lune, une certaine hétérogénéité, une certaine irrégularité qui semble incompatible avec la pureté toute géométrique de l'essence céleste définie par le Péripatétisme. Invinciblement, elle porte à regarder la Lune comme un corps comparable à notre terre.

Cette comparaison, Plutarque s'en est saisi et l'a développée jusqu'au bout ; mais bien d'autres, avant lui, en avaient eu la pensée. Déjà, si nous en croyons Stobée [1], « Héraclide et Ocellus faisaient de la Lune une terre entourée de nuages. » Aristote lui-même, qui mettait entre la substance céleste et les substances élémentaires une distinction si tranchée, paraît avoir éprouvé la tentation d'atténuer, pour la Lune, la netteté de cette opposition ; c'est du moins ce que semble indiquer ce passage du traité *De la génération des animaux* [2] : « Jamais, semble-t-il, le feu ne possède sa forme en propre ; toujours il la possède en quelqu'un des autres corps ; l'air, la fumée, la terre paraissent être ce qui contient le feu. Il faut aussi que ce même genre de substance [le feu] se rencontre dans la Lune, car celle-ci semble avoir quelque communauté avec la quatrième région », qui est le lieu du feu. « 'Αλλὰ τὸ μὲν πῦρ ἀεὶ φαίνεται τὴν μορφὴν οὐκ ἰδίαν ἔχον, ἀλλ' ἐν ἑτέρῳ τῶν σωμάτων · ἢ γὰρ ἀὴρ ἢ καπνὸς ἢ γῆ φαίνεται τὸ πεπυρωμένον. 'Αλλὰ δεῖ τὸ τοιοῦτον γένος ζητεῖν ἐπὶ τῆς τετάρτης ἀποστάσεως.

1. Joannis Stobæi *Eclogæ physicæ*, lib. I, cap. XXVI ; éd. Meineke, p. 151.
2. Aristote, Περὶ ζῴων γενέσεως, lib. III, cap. XI (Aristotelis *Opera*, éd. Bekker, vol. I, p. 761, col. b).

Aristote admettait donc qu'au sein de la Lune, la substance céleste se mêlait à la plus subtile des substances élémentaires, au feu.

Aristote a-t-il poussé plus avant ? Est-il allé jusqu'à supposer une sorte d'affinité entre la substance de la Lune et l'élément terrestre ? A maintes reprises, Averroès affirme [1] que telle a été la pensée du Stagirite ; selon le Commentateur, le Philosophe aurait écrit, dans ses *Histoires des animaux*, que la nature de la Lune a similitude et communauté avec la nature de la terre, entendant par là que la Lune n'est pas lumineuse par elle-même. De ce texte, l'*Index Aristotelicus*, joint par l'Académie de Berlin à son édition des œuvres d'Aristote ne fait aucune mention, et nous ne l'avons pu découvrir. Mais, authentique ou non, il aura, par l'intermédiaire d'Averroès, libre cours dans la science du Moyen-Age ; il fera taire les scrupules des plus rigides péripatéticiens touchant cette assimilation de la Lune avec les corps sublunaires.

Averroès, d'ailleurs, leur donne l'exemple. Il écrit [2] : « Aristote dit, au *Traité des animaux*, que la nature de la Lune a communauté avec la nature terrestre, parce qu'en elle la lumière fait défaut. Dès là qu'il en est ainsi, tout ce qui est lumineux par soi-même possède une nature qui a communauté avec la nature du feu ; quant aux parties de la Lune qui sont diaphanes, qui n'ont point de lumières par elles-mêmes et ne reçoivent pas non plus le pouvoir d'éclairer, elles possèdent une nature qui a communauté avec la nature de l'air et de l'eau. »

Par cette communauté, par cette communion de nature, Averroès n'entend aucunement une identité de substance ; il veut seulement désigner une similitude, une analogie : « En tant qu'ils sont corps, dit-il [3], les corps célestes ont en commun avec les éléments les propriétés qui consistent à être diaphanes, à être lumineux, à être obscurs ; c'est pourquoi Aristote dit, au *Traité des animaux*, que la nature de la Lune est, par l'obscurité qui réside en elle, semblable à la nature de la terre ; par conséquent, la partie lumineuse des orbes célestes est semblable à la nature du feu. »

1. AVERROIS CORDUBENSIS *In libros Aristotelis de Cælo commentarii*, lib. I, summa IV, comm. 16 ; lib. II, summa II, quæsitum III, comm. 32 ; summa III, cap. I, comm. 42 ; summa III, cap. II, comm. 49. — *Sermo de substantia orbis*, cap. II.

2. AVERROIS CORDUBENSIS *In libros Aristotelis de Cælo commentarii*, lib. II, summa II, quæsitum III, comm. 32.

3. AVERROIS CORDUBENSIS *Op. laud.*, lib. II, summa III, cap. I, comm. 42.

Le Commentateur entend bien que ces analogies entre les corps célestes et les corps élémentaires, tirées de la façon dont ces corps se comportent à l'égard de la lumière, n'atténuent en rien l'irréductible opposition que met le Péripatétisme entre les corps éternels et les corps changeants et périssables. Aussi ne croira-t-il pas s'éloigner du sentiment d'Aristote en usant de ces analogies pour expliquer les particularités de la tache de la Lune.

« Voici ce qu'on peut dire de plus juste à ce sujet, écrit-il [1] : Cette tache est, à la surface de la Lune, une partie qui ne reçoit pas la lumière du Soleil de la même façon que les autres parties ; ce n'est point là chose interdite à un corps céleste ; en effet, de même qu'on rencontre, en ces corps, quelque chose qui est lumineux d'une certaine manière, on y rencontre aussi quelque chose d'obscur ; telle est la Lune ; aussi Aristote dit-il au *Traité des animaux* que la nature de la Lune est semblable à la nature de la terre ; il entend par là que la Lune n'est pas lumineuse par elle-même ; qu'elle tient d'autrui son caractère lumineux, comme la terre le tient du feu ; il n'en est pas ainsi, comme on le voit manifestement, pour les autres étoiles. Puis donc que les diverses parties du corps céleste se distinguent les unes des autres en ce qu'elles sont diaphanes, ou non diaphanes, ou lumineuses, il n'est point défendu que les diverses parties de la Lune reçoivent différemment la lumière du Soleil. »

Mais le premier point à examiner, c'est évidemment celui-ci : De quelle façon le Soleil rend-il la Lune propre à éclairer ?

« Il est démontré, en effet, que si la Lune acquiert du Soleil le pouvoir d'éclairer, ce n'est pas par réflexion. Cela a été prouvé par Avenatha », c'est-à-dire par Abraham ben Ezra, « dans un traité singulier. Si elle éclaire, c'est en tant que corps devenu lumineux par lui-même. Le Soleil la rend, tout d'abord, lumineuse ; puis la lumière émane d'elle à la façon dont elle émane des autres étoiles ; c'est-à-dire que, de chaque point de la Lune, part une multitude infinie de rayons. Si son pouvoir éclairant provenait de la réflexion, elle n'éclairerait, sur la terre, que certains endroits bien déterminés qui dépendraient de la situation qu'elle occupe ; la réflexion ne se produit, en effet, que sous un angle déterminé. »

Abraham ben Ezra et Averroès ont parfaitement raison de déclarer que la lumière envoyée par la Lune ne peut être la

1. Averrois Cordubensis *Op. laud.*, lib. II, summa III, cap. II, comm. 49.

lumière du Soleil réfléchie comme elle le serait par un miroir ; ils ne paraissent pas avoir pensé que la Lune pût être un corps rugueux renvoyant cette lumière en tout sens par diffusion ; il leur eût sans doute paru contraire à la perfection d'un corps céleste que la surface n'en fût pas parfaitement lisse et poli ; ils attribuent alors à la Lune le pouvoir d'émettre de la lumière par elle-même, mais seulement lorsque l'éclairement du Soleil l'y prédispose ; la propriété qu'ils attribuent à la Lune ressemble beaucoup à ce que nous nommons fluorescence.

Une raison semblable à celle qui a suggéré cette supposition écarte l'hypothèse au gré de laquelle la tache de la Lune ne serait que l'image des objets terrestres, des montagnes ou des mers, réfléchie à la surface de l'astre. S'il en était ainsi, en effet, la figure de cette tache changerait selon la position que la Lune occupe par rapport à la terre.

Cette tache, donc, n'admet pas d'autre explication que celle-ci : Lorsque l'éclairement du Soleil les prédispose et les excite, les diverses parties de la Lune deviennent lumineuses ; mais elles ne le deviennent pas toutes de la même façon.

Dans toutes ces considérations sur la nature de la lumière lunaire et de la tache de la Lune, Averroès s'efforce de ne manquer en rien au Péripatétisme ; à la substance de la Lune, il attribue une certaine hétérogénéité ; mais cette hétérogénéité ne porte que sur les qualités désignées par les mots : dense ou rare, opaque ou diaphane, obscur ou lumineux. Or, dans son *Discours sur la substance de l'orbe*, le Commentateur professe que ces mots peuvent être dits de l'essence céleste aussi bien que des corps sublunaires [1], encore qu'ils n'aient pas, dans les deux cas, précisément le même sens, qu'ils aient seulement des significations analogues.

La Scolastique chrétienne n'avait pas, avant le XIIIe siècle, à s'embarrasser de telles précautions ; elle n'était pas péripatéticienne, elle était platonicienne ; elle ne croyait pas que les corps célestes fussent formés d'une substance particulière absolument distincte des substances sublunaires ; elle y voyait un mélange des quatre éléments, où le feu dominait. Pour expliquer la tache de la Lune, elle attribuait à cet astre une structure hétérogène semblable à celle des corps que nous pouvons rencontrer autour de nous.

1. AVERROIS CORDUBENSIS *Sermo de substantia orbis*, cap. II.

Le *Livre sur la constitution du Monde* qu'on attribue faussement à Bède le Vénérable s'exprime en ces termes [1] :

« La Lune est formée par les quatre éléments. De ces éléments, il en est trois qui sont bien mêlés et polis, car ils sont naturellement transparents et rendent d'eux-mêmes de la lumière. Au contraire, au lieu où se trouve la tache, la terre n'est point bien mêlée aux autres éléments ; en cet endroit, elle est rugueuse et ne répand pas de lumière. »

Dans son opuscule intitulé *L'image du Monde,* Honoré le Solitaire enseigne [2] que l'éther au sein duquel se meuvent les planètes est identique au feu pur. La Lune « est de nature ignée, mais sa masse est mélangée d'eau. Elle n'a pas de lumière propre, mais elle est éclairée par le Soleil à la façon d'un miroir... Qu'on aperçoive en elle une sorte de petit nuage, cela provient, croit-on, de la nature aqueuse. On dit, en effet, que si elle n'était pas mélangée d'eau, elle éclairerait la terre comme le Soleil l'éclaire ; et même, à cause de son voisinage de la terre, elle la dévasterait par son ardeur excessive. »

Dans son *Introductoire d'Astronomie,* l'Astrologue de Baudoin de Courtenay reproduit, vers 1270, les idées qui avaient cours dans l'ancienne Scolastique. Ainsi en est-il pour ce qu'il dit de la tache de la Lune [3], car c'est l'opinion du pseudo-Bède qui transparaît dans ses propos :

« De la Lune sunt II opinions. L'une de Aristote, qu'ils tiènent à hérésie ; l'autre commune, que li philosophes, presque tuit [4], distrent : Que li cors de la Lune est aquatikes et plus espès que li autre planète por la prochièneté de l'aive [5] et de la terre ; et porce qu'èle est voisine as froides choses, ce est à l'aive et à la terre, elle n'a de soi ne chalor ne resplendor ; ainz convint qu'èle le eust del Soloil. Quar ce est I cors poliz et exters [6] autresi cum glace ou cristals ; et quant li rais del Soloil ce fièrent [7], si reluist autresi cum I mireor. Et jà soit-ce que il

1. BEDÆ VENERABILIS *De constitutione mundi cælestis terrestrisque liber,* cap. : De macula Lunæ [BEDÆ VENERABILIS *Operum* t. I (*Patrologiæ latinæ,* accurante J. P. Migne, t. XC), col. 888].

2. HONORIUS SOLITARIUS *De imagine mundi* [BEATI ANSELMI *Opuscula,* Basileæ (?), 1497 (?), cap. XXII : De igne. HONORII AUGUSTODUNENSIS *Opera* (*Patrologiæ latinæ,* accurante J. P. Migne, t. CLXXII), cap. LXVII sqq., col. 138-139].

3. *Introductoire d'Astronomie.* De chascun planète par soi. (Bibliothèque Nationale, fonds français, ms. nº 1.353, fol. 28, col. d et fol. 29, col. a.)

4. Tuit = tous.

5. Aive = eau.

6. Exters = lisse, poli *(extersus).*

7. Fièrent = frappent.

soit moult poliz si cum je vos ai dit, neporquant [1] il est en aucunes parties plains de roil [2] et de eschardeus [3], là ou il a plus amoncelé de la nature de l'aive et de la terre ; et por ce, a plus naturel obscureté, en cèle partie, et de umbre, jà soit-ce que la Lune soit un core tote pleine de lumière.

» Aristote disoit que li cors de la Lune estoit de nature de feu ; mès, ne porquant, il avoit moult de la nature de l'aive et de la terre. »

Notre auteur, fidèle à sa coutume, citait Aristote, mais ne l'avait jamais lu.

Quand les physiciens du xiiie siècle lurent Aristote et Averroès, ils éprouvèrent une grande perplexité touchant l'explication de la tache de la Lune ; la doctrine aristotélicienne relative à l'essence céleste ne leur paraissait pas aisée à concilier avec l'existence de cette tache ; en celle-ci, ils voyaient volontiers la marque d'une certaine parenté de la Lune avec les substances élémentaires.

Qu'Albert le Grand ait lu Averroès, on n'en doute point. L'influence du Commentateur transparaît assez, d'ailleurs, en ce que le futur Évêque de Ratisbonne dit de la lumière émise par les planètes [4]; ce n'est, en effet, qu'une extension de ce qu'Aven Ezra et Averroès avaient dit de la lumière de la Lune.

Ni les étoiles errantes ni même, au gré d'Albert, inspiré par le *Liber de elementis* du pseudo-Aristote, les étoiles fixes n'ont de lumière propre ; pour toutes, le Soleil est la source première de la lumière qu'elles envoient. Mais si elles éclairent à l'aide de la lumière qu'elles ont reçue du Soleil, ce ne peut être par un simple effet de réflexion. Si une étoile réfléchissait la lumière du Soleil à la façon d'un miroir, elle la réfléchirait dans une seule direction et n'émettrait pas des rayons dans tout l'espace. « Sans aucun doute, donc, il faut accorder que cette réception de lumière ne se fait pas par réflexion ; bien plutôt, comme on l'a dit, la lumière se trouve incorporée aux étoiles... Celles-ci sont comme des réceptacles sphériques de lumière ; dès là qu'elles sont touchées par un rayon solaire, elles sont tout aussitôt remplies de lumière, et par tout leur corps, à la seule

1. Neporquant = cependant.
2. Roil = rouille.
3. Eschardeus = écailleux, raboteux, rugueux.
4. Alberti Magni *Libri de Cælo et Mundo;* lib. II ; tract. III : De natura et figura et motibus stellarum ; cap. VI : Et est digressio declarans qualiter stellæ omnes illuminantur a Sole.

exception de la Lune qui, parmi tous les astres du Ciel, est de la moindre noblesse. »

Comme Averroès, Albert combat l'opinion qui voit, dans la tache de la Lune, une image de nos montagnes et de nos mers [1]. Puis il ajoute : « S'il en était ainsi, la lumière qui s'observe en la Lune proviendrait d'une réflexion faite sur cet astre, et non par imbitition de la lumière solaire dans sa profondeur ; c'est un avis que nous repoussons. Mais nous disons que cette figure provient de la nature de la Lune, qui est de nature terrestre. *Sed dicimus quod hæc figura est de natura Lunæ quæ est naturæ terrestris.* » Puis, sans plus ample explication, notre auteur décrit en détail la forme de la tache lunaire.

« La Lune est de nature terrestre ». Voilà une affirmation qu'un péripatéticien fidèle ne pouvait prendre au pied de la lettre. Saint Thomas d'Aquin s'efforce d'en atténuer quelque peu la brutalité.

A l'imitation d'Averroès, le *Doctor communis* commence [2] par prouver que cette tache ne se peut expliquer ni par l'interposition de quelque corps étranger, ni par une réflexion des accidents de la surface terrestre ; puis il poursuit en ces termes :

« D'autres disent plus justement que la raison pour laquelle la Lune nous manifeste une semblable diversité se tire d'une disposition de la substance même de cet astre et non pas de l'interposition de quelque corps non plus que de quelque réflexion. Mais ceux-ci se partagent entre deux opinions.

» Certains ont prétendu que les formes des effets préexistent d'une certaine manière au sein des causes ; toutefois, plus la cause est élevée, plus les formes diverses des effets s'y trouvent ramenées à l'uniformité ; au contraire, plus basse est la cause, plus les formes des effets y sont distinctes les unes des autres. Or les corps célestes sont les causes des corps d'ici-bas, et, parmi les corps célestes, la Lune est le moins élevé ; dans la Lune, donc, et sur sa surface inférieure se trouve une sorte d'hétérogénéité exemplaire des corps soumis à la génération. Ce fut l'avis de Jamblique.

» D'autres disent : Il est vrai que les corps célestes sont d'autre nature que les quatre éléments ; ceux-ci, néanmoins,

1. Albert le Grand, loc. cit., cap. VIII : De motibus duobus scintillationis et titubationis, utrum conveniant stellis ; in quo est digressio declarans causam et figuram umbræ quæ videtur in Luna ; et de altercatione Averrois contra Avicennam.

2. Sancti Thomæ Aquinatis *Expositio in libros Aristotelis de Cælo et Mundo;* lib. II, lect. XII.

préexistent au sein de ceux-là ; mais ils n'y préexistent pas de la même façon qu'ils existent dans les corps élémentaires ; ils y existent d'une plus excellente manière.

» Or, parmi les éléments, le plus élevé, c'est le feu, qui possède le plus de lumière ; le moins élevé, c'est la terre, qui possède le moins de lumière. Partant, la Lune, qui est le plus bas des corps célestes, a quelque rapport *(proportionatur)* avec la terre, et quelque ressemblance avec la nature de cette dernière ; aussi le Soleil ne peut-il la rendre lumineuse en totalité ; voilà pourquoi dans la partie de la Lune que le Soleil éclaire parfaitement voit-on une certaine région obscure. »

De ces deux opinions, Saint Thomas ne dit pas quelle est celle qu'il préfère ; si l'on s'en rapporte à la coutume suivie par les expositions scolastiques, ce doit être la seconde.

Un péripatéticien convaincu, un lecteur d'Averroès ne s'y pouvait point complaire ; elle avait encore trop de ressemblance avec les théories platoniciennes reçues par l'ancienne Scolastique ; bien qu'elle ne mît les éléments, au sein des corps célestes, que sous une forme supérieure à celle qu'ils affectent ici-bas, elle s'écartait visiblement de l'enseignement aristotélicien touchant la cinquième essence ; il la fallait donc rejeter ; ce fut l'avis de Robert l'Anglais.

« Dans la Lune, dit celui-ci [1], il est une diversité dont aucun auteur, que je sache, n'a pleinement déterminé, comme on le doit faire, la véritable nature. Il s'agit de cette tache obscure, ayant forme humaine, qui apparaît sur la Lune.

» Selon les contes des paysans, c'est un paysan qui avait volé un fagot d'épines et qui le portait sur son dos ; il fut *stellifié* dans la Lune, et cette tache sombre est son image.

» Une autre opinion touchant cette tache qui se montre sur la Lune, c'est la suivante : La Lune, étant un corps intermédiaire entre les choses célestes et les choses terrestres, participe aussi bien de la nature de celles-ci que de la nature de celles-là ; en tant qu'elle participe de la nature des choses célestes, une région claire se montre en elle ; une région sombre s'y manifeste, en tant qu'elle participe des corps terrestres.

» On dit encore, et avec plus de probabilité : La Lune est une sorte de corps lisse et poli dans lequel les formes des choses qui lui sont opposées se reflètent comme dans un miroir très

1. *Tractatus de spera* Jo. de Sacro Bosco *cum glosis* Ro. Anglici ; cap. IV glosa II. Bibl. Nat., fonds latin, ms. n° 7.392, fol. 42, col. c et d, et fol. 43, col. a.

pur ; les parties de la terre qui sont couvertes d'eau apparaissent en clair à la surface de la Lune, tandis que les continents s'y montrent en sombre ; l'image qui se voit dans la Lune reproduit la disposition de ces diverses parties. »

Après avoir sommairement discuté cette dernière théorie, notre auteur poursuit en ces termes :

« On peut encore s'exprimer d'une autre manière, et que je crois meilleure : Il faut admettre que le corps de la Lune est plus dense en certaines de ses parties et plus rare en d'autres. Les parties qui sont plus rares reçoivent mieux la lumière solaire et la laissent pénétrer à une plus grande profondeur ; aussi semblent-elles plus claires. Au contraire, les parties plus denses reçoivent moins bien la lumière du Soleil ; aussi se montrent-elles plus sombres. La figure apparaît dans la Lune selon la situation qu'y occupe cette condensation.

» On me fera peut-être une objection ; on me dira que je fais une mauvaise supposition en admettant qu'il y a au Ciel rareté et densité ; je réponds que cela n'est pas impossible selon ce que dit Averroès au livre *De la substance de l'orbe.* Averroès admet, dans ce livre, qu'on ne peut supposer au Ciel une rareté comme celle qui se rencontre ici-bas, mais qu'il est assez clair qu'on l'y suppose par homonymie *(æquivoce).* »

Nous sommes en 1271 ; voici que l'explication averroïste de la tache lunaire, tirée de principes péripatéticiens, se substitue aux explications de l'ancienne scolastique, qui assimilaient la nature de la Lune à celle des êtres sublunaires, et pour lesquelles Albert le Grand et Saint Thomas d'Aquin éprouvaient encore une sorte de penchant.

Un des manuscrits qui nous conservent le *Tractatus super totam Astrologiam* de Bernard de Verdun porte une glose marginale où se lit une singulière explication de la tache de la Lune [1]. Selon cette explication, la Lune serait un corps sphérique parfaitement transparent contenant à son intérieur un autre corps obscur ; celui-ci, vu à travers celui-là, paraîtrait comme une tache sombre.

Cette bizarre supposition avait pour but de montrer que la Lune peut décrire un épicycle sans tourner sur elle-même et sans que, cependant, la tache change de forme.

1. Bibliothèque Nationale, fonds latin, ms. n° 7.333, fol. 19, col. c. Voir : Seconde partie, ch. VII, § VII ; t. III, p. 456.

Cette étrange hypothèse ne passa pas tout à fait inaperçue ; en 1310, Pierre d'Abano y fit allusion dans son *Lucidator Astronomiæ;* cette allusion se rencontre au passage le plus indéchiffrable et le plus maculé de l'illisible manuscrit où le *Lucidator* nous est conservé [1]. « Ce n'est point dans la profondeur de la Lune, dit le médecin padouan, c'est plutôt à la surface que cette tache a la réputation d'exister, selon l'opinion la plus commune. »

Pierre d'Abano discute également l'opinion qui veut voir dans la tache de la Lune l'image réfléchie d'objets terrestres. Reproduisant presque mot pour mot une objection d'Albert le Grand, il dit que la Lune serait alors éclairée « par une réflexion qui se ferait sur elle comme sur un miroir et non par imbibition de la lumière solaire dans la profondeur. »

Il est vrai qu'à cette théorie de la lumière lunaire, il prévoit une difficulté. « On la réfuterait peut-être, écrit-il, en observant que, dans une éclipse de Soleil, la Lune se montre complètement obscure, ce qui n'aurait pas lieu si elle pouvait recevoir la lumière dans sa profondeur et si elle retenait en elle quelque chose de cette lumière ; il semble donc qu'elle reçoive plutôt la lumière en raison de sa surface. »

En dépit de cette objection, l'opinion qui, vers 1310, semblait la plus propre à rendre compte de l'éclairement lunaire, c'est celle d'Averroès.

C'est la théorie d'Averroès que Gilles de Rome expose avec une extrême précision.

C'est du Soleil [1] que toutes les étoiles, comme la Lune tiennent leur lumière. « Le Soleil est donc la source de la lumière ; les orbes lumineux sont le milieu au travers duquel cette lumière parvient jusqu'aux étoiles et jusqu'à la Lune ; quant à la Lune et aux étoiles, ce sont des corps denses, nets et polis qui détournent vers les autres corps la lumière qu'ils ont reçue du Soleil. En effet, si les étoiles luisent, c'est en raison de leur densité, c'est parce qu'elles sont la partie la plus dense de leur orbe ; c'est par là qu'elles renvoient vers les autres objets la lumière qu'elles reçoivent du Soleil. Si donc en quelqu'une de ses parties, une étoile se trouvait être moins dense qu'ailleurs, en cette partie, elle ne brillerait pas ; c'est ce qu'on voit dans la tache de

1. Petri Padubanensis *Lucidator Astronomiæ*. Bibliothèque Nationale, fonds latin, ms. nº 2.598, fol. 118, col. b.

1. Ægidii Romani *Opus hexaemeron*, pars II, cap. X : Quod ex comparatione ipsius lucis ostenditur quod neque lux neque lumen neque splendor sunt forma substantialis corporis lucidi.

la Lune ; là où est la tache, la Lune ne brille pas ; c'est, croit-on, parce qu'en cette partie, la Lune n'est pas aussi dense qu'ailleurs.»

« Dans les corps célestes [1], il y a densité et rareté, densité plus grande et densité moindre, tout comme dans les choses d'ici-bas. Sans invoquer, donc, ni action ni passion... nous pourrons sauver tout ce que nous voyons dans les cieux ou tout ce que nous y percevons à l'aide de la vue. Nous y voyons, en effet, ici, de la couleur, là de la lumière ; ailleurs, nous ne percevons ni couleur ni lumière, mais diaphanéité et transparence. La diaphanéité et la transparence proviennent de la rareté ; la couleur et la lumière dépendent de la densité plus ou moins grande.

» Nous distinguerons dans les Cieux deux couleurs et trois sortes de lumières qui, toutes, proviennent d'une densité plus ou moins grande.

» Il y a deux couleurs dans le Ciel, [la couleur azurée] et une couleur grisâtre *(maculosus)*; c'est celle qu'on observe dans une certaine partie de la Lune qu'on nomme la tache lunaire ; la Lune, en effet, ne luit pas dans cette partie où se trouve la tache, mais elle s'y montre d'une certaine couleur obscure, nuageuse et grisâtre ; aussi Averroès dit-il, au second livre *Du Ciel et du Monde*, que la Lune participe de la nature terrestre ; mais sans aucun caractère terrestre, et par la seule faiblesse de la densité, nous pouvons sauver cette tache...

» Nous dirons donc que la tache de la Lune a une certaine densité, car elle n'est pas transparente ; lorsqu'elle s'interpose entre le Soleil et nous, elle éclipse le Soleil ; puisque le Soleil est éclipsé par la totalité du disque lunaire, aussi bien par la partie où se trouve la tache que par la partie brillante, la Lune est partout dense ; partant, la tache de la Lune a une certaine densité, mais c'est la plus faible densité qui se rencontre au Ciel ; et comme en cet endroit, il y a moindre densité, il y a aussi moindre accumulation de lumière...

» Quant au propos que paraît tenir le Philosophe, au gré duquel la Lune semble participer de la nature terrestre, il ne dit point que la Lune n'appartienne pas à la cinquième essence ; il est simplement énoncé en raison de cette tache qui semble montrer une couleur obscure semblable à celle de la terre. »

1. ÆGIDII ROMANI *Op. laud.*, cap. XXXV, declarans unde habent esse diaphaneitates, et tot modi coloris, et tot modi lucis, quot videmus in cœlis.

Dans son *Commentaire au discours sur la substance de l'orbe*, Jean de Jandun écrit [1] :

« Nous n'avons pas à rechercher ici quelle raison rend compte de la tache de la Lune ; nous l'examinerons suffisamment au second livre *Du Ciel et du Monde*. Ce qu'il faut retenir, c'est, comme le dit ici le Commentateur, que la cause en est dans la diversité des parties de la Lune en densité et en rareté ; une partie de la Lune est assez rare pour ne pas recevoir la lumière du Soleil de la même façon que les autres parties ; à la surface de la Lune, la première partie dessine une sorte de figure qui paraît obscure. »

Jean de Jandun n'a pas tenu parole ; dans ses *Questions sur les livres du Ciel et du Monde*, il n'a pas repris l'explication de la tache lunaire ; mais ce que nous venons de lire suffit à nous faire connaître son opinion ; elle est pleinement conforme à la pensée de Gilles de Rome.

L'influence d'Averroès se montre avec une grande netteté dans ce que dit Buridan de la lumière de la Lune.

La Lune ne réfléchit pas la lumière du Soleil à la façon d'un miroir [2] ; dans ce cas, en effet, elle ne renverrait pas cette lumière dans toutes les directions.

« Mais quelques-uns veulent sauver ce raisonnement en disant : Il en est de la Lune comme d'une muraille ; lorsque les rayons du Soleil tombent sur une muraille, celle-ci se montre éclairée en totalité et non point seulement suivant ces lignes où le rayon incident et le rayon réfléchi font des angles égaux ; ainsi en est-il de la Lune.

» Mais cette solution est insuffisante ; si, de toutes les parties de la muraille, il y a réflexion vers notre œil, c'est, disons-nous, à cause de la ruguosité de la muraille ; c'est par suite de cette ruguosité que les rayons sont brisés dans tous les sens ; au contraire, si la muraille était parfaitement lisse, comme un miroir d'acier, on ne verrait pas une grande clarté répandue par toute la muraille ; on la verrait seulement en la partie que nous avons dite.

» C'est ce que nous voyons manifestement dans une eau dormante ; c'est seulement une petite partie de cette eau qui

1. Averrois Cordubensis *Sermo de substantia orbis eum* Joannis de Janduno. *Expositione;* cap. II.

2. *Questiones super libris de celo et mundo magistri* Johannis Byridani *rectoris Parisius.* Lib. II, quæst. XIX : Utrum macula apparens in Luna proveniat ex diversitate partium Lunæ vel ab aliquo extrinseco. Bibliothèque Royale de Munich, Cod. lat. 19.551, fol. 96, col. d et fol. 97, col. a.

nous renverra avec intensité la lumière du Soleil ou d'un astre ; mais agitez quelque peu cette eau, de telle façon que la surface n'en soit plus unie ; cette même lumière se répand sur une grande étendue de l'eau.

» Or nous supposons que la Lune est parfaitement lisse et ne présente aucune aspérité ; Aristote a pensé, en effet, que tous les corps célestes étaient ainsi faits.

» D'autres supposent donc, avec plus de probabilité, que la Lune n'est pas lumineuse d'une manière actuelle ; elle ne peut ébranler d'elle-même un milieu transparent ; mais, par sa disposition naturelle, elle est en puissance prochaine de devenir lumineuse ; et lorsque la lumière du Soleil tombe sur elle, elle est contrainte de briller d'une manière actuelle *(reducitur ad actum lucendi)*. »

Mieux que tous ses prédécesseurs de la Scolastique chrétienne, Jean Buridan a précisé cette sorte de fluorescence qu'Averroès avait attribué à la Lune.

Quant à la tache lunaire, voici ce qu'en pense le Recteur de Paris [1] :

« Avec plus de probabilité, le Commentateur dit que cette tache provient de la diversité que les parties de la Lune présentent en rareté et en densité. Les parties où la tache se montre sont plus rares ; aussi sont-elles moins aptes à briller et à délimiter la lumière du Soleil. On en dit autant de la voie lactée ; les parties de l'orbe étoilé sont, en cet endroit, plus denses qu'ailleurs ; aussi peuvent-elles, jusqu'à un certain point, retenir et délimiter la lumière du Soleil, bien qu'elles ne le fassent pas d'une façon parfaite ; aussi cette région paraît-elle plus blanche que le reste du Ciel. »

C'est cette explication averroïste de la tache lunaire que Nicole Oresme s'applique à faire saisir, en français, aux « gens de noble engein. »

« Or, dit-il après avoir réfuté diverses suppositions inadmissibles [2], lessons ces oppinions qui n'ont apparence, et pour entendre celle qui est plus raisonnable, nous devons savoir :

» Premièrement que la lumière de la Lune vient du Soleil ; et appert légièrement, pource que la partie d'elle qui regarde

1. Jean Buridan, loc. cit., ms. cit., fol. 97, col. b.

2. Nicole Oresme, *Le traité du Ciel et du Monde*. Livre II ; Au XVIe chapitre, il monstre que les estoiles sont meues aux mouvemens des cieulx où elles sont, et non autrement. (Bibliothèque Nationale, fonds français, ms. n° 1.083, fol. 75, coll. b, c, d et fol. 76, col. a.)

le Soleil luist, et l'autre non ; et pource que, quant elle est éclipsée, l'ombre de la terre lui ôte la lumière.

» *Item.* Nous ne voions la lumière du Soleil en la Lune auxi comme en I miroer, car on ne verroit pas la Lune auxi comme on la voit, mes le Soleil apparoistroit tant seulement auxi comme une perpetite partie de la porcion de la Lune qui nous appert en lumière, et aucunez foiz en nulle ; et seroit veu de certain lieu une foiz, et autre foiz d'autre, et non pas de partout de là où l'en voit la porcion de la Lune enluminée.

» Et seroit tout auxi comme l'en regarde le Soleil en I miroer ou en une eaue ; l'an ne voit pas de chascun lieu dont l'en voit le miroer, ne en chascun endroit, mez en certaine partie et en certaine distance ; et d'une autre distance, l'en le voit en un autre lieu.

» Et la cause est assez légière à entendre, car selon la science de Perspective et selon expérience, la ligne qui va de lerz le oeil au mireur, et celle qui retorne de mireur au Soleil par réflexion, as II lignes font deux angles équalz sur un point de la superficie du miroer, là où appert le Soleil ; et pour ce convient-il que, d'un lieu ou d'une distance, le Soleil apparaisse en un endroit ou en une partie on miroer, et d'un autre lieu ou distance qui ne seroit en la ligne qui va de lerz le oeil à ce point, il apparoistroit en une autre partie du miroer ; si comme l'an peut considérer et ymaginer en exemple et en ceste présente figure [1] icy après pourtraicte selon l'imagination qui est devant mise et déclairée.

» Et, selon ce que récite Adverois, I appelé Aventnarcha fist un traicté espécial à monstrer que la lumière que la Lune a du Solail n'est pas par fraction ou par réflexion.

» *Item.* Aucuns cors sont [non] dyafennes, et non transparans, et sont obscurs sicomme fer ou poiz noire ou telles chouses. Et les raiz ou lumière du Solail ou d'autre ne passent tout oultre parmy telz corps, se ils ne sont ténues, car, en telz corps, la lumière se profonde de peu ou néant, mès elle retorne par réflexion ou par réfraction.

» Et se telz corps sont bien poliz, les raiz de lumière retournent ou sont frassiez de meisme ordre, et auxi telz corps sont miroeurs.

» Et se ils ne sont poliz, la réflexion ou réfraction est faicte

1. Dans le ms. cité, la figure a été omise.

sanz ordre, diversement, et vont ou tornent les uns raiz de ça et les aultres de là ; et pour ce, tel corps n'est pas miroer représentent figure, combien qu'il représente coleur ou lumière.

» *Item.* Autres corps sont diafennes ou transparens ou cleirs, sicomme sont verre ou cristal et eaue ; et en telz corps se profonde la lumière, et perse, et passe tout oultre se ils ne sont profons et espez ; et doncques, selon ce que ilz sont transparans ou cleirs plus ou moins, selons se, se profonde en eulz la lumière plus ou moins, et fait telz corps estre visibles.

» *Item.* La Lune est corps spérique parfaictement poli, sicomme il sera dit après ou XXe chapitre ; et doncques, par ce que dit est, si elle feust corps non transparant et obscur, sicomme en fer ou acier, elle représentast la lumière du Solail en manière de miroer ; et devant est monstré que non fait ; pourquoy il s'ensuit qu'elle est corps transparant et cleir comme seroit cristal ou veirre, au moins ès parties qui sont vers la superficie d'elle ; et ouvecques ce, telz corps sont aucunement obscurs.

» Et en oultre il s'ensuit que la lumière du Solail se profonde en la Lune aucunement ; mès elle ne perse ou ne passe pas tout oultre, pour la grande quantité ou profondeur du corps de la Lune ; mès ceste lumière entre dedans bien peu ou regart de la quantité de la Lune. Car auxi nous voions que, parmy eaue qui est bien cleire, si elle est moult profonde, la lumière du Solail ne descent pas siques au fons.

» *Item.* Si la Lune estoit équalement transparente ou cleire ès parties desquelles qui recevent ceste lumière, elle seroit équalement en lumière en une partie comme en l'autre ; et le contraire appert par la taiche ou figure que nous voions.

» Et doncques convient-il que les parties de la Lune, de leur propre nature, ne soient pas toutes semblables et uniformes, ne équalement transparentes ou cleires, mès différemment, auxi comme nous voions aucunes différences en ciel en aucunes autres parties ; et c'est la cause de la taiche et apparence dessus dicte.

» Mès l'en doit savoir que auxi comme une pierre de albastre, les vaines et parties qui sont plus cleires et parmys lesquelles l'en verroit auxi comme parmy cristal, icelles semblent plus obscures et moins blanches que les autres, semblablement est des parties de la Lune. Et donc, de tant comme elles sont plus obscures aucunes, et que la lumière du Solail se profonde plus en elles, de tant apparoissent-elles plus obscures, et les autres moins, proporcionnelment. Et, selon ce, est celle taiche de la figure ou manière dessus mises. »

La lecture d'Albert de Saxe ne nous apprendra rien de nouveau ; tout ce que nous allons trouver dans ses *Questions sur les livres du Ciel et du Monde*, nous l'aurons déjà lu dans les ouvrages de Jean Buridan et de Nicole Oresme ; il nous faut, cependant, le recueillir et le reproduire, à cause de l'importance que l'exposé du maître allemand aura, pour les exposés de ses deux prédécesseurs français ; tandis que ceux-ci sont encore inédits, il sera maintes fois imprimé à la fin du xve siècle et au commencement du xvie siècle ; c'est donc par lui, et seulement par lui, que les savants de la Renaissance connaîtront l'enseignement parisien touchant la lumière lunaire et la tache de la Lune.

« Il y a doute, écrit Albert de Saxe [1], au sujet du procédé par lequel la Lune reçoit du Soleil sa lumière. Il y a, à cet égard, plusieurs opinions.

» Certains disent que la surface de la Lune est parfaitement lisse, sans nulle aspérité, en sorte qu'elle réfléchit bien vers nous la lumière du Soleil, tout comme les diverses couleurs sont réfléchies par un miroir bien bruni et bien poli ; c'est par cette réflexion de la lumière solaire à sa surface que la Lune nous paraît lumineuse.

» Mais cette opinion n'est pas recevable ; sans doute un corps lisse et bien poli réfléchit les rayons vers l'œil ; mais cette réflexion ne provient point de toute partie du corps lisse. Le miroir en est un exemple patent. Lorsque mon visage se trouve devant un miroir, chaque partie du miroir me réfléchit une espèce ou un rayon venant de mon visage ; mais n'importe quelle partie du miroir ne renvoie pas à mon œil n'importe quel rayon ; telle partie me renvoie tel rayon et telle autre partie, tel autre rayon. En effet, pour qu'une partie du miroir me renvoie un certain rayon, il faut que ce rayon qui, venu de mon visage, tombe sur le miroir, et le rayon qui parvient à mon œil forment, à la surface du miroir, des angles d'incidence et de réfraction égaux entre eux. Or cela n'a point lieu en toute partie du miroir... Si donc la Lune réfléchissait vers nous la lumière du Soleil de ladite manière, c'est-à-dire comme un

1. Alberti de Saxonia *Subtilissimæ quæstiones in libros de Cælo et Mundo;* lib. II, quæst. XXII (Quæst. XX dans les éditions de Paris, 1516 et 1518.) : Utrum omnia astra alia a sole habeant lumen suum a Sole.

miroir, sans doute la surface entière de la Lune pourrait bien nous offrir une faible clarté ; mais nous ne percevrions de clarté intense qu'en une petite partie. telle que l'angle d'incidence soit égal à l'angle de réflexion vers notre œil.

» Mais à ce raisonnement, peut-être fera-t-on une objection. Si la lumière du Soleil frappe un mur, ce mur nous semble éclairé en toute sa surface, et non pas seulement au point qui correspond à un angle de réflexion égal à l'angle d'incidence. Cette objection est sans valeur. Il n'en est point de ce mur comme du corps de la Lune. Grâce aux aspérités de la surface, une foule de parties du mur peuvent réfléchir des rayons à notre œil ; dès lors, une large étendue de la muraille nous paraît éclairée. Mais si la paroi était parfaitement lisse comme un miroir ou comme le corps de la Lune, les rayons solaires, en frappant ce mur, ne l'éclaireraient pas vivement en toute sa surface, mais seulement en un point où le rayon incident venant du Soleil et le rayon qu'on supposerait réfléchi vers l'œil donneraient des angles d'incidence et de réflexion égaux entre eux. Cela se voit fort bien dans une eau tranquille. Seule, une petite partie de la surface de cette eau nous représente avec intensité la lumière du Soleil ou d'un autre astre. Mais si l'on agite quelque peu la surface de cette eau, elle cesse d'être parfaitement lisse, et la lumière du Soleil nous est renvoyée avec intensité par une région bien plus étendue de cette surface.

» Il faut donc émettre un autre avis. C'est pourquoi je dis que la lumière du Soleil est incorporée dans la Lune. La Lune est un corps translucide et transparent, au moins dans sa partie superficielle, et peut-être dans sa totalité, bien que la grandeur du corps de la Lune ne permette pas à la lumière du Soleil de traverser ce corps entier, à tel point que cette lumière se puisse montrer, sur la face de la Lune qui ne voit pas le Soleil, aussi intense qu'elle l'est sur la face tournée vers le Soleil. Ainsi, la lumière de la Lune, telle que nous la voyons, n'est pas simplement la lumière du Soleil réfléchie sur le corps de la Lune, mais la lumière du Soleil qui a imbibé la Lune et s'y est incorporée.

» On peut encore, d'une autre manière, s'exprimer ainsi :

» La Lune n'est pas lumineuse d'une manière actuelle ; elle ne peut ébranler d'elle-même un milieu transparent ; toutefois, par sa disposition naturelle, elle est en puissance prochaine d'éclat lumineux *(luciditas)*; et, par l'incidence de la lumière du Soleil sur la Lune, cette puissance est amenée à l'éclat lumineux actuel. »

En toute cette citation, nous reconnaissons la pensée de Buridan ; le dernier passage est même emprunté presque mot pour mot au philosophe de Béthune.

Faut-il étendre une théorie semblable aux étoiles, tant errantes que fixes ? Albert de Saxe ne professe pas à cet égard d'opinion catégorique. Il remarque que le *Livre des éléments*, qu'il attribue à Aristote, veut que toutes les étoiles tiennent, comme la Lune, leur lumière du Soleil ; Avicenne, au contraire, et six raisons militent en sa faveur, veut qu'elles aient une lumière propre. « Bref, ajoute notre auteur, cette question : *Les astres autres que le Soleil et la Lune tiennent-ils leur lumière du Soleil ?* peut être regardée comme un problème neutre ; les raisons qu'on donne en faveur d'un parti sont aisées à réfuter comme celles qu'on donne en faveur de l'autre. Donc, pour l'amour d'Aristote, prince des philosophes, je réfuterai les six objections déjà faites contre l'opinion d'Aristote, en faveur de l'opinion d'Avicenne, et, avec Aristote, j'admettrai que tous les astres autres que le Soleil et la Lune, qu'ils soient planètes ou étoiles fixes, tirent leur lumière du Soleil.

La première objection d'Avicenne est formulée en ces termes par Albert : « Selon qu'elles s'approchent ou s'éloignent du Soleil, les étoiles devraient prendre une figure en forme de croissant, comme la Lune ; et cette apparence se marquerait surtout en Vénus et en Mercure qui sont au-dessous du Soleil. » Avicenne ignorait, car la lunette seule l'a enseigné aux astronomes, que Vénus et Mercure ont, en effet, des phases comme la Lune ; Albertutius, qui ne l'ignorait pas moins, répond à cette objection : « Vénus et Mercure sont d'une telle transparence que la lumière du Soleil s'incorpore à ces astres et en imbibe toutes les parties, ce qui n'a pas lieu pour la Lune. »

C'est encore par la transparence de Vénus et de Mercure que notre auteur résout cette objection d'Avicenne : « Supposons que Vénus et Mercure, qui sont moins élevés que le Soleil, n'aient point de lumière propre, mais qu'ils tiennent leur lumière du Soleil ; lorsque Vénus ou Mercure s'interposent entre notre œil et le Soleil, ils devraient éclipser cet astre, comme fait la Lune ; et c'est ce qu'on ne voit pas. » C'est ce qu'on voit à l'aide d'une lunette, mais ce que l'œil nu n'avait jamais montré.

L'explication de la tache de la Lune se tire des considérations qu'on vient de lire. Voici comment l'expose Albert de Saxe[1] :

« On demande... si cette tache qui se montre dans la Lune provient de la diversité des parties de la Lune ou bien si la cause en est extrinsèque à cet astre.

» On tente de prouver qu'elle ne provient pas de la diversité des parties de la Lune.

» En premier lieu, en effet, la Lune est un corps simple ; or les parties d'un corps simple, considérées sous un même rapport, sont toutes semblables entre elles ; cela est apparent dans l'eau, dans l'air et dans les autres corps simples.

» En second lieu, les parties du Soleil ou bien celles de toute autre étoile sont semblables et uniformes en rareté et densité ; il en est donc de même des parties de la Lune ; et, par conséquent, cette apparence de tache ne peut provenir de la diversité des parties de la Lune.

» Troisièmement, si elle avait une telle cause, c'est donc que diverses parties de la Lune seraient plus rares et d'autres moins ; mais on prouve qu'il n'en est pas ainsi ; car, dans les éclipses de Soleil, les rayons du Soleil parviendraient jusqu'à nous en traversant les parties de la Lune qui sont les plus rares ; et cela est évidemment faux.

» Enfin, on prouve que cette apparence de tache provient d'une cause extrinsèque. Le corps même de la Lune est un corps lisse, bien poli et semblable à un miroir ; la terre, se trouvant en regard de la Lune, y engendre, comme dans un miroir, son image et ressemblance ; lors donc que nous regardons la Lune, nous y voyons la terre par réflexion, et de là cette apparence de tache.

» Au sujet de cette question, j'examinerai d'abord la question en elle-même, j'exposerai les diverses opinions qui ont été émises à son sujet, et je les réfuterai. En second lieu, j'exposerai l'opinion que je crois véritable.

» *En premier lieu*, il existait une opinion au gré de laquelle la tache qui apparaît dans la Lune avait pour cause une vapeur soulevée par la Lune même ; interposée entre l'astre et nous, cette vapeur nous obscurcissait certaines parties de la Lune. Le Commentateur ajoute que, selon certains, la Lune attirait à elle une telle vapeur pour s'en nourrir.

» D'autres disent que la Lune a un grand pouvoir sur les

1. Alberti de Saxonia *Op. laud.*, lib. II, quæst. XXIV (Quæst. XXII dans les éditions de Paris, 1516 et 1518.) : Utrum macula illa quæ apparet in Luna causetur ex diversitate partium Lunæ vel ab aliquo extrinseco.

eaux et l'humidité ; sa nature est donc d'attirer au-dessous d'elle une semblable vapeur. Tous ces auteurs s'accordent, dès lors, à ne pas mettre la tache qui se montre dans la Lune au compte de la diversité des parties lunaires, mais bien au compte d'une cause extrinsèque.

» Mais cette opinion n'est pas valable. Ces exhalaisons et ces vapeurs ne seraient point également attirées en tout temps ; elles n'auraient point une figure toujours semblable à elle-même, mais une forme essentiellement changeante. Au contraire, cette tache apparaît constamment et garde toujours même figure ; par conséquent, elle n'est point causée par une vapeur ou exhalaison interposée entre la Lune et nous.

» On ne peut, surtout, regarder comme valable l'opinion des premiers, celle selon laquelle la Lune attire à soi des vapeurs afin de s'en nourrir ; les corps célestes n'ont pas à se nourrir, car ils ne sont sujets ni à la génération ni à la destruction ni à l'altération.

» Une autre opinion prétendait que cette tache est la représentation de quelque objet de ce monde inférieur, soit de la terre, soit des montagnes, soit de quelque chose d'analogue ; ces corps seraient vus dans la Lune comme des corps peuvent être vus par réflexion dans un miroir, et cela parce que, selon cette opinion, la Lune est polie comme un miroir.

» Cette opinion ne vaut pas ; en effet, lorsque la Lune se meut, la partie de la Lune où paraît cette tache devrait changer d'un instant à l'autre, exactement comme les images changent de place dans un miroir en mouvement ; or cela n'est pas.

» D'ailleurs, si la Lune avait le pouvoir de réfléchir les images des corps, l'image de la terre tout entière devrait paraître dans la Lune ; or il est faux qu'elle s'y montre, car la terre n'a pas la forme de cette tache.

» *En second lieu*, le Commentateur émet une troisième opinion, que je crois véritable. Cette tache proviendrait de la diversité des parties de la Lune ; ces parties seraient plus ou moins rares, ou plus ou moins denses les unes que les autres ; les parties en lesquelles se montre la tache sont les plus rares, ce qui les rend moins aptes à reluire ; les parties qui les avoisinent sont plus denses et, par là, brillent davantage. Cela se comprend par analogie avec l'albâtre ; les parties de l'albâtre qui sont très denses et non transparentes paraissent fort blanches ; celles qui sont transparentes comme du verre sont obscures et tirent sur le noir. Si l'on demande pourquoi la Lune présente de telles différences entre ses diverses parties, il faut répondre que telle est sa nature...

» *Réponses aux arguments du début.* — Au premier, je répondrai que la Lune est, en effet, simple en substance ; mais que cela n'empêche pas qu'elle ne puisse, entre ses diverses parties, présenter des différences de densité et de rareté.

» Au second, je répondrai qu'il n'y a pas de comparaison entre le Soleil et les étoiles, d'une part, et la Lune, d'autre part. Il n'y a pas lieu d'assigner de cause à cette dissemblance ; elle tient à la nature des corps.

» Au sujet du troisième, je dirai qu'une partie de la Lune est, il est vrai, un peu plus rare que l'autre ; mais qu'elle n'est pas rare à tel point que les rayons solaires puissent traverser toute l'épaisseur de la Lune.

» Ce qu'il faut répondre au dernier argument découle de la réfutation de la seconde opinion. »

L'exposé d'Albert de Saxe résume de la façon la plus complète et la plus claire ce que la Physique scolastique enseignait de la lumière lunaire et de la tache de la Lune.

La tache de la Lune avait suggéré à Plutarque cette pensée : La Lune est hétérogène. Il n'avait pas cru que semblable hétérogénéité se pût rencontrer dans un corps formé de la cinquième essence péripatéticienne ; il en avait conclu que la constitution de la Lune était semblable à celle de la terre. De là à croire que les quatre éléments se rencontrent dans la Lune comme ici-bas, que la Lune est un monde semblable au nôtre, il n'y avait qu'un pas ; ce pas, Plutarque le franchit. Mais il se trouva dès lors engagé dans un combat contre les arguments par lesquels Aristote avait entendu prouver qu'il ne saurait y avoir plusieurs mondes. Pour mener ce combat, il lui a fallu bouleverser toute la théorie péripatéticienne du lieu naturel, et lui substituer une doctrine entièrement différente dont le *Timée* avait semé les premiers germes.

Avec Nicole Oresme, la Physique parisienne du XIVe siècle en est venue à proposer, de la pesanteur, une doctrine toute semblable à celle de Plutarque, mais elle y est venue par une voie toute différente de celle qu'avait suivie le philosophe platonicien ; signe manifeste que les Scolastiques n'avaient point lu l'opuscule *Sur le visage qui se voit dans le disque de la Lune.*

La proposition que les Scolastiques avaient en vue de justifier était bien celle-là même qui avait préoccupé Plutarque : Il peut exister plusieurs mondes dont chacun soit composé des quatre mêmes éléments. Mais ce qui les avait convaincus de l'exactitude de cette proposition, c'est une condamnation dogmatique portée en 1277 par l'Évêque de Paris ; ce ne sont pas des réflexions sur la tache de la Lune.

De cette tache, ils ont tous cru, avec d'insignifiantes nuances, ce qu'Averroès en avait dit ; et le Commentateur avait pris grand soin que son enseignement se put accorder avec la théorie péripatéticienne de la substance céleste.

Un jour, Léonard de Vinci lira et méditera les *Quæstiones in libros de Cælo et Mundo* d'Abert de Saxe ; il s'attachera tout particulièrement à ce que ces questions ont dit de la tache de la Lune ; l'explication averroïste, qu'elles lui proposeront, ne le satisfera point ; il cherchera, du mécanisme par lequel la Lune nous renvoie la lumière du Soleil, une autre raison ; cette raison, elle lui sera suggérée par un passage qu'Albertutius tenait de Buridan ; si la Lune diffuse en tout sens la lumière du Soleil, c'est, pensera-t-il, qu'elle est en partie recouverte par un océan dont le vent ride la surface ; les taches sombres sont des terres fermes. Par là, Léonard sera conduit à placer dans la Lune de la terre, de l'eau, de l'air, à faire de cet astre un monde semblable au nôtre ; cette supposition, il lui semblera naturel de l'étendre aux étoiles ; il proposera donc une théorie de la pluralité des Mondes fort analogue à celle de Plutarque et qu'une méditation analogue à celle de ce philosophe lui aura fournie ; mais de cette méditation, la Physique parisienne du XIVe siècle, exposée par Albert de Saxe, lui aura donné l'occasion.

TABLE DES AUTEURS CITÉS DANS CE VOLUME

A

B

C

D

E

F

G

H

I

J

K

L

M

N

O

P

Q

R

S

T

V

W

X

Z

TABLE DES MANUSCRITS CITÉS DANS CE VOLUME

TABLE DES MATIÈRES DU TOME IX

CINQUIÈME PARTIE

LA PHYSIQUE PARISIENNE AU XIVe SIÈCLE

CHAPITRE XV

LA THÉORIE DES MARÉES

CHAPITRE XVI

L'ÉQUILIBRE DE LA TERRE ET DES MERS. I. LES ANCIENNES THÉORIES

CHAPITRE XVII

L'EQUILIBRE DE LA TERRE ET DES MERS. II. LA THÉORIE PARISIENNE

CHAPITRE XVIII

LES PETITS MOUVEMENTS DE LA TERRE ET LES ORIGINES DE LA GÉOLOGIE

CHAPITRE XIX

LA ROTATION DE LA TERRE

CHAPITRE XX

LA PLURALITÉ DES MONDES

I. T. E. — 45, rue Colbert, Colombes (Seine).

LE SYSTÈME DU MONDE

Histoire des doctrines cosmologiques de Platon à Copernic

par PIERRE DUHEM

Plan de l'ouvrage

I. II. LA COSMOLOGIE HELLÉNIQUE

L'astronomie pythagoricienne. La cosmologie de Platon. Les sphères homocentriques. La physique d'Aristote. Les théories du temps, du lieu et du vide après Aristote. La dynamique des Hellènes après Aristote. Les astronomies héliocentriques. L'astronomie des excentriques et des épicycles. Les dimensions du Monde. Physiciens et astronomes : I. Les Hellènes. II. Les sémites. La précession des équinoxes. La théorie des marées et l'astrologie.

III. IV. L'ASTRONOMIE LATINE AU MOYEN-AGE

La cosmologie des pères de l'Eglise. L'initiation des barbares. Le système d'Héraclide au Moyen-Age. Le tribut des Arabes avant le XIIIe siècle. L'astronomie des séculiers au XIIIe siècle. L'astronomie des Dominicains. L'astronomie des Franciscains. L'astronomie parisienne : I. Les astronomes. II. Les physiciens. L'astronomie italienne.

V. LA CRISE DE L'ARISTOTÉLISME

Les sources du néo-platonisme arabe. Le néo-platonisme arabe. La théologie musulmane et Averroés. Avicébron. Scot Erigène et Avicébron. La Kabbale. Moïse Maïmonide et ses disciples. Les premières infiltrations de l'aristotélisme dans la scolastique latine. Guillaume d'Auvergne, Alexandre de Hales et Robert Grosse-Teste. Les questions de Maître Roger Bacon. Albert le Grand. Saint-Thomas d'Aquin. Siger de Brabant.

VI. LE REFLUX DE L'ARISTOTÉLISME

La réaction de la scolastique latine. Henri de Gand. La doctrine de Proclus et les Dominicains allemands. D'Henri de Gand à Duns Scot. Duns Scot et le scotisme. L'essentialisme. Les deux vérités : Raymond Lull et Jean de Jandun. Guillaume d'Ockam et l'occamisme. L'électisme parisien.

VII à IX. LA PHYSIQUE PARISIENNE AU XIVe SIÈCLE

L'infiniment petit et l'infiniment grand. L'infiniment grand. Le lieu. Le mouvement et le temps. La latitude des formes avant Oresme. Nicole Oresme et ses disciples parisiens. La latitude des formes à l'Université d'Oxford. Le vide et le mouvement dans le vide. L'horreur du vide. Le mouvement des projectiles. La chute accélérée des graves. La première chiquenaude. L'astrologie chrétienne. Les adversaires de l'astrologie. La théorie des marées. L'équilibre de la terre et des mers : Les anciennes théories. Les théories parisiennes. Les petits mouvements de la terre et les origines de la géologie. La rotation de la terre. La pluralité des Mondes.

X. ÉCOLES ET UNIVERSITÉS AU XVe SIÈCLE

L'Université de Paris au XVe siècle. Les Universités de l'Empire au XVe siècle. Nicolas de Cue. L'Ecole astronomique de Vienne. Pétrarque et Léonardo Bruni. Paul de Venise.

Prix des dix volumes : 30 000 F

Extrait du catalogue général :

Philosophie et Histoire des Sciences

E. BREHIER — Les études de philosophie antique . 180 F

P. BRUNET — Maupertuis . 1950 F

Introduction des théories de Newton en France au XVIIIe siècle . 910 F

Les Physiciens hollandais et la méthode expérimentale en France au XVIIIe siècle . 520 F

L. BRUNSCHVICG — L'actualité des problèmes platoniciens . 150 F

M.-D. CHENU — Les études de philosophie médiévale . 320 F

J.-L. DESTOUCHES — Physique moderne et philosophie . 260 F

F. ENRIQUES ET G. DE SANTILLANA

Platon et Aristote . 240 F

Empirisme et rationalisme grecs . 220 F

Mathématiques et astronomie de la période hellénique . 260 F

A. KOYRE — A l'aube de la science classique . 260 F

Descartes et Galilée . 260 F

Galilée et la loi de l'inertie . 700 F

H. METZGER — Attraction universelle et religion naturelle chez quelques commentateurs anglais de Newton . 780 F

F. RUSSO — Histoire des sciences et des techniques . 1800 F

J. SIVADJIAN — Le temps

I. Les atomistes, les pythagoriciens, les platoniciens . 220 F

II. Le néoplatonisme chrétien et les scolastiques . 360 F

F. WARRAIN — Essai sur l'*Harmonices Mundi* ou musique du monde de Johann Kepler

I. Fondements mathématiques de l'harmonie . 520 F

II. L'harmonie planétaire d'après Kepler adaptée à nos connaissances actuelles . 520 F

Hermann

www.ingramcontent.com/pod-product-compliance
Ingram Content Group UK Ltd.
Pitfield, Milton Keynes, MK11 3LW, UK
UKHW020257230726
13925UKWH00001B/93

9 782013 483766